中华伦理
源远流长
东方古碧
泽延万方

　　　和平

时年九十有六
丙戌夏

《中华伦理范畴丛书》总序

张立文

"内修则外理，形端则影直"。由山东曲阜孔子研究院发起编纂《中华伦理范畴》丛书，准备从中华民族传统伦理道德中撷取60个重要德目，并对每个德目自甲骨金文以至现代，进行全面系统研究，以凸显其文本之梳理，明演变之理路，释现代之意义，立撰者之诠释的价值。撰写者探赜索隐，钩深致远，编纂者孜孜矻矻，兀兀穷年，为弘扬中华伦理精神和道德建设做出了贡献。

一、

何谓伦理？何谓道德？讲中华伦理不能不明乎此。从词源涵义来看，伦的本义是辈、类的意思，《说文》："伦，辈也。从人，仑声。一曰道也。"段玉裁注："伦，引申之谓'同类之次曰辈'。"《礼记·曲礼下》："儗人必于其伦。"郑玄注："伦，犹类也。"理的本意是条理，引申为道理。《说文》："理，治玉也。从玉，里声。"《说文解字系传校勘记》引徐锴说："物之脉理惟玉最密，故从玉。"理的本义是指玉、石的纹理。工匠依玉石的固有纹理，加以剖析雕琢，便是治玉，或曰理玉。天有天理，地有地理，人有人理，社会有条理，人事有事理，各有其理，便引申为原理。伦理的义蕴便是指事物的道理。《礼记·乐记》："乐者通伦理者也。"郑玄注："伦犹类也，理分也。"①即为伦

《中华伦理范畴》丛书编委会

主　任：傅永聚
副主任：孙文亮　张洪海
编　委：成积春　陈　东　马士远　任怀国　修建军
　　　　曹　莉　王东波　李　建　王幕东　周海生
　　　　滕新才　曾　超　曾　毅　曾振宇　傅礼白
　　　　仝晰纲　查昌国　于云翰　张　涛　项永琴
　　　　李玉洁　任亮直　柴洪全　董　伟　孔繁岭
　　　　陈新钢　李秀英　郑治文　刘厚琴　李绍强
　　　　张亚宁　陈紫天　刘　智　朱爱军　赵东玉
　　　　李健胜　冀运鲁　邱仁富　齐金江　王汉苗
　　　　王　苏　张　淼　刘振佳　冯宗国　孔德立
　　　　刘　伟　孔祥安　魏衍华　王淑琴　王曰美
　　　　何爱霞　李方安　孙俊才　张生珍　赵　华
　　　　赵溢阳　张纹华
总　编：傅永聚　韩钟文　曾振宇
副总编：胡钦晓　成积春　陈　东

第二函主编：傅永聚　成积春　齐金江

国家社会科学基金项目

《中华伦理智慧与当代心态伦理研究》(07BZX048)

结题成果之一

谦

赵东玉　李健胜　著

中国社会科学出版社

图书在版编目(CIP)数据

中华伦理范畴丛书. 第 2 函 / 傅永聚等主编. —北京：中国社会科学出版社，2012.12
ISBN 978-7-5161-0803-1

Ⅰ.①中… Ⅱ.①傅… Ⅲ.①伦理学—研究—中国
Ⅳ.①B82-092

中国版本图书馆 CIP 数据核字（2012）第 079380 号

出 版 人	赵剑英
责任编辑	冯春凤
责任校对	林福国等
责任印制	王炳图

出　　版	中国社会科学出版社
社　　址	北京鼓楼西大街甲 158 号（邮编 100720）
网　　址	http：//www.csspw.cn
	中文域名：中国社科网　010-64070619
发 行 部	010-84083685
门 市 部	010-84029450
经　　销	新华书店及其他书店

印　　刷	北京华联印刷有限公司
装　　订	北京华联印刷有限公司
版　　次	2012 年 12 月第 1 版
印　　次	2012 年 12 月第 1 次印刷

开　　本	880×1230　1/32
总 印 张	130.125
插　　页	2
总 字 数	3336 千字
总 定 价	390.00 元（全九册）

凡购买中国社会科学出版社图书，如有质量问题请与本社联系调换
电话：010-64009791
版权所有　侵权必究

《中华伦理范畴》丛书总序

张立文

"内修则外理，形端则影直。"由山东曲阜孔子研究院发起编纂《中华伦理范畴》丛书，准备从中华民族传统伦理道德中撷取60个重要德目，并对每个德目自甲骨金文以至现代，进行全面系统研究，以凸显集文本之梳理、明演变之理路、辨现代之意义、立撰者之诠释的价值。撰写者探赜索隐，钩深致远，编纂者孜孜矻矻，兀兀穷年，为弘扬中华伦理精神和道德建设作出了贡献。

一

何谓伦理？何谓道德？讲中华伦理不能不明乎此。从词源涵义来看，伦的本义是辈、类的意思。《说文》："伦，辈也。从人，仑声。一曰道也。"段玉裁注：伦，引申之谓"同类之次曰辈"。《礼记·曲礼下》："儗人必于其伦。"郑玄注："伦，犹类也。"理的本义是条理，引申为道理。《说文》："理，治玉也。从玉，里声。"《说文解字系传校勘记》引徐错说："物之脉理唯玉最密，故从玉。"理的本义是指玉、石的纹理。工匠依玉石的固有纹理，加以剖析雕琢，便是治玉，或曰理玉。天有天理，地有地理，人有人理，社会有条理，人事有事理，各有其理，便引

1

申为原理。伦理的义蕴便是指人、事、物的道理。《礼记·乐记》："乐者通伦理者也。"郑玄注："伦犹类也，理分也。"① 即为伦类理分。

在一般意义上，伦理与道德紧密联系，伦理以道德为自己的研究对象，道德通过伦理而呈现，道的初义是指道路，《说文》："道，所行道也……一达谓之道。"道是人所经行的通达一定目的地的道路。道既是主体实存的人行走出来的，也是指引主体实存要到达一定地方而不发生偏差的必经之路，由此而引申为一种必然趋势，或人们必须遵守的原则和原理；道有起点和终点，其间有一定距离的路程，而引申为事物变化运动的过程。道的这种隐然的可被引申的可能性，随着人们在社会实践中对主体和客体体认的加深，道的隐然的内涵亦渐渐显示出来，而成为中华民族哲学思想的最重要的范畴。

道无见于甲骨文而见于金文，德有见于甲骨。② 金文《毛公鼎》在甲骨文"㣎"（郭沫若：《殷契粹编》八六四，1937年拓本）的基础上加"心"字，作"惪"。假如说甲骨文德意蕴着循行而前视，或行走而上视，那么，金文德字意味着人对自身行为和视觉认知的深入，譬如视什么？如何走？到那里？都与能想能思的心相联系，古人以心为五官之君，受心的支配，故演为《毛公鼎》的字形，于是《秦公钟》便作"惪"，即为德字；又舍"彳"，《侯马盟书》作"惪"，《令孤君壶》作"惪"，"惪"或"悳"字，即古之德字。由"德"与"悳"的分别，《说文》训德为"升"，属彳部。段玉裁《说文解字注》："升当作登。《癶部》曰：'迁，登也。'此当同之……今俗谓用力徎前曰德，古语也。"又《说

---

① 《乐记》，《礼记正义》卷37，《十三经注疏》，中华书局1980年版，第1528页。

② 参见拙著《和合学概论——21世纪文化战略的构想》，首都师范大学出版社1996年版，第684页。

文·心部》训"悳，外得于人，内得于己也。从直从心。"德与悳同。《礼记·曲礼上》："道德仁义，非礼不成。"《韩非子·五蠹》："上古竞于道德，中世出于智谋，当今争于气力。"既有通物得理之意，又有协调人间修德的竞争之意。

追究伦理道德之词源含义，是为了明伦理道德意义之真。然由于时代的差异，价值观念的不同，各理解者、诠释者见仁见智，各说齐陈。或谓道德是指"人类现实生活中由经济关系所决定，用善恶标准去评价，依靠社会舆论、内心信念和传统习惯来维持的一类社会现象"①；或谓"道德是行为原则及其具体运用的总称"②；或谓"道德则就个人体现伦理规范的主体与精神意义而言"，"道德则重个人意志的选择"，"道德可视为社会伦理的个体化与人格化"③；或谓道德是"一种社会意识形式，是规定人们的共同生活和行为、调整人际之间和个人与社会之间的关系的原则、规范的总和"④。各人依据自己的体认，而有其合理性和时代的需要，但都就人与人、人与社会的关系来规定道德的内涵。

就伦理而言，或谓伦理是表示有关道德的理论，伦理学是以道德作为自己的研究对象的科学。⑤ 或谓"伦理学（ethŏs）是哲学的一个分支。它研究什么是道德上的善与恶、是与非。伦理学的同义语是道德哲学。它的任务是分析、评价并发展规范的道德标准，以处理各种道德问题"⑥；或谓伦理就人类社会中人际关

---

① 罗国杰主编《伦理学》，人民出版社1989年版，第7页。
② 张岱年：《中国伦理思想研究》，上海人民出版社1989年版，第3页。
③ 成中英：《中国伦理精神的历史建构序》，江苏人民出版社1992年版，第2页。
④ 黄楠森、夏甄陶主编《人学词典》，中国国际广播出版社1990年版，第423页。
⑤ 罗国杰主编《伦理学》，人民出版社1989年版，第4页。
⑥ 《简明不列颠百科全书》第五卷，中国大百科全书出版社1986年版，第456页。

系的内在秩序而言，它侧重社会秩序的规范，可视为个体道德的社会化与共识化；① 或谓伦理学是哲学的一个分支学科，即关于道德的科学。伦理是中国古代用以概括人与人之间的道德原则和规范的。② 这些规定涉及社会秩序的规范和人与人之间的道德原则，以及善与恶、是与非的道德标准等问题，有其合理性；又以伦理学是哲学的分支学科，乃是根据学科分类来规定，它不属于伦理学内涵的表述。

现代西方伦理学，学派纷呈。如胡塞尔、舍勒、哈特曼的现象学价值伦理学；海德格尔、萨特的存在主义伦理学；弗洛伊德的精神分析伦理学；詹姆士、杜威的实用主义伦理学；鲍恩、弗留耶林、布莱特曼、霍金的人格主义伦理学；马里坦的新托马斯主义伦理学；弗罗姆的人道主义伦理学；弗莱彻尔的境遇伦理学；斯金纳的行为技术伦理学；马斯洛的自我实现伦理学。③ 就伦理学的方法而言，自英国亨利·西季威克1874年出版《伦理学方法》以来，它作为确证和建构伦理精神的价值合理性方法，说明伦理精神价值合理性方法的核心是价值选择和主体行为的程序合理性，是人们据以确定"应当"做什么或什么为"正当"的合理程序。西季威克所阐述的"自我本位"的价值合理性方法曾是英语世界中影响最大的道德哲学文献。然而，马克斯·韦伯《新教伦理与资本主义精神》的出版，却为确证伦理精神的价值合理性提供一种超越西季威克的新视野、新方法。韦伯认为，确证伦理精神价值合理性的标准和方法，是伦理与经济、社会发展的关系，以及主体所遵循的普遍的行为准则。这样便转西

---

① 成中英：《中国伦理精神的历史建构序》，江苏人民出版社1992年版，第2页。

② 《中国大百科全书·哲学卷》，中国大百科全书出版社1987年版，第515页。

③ 参见万俊人《现代西方伦理学史》，北京大学出版社1992年版。

季威克式行为的目的或效果的合理性为韦伯式的主体所遵循的行为准则的普遍性及其合理性，即转"伦理本位"为"关系本位"。被称为第二次世界大战后伦理学、政治哲学领域中最重要的理论著作的约翰·罗尔斯的《正义论》，他要在伦理与政治、伦理与经济等关系中建构"正义"，作为社会的共同准则的普遍价值合理性。由于规则的普遍性与合理性，都必须在"关系"中确立，使罗尔斯陷入了两难；他在价值合理性的确证上超越了自我本位的抽象，却陷入了关系本位的抽象；他追求某种现实的具体，却陷入历史的抽象。这种"关系抽象"，也是现代西方伦理学的价值方法内在的局限。针对这种局限，阿拉斯戴尔·麦金太尔诘难："谁之正义？何种合理性？"麦金太尔认为，在历史传统和现实生活中，存在多种对立的正义和互竞的合理性，正义和合理性是一个历史的概念，没有超越一定历史传统的正义和共同体的普遍价值。伦理价值及其合理性，关键是主体的道德品质（美德），否则一定价值都不能成为行为准则。麦金太尔认为，罗尔斯的正义论缺乏人格或品质的解释力，传统的多样性使正义和价值合理性也具有多样性。尽管麦氏试图解构罗氏以正义为一种伦理价值的普遍性和合理性，即现实的合理性，而寻求真正的合理性，但麦氏自己却从罗氏的现实的"关系抽象"走入了历史的"关系抽象"，最后回归亚里士多德以"美德"确证价值的合理性和现实性。[①]

21世纪的伦理学和伦理精神的价值合理性，应度越人类本位主义的存在主义的、精神分析的、实用主义的、人格主义的、新托马斯主义的、人道主义的、行为技术的、自我实现的伦理学，这种伦理学是在人类中心主义的观照下，把人与政治、经济、宗

---

① 参见樊浩《伦理精神的价值生态》，中国社会科学出版社2001年版，第2—7页。

教、人际的关系合理性作为伦理精神价值；也要度越伦理精神的价值合理性的利己主义、直觉主义、功利主义的"自我本位"，以及"关系本位"的伦理学方法。之所以要度越，是因为其"天地万物与吾一体"的观念的缺失，是"天地之塞，吾其体；天地之帅，吾其性。民吾同胞，物吾与也"①伦理价值合理性的丧失，而要建构"天人和合"，"天人共和乐"的伦理精神的价值合理性。

笔者曾在《和合学概论——21世纪文化战略的构想》一书中，提出道德和合与和合伦理学，便是企图弥补这些缺失，建构自然、社会、人际、心灵、文明间融突的和合伦理精神的价值合理性。在道德和合与和合伦理学的视阈中，道德不仅是人与人、人与社会、人的心灵及文明间关系伦理精神原则和行为规范，而且是人与宇宙自然间关系的伦理精神原则和行为规范。基于此，笔者规定道德是指协调、和谐人与自然、人与社会、人与人、人的心灵、不同文明间融突而和合的总和。

道德与伦理，两者不离不杂。伦理是指人与自然、人与社会、人与人、人的心灵、各文明间关系的伦辈差分中而成的次序和谐的道理、理则价值的合理性的和合。如孟子说："人吃饱了，穿暖了，住得安逸了，如果没有教育，就与禽兽差不多。"圣人为此而忧虑，便派契做司徒的官，来管理教育，用人之所以为人的伦理价值合理性和行为规范来教化人民。"教以人伦：父子有亲，君臣有义，夫妇有别，长幼有序，朋友有信。"②父子、君臣、夫妇、长幼、朋友的辈分及其之间的差分，这便是伦辈或"名分"；亲、义、别、序、信，这就是伦辈之间关系的理则、道理或规范，它体现了伦理关系及其行为的价值合理性和中华民族的伦理精神。

---

① 《正蒙·乾称篇》，《张载集》，中华书局1978年版，第62页。
② 《滕文公上》，《孟子集注》卷五，世界书局1936年版，第39页。

二

中华民族伦理精神的价值合理性的合理性，就在于与时偕行的社会历史发展中，以其伦理精神价值的具体合理性适应现实社会的伦理道德的需要。现实应然需要的，就是合理的；但合理的，不一定就是现实需要的。中华伦理精神的价值合理性是在现实社会不断发展中不断丰富完善的。

（一）道废与伦理

伦理道德是现实社会政治、经济、文化精神之本，本立则道生；现实社会政治、经济、文化精神废，即断裂，则"道"亦废。由于其道废，使社会政治、经济、文化破缺和动乱，社会失序、政治失衡、伦理失理、道德失德，便要求建设伦理精神和行为规范。老子说："大道废，有仁义。""六亲不和，有孝慈，国家昏乱，有忠臣。"[①] 大道被废弃，才有仁义道德的建构；父子、兄弟、夫妇的不和睦，才要求孝慈道德的建构；国家陷于动乱，就需要有忠臣的道德。这里仁义、孝慈、忠是为了化解大道废、六亲不和、国家昏乱的道德伦理缺失和紧张的需要，这种需要是伦理精神的价值合理性应有之义。所以老子表述为"失道而后德，失德而后仁，失仁而后义，失义而后礼"[②]。这个失道、失德、失仁、失义的次序，不一定合理，但由其缺失而需要弥补、重建，这是与价值合理性相符合的。

孔老时处"礼崩乐坏"的时代，社会无序，伦理错位，臣弑其君，子弑其父，重利轻义。孔子对于这种违反伦理道德和礼

---

① 《老子》第18章。
② 《老子》第38章。

乐典章的事件，非常气愤：是可忍，孰不可忍！他要求做君主的要像君主的样子，做臣子的要像做臣子样子，做父亲的要像做父亲的样子，做儿子的要像做儿子的样子。这就是说君君、臣臣、父父、子子，各行其道，各尽其责，各安其位，各守其礼，这便是其伦辈名分的价值合理性。孔子对于传统伦理道德的破坏、断裂，既表示了强烈的不满，又显示了严重的忧患。作为当时维护国家秩序的典章制度的礼乐，既是社会伦理精神的体现，亦是人们行为规范。鲁大夫季孙氏僭用天子的礼乐。按当时的规定奏乐舞蹈，天子为八佾64人，诸侯六佾48人，大夫四佾32人（佾，朱熹注："舞列也，天子八，诸侯六，大夫四，士二。每佾人数，如其佾数，或曰每佾八人，未详孰是。"一是每佾人数与佾数相等；二是每佾人数固定为八人，不受佾数而变化。现一般采用后说，并以服虔《左传解谊》："天子八人，诸侯六八，大夫四八，士二八"为是）。季氏作为大夫只能用四佾，而他"八佾舞于庭"，是严重违制的行为。同时仲孙、叔孙、季孙三家，在祭祀祖先时僭用天子的礼，唱着只有天子祭祀时才能唱的《雍》这篇诗来撤除祭品。这是违反伦理精神和行为规范的非合理性的活动，孔子对此持严肃的批判态度，而试图重建伦理精神和道德价值的合理性。为此，孔子重视"正名"，他在回答子路治国以什么为先时说，要以纠正名分上的不合理为先，这是因为"名不正，则言不顺；言不顺，则事不成；事不成；则礼乐不兴；礼乐不兴，则刑罚不中；刑罚不中，则民无所措手足"①。名分上的不合理性就是指当时"礼崩乐坏"的季氏八佾舞于庭、觚不觚、君臣父子等违戾礼乐价值的不合理性的行为活动，这就造成了言语不顺理、事业不成功、礼乐不兴盛、刑罚不得当、人民的手足无所措的情境，社会就不会和谐安定。

---

① 《子路》，《论语集注》卷七，世界书局1936年版，第54页。

(二) 治心与治身

老子、孔子用正、负不同的方面批判"礼崩乐坏"的典章制度和伦理道德的价值不合理性，并从不同方面试图建构伦理精神和行为规范的价值合理性。尽管他们各自作出了努力和贡献，但无能为力作出超越时代情势的改变，因而当时收效甚微。然而随着时代的发展，孔子儒家的伦理精神和行为规范逐渐显现其价值的合理性。

就德礼教化与法律刑政而言，孔子做了一个诠释："子曰：道之以政，齐之以刑，民免而无耻；道之以德，齐之以礼，有耻且格"①。"道"作"导"，引导；政指法制禁令；礼指制度品节。《礼记·缁衣篇》载，子曰："夫民，教之以德，齐之以礼，则民有格心；教之以政，齐之以刑，则民有遁心。"管理国家和人民，以政法来引导，用刑罚来齐一，人民只是避免罪恶，而没有廉耻心；用道德来教导，以礼乐来齐一，人民不但有廉耻心，而且人心归服。"为政以德，譬如北辰，居其所而众星共之。"②以道德来管理国政，就好像北斗星一样，众星都围绕着它，归顺它。意谓用道德价值力量来感化人民，而不用繁刑重罚，人民自然归顺。

政刑是外在法制禁令和刑罚，属于他律，是对于人民违犯法制禁令行为的处理，刑罚加诸身，要受皮肉之苦，人们不再受牢狱之苦而逃避犯罪，可能起到治身的功效，但不能治心，没有道德的廉耻心，就没有道德礼教的自觉，还可能重新犯罪或作出违反典章制度、伦理道德的事。德礼的教化和引导，是培养人民道德操行品节的自觉性，使其自觉向善，自然不会作出触犯法制禁

---

① 《为政》，《论语集注》卷一，世界书局1936年版，第4—5页。
② 同上。

令和违戾礼乐制度的行为，自觉做到非礼勿视，非礼勿听，非礼勿言，非礼勿动，便能"克己复礼为仁"[①]。克制自己，使自己的视听言动都符合礼，就是仁。克制自己就属于自律，自律依靠道德自觉，而不靠他律法制禁令；克制自己是治心，树立善的道德伦理价值观，法制禁令只能治身，治身并不能辨别善恶是非，而不能不作出违反礼乐的行为；治心是治内，心是视听言动行为活动的支配者，有仁爱之心，有"己所不欲，勿施于人"的善心，这是根本、大本。治身是治外，外受制于内，所以治身相对治心而言是枝叶，根深叶茂，根固枝壮。这就是为什么需要培育伦理精神、行为规范的价值合理性的所在。

（三）民族与世界

在当前经济全球化，技术一体化、网络普及化的情境下，西方强势文化以各种形式、无孔不入地横扫全球，东方及其他地区在西方强势文化的冲击下，逐渐被边缘化，乃至丧失了本民族传统文字语言，一些国家、民族在实行言语文字改革的旗号下，走向西化，造成本民族传统文化的断裂，年青一代根本看不懂本国、本民族古代语言文字、经典文本、史事记载。一个民族、国家的思想灵魂的载体，民族精神的传承，自立的根本，是与这个国家、民族的固有传统文化分不开的。民族传统文化载体的丧失和断裂，随之而来的是这个民族的民族精神和民族之魂的沦丧，民族之根的枯萎。一个无根的民族，无民族精神的民族，无民族之魂的民族，只能成为强势民族的附庸，其民族精神、民族之魂也会被强势民族精神、民族之魂所代替。从世界多元文化而言，这种趋势的持续，是可悲的。

一个无文化之根的民族，其价值观念、伦理道德、思维方

[①]《颜渊》，《论语集注》卷六，世界书局1936年版，第49页。

式，乃至风俗习惯（包括传统节日）都可能被强势文化的价值观念、伦理道德、思维方式、风俗习惯所代替。当下所说的与世界接轨，实乃与西方强势文化接轨，这种接轨的结果，若按西方二元对立的思维定势来观照，必然导致非此即彼、你死我活的格局，强势文化要吃掉、消灭弱势文化，名之曰生存竞争，适者生存，为其强食弱肉的合理性作论证。民族精神、民族之魂，是这个民族之所以成为这个民族的根本标志，是这个民族主体性的凸显。世界是多元的，民族文化是多彩的。在世界文化的百花园中，多元民族文化竞放异彩，构成了绚丽多姿、生气盎然境域。这就是说，各民族文化思想、价值观念、伦理道德、思维方式、风俗习惯都是世界百花园中的一员或一份子，尽管当前有大小、强弱、盛衰之别，但应该互相尊重、谅解、友好、帮助，做到和生和长、和立和达。假如世界文化百花园中只有一花独放，只有一种文化思想、价值观念、伦理道德、思维方式、风俗习惯，那么，这个世界就是"声一无听，色一无文，味一无果，物一不讲"[①]的世界，不仅是可悲的，而且必走向毁灭。从这个意义上说，民族的即是合理的，多元的即是合法的。换言之，民族的即是世界的，世界的即是民族的，若无民族的也即无世界的。这就是民族精神和行为规范的价值合理性。

（四）传统与现代

自近代以降，西方列强疯狂地、卑鄙地侵略中华民族。中华民族出于人道主义的要求而抵制鸦片毒品贸易，西方列强竟然发动鸦片战争，中国被迫签订丧权辱国的不平等条约。此后各西方列强纷纷发动侵略战争，迫使清政府签订一个又一个丧权辱国的不平等条约，这就极大地刺痛中华民族，一批具有"国家兴亡，

[①] 《郑语》，《国语集解》卷十六，北京，中华书局2002年版，第472页。

匹夫有责"的使命感和担当感的有识之士,为救国救民,由君主立宪的变法而转为推翻君主专制的革命,他们的思想武器既有"中体西用"的,也有"西体中用"的。到了五四运动,他们在西方科学和民主的旗帜下,提出了"打倒孔家店"和"文学革命"、"道德革命"的口号,激烈地批判和打倒孔子和传统文化,这样便掀起了古今、中西、新旧之辩,实即传统与现代的论争。

陈独秀以非此即彼、二元对立的思维,提出:"要拥护那德先生,便不得不反对孔教、礼法、贞节、旧伦理、旧政治;要拥护那赛先生,就不得不反对旧艺术、旧宗教;要拥护德先生又要拥护赛先生,便不得不反对国粹和旧文学。"[1] 在左拥护、右拥护西方科学和民主的同时,便已承诺了西方科学和民主伦理精神和行为规范的价值合理性和合法性,否定了中华民族传统文化思想、伦理道德、文学艺术、政治礼法的价值合理性。在西方科学和民主的热潮中,中华民族的传统文化,特别是儒学面临着情感化的无情的打倒和批判。鲁迅在《狂人日记》中说:我翻开历史一查,"每页上都写着'仁义道德'几个字。我横竖睡不着,仔细看了半夜,才从字缝里看出字来,满本都写着两个字是'吃人'!"为此,打"孔家店"的老英雄吴虞便说:"孔二先生的礼教讲到极点,就非杀人吃人不成功,真是惨酷极了!一部历史里面,讲道德说仁义的人,时机一到,他就直接间接的都会吃起人肉来了。"[2] 中华民族传统的"仁义道德",不仅不具有价值合理性,而且是杀人吃人的"软刀子"和凶手!

在这种情境下,人们不可避免地把中华民族传统的"仁义道德"与西方现代的科学民主对立起来,在此两者之间,只能

---

[1] 陈独秀:《陈独秀文章选编》,三联书店1984年版,第317页。
[2] 《对于礼孔问题之我见》、《吴虞集》,四川人民出版社1985年版,第241页。

采取拥护一方而反对另一方的立场,而不能有其他选择,这就使中华民族自身的主体文化受到无情的炮轰。然而破了所谓"旧伦理"、"旧文学"、"国粹"、"旧艺术",由什么新伦理、新国粹、新艺术等来代替?其实文化、伦理、礼乐、文学、艺术就像黄河之水,大化流行,生生不息。传统文化的破坏,就像黄河的断流,不流的黄河就不成为黄河,中华民族丧失了传统文化,亦即不成为中华民族。民族文化是一个民族的标志和符号,是这个民族的民族精神的表现,是这个民族的民族之魂的载体。中华民族与其自身传统文化、伦理道德、价值观念、行为方式、风俗习惯等的关系,犹如人自身与其影子的关系,我们不能做"出卖影子的人"。德国一个年青人为了从魔术师那里换取"福神的钱袋",他出卖了自身无价之宝的影子,他虽然得到了用之不竭的钱袋,在金榻上睡觉,人们称他为伯爵先生,挽着美人的手臂散步,但他见不得阳光、月光乃至灯光,当人们发现他没有影子时,就会离开他,孩子们非难他,把他看成是没有影子的怪物。他终日忧心忡忡,毫无快乐可言,也失去了一切幸福,最后他宁愿放弃一切,不惜任何代价也要把影子赎回来。[①] 我出生在浙江温州,少时候大人告诉我们小孩,千万不要丢掉自己的影子,若丢了影子,就是给魔鬼摄去了,人就死了。所以小孩们在有光地方走路,总要回头看看自己的影子在还不在。这个"故事"启示我们:人不能为了钱财而出卖影子,换言之,一个民族也不能为了某种利益的需要而丢掉传统文化、民族之魂。

其实,一个民族的传统文化、民族精神、民族之魂已潜移默化地渗透到这个民族大众的血液里、行为中。它像孔子所说的

[①] [德]阿德贝尔特·封·沙米索(1781—1838)是德国浪漫主义作家。《出卖影子的人》(原名《彼得·史勒密的奇怪故事》),人民文学出版社1987年版。

"不舍昼夜"地与时偕行,不断地吮吸中外古今的文化资源,融突而和合为新思想、新观念或新儒学等。从"逝者如斯夫"来观照,每个阶段、时期的文化,都既是传统的又是现代的,至今概莫能外。因此,传统与现代决非断裂的两橛,亦非无关联的两极。传统与现代的核心及其关节点是人,"人是会自我创造的和合存在"。当现代人在体认传统文化、解读传统文本、诠释话题故事时,就赋予了传统文化、传统文本、话题故事现代性,从这个意义上说,传统的即是现代的,传统的伦理精神和行为规范便蕴涵着现代的价值合理性。

在道废与伦理、治心与治身、民族与世界、传统与现代的相对相关、冲突融合中,显示了中华民族伦理精神和行为规范价值的现代性、合理性和适应性。这就是说,虽然为道屡迁,但能唯变所适。中华民族的伦理精神和行为规范在与时偕行的诠释中,不断地开出新意蕴、新内涵,而成为当今需弘扬的伦理精神和行为规范。

三

中华民族伦理精神和行为规范既在现代理性法庭上宣布了自己价值的合理性,那么,价值合理性必须在伦理精神和行为规范中寻找自己适当的或应有的位置,以表现自己的内涵、性质、价值和功能。山东曲阜孔子研究院发起编纂《中华伦理范畴》丛书,从中华民族伦理道德中撷取仁爱忠恕礼义、廉耻中信和合、善勇敬慈诚德、孝悌勤俭修志、圣公洁贞敏惠、乐毅庄正平温、友强容智道顺、良格省新恭直、博节健实恒明、忧质行美刚气等60个德目进行探讨研究,有致广大而尽精微之志,求弘道统而高素质之效,其志其效可敬可佩。

作为总序,不可能简述此60个德目,而只能从中华民族伦理范畴的"竖观"、"横观"、"合观"的"三观"中，呈现中华民族伦理精神和60个德目的特质：即伦理范畴的逻辑结构性，范畴的思维整体性，范畴的形态动静性，范畴历时同时的融合性，范畴的内涵生生性，构成了中华民族伦理精神和行为规范价值合理性的谱系和血脉。

（一）伦理范畴的逻辑结构性

伦理范畴的逻辑结构，并非是观念、心意识或瞬间的杜撰，也非凭空的想象，而是中华民族长期对于人与自然（宇宙）、人与社会、人与人、人的心灵之间融突以及其互相交往活动的协调、和谐的体认，是对于国与国、民族与民族、文明与文明之间交往活动融突而后和合、平衡协调处置的体悟，而后提升为伦理概念范畴。

中华民族伦理范畴尽管多元多样，但有其一定的逻辑结构。所谓逻辑结构是指中华民族概念范畴的逻辑发展及诸范畴间内在的联系，是在一定社会经济、政治、文化、思维结构中，所构建的相对稳定的结构方式。① 伦理作为一种理论思维形态和行为交往规范，是凭借概念、范畴、模型等逻辑结构形式，有序地整合各信息的智能过程。伦理概念既显现了生存世界事物元素的类别形态，又体现了意义世界意义主体的价值追求，这才是合理的，才能在逻辑世界（可能世界）中现实地存在着，并释放其虚拟功能。范畴是概念的类，它间接地显现生存世界事物类别之间的关系，体现意义世界中的价值追求，呈现逻辑世界中的合用原则。伦理范畴只有满足两方面需求，才是合用的：一是在体认上显现了事物类别形态间的关系网络；二是在践行上体现了意义主体对价值的追求。否则范畴将被主体从智能活动中淘汰出去，成

---

① 参见拙著《中国哲学逻辑结构论》，中国社会科学出版社1989年版，2002年修订版，第1—57页。

为纯粹的、历史的文字形式。

中华民族伦理精神和行为规范价值合理性宗旨,是止于和合、和谐。和合、和谐是伦理精神的价值核心。由此核心而展开伦理范畴的逻辑次序,按照和合学的"三观"法,伦理范畴是遵循人心——家庭——人际——社会——世界——自然的顺序逻辑系统。《大学》"在明明德,在亲民,在止于至善"三纲领和格物、致知、诚意、正心、修身、齐家、治国、平天下八条目中,其修身以上属内圣修养功夫,正心以上又可作为所以修身的内容和根据,修身以下是外王功夫,是可践履的措施。修身是从内圣至外王的中介,它把内圣与外王"直通"起来,而没有"曲成"的意蕴。诚意、正心是修心的伦理范畴。

人心是中华民族伦理范畴逻辑结构顺序的起点、关键点。朱熹认为君主正心就能正朝廷,朝廷正就能正百官,百官正就能正万民,万民正就能正天下。淳熙十五年(1188),朱熹借"入对"之机,要讲"正心诚意",朋友们劝戒说"'正心诚意'之论,上所厌闻,戒勿以为言,先生曰:'吾生平所学,惟此四字,岂可隐默以欺吾君乎!'"[①] 朱熹认为帝王的心术是天下万事的大根本,国家盛衰、政治好坏、社会邪正均取决于帝王的心术。他说:"人主之心一正,则天下之事无有不正,人主之心一邪,则天下之事无有不邪。如表端而影直,源浊而流污,其理必然者。"[②] 又说:"故人主之心正,则天下之事无一不出于正,人主之心不正,则天下之事无一得由于正。"[③] 朱熹出于忧患意识,而直指正君心,以此为大根本。对于每个人来说,心也是自己为人处事的大根本,心的邪正、善恶是支配自己行为活动的原动

---

① 黄宗羲:《晦翁学案》,《宋元学案》卷四十八,第1498页。
② 《己酉拟上封事》、《朱熹集》卷十二,四川教育出版社1996年版,第490—491页。
③ 《戊申封事》、《朱熹集》卷十一,第462页。

力，心善而行善，心正而行正，心邪而行邪，心恶而行恶。

孟子从性善出发，主张"人皆有不忍人之心，先王有不忍人之心，斯有不忍人之政"①。什么是不忍人之心？孟子举例说，有人突然看见一个小孩要跌到井里去，人人都会有同情心，这种怵惕恻隐的心，不是为了与小孩的父母结交，也不是为了在乡里朋友中博取名誉，亦不是厌恶小孩的哭声，而是出于每个人都普遍具有的怜恤别人的心情。这样看来，如果一个人没有同情心、羞耻心、辞让心、是非心，简直不是个人。此四心依次便是仁、义、礼、智的萌芽。这是从尽心知性、存心养性的视阈来讲心的。心应具有仁、义、礼、智、正、诚、爱、志、善的伦理道德范畴。这些范畴既是人的心性修养，也是处理人与自然、社会、人际、心灵、文明间交往的原则、规范。

仁与义，是指族类情感与合宜理性。中华民族生存方式是在族类群体性交往活动中实现族类亲情或泛爱众，"人皆有不忍人之心"，便是仁者爱人的世俗族类情感的内在心性根据。人从自我主体或类主体出发，施爱于他者或天地万物，构成他者和天地万物一体之仁的系统。在人类仁爱的情感中，蕴涵着人在天地万物中主体伦理价值的实现。义是指个体和类主体施爱于自我、他人、自然、社会、文明的"合当如此"和有序有度的合宜，是伦理价值的合理性。此其一。其二，仁与义是指为人的价值取向与为我的价值取向。仁为爱人，爱他人、他家、他国。义是端正自我，注重自我道德、人格、情操的修养。从伦理精神来观，仁是由内在心性外推，由己及人及物，义是由外在需求而内化端正自我。其三，仁与义是指理想人格与价值标准。作为仁人在任何情况下都不违仁，乃至"杀身成仁"。义是当个体利益与整体利益发生冲突时，为实现伦理价值理想，而"舍生取义"。

---

① 《公孙丑上》，《孟子集注》卷三，世界书局1936年版，第24页。

诚，《大学》讲诚意、意诚。朱熹注："诚，实也。意者，心之所发也。"他在《中庸》注中说："诚者，真实无忘之谓。"人之伦理道德意识应是诚实不欺之心，即真心，从真心出发而有真言、真行，而无谎言、欺诈。无论是程颐说诚应"实有是心"，还是王守仁说的"此心真切"，都是指真心实意。

真诚的伦理精神是止于善。朱熹说："实于为善，实于不为恶，便是诚。"① 真实无妄的心，即是善心。孔子讲"己所不欲，勿施于人"的心，孟子讲的四端之心，皆为善心，而与邪恶之心相冲突。而需改恶从善，"化性起伪"，以达人心和善。

人生于父母，与父母有着不可分的血缘基因的关系，便构成一个家庭。家庭内父母、兄弟、姐妹、夫妇、子女的交往是最频繁的、最亲密的，因为人一生下来，便首先面对家庭成员，并成为家庭中的一员，形成家庭成员间的伦理关系。一个人的意诚、心正、身修的道德节操品行，首先便体现在家庭伦理的行为规范之中。"商契能和合五教，以保于百姓者也。"② 契是商的始祖，帝喾的儿子，舜时佐禹治水有功，封为司徒。五教是指"父义、母慈、兄友、弟恭、子孝，内平外成"，"舜臣尧……举八元，使布五教于四方，父义、母慈、兄友、弟恭、子孝"③。于是孝、悌、恭、慈、友、贞等，意蕴着家庭伦理精神和行为规范的价值合理性。

伦理范畴的逻辑结构由人心和善到家庭和睦，推演到人际和顺。孟子讲："人之有道也，饱食暖衣，逸居而无教，则近于禽兽。圣人忧之，使契为司徒，教以人伦：父子有亲，君臣有义，夫妇有别，长幼有序，朋友有信。"④ 此意蕴亦见于《尚书·舜

---

① 《朱子语类》卷六十九。
② 《郑语》，《国语集解》卷十六，中华书局2002年版，第466页。
③ 《左传》文公十八年，《春秋左传注》，中华书局2002年版，第638页。
④ 《滕文公上》，《孟子集注》卷五，世界书局1936年版，第39页。

典》:"契,百姓不亲,五品不逊,汝作司徒,敬敷五教,在宽。"这样便从家庭的父子、兄弟、夫妇关系扩大为君臣、朋友、老幼的人际交往活动的伦理关系及其道德原则和行为规范,君臣关系是父子关系的扩展,所以父、君对子、臣是义,子、臣对父、君是孝、忠。在家为孝子,在国为忠臣,"孝子出忠臣"。在这里仁义礼智既是心的修养,也体现为人际关系的行为规范。"子张问仁于孔子。孔子曰:'能行五者于天下为仁矣。''请问之。'曰:'恭、宽、信、敏、惠。恭则不侮,宽则得众,信则人任焉,敏则有功,惠则足以使人。'"① 此五德目作为仁的伦理精神和道德规范的体现,仁由心的修养,行之家庭,进而人际之仁;孝由家庭的伦理行为规范,而推之敬的人际伦理;孝若作为能养父母来理解,就与犬马无别,其别在于孝敬。敬作为伦理道德规范,既是对父母的,也是对他人的、社会的。

人际的伦理道德关系,构成一个社会的基本关系,仁、义、礼、智、信伦理道德进入社会,也成为社会的伦理原则和行为规范。孔子和孟子都认为治理国家社会最佳选择是德治。"以德服人者,中心悦而诚服也。"② 德治的核心是"仁政",孟子认为,如果"以不忍人之心,行不忍人之政,治天下可运之掌上"。③ "仁政"根本措施是"制民之产",使民有恒产而有恒心,即给人民五亩之宅,种桑树,养家畜,50和70岁就可以衣帛食肉了,物质生活就有了保障,此其一;其二,"王如施仁政于民,省刑罚,薄税敛,深耕易耨"④;其三,如行仁政,便会成为世人所归,"今王发政施仁,使天下仕者皆欲立于王之朝,耕者皆欲耕于王之野,商贾皆欲藏于王之市,行旅者皆欲出于王之涂,

---

① 《阳货》,《论语集注》卷九,世界书局1936,第74页。
② 《公孙丑上》,《孟子集注》卷三,第23页。
③ 同上书,第25页。
④ 《梁惠王上》,《孟子集注》卷一,第4页。

天下之欲疾其君者皆欲赴愬于王。其若是，孰能御之！"①仕者、耕者、商贾、行旅等都到齐国发展，齐国便可迅速强大起来；其四，加强伦理道德教化。"谨庠序之教，申之以孝悌之义，颁白者不负于戴于道路矣"②，"壮者以暇日修其孝悌忠信，入以事其父兄，出以事其长上"③。这样，人民安居乐业，遵道守礼，社会安定和谐。

《管子》认为，国家社会的倾与正、危与安、灭与复同伦理道德有重要关系，被视为国之四维。"国有四维，一维绝则倾，二维绝则危，三维绝则覆，四维绝则灭……何谓四维，一曰礼，二曰义，三曰廉，四曰耻。"④"四维张，则君令行"，"四维不张，国乃灭亡"⑤。四维乃国家命运所系，所以"守国之度，在饰四维"⑥。这是国家社会和谐稳定、长治久安的保证。

伦理的范畴逻辑结构由治国而进入平天下。"天下"观念，可理解为当今的"世界"。汉语世界是从佛教语汇中吸收来的，梵文为loka，音译"路迦"。《楞严经》四，"何名为众生世界？世为迁流，界为方位。"世即为过去、未来、现在三世，界为东南西北、东南、西南、东北、西北、上下，是时间和空间的概念，相当于宇宙的概念；后汉语习用为空间的概念，相当于天下。世界（天下）是由各地区、各国、各民族、各种族组成的，它们之间尽管存在强弱贫富、社会制度、价值观念、宗教信仰、风俗习惯等的差分和冲突，而需要遵循国际道义规范。得道多助，失道寡助。国际道义即国际伦理要公平、正义、和平、合

---

① 《梁惠王上》，《孟子集注》卷一，第7页。
② 同上书，第8页。
③ 同上书，第4页。
④ 《牧民》，《管子校正》卷一，世界书局1936年版，第1页。
⑤ 同上。
⑥ 同上。

作。不杀人的仁恕伦理，不偷盗的公平伦理，不说谎的诚信伦理，不奸淫的平等伦理，以建构和谐世界。

人类世界和谐的和，即口吃粟，"民以食为天"，人人有饭吃，天下就太平；谐，从言皆声，可理解为人人能发声讲话，天下就安定。前者是人的生存权，后者是言论自由权。两者具备，在古代就可谓和谐世界。然而近代以来，人类对宇宙自然征伐加剧，使自然天地不堪重负，生态失去了平衡，造成环境污染，资源匮乏，土地沙化，疾病肆虐，天灾频发，人与自然的冲突愈来愈尖锐。人与宇宙自然应该建构道德的、中庸的、仁爱的、和美的伦理规范，在天地万物与吾一体的视阈中，"仁民爱物"，"民吾同胞，物吾与也"[①]。天为父，地为母，天地宇宙自然是养育人类的父母，人类也应以对待自己的父母一样对待宇宙自然，在自然伦理、环境伦理、生态伦理中，规范人类行为，建构天人共和共乐的和美天地自然。

伦理范畴的各德目，可按其性质、内涵、特点、功能，依逻辑层次安置。在整个逻辑结构层次间可以交叉互通；在一个逻辑结构层次内既有中华伦理精神德目，也有伦理行为规范德目，以及道德节操、品格、修养等德目。

（二）伦理范畴的思维整体性

中华伦理范畴的思维整体性是指以某个范畴为核心，以表现思维主体与思维对象内在整体或外在整体的概念范畴群或概念范畴之网，进而凸显思维主体与思维对象内在和外在的规定、关系以及其间的互相联系、渗透、会通、融突等形式。由于伦理范畴的性质、功能的差分，可以构成几个概念范畴群，诸概念范畴群的殊途同归，分殊而理一，构成中华伦理范畴的整体性。

[①] 《正蒙·乾称篇》，《张载集》，中华书局1978年版，第62页。

中华伦理范畴思维整体性的根据，是天地万物与吾一体的整体性思维模型，它纵贯、横摄、和合由人心到自然六个逻辑结构层次；它沉潜于中华民族心灵结构、价值观念、伦理道德、审美意识、行为规范、风俗习惯之内，表现在主体的对象化与对象的主体化之中。这种伦理范畴的整体性的思维模式，在伦理主体的客体化与客体的伦理主体化，人的对象化、物化与对象、物的人化，即在人化与物化中，把伦理主体与客体、对象、自然圆融起来，使客体、对象、自然具有了人的形式，于是天地自然便是人化了的天地自然，从而使中华伦理范畴具有天地万物与吾一体的整体性，因此，中华伦理范畴能贯通、圆融为整体。

范畴的思维整体性，并非排斥思维差分性，物以类聚，人以群分，群分才有类聚，群分是类聚的体现，类聚是群分的归宿。60 德目可分为六个逻辑结构层次，此六个逻辑结构层次即构成六个群。如人心伦理范畴目群的爱、良（知）、耻、善、志、毅、格、省、正（心）、省、诚、乐、圣、忧等；家庭伦理范畴德目群的孝、悌、慈、敬、勤、俭、友、贞、温等；人际伦理范畴德目群的仁、义、礼、智、信、恭、宽、敏、惠、恕、直、中、宽等；社会伦理范畴德目群的忠、廉、德、公、洁、庄、勇、节、健、实、恒、明、质、行、刚、气等；世界伦理范畴德目群的和、合、强、美等；自然伦理范畴德目群的顺、道、和等。这种德目群的划分是相对的，而非绝对，其间许多伦理范畴德目是互渗、互补、互换、互转的，譬如善作为善心、善意、善良、善动机是心的伦理范畴，作为善行、善处、善举、善事便是家庭、人际、社会、世界的伦理范畴；又譬如和，作为人心伦理范畴为和善，作为家庭伦理范畴要和睦，作为人际伦理范畴为和顺，作为社会伦理范畴为和谐，作为世界伦理范畴为和平，作为自然宇宙伦理范畴为和美。和美即是各美其美，美人之美，美美与共，天人和美的境界，这是和的终极价值和终极境界。

22

由此群分伦理范畴,方聚为整体性的类的伦理范畴系统,这种系统的思维形式,彰显了中华伦理范畴的思维整体性。

(三)伦理范畴的形态动静性

如果说中华伦理范畴的逻辑结构性,揭示了伦理范畴之间的关系、性质及其逻辑次序、结构方式,直面逻辑意蕴;伦理范畴的思维整体性,呈现伦理范畴内在与外在德目群以及其间的互相联系、渗透、会通、融突的形式,直面思维模式,那么,伦理范畴的形态动静性,是指伦理范畴一种存有的状态,它直面状态形式。

中华伦理范畴随着历史时代的发展,变动不居,为道屡迁,呈显为四种形态:动态形式,静态形式,内动外静形式,内静外动形式。

就"气"伦理范畴而言,殷商至春秋,气是云气、阴阳之气、冲气,具有自然性,伦理性缺失。因而许慎《说文解字》释为:"气,云气也,象形。"云气之形较云轻微,其流动如野马流水,多层重叠。甲骨文气亦可训为乞求、迄至、终迄等意思。气后来作氣,《说文》释:"氣,馈客刍米也,从米气声。"馈客刍米,是天子待诸侯之礼。《左传》认为气导致其他事物的变化,分为阴、阳、风、雨、晦、明六气,过了便生寒、热、末、腹、惑、心疾病,以六气解释自然、社会、人生各种现象产生的原因,从中寻求其间联系的秩序,避免失序。《国语》认为阴阳二气失序,就会发生地震等灾异,乃至亡国。战国时,气由自然性向伦理性转变,如果说儒家孔子以气为血气、气息的话,那么,孟子提出"浩然之气",它与"义"、"道"相配合,它集义所生,具有伦理道德意蕴,主体通过"善养"的道德修养,来充实扩充,以塞于天地之间。它既是动态形成,亦是内动外动形式。

秦汉时期，《黄帝内经》、《淮南子》、扬雄、张衡、王充等继承先秦气的自然性，而发为元气、精气，探索阴阳调和的原理，基本属内静外动形式。《淮南子》认为阴阳、天地及人的形、气、神的合和协调是万物和人发展变化的原因。"执中含和"是社会稳定、人民和谐的原则。董仲舒认为气既具有自然性，亦具有情感性、道德性，"阴阳之气，在上天，亦在人。在人者为好恶喜怒，在天者为暖清寒暑。"① 从人体结构看，腰之上下分阳阴；从伦理精神言，阳气"博爱而容众"，阴气"立严而成功."。"君臣、父子、夫妇之义，皆取诸阴阳之道。"② 其间虽有阳贵阴贱、阳尊阴卑之别，但最终要达到阴阳"中和"的境界。"中和"是天地间终极的伦理精神。扬雄认为人性善恶混，修善为善人，修恶为恶人，"气也者，所以适善恶之马也与？"③。去恶从善，要依阴阳之气的变化而修身养性。

魏晋南北朝时期，气继续沿着自然性和伦理性演化外，由于受玄学、佛教、道教的横向影响，气的涵义向生命本原、物的实质、行气养生、道德修养乃至入禅工夫开展。隋唐时，佛道日盛，儒教渐衰。然而从王通到韩愈、柳宗元、刘禹锡，他们把气纳入伦理道德领域，凸显"和气"、"灵气"、"正气"、刚健纯粹之气的伦理精神。

宋元明时，是中国学术思想的"造极期"。理既是天地万物的终极根据，又是人类社会的终极伦理。程（颐）朱（熹）虽以理先气后，但气是理的挂搭处、安顿处。二程（程颢、程颐）认为，气有清浊、善恶、纯繁之分，"唯人气最清"，但人的气

---

① 《如天之为》，《春秋繁露义证》卷十七，中华书局1992年版，第463页。

② 《基义》，《春秋繁露义证》卷十二，中华书局1992年版，第350页。

③ 《修身》，《法言义疏》五，中华书局1987年版，第85页。

质有柔刚。由于"气有善、不善"①。不善的就是恶气。人的道德品质的善恶便来源于气禀，禀得至清之气为圣人，禀得至浊之气为愚人。但人可以通过学习，改变气质，复性为善。朱熹绍承二程，认为阴阳之气，变化无穷，其动静、屈伸、往来、升降、浮沉之性未尝一日相无。气蕴含着清浊、昏明、纯驳的成分，禀清明之气而无物欲之累为圣人，禀清明之气而未纯全而微有物欲之累为贤人，禀昏浊之气而又为物欲所蔽为愚、为不肖。圣贤愚之分决定于禀气不同，人之伦理精神、道德行为规范亦来自先验的禀气。元代许衡学本程朱，他认为阴阳之气表现为五行之气，体现天地之德，五行之性。天地阴阳五行之气有仁义礼智信五德、五性，人相应地有五德和君臣、父子、夫妇、长幼、朋友五伦：仁是温和慈爱，义是决断合宜，礼是敬重为长，智是分辨是非，信是诚实无欺。人的伦理道德品格来自气禀。吴澄学本程朱，他认为人因阴阳五行之气而有形，形之中具有"阴阳五行之理，以为健顺五常之性"(《答田副使二书》,《吴文正公集》)。五常指仁义礼智信道德规范，以及君臣、父子、兄弟、夫妇、朋友五行之理。五常中仁、礼为健、为阳，义、智为顺、为阴，信兼两者之性。五行之理中君、父、兄、夫为尊、为阳，臣、子、弟、妇为卑、为阴，朋友兼两者之理。以阴阳五行之气探究五常五伦道德精神及其行为规范。

明清时，程朱道学来自心学和气学两方面的挑战。湛若水批评朱熹把道心与人心二分的观点，认为"人心道心，只是一心"，那种把道心说成出乎天理之正，人心出乎形气之私是不对的。论心，是就心与气不离而言，道心是指形气之心得其正而已，不是别有一心。王守仁集两宋以来心学之大成，以"良知"为心之本体，以心的良知论气，认为"元

---

① 《河南程氏遗书》卷二十一下，中华书局1981年版，第274页。

气、元精、元神"三位一体，构成气为良知流行动静的思想，良知是一种伦理精神和道德意识，良知只是一种未发之中的状态，静而生阴，动而生阳，阴阳一气也，动静一理也，良知蕴含动静阴阳，元气作为良知的流行，或为善，或为恶，受志的制约，志立气和，养育灵明之气，去昏浊习气，便能神气清明，心与万物同体，良知湛然灵觉，而达仁人圣人道德终极价值境界。

王廷相继承张载"太虚即气"的思想，批评程朱理本论。他认为气为造化的宗枢，气有阴阳动静，它是万物的根源，有气有天地，有天地而有夫妇、父子、君臣，然后才有名教道德的建立。吴廷翰批评程朱陆王，认为人为气化所生，气凝为体质为人形，凝为条理为人性，"性之为气，则仁义礼知之灵觉精纯者是已"①。仁义礼智的灵觉既是阴阳之气，亦是道德精神，所以他说："天为阴阳，则地为柔刚，人为仁义，本一气也。"② 天地人三才为气，阴阳、柔刚、仁义本于气。王夫之集气学之大成，"理即是气之理，气当得如此便是理，理不先而气不后，天之道惟其气之善，是以理之善"③。气是根源范畴，源枯河干，无气即无心性天理。阴阳浑合、交感，合为一气，气有动静，动静为气之几，方动而静，方静而动，静者静动，非不动。气处于变化日新之中，"气日新，故性亦日新"④。气规定着人性的善恶价值。人性即气质之性，气是人的生命之源，质是气在人身的凝结，气无不善，性无不善；质有清浊厚薄不同，所以有性善与不

---

① 《吉斋漫录》卷上，《吴廷翰集》，中华书局1984年版，第24页。
② 同上书，第17页。
③ 《读四书大全说》卷十，《船山全书》第六册，岳麓书社1991年版，第1052页。
④ 《读四书大全说》卷七，《船山全书》第六册，岳麓书社1991年版，第860页。

善之别。王夫之以气为核心,诠释人性的伦理道德之理。戴震接着王夫之讲:"气化流行,生生不息,仁也。"① 气化生人物以后,而各有其性,并有偏全、厚薄、清浊、昏明之别,气是人性的来源和根据,有仁的伦理精神,便互涵为义、礼、智、诚伦理道德和行为规范。这便是戴震所说的以"理言"与以"德言",前者指仁义礼之仁,后者指智仁勇之仁,其实为一。

中华伦理范畴是动中有静,静中有动,动为静动,静为动静,动静互涵、互渗、互补、互济,而使中华伦理范畴结构、内涵、形态通达完满境界。

(四) 伦理范畴历时同时的融合性

中华伦理范畴的形态动静性,侧重于范畴历时态的演化,其纵观与横观、历时态与同时态是互相融合、互相促进,而达相得益彰的状态。伦理各范畴之间上下左右、纵横异同,错综复杂,构成一网状形态,网上的每个纽结,都是上下左右的凝聚点、联络点、驿站,再由此凝聚点、联络点、驿站向四周辐射、扩散,构成一畅通无阻、四通八达的范畴逻辑之网。从这个意义上说,伦理范畴是人们对于宇宙、社会、人际、心灵之间关系长期生命体认的结晶,是对于个人、家庭、国家、民族之间关系深沉智慧洞见的提升。

每个伦理范畴的形态动静运动,都处于历时态和同时态之中。历时态和同时态可以养育、发展、丰富伦理范畴,也可以使其破坏、废弃、断裂。因而协调、融突好伦理与政治、经济、文化的关系,理性地调整、平衡好伦理范畴之网各方面关系,是使伦理范畴在历时和同时态中不遭破坏、废弃、断裂的措施。在这里,协调、融突、调整、平衡、蕴含价值观念、思维方法,由于

---

① 《仁义礼智》,《孟子字义疏证》卷下,中华书局1961年版,第48页。

价值观念和思维方法的偏激，亦会造成伦理道德范畴被批判、扔掉、打倒，导致中华伦理精神伦丧、行为规范迷失，乃至人们手足无所措，礼仪之邦而无礼仪的状况。

礼作为伦理范畴，是在历时性和同时性中得以体现的，礼的起源，历来众说纷纭：一是事神致福说。许慎《说文解字》："礼，履也，所以事神致福也。"《礼记·礼运》认为礼之初是致其敬于鬼神，王国维诠释为"奉神之酒醴谓之醴"，"奉神人之事通谓之礼"①。礼是奉神致福的祭祀行为，祭祀鬼神的仪式，有一定礼仪之规，后便约定俗成为礼。二是礼尚往来说。《礼记·曲礼》："礼尚往来，往而不来非礼也，来而不往亦非礼也。人有礼则安，无礼则危。"② 礼尚往来包含"礼物"和"礼仪"两个层面，礼物往来是物品交易活动，礼仪是交往规范。三是周公制礼作乐说。孔子说，殷因于夏礼，周因于殷礼，可见夏商已有其礼，周公在损益夏商之礼后而作周礼。四是礼皆出于性。栗谷（李珥）在《圣学辑要》中引周行已的话："礼经三百，威仪三千，皆出于性。"③ 礼出于本真的人性，而非出于伪装饰情或礼品交换行为。礼在历时性和同时性中都有不同的体认，但一般都把它作为礼仪行为规范。

孔子处"礼崩乐坏"的时代，礼仪行为规范遭严重破坏，不仅礼乐征伐自诸侯出，而且子弑父、弟弑兄等违礼的行为层出不穷，致使孔子是可忍，孰不可忍！在这个同时态中，本来作为"天之经也，地之义也，民之行也"，"上下之纪，天地之经纬

---

① 王国维：《释礼》，《观堂集林》卷六，《王国维遗书》（一），上海古籍书店1983年版，第15页。

② 《曲礼上》，《礼记正义》卷一，中华书局1980年版，第1231—1232页。

③ 《圣学辑要》（二），《栗谷全书》（一）卷二十，韩国成均馆大学校大东文化研究院1985年版，第442页。

也，民之所以生也"的礼，已与揖让、周旋之礼有别。前者已超越礼的形式，即仪的揖让、周旋的层次，而提升为天经地义、民之所以生的形而上终极层次，赋予礼以终极价值。孔子是在这样的时态中，体认礼的价值，呼喊不可"违礼"。然而，礼作为"国之干"也好，"身之干"也好，"所以正民"也好，都是主体人外在的东西，是以外在的力量规定礼的性质、作用、功能，以及主体人应如何的行为规范，并非出于主体人自身的自觉。为了使外在的礼的行为规范成为主体人的自觉的行为活动，必须获得内在伦理精神、道德意识的支撑，于是孔子援入仁的伦理道德范畴，并以仁为礼的本质的体现。"子曰：'人而不仁，如礼何？'"[①] 无仁，如何来对待礼仪制度，这是化解外在违礼行为与内在道德意识分裂、紧张的一种选择，只有把道德意识与行为规范、内与外、仁与礼融合起来，置于同时态的状态中，礼才能转化为一种主体自觉的道德行为。孔子说："克己复礼为仁，一日克己复礼，天下归仁焉。为仁由己，而由人乎哉？"[②] 一切违礼的行为都出于某种私利、权力、功利的欲望，克制自己的欲望，使自己的行为自觉地符合礼，凡非礼的都不去视听言动，就是仁，这样仁与礼圆融。既然实践仁的道德全凭自己的自觉，那么，实践礼的道德规范也出于自己的自觉。这样，外在礼的他律性同时也具有了内在的道德自律性。

仁与礼在同时态的互渗、互补中，又在历时态的演变中，获得了丰富和发展。孟子绍承孔子，他把仁义礼智都纳入伦理精神、道德意识中。他认为"人皆有不忍人之心"，所谓不忍人之心是指人人皆有怵惕恻隐的心。由此看来如果一个人没有恻隐心、羞恶心、辞让心、是非心，简直就不像个人，"恻隐

---

① 《八佾》，《论语集注》卷二，世界书局1936年版，第9页。
② 《颜渊》，《论语集注》卷六，第49页。

之心，仁之端也；羞恶之心，义之端也；辞让之心，礼之端也；是非之心，智之端也"①。礼作为辞让之心，是人作为一个人所不能欠缺的，否则就是"非人也"，这就是说，礼的伦理精神是"人皆有"的道德心，是人性所本有的。礼的辞让之心的自然流出，即是主体道德心自觉又自然的表现。这样孔子的"仁者爱人"和孟子的"人皆有不忍人之心"，在"礼崩乐坏"、天下无道的情境下，为"复礼"的合法性、合理性作了理论的诠释。

如果说孟子从人性善的价值观出发，导向内律与外律、仁与礼的圆融，那么，荀子从人性恶的价值观出发，导向外律的礼与法的圆融。这种圆融，孟子实以仁节礼，仁体礼用；荀子援法入儒，以儒为宗，以礼统法。荀子认为礼有五方面的性质和功能：(1)作为行为规范而言，礼是衡量人之好坏的标准，国家有道无道的尺度，治国的规矩。他说："礼者，人主之所以为群臣寸、尺、寻、丈检式也。"②"礼之所以正国也，譬之犹衡之于轻重，犹绳墨之于曲直也，犹规矩之于方圆也，既错之而人莫之能诬也。"③"降礼贵义者其国治，简礼贱义者其国乱。"④ 这是国家强弱的根本；从这个意义上说，礼是政事的指导，是处理国政的指导原则："礼者，政之面挽也。为政不以礼，政不行矣。"⑤(2)作为伦理道德而言，礼体现了伦理精神和道德行为。"礼也者，贵者敬焉，老者孝焉，长者弟焉，幼者慈焉，贱者惠焉。"⑥在人伦关系上，对贵、老、长、幼、贱者，要尊敬、孝顺、敬

---

① 《公孙丑上》，《孟子集注》卷三，世界书局1936年版，第25页。
② 《儒效》，《荀子新注》，第111页。
③ 《王霸》，《荀子新注》，第171页。
④ 《议兵》，《荀子新注》，第233页。
⑤ 《大略》，《荀子新注》，第445页。
⑥ 同上书，第442页。

爱、慈爱、恩惠，体现了忠孝仁义的道德原则，并使之定位，"礼以定伦"①，即指君臣、父子、兄弟、夫妇之伦，都能遵守符合其伦的道德规范；(3) 作为礼的性质来看，"礼有三本，天地者，生之本也。先祖者，类之本也。君师者，治之本也。"② 三者是生存、人类、治国的根本。礼有三本而有分与别，"辨莫大于分，分莫大于礼，礼莫大于圣王"③。人与人之间的分别，最重要的是礼，即等级名分。"礼也者，理之不可易者也。乐合同，礼别异。"④ 礼体现着贵贱上下的等级差分，这是其不可改变的原则。这个不可易者，便是终极之道。"礼者，人道之极也。"⑤ (4) 作为可操作的礼仪制度，包括婚、葬、祭等各种礼仪，如"亲近之礼"，男子亲自到女方迎娶的礼节。"丧礼者，以生者饰死者也。"⑥ 但"五十不成丧，七十唯衰存"⑦。(5) 作为礼与法的关系来看，"礼义生而制法度"⑧。"明礼义以化之，起法正以治之。"⑨ 以礼义变化本性的恶，兴起人为的善，并以法度来治理。治国的根本原则，在礼与法，"明德慎罚，国家既治四海平"⑩。礼法兼施，"隆礼尊贤而王，重法爱民而霸"⑪。前者可以称王于天下，后者可以称霸于诸侯。这种礼法融合的礼治模式，开出汉代"霸王道杂之"的"汉家制度"，凸显了中华

---

① 《致士》，《荀子新注》，第226页。
② 《礼论》，《荀子新注》，第310页。
③ 《非相》，《荀子新注》，第56页。
④ 《乐论》，《荀子新注》，第338页。
⑤ 《礼论》，《荀子新注》，第314页。
⑥ 同上书，第322页。
⑦ 《大略》，《荀子新注》，第442页。
⑧ 《性恶》，《荀子新注》，第393页。
⑨ 《性恶》，《荀子新注》，第395页。
⑩ 《成相》，《荀子新注》，第416页。
⑪ 《天论》，《荀子新注》，第277页。

伦理范畴历时态与同时态的融合性。

（五）伦理范畴的内涵生生性

中华伦理范畴大化流行，生生不息。"天地之大德曰生"，"生生之谓易"。天地间最根本、最伟大的德性，就是生生。生生是为变易，生生的变易是新事物、新生命不断的化生。换言之，即是中华伦理新范畴的化生和范畴新内涵的开出。

从孔子"仁"的伦理范畴新内涵的开出表层结构的具体意义，深层结构的义理意义及整体结构的真实意义来看仁内涵的生生性。就表层结构而言，仁是爱人，《论语》"爱人"三见，讲治国要爱护百姓，君子学道则爱人，其基本语义是人与人之间关系的一种行为规范或道德标准。进而如何实践"仁者爱人"，孔子要求从自己做起，"为仁由己"，从正面说自己"欲立"、"欲达"，也使别人"立"和"达"；从负面说，"己所不欲，勿施于人"。"己欲"与"己所不欲"，"立人达人"与"勿施于人"，从正负两个方面说明实践"仁者爱人"的要求。

"为仁由己"，要求每个人要"克己"，即约束自己，使自己的视听言动合乎礼，这便是仁，如何进行仁的道德修养？从正面说"刚毅木讷近仁"①，是正面的应然价值判断，从负面说"巧言令色，鲜矣仁"②，这是负面的不应然价值判断。由自己的道德修养"仁"，推致家庭的父子、兄弟、夫妇之间，便是"孝弟也者，其为仁之本与"③，再由家庭推致天下，"能行五者于天下为仁矣"④。此五者便是指恭、宽、信、敏、惠。构成了从约束自我—家庭—社会—天下的道德行为规范。仁便从内在的道德意

---

① 《子路》，《论语集注》卷七，世界书局1936年版，第58页。
② 《学而》，《论语集注》卷一，第1页。
③ 同上。
④ 《阳货》，《论语集注》卷九，第74页。

识和伦理精神转化为伦理道德行为规范，这是一个从内到外的化生过程。

"仁"从表层结构的具体意义而开出深层结构的义理意义，是把孔子仁的伦理精神和行为规范从句法和语义层面超越出来，置于宏观的时代思潮之中，来透视微观伦理范畴义理。仁是孔子思想的核心范畴，它与各伦理范畴联结，由各纽结而构成网状形式，抓住网上的纲领，便可把孔子思想提摄起来，也可以进一步体认仁的伦理价值。譬如说仁与礼融合渗透，礼的尚别尊分、亲亲贵贵的意蕴作用于仁，使仁在处理人与人之间关系，便不能普遍地、无差等地贯彻"仁者爱人"的"泛爱众"的伦理精神，而受到墨子的批评。从范畴的联系中，反求伦理范畴的涵义，更能体贴伦理范畴真义。

从伦理范畴的网状结构贴近其真义，开展为从时代思潮的整体联系中体贴其意蕴，体现伦理范畴内涵的吐故纳新，新意蕴化生。譬如《国语》讲："杀身以成志，仁也。"① 孔子说："志士仁人，无求生以害仁，有杀身以成仁。"② 又《左传》僖公三十三年载："德以治民，君请用之；臣闻之：'出门如宾，承事如祭，仁之则也'。"③ 孔子说："出门如见大宾，使民如承大祭。"④ 再《国语》载："重耳告舅犯。舅犯曰：'不可，亡人无亲，信仁以为亲……'"⑤ 孔子说："君子笃于亲，则民兴于仁。"⑥ 由此可见，孔子"仁"的学说是与时代政治、经济、礼乐制度相联系，是当时一种社会思潮的呈现；是在"礼崩乐坏"

---

① 《晋语二》，《国语集解》卷八，中华书局2002年版，第280页。
② 《卫灵公》，《论语集注》卷八，世界书局1936年版，第66页。
③ 《春秋左传注》，中华书局1981年版，第1108页。
④ 《颜渊》，《论语集注》卷六，世界书局1936年版，第49页。
⑤ 《晋语二》，《国语集解》卷八，中华书局2002年版，第295页。
⑥ 《泰伯》，《论语集注》卷四，世界书局1936年版，第32页。

的冲突中，企图援仁复礼，重建伦理精神、礼乐制度的努力；孔子仁的义理智慧在时代的振荡中获得新生命。

"仁"再由深层结构的义理意义而开出整体结构的真实意义。"仁"作为伦理范畴，在与时偕行的大浪中，被冲刷、淘尽了一切外在的面具和装饰，而显露出真实的相貌。战国初，墨子从两个方面批评孔子"仁"的思想。《墨子·非儒下》载："儒者曰：'亲亲有术，尊贤有等，言亲疏尊卑之异也。'"① 施仁有此异，则爱人有差等。结果是"各爱其家，不爱异家"，"各爱其国，不爱异国"。这种异，便是有别，别则"相恶"，故此，墨子主张"兼相爱"，"兼即仁矣，义矣"②。"别"与"兼"，为孔墨仁学之分。另墨子认为，儒者以古言古服合乎礼，然后仁。他主张"仁人之事者，必务求兴天下之利，除天下之害"③。礼之道义与兴利除害的功利之分。在这里，墨子所批评的是孔子仁的深层结构的义理意义，但从表层结构的具体意义来看，孔子的"泛爱从"与墨子的"兼相爱"并无语义上的差别。

孟子对墨子的批评提出反批评："杨氏为我，是无君也；墨氏兼爱，是无父也。无父无君，是禽兽也。"④ 说明为什么爱有差等亲疏之别。荀子亦认为，"贵贱有等，则令行而不流；亲疏有分，则施行而不悖……故仁者仁此者也"⑤。批评墨子"有见于齐，无见于畸"⑥ 之失。秦的速亡，仁的伦理精神获得了价值合理性的论证。两宋时，伦理精神和道德规范提升为道德形而上

---

① 《晋语二》，《国语集解》卷八，中华书局2002年版，第295页。
② 《兼爱下》，《墨子校注》卷四，中华书局1993年版，第178页。
③ 《非乐上》，《墨子校注》卷八，第379页。
④ 《滕文公下》，《孟子集注》卷六，世界书局1936年版，第48页。
⑤ 《君子》，《荀子新注》，中华书局1979年版，第408页。
⑥ 《天论》，《荀子新注》，第280页。

学，仁在生生不息中获得新义。理学的开山周敦颐说："天以阳生万物，以阴成万物。生，仁也；成，义也。"① 仁育万物，而有生意。程颢说："万物之生意最可观，此元者善之长也，斯所谓仁也。"② 仁所体现的万物生命的生意，是天地生生之理的所以然，于是他把仁放大，以体验仁者以天地万物为一体的境界。朱熹集周敦颐、张载、二程道学之大成，发为"仁也者，天地所以生物之心，而人物之所得以为心者也"③。如桃仁、杏仁，此仁即为桃、杏生命之源，亦是桃、杏之所以为桃、杏的根据。这种伦理范畴生生不息的新意，是伦理精神和道德价值合理性生命力的体现，是伦理范畴的内涵生生性呈现。

中华伦理范畴在和合学"竖观"、"横观"、"合观"的视野下，其逻辑的结构性、思维的整体性、形态的动静性、历时同时态的融合性、内涵的生生性都得到了充分的展示，中华民族伦理精神和道德行为规范的价值合理性也得到了完善的说明。《中华伦理范畴》丛书的出版，将为弘扬中华民族传统文化，实现中华民族伟大复兴作出贡献，这也是一项利在当代，功在后世的重大文化工程。

是为序。

2006 年 8 月 30 日
于中国人民大学孔子研究院

---

① 《顺化》，《周敦颐集》卷二，中华书局 1984 年版，第 22 页。
② 《河南程氏遗书》卷十一，《二程集》，中华书局 1981 年版，第 120 页。
③ 《克斋记》，《朱文公文集》卷七十七。

《中华伦理范畴》第二函前言

傅永聚 齐金江

中华文化是伦理型文化。以儒家伦理道德为显著特色的中华伦理是中华民族文化和精神的内核与载体，是中华民族五千年生生不息、绵延峥嵘的源头活水；在建设有中国特色的社会主义事业进程中，继承和弘扬中华民族优秀的伦理道德，是建设中华民族共有精神家园的重要切入点，是全面实现社会和谐的重要保障；从当代中华民族生存的国际环境看，中华伦理是东方文化和智慧的杰出代表，是在多元文化相互激荡、多元思想猛烈交锋的新的历史条件下，保持中华民族强大竞争力和凝聚力，促进中华民族和平发展，实现中华民族伟大复兴的强大思想武器和坚实基础。

一，以儒家伦理道德为显著特色的中华伦理是中华民族文化与精神的内核与载体，是中华民族五千年生生不息、绵延峥嵘的源头活水。

中国是世界文明古国之一，且是文明唯一不曾中断者。中华民族从诞生之日起就十分注重伦理道德建设，使民族文化具有伦理型的典型特征。先秦时期伟大的思想家老子、孔子、孟子、荀子等都曾为中华伦理的价值体系构建作出了重大贡献。尤其是孔子，其思想积极入世，以仁为核心，以和为贵，以礼为约束，以道德高尚的君子人格为楷模，其影响跨越时空，成为中华礼乐文化的重要根据、价值观念的是非标准和伦理道德的规范所在。孔子是当之无愧的中华文化符号，他的一系列思想构成中华文化的基本精神。汉代以来，孔子为代表的儒家思想成为中华主流文化，儒家的伦理道德遂成为中华民族传统文化的主干。中国统一稳定、疆域辽阔、经济发达、文明先进，曾领先世界文明两千年。中华影响远播海外。受中华伦理道德熏陶培育成长起来的政治家、文学家、军事家、思想家、教育家如群星璀璨，民族英雄凛然千古，成为炎黄子孙千秋万代的丰碑。只是在近代，由于资本主义和帝国主义列强的侵略，民族灾难深重，我们才暂时落伍了。19—20世纪中叶中华民族所受的苦难和耻辱，在世界民族史上是罕见的。但中华民族一直在反抗、在斗争。历经磨难而不亡，说明我们的民族有一种坚韧不拔、自强不息的精神。

人类历史的发展是不平衡的，跳跃性的，先进变落后，落后变先进也是一种历史规律。"雄鸡一唱天下白"。中国共产党领导新中国成立，中国人民站起来了！尤其是改革开放以来，在邓小平理论指引下中国发展迅速，综合国力增强，政治、经济地位发生了翻天覆地的变化，中国人民正在信心百倍地建设现代化社会主义。强大的政治、经济呼唤强大的文化，呼唤人的高尚道德的养成。通过弘扬中华民族优秀的伦理道德，提升国人素质，优化国人形象，确立优秀伦理道德在华人文化中的特色地位，可以得到不同文化背景、不同宗教信仰的群体的共同认可。这对于发扬光大中华文化、实现祖国统一大业、实现中华民族的伟大复兴都具有重要的现实意义和深远的历史意义。

二，在建设有中国特色的社会主义事业进程中，继承和弘扬中华民族优秀的伦理道德，是建设中华民族共有精神家园的重要切入点，是全面实现社会和谐的重要保障。

近代以来，中国饱受西方列强侵凌，经济落后，积贫积弱，传统文化一时成为替罪之羊。在全盘西化、民族虚无主义妖雾迷漫之时，嘲笑、批判、搞倒搞臭传统文化一度成为最革命、最时髦的心态。从盲目不加分析地打倒孔家店，到"文化大革命"破四旧、批林批孔，人们在干着挖掘自己民族文化之根的傻事。"文化大革命"过后，一代人的道德品质沦丧，几代人的道德品质受损，礼仪之邦一时间竟要从礼仪ABC起补课。尤其近几十年来，由于西方强势文化携其具有鲜明征服特色的价值观念不断有意识地涌入，中华民族传统的道德伦理受到猛烈的冲击，社会上下思想领域中普遍存在着信仰失范、价值观念扭曲、道德滑坡、精神迷惘和庸俗主义、世俗化盛行、拜金主义泛滥等一系列问题。对此，党和国家领导人一直给予高度重视，屡屡发出警语。

早在改革开放之初，邓小平同志就严厉地指出："一些青年男女盲目地羡慕资本主义国家，有些人在同外国人交往中甚至不顾自己的国格和人格，这种情况必须引起我们的认真注意。我们一定要教育好我们的后一代，一定要从各方面采取有效的措施，搞好我们的社会风气，打击那些严重败坏社会风气的恶劣行为"[1]；"如果中国不尊重自己，中国就站不住，国格没有了，关系太大了"[2]；"中国人要有自信心，自卑没有出路"[3]；他反复强调物质文明与精神文明一起抓，两手都要硬，否则，"风气如果坏下去，经济搞成功又有什么意义？"

江泽民同志十分重视用中华优秀传统道德伦理教育下一代，他说："在抓紧社会主义物质文明建设的同时，必须抓紧社会主义精神文明建设，坚决纠正一手硬、一手软的状况"[4]；"必须继承和发扬民族优秀文化传统而又充分体现社会主义时代精神，立

---

[1] 《邓小平文选》第2卷，第177页。
[2] 《邓小平文选》第3卷，第332页。
[3] 同上书，第326页。
[4] 《在党的十三届四中全会上的讲话》，载《江泽民文选》第1卷，第61页。

足本国而又充分吸收世界文化优秀成果,不允许搞民族虚无主义和全盘西化"①;"任何情况下,都不能以牺牲精神文明为代价去换取经济的一时发展"②;"保持和发扬自己民族的文化特色,才能真正立足于世界民族之林。我们能不能继承和发扬中华民族的优秀文化传统,吸收世界各国的优秀文化成果,建设有中国特色的社会主义文化,这是事关中华民族振兴的大问题,事关建设有中国特色社会主义事业取得全面胜利的大问题"③。

胡锦涛总书记更是从中华民族优秀传统文化中汲取营养,提出了科学发展观、以人为本、社会主义和谐社会建设的一系列重要理念,尤其是社会主义荣辱观的提出,在全社会和全体公民中引起强烈反响。以热爱祖国为荣,以危害祖国为耻;以服务人民为荣,以背离人民为耻;以崇尚科学为荣,以愚昧无知为耻;以辛勤劳动为荣,以好逸恶劳为耻;以团结互助为荣,以损人利己为耻;以诚实守信为荣,以见利忘义为耻;以遵纪守法为荣,以违法乱纪为耻;以艰苦奋斗为荣,以骄奢淫逸为耻。"八荣八耻"是中国传统文化价值的进一步发展,现实性和可操作性很强。对于全社会,特别是青少年思想道德教育意义重大。十七大正式提出了建设中华民族共有精神家园的宏伟历史任务,而中华优秀传统伦理道德就是我们的民族之根。

我在8年前写过一篇文章,名字叫"日积一善,渐成圣贤",这句话今天仍不过时。人的潜意识中亦即本性中总有为恶的一面。换句话说,人是既可以为恶也可以为善的。一个人一生当中,一点坏事也没有做过的,可以说没有;但所做的坏事好事

---

① 《当代中国共产党人的庄严使命》,载《江泽民文选》第 1 卷,第 158 页。

② 《正确处理社会主义现代化建设中若干重大关系》,载《江泽民文选》第 1 卷,第 74 页。

③ 《宣传思想战线的主要任务》,载《江泽民文选》第 1 卷,第 507 页。

总有一个比例。就社会上的芸芸众生来说，完完全全的君子可能一个也找不到，但基本上属于君子的或基本上属于小人的有一个明显的界限。人生一世，所做的好事多，就基本上是个好人；而所做的恶事多，就基本上是个坏人。我们每人每天都在做事，为自己，为他人，为社会，为人类。在做每一件事情之前，你是怎么想的？是想做善事还是做恶事？是一种什么心态支配着你去做成善事或者是恶事，这就牵涉一个人的道德修养水平，牵涉人生观、价值观这个根本问题。法律是刚性的他律，舆论监督是柔性的他律，而道德修养属于自律。具体到每一个人，自律永远是道德修养的基础，也是他律的基础。自律受法律的威慑，但更重要的是内里自觉修养的功夫。因此，儒家伦理所揭示的仁义礼智、忠孝廉耻、和合勇毅等一整套人之为人的大道理就成为流传千古的向善弃恶的道德规范。日积一善，慢慢接近于道德高尚的境界；日为一恶，就会不断向小人的队伍靠拢。诚然，让每个人都成为君子是不现实的；但是，通过优秀伦理文化的教育和普及，不断提高绝大多数人的"君子化"水平则是可能的，也是现实的。季羡林先生说过一句非常中肯的话："能为国家、为人民、为他人着想而遏制自己本性的，就是有道德的人。能够百分之六十为他人着想百分之四十为自己着想，就是一个及格的好人。"①语重心长，应该引起人们的深思。

三，从当代中华民族生存的国际环境看，中华伦理是东方文化和智慧的杰出代表，是在多元文化相互激荡、多元思想猛烈交锋的新的历史条件下，保持中华民族强大竞争力和凝聚力、促进中华民族和平发展、实现中华民族伟大复兴的强大思想武器和坚实基础。

当今世界，既有多元化、多极化的客观需求，又有强权独

---

① 季羡林：《季羡林谈人生》，当代中国出版社2006年版，第6页。

霸、政治高压、经济封锁和文化扩张的客观现实。这就是中华民族走向现代化所面临的国际生存环境。你必须强大，可人家不愿看到你强大，而压制你强大的武器不仅有政治的、经济的，更有文化的、思想的。在这种环境下，民族精神、民族文化越来越成为一个民族赖以生存和发展的精神支柱。精神颓废、委靡不振的民族必然失去其自主、独立、生存的资格，必然走向衰亡。儒家思想在其2500年的发展中，孕育了中华民族精神，担当了建构民族主题精神的重任，它以和合发展、生生不息的生命与生存智慧维系着中华民族的绵延和发展，影响着东方文化体系的形成壮大，成为东方文化智慧的杰出代表。这是其他三大文明古国的精神传统所不能比拟的。孔子与穆罕默德、耶稣和释迦牟尼一起被称为缔造世界文化的"四圣哲"和世界名人之首。孔子既属于中国，也属于世界，他的思想既是历史的又是跨时代的。在多元文化并行，多种思想激烈交锋的时代背景下，儒家文化就是中华民族的声音，就是文化对话的资格。在文化传播的态度上，既要主张"拿来主义"，又要力行"送去主义"，现在我们国家设立在世界上的250多所孔子学院，就是主动送出去的例证。当然，孔子学院主要发挥的是语言传播的功能，今后应加强孔子思想传播的内容。因为思想传播比语言传播更为深邃。

中华传统伦理思想内涵丰富，包罗万象。我们对前人的研究进行了系统的反思和归纳，将其总结为64个德目，即仁、爱、忠、恕、礼、义、廉、耻、中、信、和、合、诚、德、孝、悌、勤、俭、修、志、圣、公、洁、贞、庄、正、平、温、友、强、容、智、道、顺、良、格、博、节、健、实、恒、明、忧、廉、行、美、刚、气、善、勇、敬、慈、敏、惠、乐、毅、省、新、恭、直、慎、雅、理、利（见《联合日报》2006年8月10日第3版）。首批选取了仁、和、信、孝、廉、耻、义、善、慈、俭等10个德目进行研究，已由中国社会科学出版社于2006年12

月出版发行。

《中华伦理范畴》第一函甫出，学术界给予了鼎力支持和高度评价。著名国学大师季羡林先生在301医院抱病亲笔为之题词：中华伦理，源远流长；东方智慧，泽被万方；并委托秘书打电话给总编，说"感谢你们为中华民族文化复兴事业做了一件大好事"。中国人民大学著名学者张立文先生冒着酷暑、挥汗如雨，一气呵成洋洋两万多字的长文，称"《中华伦理范畴》丛书从中华民族传统伦理道德中撷取六十多个重要德目，并对每个德目自甲骨文以至现代，进行全面系统研究，以凸显集文本之梳理，明演变之理路，辨现代之意义，立撰者之诠释的价值，撰写者探赜索隐，钩沉致远，编纂者孜孜矻矻，兀兀穷年"；"这是一项利在当代、功在后世的文化工程，将对进一步证实中华伦理精神的价值合理性产生深远的影响，并对弘扬中华民族传统文化，实现中华民族伟大复兴作出应有的贡献"。原中共中央政治局委员、国务院副总理谷牧、姜春云和原国务委员王丙乾纷纷致函祝贺，认为"《中华伦理范畴》丛书的出版发行，对于弘扬中华民族精神，提高民族人文素质，全面翔实地展现中华民族的优秀传统伦理道德，积极推进社会主义道德建设具有重要的现实意义"。国际儒联主席叶选平先生慨然为丛书题写了书名。台湾著名学者刘又铭、张丽珠、郭梨华等在《光明日报》上撰写文章，认为："中华传统伦理文化源远流长，《中华伦理范畴》丛书对六十多个范畴进行系统的梳理和研究，气势磅礴，意义深远实乃填补学界空白之作"；"《中华伦理范畴》丛书的第一函出版发行，令人鼓舞"；"《中华伦理范畴》付梓印行，实乃学界盛事，作者打通中西之隔，超越唯物论与唯心论之争，高屋建瓴，条分缕析，用力之勤，令人感佩"。主流媒体分别以《海峡两岸学者笔谈中华伦理范畴》、《人能弘道、非道弘人》、《弘儒学之道、为生民立命》和《人文学者为生民立命的人间情怀》等为题发表了评论。《中华伦理范畴》丛书已经先后获得济宁市2007年社会科学优秀成果一等奖；山东省高校2007年社会科学优秀成果一等奖和山东省2008年哲学社会科学优秀成果一等奖。所有这些荣誉都给我们这个学术团队的辛勤劳动以充分肯定，也坚定了我们迅速编撰第二函的决心。我们接着精选了节、智、明、谦、美、正、中、乐、公等9个基本范畴，按照第一函的体例，对这9个伦理范畴的含义、实质及在历史上的发生、演变进行了系统的介绍、阐述和论证，力求完整地呈现出它们本来的面目、意义和社会价值。

——关于"节"。节可称为节操，包含气节和操守两个方面的内容。在《易·序卦》中，"其于木也，为坚多节"。可见节对于良木的重要作用，它可以连接并加固植物的各个部分，使植物变得更加坚韧，而不易弯曲、折断。由于节的特殊地位，"节"通常用来形容人坚韧不拔、高风亮节、不屈不挠的高贵品格。左思《咏史》中"功成耻受赏，高节卓不群"就反映了人心不为名利、爵位所动的精神品质和道德修养。高尚的节操被历朝历代所肯定和赞赏，载入史册，流芳百世。节操与仁义、信义、忠义、廉耻等伦理概念紧密联系在一起，它们之间的内涵相互渗透、相互补充，为"节"的内容注入了丰富而新鲜的血液和生机。节操作为一种思想观念，在秦统一以后才逐步显现，先秦时期那些为国君、宗族效命的思想如殉君、死节、侠义等意识逐渐扩大为民族主义、爱国主义以及遵纪守法等思想，气节、节操与坚持正义、英勇不屈、洁身自好、品行端正等优秀品格联系在一起。在儒学成为中国主流文化后，在其日益影响下，节操观念不断发展和修缮，成为中华传统伦理范畴之一。节操的思想自古有之，考诸历史典籍，孔子、孟子等先期儒学大师未明确提出"节"的概念，直到北宋时期，程颐开始提出"节"，并对"节"从贞节的角度进行阐述，指出"饿死事小，失节事大"，其中的"节"就包含了人诸多的道德层面。历经宋元理学家的提倡和赞颂，明清时期的贞节观念逐步浓厚，贞节观成为束缚古代妇女自由的枷锁和镣铐，影响深远。各类古籍直接论述气节、操守的相对较少，只散见于典籍中的一些名人笔记，例如苏武："屈节辱命，虽生，何面目以归汉"①；颜真卿："吾守吾节，死而后已"②；韩愈："士穷乃见节义"③；刘禹锡："烈士之所以异于恒人，以其仗节以死谊也"④；苏轼："豪杰之士，必有过人之节"⑤；欧阳修："廉耻，士君子之大节"⑥；文天祥："时穷节乃见，一一垂丹青"⑦。节操包含仁、义、忠、信、廉、耻等诸多内容，它是一个综合性很强的范畴，不成一个完备的系统。概括来讲，节操观念是具有仁、义、忠、信、廉、耻等内容的儒家伦理范畴，它形成于先秦秦汉时期，贯穿于整个中国传统社会，无论治世还是乱世，它拥有强大的张力和表现力，凝聚着中华民族思想文化的精华，涵盖了传统文化最有价值的核心范畴。节操在中国古代法律伦理化的过程中，被吸收融入许多法律规定中，如有人叛国投敌，亲属要受到惩处；贪赃枉法，最高可处以死刑。在传统中国，利用伦理道德约束的氛围和有关法律规定，使人们自觉或不自觉地受到节操观念的影响，保持高尚的气节操守受世人仰慕、失节则受万世万代唾弃的思想深入人们的心灵之中，士大夫对自己的气节与名节尤为爱惜，看得宝贵，认为此"节"关乎当下和身后名，把它看得比性命还要重要。节操观念在现代

---

① 《汉书·苏建传附苏武传》。
② 《旧唐书·颜真卿传》。
③ 《柳子厚墓志铭》。
④ 《上杜司徒书》。
⑤ 《留侯论》。
⑥ 《廉耻说》。
⑦ 《正气歌》。

社会可以发挥它道德约束的巨大作用。在社会舆论方面,坚持爱国主义、民族气节、廉洁奉公可敬,让人人都认同缺乏职业道德、丧失气节可耻,并由此形成浓厚的社会氛围,不仅中国要建设法治化社会,也要以德治为补充和依托,弘扬高尚的道德操守、民族气节与高度的社会责任感。

——关于"智"。其基本的含义是智慧、聪明。《说文》云:"智,识词也。从白,从亏,从知。"《释名》曰:"智,知也,无所不知也。"仁、义、礼、智、信是儒家伦理学说的重要内容,孔子说:"仁者安仁,知者利仁。"子贡说:"学不厌,智也;教不悔,仁也。"《孙子兵法》云:"将言,智、信、仁、勇、严也。"孟子说:"是非之心,智也。"智是社会生产力不断发展的产物,智包含人对是非对错的分辨能力,战争中所表现出的机智和谋略,也是智的一种,智也是"知",知识之意。《论语·子罕》曰:"智者不惑,仁者不忧,勇者不惧。"孟子认为"仁义礼智根于心"。智与仁义、诚信、勇、勤等概念和范畴紧密联系,儒、道、法、兵、名、墨家都在不同程度上分别论述了"智"的内涵和外延。《中庸》云:"好学近乎知(智),力行近乎仁,知耻近乎勇。"认为智、仁、勇是"天下之达德"。在中国古代的兵法中,"智"占据了重要的内容,智对战争的胜负起了决定性作用,"兵不厌诈"与指挥者的智慧是分不开的,兵道即诡道,更充分说明了智的变化性对指导战争的积极作用。战时要把握战争的规律,创造有利于己方的作战阵容,即时掌控敌方的兵事变更,争取战斗的主动权。春秋战国是百家争鸣、众家之智角逐历史舞台的重要时期,从那时起,中国的智谋文化开始萌动,并逐渐成长和发展,智观念的形成与发展,推动了我国思想文化的发展与繁荣,奠定了古代科技的良好基础,对当时社会改革的深入与进步起到了有效且有力的作用。战国时期,养士风气日浓,出现了许多著名的有识之士和纵横家,如惠施、苏秦等。

汉代崇尚智的学者如司马迁、刘向等，他们在书中褒扬了许多智慧之士，三国时期的诸葛亮与周瑜是智慧的使者与化身，明清是充满智慧的时代，当时的文人学者、贤哲仁人、能工巧匠不绝于世，出现了《益智编》、《智品》、《经世奇谋》、《智囊》四大智书，《智囊自叙》认为："人有智犹地有水，地无水则为焦土，人无智则为行只。智用于人，犹水行于地，地势坳则水满之，人事坳则智满之。"到了近代，有识之士为开发民智进行了艰苦卓绝的努力和改革，严复认为鼓民力、开民智、新民德三者为自强之道。维新派与洋务派不断认识到开民智的重要意义，加强学校的教育。新文化运动的倡导者与共产党人更是在开发民智，提高国民文化素质上作出了努力和改革。智对于现代社会的意义不言而喻，人类的智慧在社会生产力的发展中起到了重要作用，智在现代人际交往、现代商战、现代法制建设等诸多方面有其独特的地位和意义。智不是孤立的世界，现代的智要与普遍的社会道德、仁义联系起来，才能发挥它积极的作用，创造出更多的社会价值。

——关于"明"。"明"，由日月二字组成。《易·系辞下》云："日往则月来，月往则日来，日月相推而明生焉。""明"，就是在日月的照耀下，世界一片光明的意思。古人把清楚明白的事物称为"明"，把显著的、一目了然的事物称为"明"，把站高看远之人称为"明"。《尚书·太甲》云："视远惟明。"人们把看透事物的本质称为"明察秋毫"，把能够认识事物本质的人称为"贤明"，或尊称为"明公"，把能够勤于国务、明辨是非的帝王称为"明君"。"明"在社会生活中的引申义就是说，所有的人和事物，都在日月的照耀下，明明白白，一目了然。它是儒家伦理学说的重要内容，是几千年来中国人民的渴望和追求。儒家学说对"明"有深刻的理解和认识，自儒家学说的先驱周公至明清儒家学者，都对"明"做了阐释。儒家的经典《尚书》

中记载了"明德慎罚"、"明四目、达四聪"、"视远惟明"、"圣人不以独见为明"等观念,孔子则提出"举直错诸枉,则民服;举枉错诸直,则民不服",汉代董仲舒,宋代的二程、朱熹,明代的王阳明皆在先秦儒家"明"观念的基础上,对"明"进一步阐述,但总的说来,是希望国家政务都处在光明正大之中。"明"既包括"明德"、"明君",也包括吏治清明、军纪严明等。"明德"就是要修己、正己,"明君"就是要明察狱讼。"明"体现在国家官员的任用方面,就是必须要任人唯贤,以保证吏治的清明。吏治清明、择贤而任,是儒学的重要内容。军纪严明也是古代"明"观念的重要内容,中国最早的兵书《司马法》提出,军中号令要严明,长官要有仁爱之心的兵学原则。《孙子兵法》更是强调了军纪严明的主张。到了近代,当西方资本主义列强用洋枪大炮轰开古老中国的大门时,一部分先知先觉的中国人开始清醒,他们意识到:中国要想富强,必须走西方之路。林则徐、龚自珍、魏源等提出"明耻"观念,康、梁变法提出"君主立宪"的主张,这都体现出近代中国知识分子的"明"的思想,但并未提出以民主制代替专制的主张。中国资产阶级革命运动兴起后,主张以暴力推翻专制,孙中山先生更是提出了"天下为公"、"主权在民"的思想。革命党人的"公理之未明,以革命明之"的理论对几千年封建专制统治下的中国是空前的,想通过"主权在民"实现政府的廉明、官吏的清明、财政的透明,这与封建社会的"明君"、"明臣"是完全不同的概念,他们代表了近代先进中国人的"明"的思想。现代中国在改革开放的大背景下,更需要"明"的观念。特别是对于权钱交易、暗箱操作、"官本位"等社会不良风气的抵制,更是需要树立"明"的观念和"明"的行为,呼唤"明"的思想和作风,这才是建立现代文明社会的途径。

——关于"谦"。其基本的含义是谦让。谦让之德是一种道德自律,是处世原则的重要部分。它要求人们在道德标准上严于律己,宽以待人;在人际交往中要尊重他人,要有卑己尊人的态度和行为。谦让之德不仅是儒家伦理范畴的组成部分,也是中华民族璀璨的传统文化特征之一。《周易·谦卦》以卑释谦:"谦谦君子,卑以自牧也。"朱熹释之:"大抵人多见得在己则高,在人则卑。谦则抑己之高而卑以下人,便是平也。"[1] 由此可见,谦让可以理解为较低并谦虚地评价自己,同时对别人的心理和行为要较高地看待。《尚书·大禹谟》中说:"满招损,谦受益,时乃天道。"其中的"谦"含有谦逊戒盈的内容。"谦"也通"慊",有满足、满意的意思。《大学》云"所谓诚其意者,毋自欺也,如恶恶臭,如好好色,此之谓自谦"。"谦"不仅是一种伦理范畴,它也是一个哲学概念,中国人历来追求的"谦谦君子"之崇高人格,实际上是积极进取与谦虚自抑的完美结合。《周易》中说:"谦:亨,君子有终","初六:谦谦君子,用涉大川,吉。"《老子》说:"持而盈之,不如其已;揣而锐之,不可长保。金玉满堂,莫之能守;富贵而骄,自遗其咎。功遂身退,天之道也。"[2] 其意是,碗里装满了水,不如停止下来;尖利的金属,难保长久;金玉满堂,没有守得住的;富贵而骄傲,等于自己招灾;功成名就,退位收敛,这是符合自然规律的。他告诫人们要虚己游世,谦虚恭让,方能长久。孔子说:"君子有九思:视思明,听思聪,色思温,貌思恭……"[3] 大意是说,君子在修身达己的过程中,常要考虑容貌态度是不是谦虚恭敬,并论证了谦虚恭敬与礼的密切关系,"恭而无礼则劳,慎而无礼则葸,勇而无礼则乱,直而无礼则绞"[4]。《国语》中晋文公说:

---

[1] 《朱子语类》卷七十。
[2] 《老子》第九章。
[3] 《论语·季氏》。
[4] 《论语·泰伯》。

"夫赵衰三让不失义。让，推贤也。义，广德也。德广贤至，又何患矣。请令衰也从子。"赵衰数次谦让不失仁义，且有助于国家选贤任能，是个人美德与魅力的一种彰显形式。孟子说："无恻隐之心，非人也；无羞恶之心，非人也；无辞让之心，非人也；无是非之心，非人也。"① 王符认为谦让的品质是人之安身立命的重要依据，"内不敢傲于室家，外不敢慢于士大夫，见贱如贵，视少如长"②。谦让与个人修身、政治素养方方面面的紧密联系，更说明了其在中华传统文化中的特殊地位和社会价值。谦让的态度有利于冲淡人际交往中的各方面冲突，促进团队精神的形成，进一步增强群体和各阶层间的凝聚力。儒学认为谦让是一切道德观念的基础，"让，德之主也。让之谓懿德"③。谦让之德对推进我国道德环境建设，形成和谐而文明的社会氛围有积极的作用。《菜根谭》认为："处世让一步为高，退步即进步的张本；待人宽一分是福，利人实利己是根基。"可见谦让的美德能构筑起和睦温馨的人际往来之桥，通过对"谦"的体悟，人类必能通向和谐而幸福的家园。

——关于"美"。其基本的含义是"以美立善"的伦理美。作为伦理美的"美"是一种"宜人之美"，即从审美角度出发而阐发出对人的"终极关怀"，它指向人的现实生活，与人的生命、生活休戚相关。"美"成为追求人类合规律的自觉与自由的和谐统一，人的社会活动应是"合乎人性"的，能够充分引起精神愉悦、审美情趣的美好享受与舒适体验。中华民族的"美"、"善"观念是从图腾崇拜以及巫术礼仪与原始歌舞中萌发诞生的。"美"、"善"观念在"以人和神"中萌动，在"神人

---

① 《孟子·公孙丑上》。
② （汉）王符：《潜夫论·交际》。
③ 《左传·昭公十年》。

以和"中孕育,在"以众为观"中萌芽。《论语》中写道:"知者乐水,仁者乐山。知者动,仁者静。知者乐,仁者寿。"在其中孔子充分阐述了一种自然的审美情感,在《论语·八佾》中"子谓韶,'尽美矣,又尽善也。'谓武,'尽美矣,未尽善也。'"子曰:"里仁为美。择不处仁,焉得知?"孟子将性善之美、浩然正气、充实之美和与民同乐等方面归纳阐释,引发了人们对美、善至高境界的追求与向往。道法自然、上善若水、大音希声、虚壹而静的道德修养无一不探到美与善的丰富实质,美的内涵与外延包罗万象,"天地有大美而不言","乐行而志清,礼修而行成,耳目聪明,血气和平,移风易俗,天下皆宁,美善相乐"。董仲舒在《俞序》中引世子的话说:"圣人之德,莫美于恕。"同时他也论及了道德之美:"五帝三皇之治天下……民修德而美好","士者,天之股肱也。其德茂美不可名以一时之事","德不匡运周遍,则美不能黄。美不能黄,则四方不能往","此言德滋美而性滋微也"。董仲舒把德与美联系起来,德之美,即德之善。《淮南子》曰:"当今之世,丑必托善以自解,邪必蒙正以自辟。"因此,书中认为假、丑、恶,应予以揭露,同时在社会上提倡真、善、美,期待建立起真、善、美基础上的伦理美。伦理美的核心是"真"而不是"伪",是"质"而不是"文"。中国传统伦理美思想是以儒、道、墨、法等各家伦理道德传统为主要内容的伦理美思想与行为规范的总和。它不仅影响了中国历代人们的价值观念与行为方式,同时也成为衡量人们行为的准则与分辨德行修养的客观依据。修身内省、完善人格、重视情操的伦理美思想,有利于构建和谐社会和人们自我价值的提升。追求人际关系的和谐和强调人伦关系中的"美",有助于社会良好道德氛围的塑造,"天人合一"的伦理美能够保持人与自然的和谐共存,"贵中尚和"、"协和万邦"的伦理美思想是指导和谐社会、恰当处理各类关系的道德准则,"志存高远"、"自强不息"、"修己以敬"等伦理美观念丰富了人们的思想视野与道德境界。

——关于"正"。"正"与"中"、"直"意义相近,常与"邪"对举。其原初含义为走直路,其基本含义为正中、平正、不偏斜,合规范、合标准,纯正不杂,使端正、治理、修正等。其中正中、平正、不偏斜具有本体意义,治理、修正则具有方法意义。在中华传统伦理道德中,"正"既是个人身心修养的内容与方法,也是处理人与人、人与社会关系的原则和规范,在修身、齐家、治国三个层面有着不同的伦理意蕴。我国先民很早就有"正"的观念,而尧、舜、禹、汤、周文王、周武王自律、躬行、示范、用贤、惩恶的言行可视为"正"范畴的萌芽。"正"的范畴是在殷周之际的社会变革中伴随着西周伦理思想的建立而产生的,西周伦理思想中敬德、克己、用贤等思想可视为"正"范畴的源头。春秋战国时期,百家争鸣,儒、墨、道、法各学派在修身、齐家、治国方面有着不同的见解,从而丰富了正的思想。《大学》从理论上揭示了修身、齐家、治国的内在逻辑联系,使正的思想得以系统化。秦汉以降,"罢黜百家,独尊儒术",赋予先秦儒家正心、正己、正人、正名思想以正统地位,其在修心、修身、齐家、治国方面的作用,被历代思想家所阐发,从而使正的思想得以发展和完善。与此同时,司马迁、诸葛亮、魏征、王安石、岳飞、文天祥、郑成功、谭嗣同、孙中山等志士仁人用自己的正言正行,甚至生命诠释了正的含义。历经变迁,"正"范畴在今天对民众、对国家依然具有重要的现实意义,具体表现在儒家"正己正人"的德治传统与以德治国方略,"正己率民"的官德思想与党员领导干部的思想道德建设,"尚贤"传统与党的干部队伍建设,孔子"正名"思想与社会的可持续发展,传统正气观与新时代的党风建设等方面。

——关于"中"。对于"中"字的含义,学术界有不同的诠释。《说文》曰:"内也。从口、丨,上下通。"王筠《文字蒙求》曰:"中,以口象四方,以丨界其中央。"唐兰《殷墟文字记》说最早的"中"是社会中的徽帜,古代有大事则建"中"以聚众。王国维《观塘集林》释"中"为古代投壶盛筹码的器皿。郭沫若在《金文诂林》中认为"一竖象矢,一圈示的",像射箭命中之说。还有人认为是古战场中王公将帅用以指挥作战的旗鼓合体物之象形。可以看出的是,早在原始氏族社会时期就有了"中"的观念,在这种观念中,蕴涵了一种因力而中的价值取向,是部众必须依附听从的权威和统治,具有政治、军事、文化思想上的统率作用,进而意味着一切行为必须依附的标准所在。当然,这种观念仅仅表现为一种传统习惯而已,人们还没有把"中"上升到伦理道德的范畴。后来随着社会的发展,"中"就逐渐用来规范人们的思想行为。到了三代时期,执中的王道思想开始形成。三代相传的要点,就在于"执中"的王道思想。到了商代,"中"已然被作为一种美德要求于民,同时,也预示着后世"忠"字出现的契机。周朝进一步发展了"中"的思想,明确提出了"德中"的概念。周公把"中"纳入"德"作为施政方针,周公的"中德"思想,主要包括明德和慎罚两个方面。在孔子以前,中的观念在中国古代文化中早已形成了传统。虽然他们还没有将"中"和"庸"连缀使用,但我们已可以看出两个字字义的高度契合性。孔子则正式提出了"中庸"的伦理范畴,他视"中庸"为"至德"。这种"至德"首先体现为公允地坚守中正的原则,以无过无不及为特征。纵观中庸问题的发展历史,我们可以对中庸之道作如下概括:中庸之道是儒家的最高哲学范畴,是儒家的道德准则和思想方法。首先,中庸是一种"至德"。中庸的核心是"诚",作为德行规范,广泛作用于社会、思想道德以及自然各领域。其功用则表现为"正己"、"正人"和"成己"、"成物"。"诚"在中庸中有两大特质:一是由下而上，为天人合一之道；一是由内而外，为内圣外王之道。作为德行理论，中庸之道教育人们进行自我修养，把自己培养成至仁、至诚、至善、至德、至道、至圣、合内外之道的理想人格和理想人物，以达到"致中和，天地位焉，万物育焉"天人合一的境界。其次，中庸之道作为一种思想方法，它含有"尚中"、"尚和"两个方面。"尚中"，即崇尚中正不偏之意。它既是一种方法原则，又包含对行为结果的要求。"尚和"，强调矛盾事物的统一、和谐。"尚和"还含有"中和"的意义。其中，"和"是"中"的目标和结果，"中"是"和"的前提和保证；无"中"便无"和"，"中"与"和"互相联系、相互依存。但是，"和"仅体现了事物的表层状态，而"中"则作为事物的本质和精神内藏于事物之中。《中庸》认为："中也者，天下之大本也；和也者，天下之达道也。"又认为："致中和，天地位焉，万物育焉。"由此可知，中庸之道亦是中和之道，然而亦为天地之道，亦为人行事之道。它合一天人，使自然界和人类社会和谐无间，从亲亲之仁出发，以人的道德自律为途径，以"致中和"为其宗旨，最终达到内圣外王的理想境界。中庸之道作为一种政治与道德形态，对于中国社会的和谐和发展以及维系几千年的统一，起到了极其重要的作用。因而，行中庸，执中道，致中和，便成为中国传统文化的核心内容之一，中庸思想、中和情结，时时刻刻地影响着我们个人和社会。今天，我们全面而客观地评价中庸之道，深刻地理解和把握其合理内容及实质，汲取其思想精华，对于推动当今中国现代化的进程和社会主义道德建设有重要的意义。同时，当今世界，在全球一体化的发展趋势之下，中庸思想和价值观对全球化的价值思维也有着指导意义。

——关于"乐"。乐是一种心理状态，包括人的内心、人与人、人与自然和社会的幸福情感交流。如何看待幸福快乐即幸福快乐观是人生观系统中关于幸福快乐的根本观点和看法，也是产生并形成幸福快乐感的关键。迄今虽然中国伦理思想家对幸福快乐的理解见仁见智，但他们对如何达到和实现幸福快乐这种完满状态，却作过大量的思考。他们探讨了义利、理欲、苦乐、荣辱等幸福维度，并由此构成了不同历史时期各具特色的幸福快乐论。先秦时期，既有儒家以道德理性满足为乐的道义幸福快乐论，又有墨家以利他为乐和法家以建功立业为乐的幸福快乐论，还有道家以无为自由为乐的自然幸福快乐论。汉代儒家董仲舒强化了道德理性对于幸福的决定性，强调了以纲常秩序为美的道义幸福快乐论。魏晋玄学家主张以性情自然、精神自由、行为放达为乐的自然幸福快乐论。宋明理学家片面深化了道德理想主义，其幸福内涵的价值取向完全抛弃了感性幸福，走向了纯粹的道德理性单维。晚明时期出现了彰显自我的幸福快乐论。清代思想家在批判宋明理学家极端道义幸福论的基础上，重构了理欲、义利、公私关系，形成了多维度均衡的幸福快乐论。近代，面对救亡图存的历史重任，新学家提倡道德革命，借鉴西方的幸福快乐论和功利主义等思想形成了求乐免苦的幸福快乐论，但并没有从根本上背离传统幸福快乐论的大方向。

儒家所倡导的道义幸福快乐论在中国传统伦理文化中占有统治地位，对中国人追求幸福快乐生活的影响最为深远，并与以苦为人生起点的西方伦理观相判别。从先秦时期的孔子、孟子，到宋明时期的程颐、程颢、朱熹、陆九渊、王阳明，都思考了获得幸福快乐的方式和途径，都认为幸福快乐必须内求于己。除了追问幸福的含义以及实现幸福的方法外，儒家对于德与福之关系的思考也是不绝如缕的。首先，儒家坚持以高尚为乐，认为乐于行道，乐于助人，才能有君子道德的造诣，达到心灵和谐的境界；其次，儒家在强调道德幸福和精神幸福的同时，也特别强调社会的共同幸福，认为自我独乐不如"天下皆悦"，力倡"先天下之忧而忧，后天下之乐而乐"，所谓修身、齐家、治国、平天下之理论，其旨亦在求得普天下人的共同幸福快乐。因而儒家就建立了道德、精神的快乐与普天下人的共同快乐两个方面的幸福快乐标准。儒家强调人如果没有理性和美德就不会有幸福快乐，认为幸福快乐就在于善行，就在于为社会整体利益而行动之同时，又强调为完善德行而"一箪食，一瓢饮"的乐道精神，注重个人德行的完善和人生的不朽以及强调平治天下的大志与追求社会的共同幸福快乐，把个人的幸福快乐包容于普天下民众的幸福快乐之中。儒家传统幸福快乐观在诠释幸福的内涵上不仅仅重视人的主观内在感受，更重视个人幸福同自然、他人、社会的相互关联，这与现代和谐社会思想的理路是基本一致的，对今天的人生和社会依然颇具启迪意义。

——关于"公"。重视"公"是中华伦理的一个重要特征，"先公后私"、"崇公抑私"已经成为中华伦理的基本道德要求。"公"作为一种道德理念，不仅贯穿于中华传统伦理的过去、现在和将来，而且在某种程度上已经内化到中华民族的集体记忆中，成为中华伦理道德的一大特色。正如刘畅先生所说的那样："崇公抑私，是传统文化中最活跃的思想因子，公私观念，是古代思想史中至关重要的论证母题，相对于其他范畴来说，具有提纲挈领的意义，牵一发而动全身。"[①] 因而，探究"公"范畴的内涵及其发展历程对于研究中国伦理思想有重要意义。"公"观念不仅对中国古代社会产生了重要影响，即便在当今社会，"公"观念也没有褪色，反而显示出强大的生命力，获得了新的生长点。"公天下"的理念是中国社会的崇高理想，早在先秦时期"公天下"的观念就已经萌芽，比如《慎子·威德》写道："故立天子以为天下，非立天下以为天子也；立国君以为国，非

[①] 刘畅：《中国公私观念研究综述》，《南开学报》（哲社版）2003年第4期。

立国以为君也。"慎子的意思很明白，那就是立君为公，应该以天下为公。这一思想和明末清初思想家王夫之的"不以天下私一人"具有异曲同工之妙。"公天下"的理想被后世思想家不断提及，《礼记·礼运》描绘的那个"天下为公"的大同世界是对"公天下"的最好诠释。唐太宗所说："故知君人者，以天下为公，无私于物。"①柳宗元认为秦设郡县乃是公天下的行为："然而公天下之端，自秦始。"②顾炎武强调"合天下之私以成天下之公"；王夫之反对"家天下"，主张"公天下"，认为"天下非一姓之私"，应"不以天下私一人"。近代以来，"天下为公"的思想仍然备受推崇，众所周知，"天下为公"是孙中山先生毕生奋斗的最高理想。尽管这些关于"公天下"或"天下为公"的思想论述的角度和具体内涵有差异，但是毫无疑问都表达了对"公天下"的向往。既然公私问题如此重要，历代思想家自然非常重视，几乎历史上重要的思想家都对公私问题发表过自己的看法。也正因为公私问题在漫长的历史中不断被探讨辨析，所以"公"观念的内涵也随着时代发展不断被赋予新的内容，呈现出历史演变的阶段性。可以说，我国社会思想的发展史，就是公私关系的历史，是公、私观念产生、发展、嬗变及辨别的过程。"公"观念的发展大致经历了形成、发展、激荡、转型等几个时期。邓小平继承并发展了马克思主义公私观。为了适应中国国情和时代要求，邓小平突破传统，对公私问题进行了深入思考，开创性地提出了共同富裕的思想。他指出："社会主义的本质就是解放生产力，发展生产力，消灭剥削，消除两极分化，最终达到共同富裕。"③但是在此过程中又不可能平均发展，所以要一部

---

① （唐）吴兢：《贞观政要·公平第十六》，裴汝诚等译注《贞观政要译注》，上海古籍出版社2007年版，第154页。
② 《封建论》，载《柳河东全集》，中国书店1991年版，第34页。
③ 《邓小平文选》第3卷，人民出版社1993年版，第373页。

分人先富起来，以先富带动后富，他还强调在这一过程中要兼顾公平与效率。江泽民、胡锦涛等对"公"观念也有很多论述。江泽民在继承邓小平的经济共同富裕的基础上，开创性地提出了精神层面的共同富裕。进入 21 世纪以来，公观念又有进一步的发展，特别是和谐社会思想的提出是对传统公观念的一大突破。党的十六届六中全会提出要"按照民主法治、公平正义、诚信友爱、充满活力、安定有序、人与自然和谐相处"①的原则来建设社会主义和谐社会，民主原则的提出体现了以民为本的思想，"公平正义"则体现了对公平的追求，这标志着从原来注重效率逐渐向注重公平的重大转向，是对"公"思想的又一个重大突破。

到此，《中华伦理范畴》已经相继出版了 19 个德目，它们之间既是相对独立的，又是紧密联系的，构成一个完整的体系。为了共同的目标，每一卷的作者都勤勤恳恳、呕心沥血，付出了艰辛的劳动，在此谨向他们致以深深的谢意！

正当《中华伦理范畴》第二函杀青之际，世界陷入了次贷危机的泥沼之中。次贷危机，其实是一场信誉危机，本质上仍是伦理道德的危机。惊恐之中，重温 1988 年 1 月诺贝尔物理奖获得者、瑞典科学家汉内斯·阿尔文的"人类要生存下去，就应该回到 25 个世纪前，去汲取孔子的智慧"的演讲和镌刻在联合国大厅里的孔老夫子的"己所不欲，勿施于人"、"己欲立而立人，己欲达而达人"的教诲，应该给人们一些启迪吧！

《中华伦理范畴》总结的是中华民族千百年来所继承和弘扬的做人的大道理。它是每一个想做君子而不想做小人的人的道德约束和修养圭臬。伦理道德虽然并称，但道德主要是每个人内心

---

① 《中共中央关于构建社会主义和谐社会若干重大问题的决定》，人民出版社 2006 年版，第 5 页。

的活动，而伦理有为全社会的人规范行为的作用。因此，普及中华民族优秀伦理，对于全社会成员的道德自律既具有普遍的指导作用，又具有某种意义上的他律作用。有自律和他律两个方面的保障，国人的素质才会提高。

让我们每个人都明白做人的道理，用中华民族优秀的传统伦理去规范一言一行，努力去做一个道德高尚的人。每个人都从身边的小事做起，从自身做起；多做善事，少做乃至不做恶事。

愿我们共勉。

戊子隆冬于曲园寒舍

目 录

前言：多维视阈中的谦与让 …………………………（1）
第一章　什么是"谦" ………………………………（19）
　第一节　"谦"的传统语义学意义 …………………（19）
　第二节　历代谦辞 …………………………………（24）
　第三节　"谦"——概念的外延 ……………………（33）
第二章　谦让的起源与生成 …………………………（47）
　第一节　原始自然崇拜与谦让的生成 ……………（48）
　第二节　传统宗教礼仪与谦让的起源 ……………（61）
　第三节　巫术占卜传统与谦让的形成 ……………（74）
　第四节　上古政治思想与谦让的形成 ……………（83）
第三章　先秦名著中的谦让思想 ……………………（91）
　第一节　《周易》与谦让 …………………………（91）
　第二节　《三礼》与谦让 …………………………（103）
　第三节　《国语》与谦让 …………………………（112）
　第四节　《左传》与谦让 …………………………（121）
　第五节　《诗经》与谦让 …………………………（133）
第四章　历代学者论谦让（上） ……………………（147）
　第一节　孔子的谦让思想 …………………………（147）
　第二节　孟子、荀子论谦让 ………………………（168）
　第三节　老庄论谦让 ………………………………（182）
　第四节　墨子、韩非子论谦让 ……………………（198）

1

第五章　历代学者论谦让（下） ……………………（205）
  第一节　两汉、隋唐学者论谦让 ………………（205）
  第二节　两宋学者论谦让 …………………………（222）
  第三节　明清学者论谦让 …………………………（234）
  第四节　近代学者论谦让 …………………………（251）
第六章　历代谦让故事 ………………………………（265）
  第一节　自谦的故事 ………………………………（265）
  第二节　求教的故事 ………………………………（274）
  第三节　雅量的故事 ………………………………（296）
第七章　谦让的功能 …………………………………（308）
  第一节　谦让的社会学意义 ………………………（308）
  第二节　谦让的伦理学意义 ………………………（322）
  第三节　传统伦理道德的现代意义 ………………（335）
附：历代谦让格言 ……………………………………（350）
参考书目 ………………………………………………（353）
后　记 …………………………………………………（356）

前　言
——多维视阈中的谦与让

在传统儒学的观念世界中，谦让之德是其自始至终提倡的道德自律，也是其处世原则的重要组成部分。儒家要求人们在道德标准上严格要求自己，不要过分苛责他人；在人际交往中要尊重他人，要有卑己尊人的态度和行为。由于儒学在中国文化中的独特影响，谦让之德也就不仅是儒家伦理范畴的组成部分，它也是中华民族传统文化的一大特征。

何谓谦让？《周易·谦卦》中以卑释谦："谦谦君子，卑以自牧也。"朱熹解释道："大抵人多见得在己则高，在人则卑。谦则抑己之高而卑以下人，便是平也。"（《朱子语类》卷七十）可见，谦让就是较低地看待自己而较高地看待别人的心理和行为。

为了使读者们对谦让之德有更深刻的理解，我们将这一伦理范畴放到语义学、哲学、伦理学和政治学领域当中进行详细的考察，力图让读者对谦让之德有较全面的认识。

一　谦让之德的语义学意义

要真正理解谦让之德，首先应当理解它的语义学意义。因为在现实生活中，谦虚有真有假，有时甚至真假难辨。谦虚的真与假当然直接与人的行为动机有关，但详细地理解谦虚在语义学上的意义,也是很重要的。《辞源》从三个方面解释了"谦"这一字的意义:首先,"谦"指谦逊,伪古文《尚书·大禹谟》中说"满招损,谦受益,时乃天道。"这句话要求人们谦逊戒盈,只有这样才能获得好处。其次,"谦"是《易经》的一个卦名。最后,"谦"通"慊",有满足、满意的意思。《大学》中说,"所谓诚其意者,毋自欺也,如恶恶臭,如好好色,此之谓自谦。"

要想真正理解谦让之德的语义学意义,就不能孤立地分析"谦"这一个字。古代汉语中,有大量的关于"谦"的合成词。这些合成词从不同的侧面展开或强化着"谦"的意义,这些词也有助于我们全面地理解"谦"的意义。这些合成词包括谦光、谦冲、谦克、谦挹、谦虚、谦巽、谦谦等。此外,古代汉语中还有丰富多彩的日用谦辞。大致说来,这些谦辞都从不同侧面反映着"卑己尊人"的道理。从称呼、寒暄到请教等,都有大量的谦辞可以完整地表达谦虚谨慎的态度与风范。在这些谦辞中"卑"、"鄙"、"薄"、"不"、"菲"、"寒"、"贱"、"陋"、"小"等词反复出现,这些形容词与名词相连,都表达了使用这些词的人力图表现谦虚的态度和愿望。

单就"谦"的语义而言,它与其他词汇构成了语义学的概念关联,要想全面理解"谦"的内涵,我们必须要了解"谦"这一概念的外延。在现代汉语中,"谦"与"让"放在一起,表示谦虚礼让的意思。而在古汉语中,"谦"与"让"在一些语境中可以互释,或者说,"让"的一些意义是对"谦"的补充与引申。"谦"与"让"之间还有一个顺序问题。谦虚是尊重他人的前提,因为只有看到自己的不足,承认别人的优点,人们才会理性地对待自己与他人的各种关系,不盲目地与他们争执,长此以往,便会培养出尊重他人、谦虚自律的道德品格。而礼让则是人们基于谦虚谨慎而表现出来的行为方式,是一个人道德文化素养在实际行动中的体现。也就是说,谦虚更是一种心态,礼让更是一种行为。

"谦"与"傲"是一对反义词。从语义学的角度讲，这两个词在语义上的对立关系，并没有随着时代的发展而消失。相反，因为历史经验的逐步增多，"谦"与"傲"的语义对立更加明显和直观起来。

"谦"与"敬"是互释的，《说文解字》中说："谦，敬也。"段玉裁注解说："敬，肃也，谦与敬义相成。"意思是说，"敬"表示端肃、恭敬，它与"谦"的意义是相辅相成的。的确，"谦"与"敬"在这种意义上是可以互释的。"谦"与"敬"有着相辅相成的语义关系，"谦"不能涵盖"敬"，"敬"也不仅仅体现"谦"。

通过以上"谦"与"让"、"傲"、"敬"三字关系的分析，不难看出，"谦"作为儒家伦理思想中的一个范畴，它的语义是广泛的，也是复杂的。说它广泛，是因为"谦"这一词既代表了儒家的人文理想，也表现了儒家的伦理追求；既与儒家的社会伦理观有关，也与儒家修身养性的内在追求有关；既是事关个体与群体关系的伦理概念，也与儒家的政治观念、艺术观念等紧密相关。

二　谦让之德的哲学意义

要想全面理解哲学意义上的谦让之德，首先应当了解这一伦理范畴的来源。因为任何伦理范畴都有它起源、生成、演变的过程，分析这个过程有助于我们全面地了解它的哲学意义，也有助于读者从历史的角度理解这些伦理范畴形成的过程。任何一种伦理范畴都不可能凭空地产生，也不可能仅仅是由人的心理活动构成的。就谦让之德而言，它和其他伦理范畴一样，都是历史的产物。其起源与生成，也是有踪迹可循的。它的演变过程可以看成是历史因素的集合体,自人类诞生之日起,这种伦理范畴就开始了它的萌芽。

在它的起源与生成过程中,谦让之德与人类原始的自然观、原始宗教思想、巫术、原始社交礼仪等,都有千丝万缕的联系。谦让之德从来不可能单独地产生于一个人的个体社会经验中,也不可能单独地对个体之人的行为产生制约与规范的作用。也就是说,谦让之德作为一种伦理范畴,它在人们心理形成的过程也是历史化的过程,这一点我们可以通过分析上古政治思想与伦理思想等得到证实。

众所周知,先秦时期是我国传统文化的重要形成期,许多对后世直至今天人们影响至深的文化概念,都诞生于先秦时期①。不难确认,《周易·谦卦》对谦让之德的哲学阐释,与"满招损,谦受益"(伪古文《尚书·大禹谟》)当中包含的哲学意义有契合之处。在这里,我们重点分析《周易》一书对谦让之德哲学意义的阐释。

《周易》把谦让之德看成是自然现象的一个缩影,认为"天道"、"地道"等,都是十分喜欢谦虚的。而所谓的"天道"、"地道",其实就是指自然规律。自然规律是一种客观现象,它需要人去发现、去总结。当古人对自然界的一些规律做出基本的判断时,他们自然而然地将人类社会的一些优秀品德嫁接到自然规律当中,从而提升这些品德的层次,使之更具有说服力。《周易》的作者显然是自觉不自觉地使用了这样的一种思维逻辑。

事实上,大自然当中的一些现象虽然和人类社会的规律有暗

---

① 学者或称其为"轴心期"。"轴心期"的理论首倡自德国学者雅斯贝斯。他在其《哲学导论》、《论历史的起源与目标》等著作中一再指出:"世界史的这个轴心,似乎就在公元前800年至公元前200年发生的精神进程。出现了我们与他生活至今的人。这个时代简称为'轴心时代'。"(《卡尔·雅斯贝斯文集》,青海人民出版社2003年版,第65页。)

合之处，但它们在前提上其实并没有逻辑联系。比如说，地卑天高本来是自然界的普遍现象，并不能说大地本身具有那样的品质，就自甘处下。人们之所以认为大地是谦逊的，是因为通过人类的眼光把大地的自然属性社会化了。

从这一点上看，《周易》的确已经超越了上古时代的各种思想束缚，以一种全新的自然观和社会观去阐释具有辩证意义的宇宙观。谦让也不再仅只是对自然神力或者祖先灵魂的献媚或膜拜的产物，而是人们通过对历史经验和社会经验的琢磨和推敲，从而形成的一种伦理观念。而为了使谦让更具有说服力和启示性，人们把它运用到自然界中，证明它存在着无所不在的合理性。这种从自然界中反证人类经验的做法，一方面说明当时人们寻找某种观念的合理性时，受到一定的局限，另一方面也反映出人们迫切希望让一种合理观念能得到社会的认可。

《周易》还明确提出，谦让之德是一个伦理范畴。《周易》的作者认为谦虚是一个人的行为准则之一，也是道德修养的一个方面。谦虚不仅是道德修养的关键因素，也是施行礼教的重要前提。《周易》明确提出"谦，以制礼"的思想，认为谦虚谨慎的思想品质是施行礼教的前提，只有谦虚谨慎的人，才能使礼教发挥出它的作用。由此可见，社会伦理范畴与社会制度之间有着辩证的关系。社会制度会让一些伦理范畴成为约束人们行为的政治工具，伦理范畴也可以促进社会制度的实施。

《周易》中的谦让之德反映出一种全新的人生哲学观。《周易·谦卦》在主张人们谦虚退让的同时，也主张人们面对困难时要积极进取，"自强不息"，不能因为艰难危阻而放弃自己的理想。在今天看来，这种主张再平实不过了，但在当时这是一种全新的人生观和价值观，它的意义不亚于《周易》本身的哲学价值。古人在自然界面前总是感觉到压抑，因为自然界的变幻莫测，使得更多的人宁愿受自然规律的摆布，也不愿意用积极进取的心态去探寻自然界的规律。《周易》却没有陷入这样的思维方式中，它一方面要求人们尊重自然界的规律，认为人类社会与自然界在发展过程中，有许多相似之处。与此同时，《周易》也提倡积极进取的人生观。这一点，单从《谦卦》中我们就可以明确看出。《周易》的数个卦中都有"涉大川"的话，意思是说要在艰难的环境里锻炼自己，去克服自己面对一切困难。此外，《谦卦》又要求人们要卑下自处，在名望、功劳面前始终要保持清醒的头脑，要甘愿处于别人之下，也要凡事不与人硬争，要做到居功不自傲，还要做到以德服人。

《周易·谦卦》倡导的积极进取与自甘卑下的人生观和价值观，是辩证的也是不可分的。表面上看，积极进取的人必定是张扬的人，积极进取就是努力地去超过别人，比别人拥有更多的财富或权力，也要比别人有更大的功劳；而自甘卑下则是一种投降主义，面对困难只好屈服，面对别人做出的成绩只能望而兴叹。但是如果辩证地看积极进取与自甘卑下，我们就会发现它们的结合的确是一种全新的人生观和价值观。

积极进取的人必定会有成绩，有了成绩人们往往会骄傲自大，而骄傲自大是积极进取精神的坟墓；自甘卑下的人虽然会默默无闻甚至会让人瞧不起，但他能在谦虚谨慎的心态下，心无旁骛地守护住自己已经取得的成绩，不会因为自己的不足招致别人的不满，而自己也会在自感不足的情况下不断前行、积极进取，从而不断取得更大成就。把这两个看似矛盾的想法合成一起，不仅可以抵消两者当中都存在的一些缺点，而且可以让它们的优点进行互补，从而成为一种既积极进取，又能谦虚自抑的优良品德。

在《周易·谦卦》中，谦让不仅仅是一种伦理范畴，它也是一个哲学概念，它反映出的人生观是辩证的，也是十分具有传统特色的，中国人历来追求的"谦谦君子"之完美人格，其实就是积极进取与谦虚自抑的巧妙结合。

谦让之德有时也是一种政治权谋或智慧。在《谦卦》的第五爻和第六爻中，作者明确提出谦让是一种政治权谋。尽管有的学者不承认这一点，但我们也不能否认《周易》本身也是一部讲权谋或智慧的书，具体到《谦卦》，它当中也包含着一定的权谋思想。

三　谦让之德的伦理学意义

谦让之德的伦理学意义是本书重点考察的一个问题，本书中的大多数篇章都谈到了谦让之德的伦理学意义。作为儒家学说当中的一个伦理范畴，谦让之德的伦理意义是不言自明的，但它具体包含的内容需要我们系统地分析。一般而言，儒学创始人孔子对谦让之德的阐释，基本上涵盖了谦让之德的伦理学意义。

孔子不仅身体力行谦让之德，而且系统地对谦让之德进行了理论阐述。总的看来，孔子认为谦让之德不仅是历史经验已经证明的，对人有百利而无一害的优良品德，也是人们修身养性的一个法宝。孔子首先将谦让之德落实到"修身"二字上，认为只有懂得谦虚礼让的人，才能成为"君子"，也才能成为实行"仁政"思想的社会先驱。

孔子认为，谦虚谨慎不是十分复杂的东西，它很平实地反映在我们的日常生活当中，我们可在日常生活的一言一行当中学会谦虚。他还认为，谦让的美德是在平常生活中逐步培养起来的，只要在平时的容貌态度中时时注意培养，就能获得谦虚谨慎的品质。虽然这种品质很重要，但只要用心去培养，谁都可以得到这种品质，在谦虚的美德之前，人人都是平等的。孔子还说过："君子有九思：视思明，听思聪，色思温，貌思恭……"（《论语·季氏》）意思是说，君子有九种考虑，其中时常要考虑容貌态度是不是谦虚恭敬。

孔子认为谦虚的美德并不是孤立存在的,它需要一个大的礼治环境作为它生长和生存的基础,也需要有谦让美德的人懂得社会的礼仪规范。孔子说:"恭而无礼则劳,慎而无礼则葸,勇而无礼则乱,直而无礼则绞。"(《论语·泰伯》)如果仅仅是为了表现所谓的谦虚谨慎,就在容貌上、举止中体现出谦虚谨慎的样子,是不能算作是谦虚的。只有懂得礼法的人,才能知道社会的规范准则、社交礼仪以及待人接物的基本礼数,而明白了这些知识后,一个人才能在具体的实际生活中去表达自己谦虚礼让的风度。

孔子在教诲他的学生时,系统地论述了谦让美德在人际关系、学问道德和人格培养中的作用。他认为谦让的态度不仅要落实到个人的修身之中,也要表现在待人接物的态度上,谦虚谨慎地看待别人和自己。在《论语·公冶长》篇和《孔子家语·颜回》篇中,孔子对他的学生们讲述了谦虚谨慎地看待别人和自己的道理。当他问子贡,颜回与子贡哪一个在学问上更强一些时,子贡谦虚自抑,给了他满意的回答。孔子这样问的目的,其实也是为了提醒子贡,强中更有强中手,一定要清楚地知道自己的水平,看清自己所处的地位和形势,只有这样才能学会谦让,学会谦虚地对待他人。

孔子要求他的学生有原则地处理人与人之间的关系,既不自甘卑下,而无所作为,也不恃才自傲固执不化。起初,子路是一个十分固执又骄横霸道的人,似乎人际关系也搞得不太好,他学琴时孔子的其他弟子都笑话他,孔子还为他打圆场。孔子时时不忘教导他,让他改掉那些不好的习性,谦虚地向别人学习,特别是注意自己的言语,不要在说话时流露出狂妄自大、好勇无谋,而是要谦虚地向别人学习,处理好自己与他人的关系。

孔子还认为一个人既要有好学的精神,也要善于学习别人的长处，虚心地向别人求教，在人生的每一个阶段，努力地寻找学习的对象，获得真正的良师益友，明白学无止境的道理。《论语·子罕》中说："子绝四——毋意，毋必，毋固，毋我。"意思是说孔子没有凭空揣测、绝对肯定、拘泥固执、唯我独是这四种毛病。那么，孔子是怎样做到这点的呢？结合上文中对孔子游学经历的分析，和《孔子家语》中记载的孔子向儿童、宋国女子求教的事（未必具有真实的史料价值，此处只为一般论据），以及《论语》中的一些语录，我们认为孔子是在不断向别人学习的过程中，达到以上这些谦虚谨慎的品德的。"三人行，必有我师"，这既是孔子对学生的教诲，也是他一生谦虚地求教，从中获益匪浅，进而总结出的人生心得和感悟。谦虚的人往往会明确地知道自己的不足，知道自己弱点的人，才会向别人求教；反过来，不断地向别人求教，去发现别人的长处，就会更明白地知道自己的不足，这样会使一个人更加谦虚，永远处于不断进步的状态。

　　孔子还要求他的学生要有屈己待人、谦虚大度的气概。学生子张问孔子做"善人"的道理，他说："不践迹，亦不入于室。"（《论语·先进》）意思是不踩着别人的脚印，学问道德难于到家。如果没有宽大的胸怀，不去学习别人的长处，就做不到虚己盈人，也就无法超越自己的弱点，成为一个具有谦虚美德的人。

　　孔子认为，在社交活动中，做到谦虚谨慎，就可以创造出良好的社交关系，避免不必要的麻烦与争执。他认为，如果一个人能拥有谦让的美德，那么他就可以在复杂的人际关系中获得理性的分析与判断时势的眼光和高度，避免那些因人际关系问题而给自己带来的诸多不便。学生子张问孔子什么是"仁"，孔子回答说："恭、宽、信、敏、惠。恭则不侮，宽则得众，信则人任焉，敏则有功，惠则足以使人。"（《论语·阳货》）意思是说，做到恭敬、宽厚、诚实、勤敏和慈爱，就是"仁"，恭敬就不至于受到侮辱，宽厚就能得到大家的拥护，诚实就能得到别人的任用，勤敏就能提高工作效率，慈爱就能调动别人。看来，恭敬谦卑是一个基本的前提。

孔子还认为交朋友也要交那些谦虚谨慎的人，骄傲自大的人身上有太多的缺点，所以不适合与他们为友。他还认为人们追求快乐时，也要注意培养那些让人学会谦虚的乐趣。孔子说："益者三乐，损者三乐……乐骄乐……损矣。"（《论语·季氏》）意思是说，有益的快乐有三种，有害的快乐也有三种，"骄乐"，意为骄纵放荡，朱子注云："侈肆而不知节。"译为骄傲，实误。是有害处的。可见，谦让之德贯穿于人的一切社会生活中，人们只有时时注意培养这种品德，才能成为一个真正的君子。

孔子对那些狂妄自大的人和他们的言行，都给予了批评，认为骄傲自大是不可取的，是对人有害的。孔子说："巧言令色足恭，左丘明耻之，丘亦耻之。"（《论语·公冶长》）意思是说，花言巧语、伪善恭敬的人，左丘明认为是可耻的，我也认为是可耻的。左丘明相传为《左传》的作者，所处的时代早于孔子。孔子此处借左丘明之口讽刺那些假谦虚的人，认为那是一种可耻的行为。假装谦虚的人，首先是十分伪善的，他们不顾礼法，将那些表面的文章当作获得别人信任的资本。这既违背了孔子提倡的仁义精神，也是欺骗别人、利用别人的做法。

假谦虚实际上就是真骄傲，也是内心空虚的表现。正因为内心空虚，知识贫乏，又不想让别人看出来，就在表面上装作是十分谦虚的样子，以博得别人的好感。这样做往往会适得其反，人们不仅不会尊重这样的人，反而会对他们的言行给予批判；这样的人不仅不能从别人那里获得帮助，反而会搞坏人际关系，使自己处于更不利的地位。所以，真正的君子是不会装谦虚的，那样既没有必要，也没有好处。孔子说："君子泰而不骄，小人骄而不泰。"（《论语·子路》）意思是说，真正的君子安详舒泰，却不盛气凌人；小人骄傲凌人，却不安详舒泰。孔子认为富有的人，很容易产生骄傲情绪，要想成为真正的君子，就应当处富贵而不骄傲。孔子还认为，地位高、有财富的人做到谦虚，并不是一件很困难的事，他说："贫而无怨难，富而无骄易。"（《论语·宪问》）意思是说，贫穷却没有怨言是很难的，富贵却不骄傲是很容易做到的。

孔子还认为，谦虚礼让是从政者必需的修养，也是一种治国之道。他认为谦让之德是从政者必备的素质之一，它既可以使人们处理好同僚之间的关系，也可以使谦虚之人能更好地发挥自己的能力。子张曾问孔子怎样才能更好地从政，孔子说从政者要具备"五美"，所谓"五美"就是："君子惠而不费，劳而不怨，欲而不贪，泰而不骄，威而不猛。"（《论语·尧曰》）意思是说从政者要给人民以好处，而自己却无所损耗；使百姓劳作，百姓却没有怨言；自己欲行仁义，却不贪污受贿；平易近人却不骄傲自大；威严却不凶猛。作为"五美"之一的谦让之德，是获得百姓支持、上下一心的法宝，也是从政者安身自保的一种策略。

孔子说："不在其位，不谋其政。"（《论语·泰伯》）意思是说，如果不在那个位置上做事，就不要去考虑它的政务。这句话也体现出孔子的从政主张，即以谦让的态度对待政事，如果政事与自己的职位有关，那么自己就必须对这些政事负责；如果政事与自己无关，那么就不要去考虑它。做到这一点，既表现了一个人谦虚退让的美德，又可以避免自己太过张扬而招致不满的危险，而且还可以减少不必要的心理负担和从政欲望，使自己能虚心地接受自己的能力和别人的成绩。用现代人的话来说，这就是到位而不越位。到位是恰到好处；越位就是越俎代庖，就是冒犯，其根本就是没有自知之明，缺乏谦虚自律。

认为谦让之德也是一种治国之道，这与孔子的礼治思想有关。礼治实际上就是德治，德治讲求以理服人，不主张用暴力解决问题，而是以文治代替征伐。所以孔子说："能以礼让为国乎，何有？不能以礼让为国，如礼何？"（《论语·里仁》）孔子的这一主张是针对当时诸侯势力互相攻伐，丝毫不顾及百姓生命安全而提出的。他认为暴力解决不了实质性的问题，反而会使问题更加严重。所以他反问，如果不用礼法来治理国家，那么礼仪有什么用呢？可是，现实的政治形势并不像孔子说的那样，在充满了残酷的竞争与征伐的时代，往往是暴力而不是礼治能更容易地解决问题。在这一点上，我们可以看出，作为知识分子的典型代表，孔子虽然有良好的愿望，但他却无法改变现实。

　　通过以上的分析，我们可以看出，孔子对谦让的理解是比较全面的、客观的。他认为谦让是一种对个人修身有诸多好处的美德，对处理人际关系、培养优良人格都有重要的作用。孔子把谦让看成是人伦物理的一个要素，它是人内心自然而然产生出的优秀品质，作为君子应当时时去培养它，使它成为指导人际关系、人格修养、从政之道的一种有用的伦理范畴。与此同时，孔子也把谦让看成是一种为官之道和治国之术，认为谦虚谨慎的人才能做好行政工作，如果一个国家以谦让之德处理国政，那么它成为强国、大国也就有了一个基本的保证。

　　历代学者都把孔子对谦让之德的阐释作为进一步研究这一问题的基础，他们对谦让之德的伦理学意义虽然有所创新，但基本上没有超出孔子的见解。在本书第三章和第四章中，专门对历代学者对谦让之德的理解作了阐述，此处不再赘述。另外，在第七章中，我们还将谦让之德与现代伦理学结合想来，重点考察了社会主义市场经济条件下谦让之德的伦理意义。

四　谦让之德的社会学意义

　　谦让之德本来就是人类行为社会化的一种体现，也是社会秩序在道德观念上的一种需求，它也当然与社会的运行和发展有着密切的关系。儒家很早就注意到了谦让之德的社会学意义，在《大学》中，他们以格物、致知、诚意、正心、修身、齐家、治国、平天下的概念，系统地论述了人的社会化过程。儒家将复杂的社会学命题置换为他们提倡的伦理道德，并通过培育这些伦理道德，来实现人的社会化，为社会培养出合格的成员，让他们能以完善的人格去应对社会当中的各种角色。如果用现代社会学的一些方法，去分析谦让之德的话，我们会发现这一伦理范畴具有完善人格、增强合作意识、培养团队精神以及促进民主法制等积极功能。

儒家认为，"格物"、"致知"的目的在于达到"诚意"和"正心"。"所谓诚其意者，毋自欺也。如恶恶臭，如好好色，此之谓自谦。"（《大学》）儒家认为"诚意"是一个人优良秉性的自然流露，而谦逊的心态也像一个人厌恶丑恶、喜欢美好事物一样，是十分自然的事情。具备了谦让之德的人，就不会在别人面前装腔作势，也不会自欺欺人，他不仅能够做到"慎独"，而且也会达到"正心"的境地。当个人的需要、动机、兴趣、理想、习惯等心理要素，都得到适当的发展与调节后，人们就能做到"正心"，即获得了完善的人格。儒家的这一主张与现代社会学中所说的人的社会化理论，有许多相同之处。可见，儒家学说十分关心人类社会的良性生存，他们的一些主张至今仍对我们有很好的启发作用。

儒家把"齐家"看成是"修身"的目的之一，认为只有具备了完善的人格，才能管理好自己的家庭，也才能在家庭中扮演好各种角色。因为家庭是缩小的社会，其中就有夫妇、父子、兄弟等人际关系，处理好这些关系也是很不容易的。《大学》中说："好而知其恶，恶而知其美者，天下鲜矣。"意思是说，喜欢一个人而知道他的缺点，讨厌一个人而知道他的优点，天下做到这一点的人很少。因为家庭成员之间都有血缘上的联系，人们往往由于疼爱家人而忘记了一些最基本的社会准则，管理家庭和管理国家一样也是很难的，所以，儒家认为扮演好家庭成员的角色是"治国"的基础。

儒家认为在处理家庭关系时，也要提倡谦虚谨慎。在夫妇关系中，谦让之德是保持儒家男尊女卑思想的基石，妻子要在丈夫面前表现出谦逊有礼，这样才符合儒家伦理规范；在父子关系中，儿子要在父亲面前时时保持谦虚谨慎的作风，如果表现出骄横自大，就等于违背了儒家的孝道；在兄弟关系中，兄长要爱护弟弟，而弟弟也要谦恭地对待兄长。虽然儒家的这些主张都与封建等级制度密不可分，其中的一些内容如男尊女卑的观念等都是不值得提倡的，但是以谦让之德来处理家庭关系的做法，则是不可能过时的。

在《大学》中，"修身"被看作是"治国"的前提，认为只有那些能够很好地处理家庭关系的人，才具备管理国家政务的能力。这里的"治国"实际上就是指从事各自的职业，因为儒家提倡"学而优则仕"，所以他们把"治国"看成是最理想的社会角色，至于"平天下"，那是针对帝王而言的，与一般人无关。

儒家认为谦虚谨慎的态度，有利于"治国"。因为在儒家看来，"治国"的根本在于处理好各种人际关系，如果人们能做到卑己尊人，以谦恭的心态处理人与人之间的关系，他就能获得别人的尊重和认可，也就能处理好"治国"过程中必须面对的上下级之间、同僚之间的关系。谦虚的心态不仅能创造出良好的人际氛围，还可以催人进步。儒家认为卑己尊人的人，往往觉得自己不如别人，因而能够做到以人为师，向别人学习。这种积极进取的心态，也是"治国"过程中不可或缺的。

儒家认为在人际交往中，要想取得利益的最大化，就必须遵守儒家提倡的伦理道德规范，因为这些规范都是针对社会互动关系中出现的问题而逐步形成的，它们都有很强的针对性。拿谦让来说，它是处理好与他人关系的一个法宝。在儒家看来，不骄傲自满的人就不会鄙视他人，他们的心中留有容纳别人的思想空间，谦虚的程度越高，这个空间也会越大。儒家认为"人之为德，其犹虚器欤，器虚则物注，满则止焉。"(徐干《中论·虚道》)儒家认为在人与人之间，一旦建立起信任的关系，就等于为彼此的合作打下了坚实的基础，因为彼此间的信任可以消解许多不同的意见，甚至是彼此间的冲突。另外，一旦形成彼此信任的关系，在社会互动中就可以避免强制与顺从，因为谦虚礼让的作风已经使人与人之间形成了良好的合作关系，其中任何一方都不愿意将自己的意志强加给他人，也不愿意让别人顺从自己的主张。也就是说，彼此信任的关系已经超越了狭义上的利害关系，形成为基于彼此欣赏、彼此信任的平等的合作关系。

在社会互动过程中，儒家认为谦虚的心态有利于人们之间达成利益上的共识。现代社会学认为，合作是一种联合行动，单靠一方的行动是无法实现的，而合作的前提是人们之间有共同的利益和目标。为了使人与人、群体与群体之间的合作关系顺利地展开，除了要目标一致外，合作的对象之间也要达成相近的认识，并作出相互配合的行动，只有这样才能完成合作。

儒家认为谦虚礼让的作风，有利于让人们达成利益上的共识，因为谦虚的人往往能做到换位思考，容易理解别人的苦衷。换位思考是指站在别人立场上，以同情他人的心态去观察事物。贾谊说："厚人自薄谓之让。"(《新书·道术》)就是说在遇到利益冲突时，多替别人着想，少为自己打算，把好处让给别人，将困难留给自己。儒家将礼让作为人际交往的一般原则，目的是想培养一种柔性的生存手段，其要求人们具备利他的精神境界，通过谦让实现人与人之间的和睦相处。为了缓解彼此之间的利益冲突，儒家主张谦逊退让，但是这种退让也不是没有原则的，他们主张"当仁不让于师"（《论语·卫灵公》）的礼让原则，意思是说，在实际利益上可以退让于人，但在道德上是不能退让的。

　　谦让的态度还有利于消弭人际间的各种冲突，有利于形成团队精神，从而有利于增强群体间的凝聚力。儒家认为谦让是一切道德观念的基础，"让，德之主也。让之谓懿德。"（《左传·昭公十年》）在儒家看来，谦虚谨慎的作风有利于形成宽容、谦和的社会氛围，这种社会氛围不仅能够消弭客观存在的各种利益冲突，也可以形成以谦让、和谐的人际氛围。如果一个人具有这种谦让精神，他的人格魅力就会得到别人的认可，从而形成所谓的人际吸引。当谦虚谨慎的作风成为一种社会风气时，社会成员就会自动地遵从这一规范，并将谦让的理念内化成自己追求的目标，从而能在利益关系中达成妥协，增强社会群体之间的凝聚力。

　　另外，谦让之德还有利于冲淡人们观念上的差别。除了人们之间利益上的冲突之外，观念上的冲突也是造成群体凝聚力下降的一个原因。在当前社会，由于生活方式的多样化，人们的思想观念也千差万别，比如说，有的人认为金钱是衡量人生成功与否的唯一标志；而有的人认为权力是衡量人生成功与否的主要标志；还有的人认为人生价值的实现才是衡量人生成功与否的标志。观念上不一致的人，在谈到同一个问题时，总要各执己见，对自己的想法深信不疑，而对别人的想法不屑一顾。在这样的情况下，人们之间因为观念上的差别也会产生冲突，这不仅不利于人们之间的思想交流，也不利于增强社会群体之间的凝聚力。

　　孔子早就提出过"和而不同"的交往观念，他认为谦和的社会风气有利于人们之间的思想交流，即便是主张不同的人，也可以在这样的氛围里彼此交流。"和而不同"的前提，就是以谦虚的心态对待别人的主张，尽可能地与别人达成共识，如果有不同的地方，也可以在谦虚礼让的大前提下得以保留。这种求同存异的主张，不仅能够解决人们之间观念上的冲突，也有利于形成良好的群体关系，自然也利于增强社会群体之间的凝聚力。

儒家提倡的谦让之德，其实质也与权力分配的原则有关，它也可以促进现代民主制度的发展。民主与法制建设不是一个孤立的制度建设问题，它与特定时代的文化传统有着密不可分的关系。如果我们单纯地为民主而民主、为法制而法制，最终的结果是民主与法制离我们会更远。要想真正建设具有现代意义的民主与法制，我们必须重新审视中国的文化传统，在古老的文化传统中寻找现代民主与法制得以成立的文化根基。只有这样，民主与法制的进程才能得到实质性的发展。而中国人珍视了几千年的谦让美德，无疑也是促进民主与法制进程的一个重要的文化根基。

儒家主张的谦让之德，在调节上下级、同僚之间关系时，已经体现出儒家在权力分配方面的主张。儒家认为在从政过程中，谦虚谨慎的作风不仅可以保全从政者的性命，也体现了他们对权力的看法，即权力本身是责任与使命的结合体，如果人们拥有了权力，就应当最大程度地发挥出它为民谋利的作用，否则这种权力对人们是有危害的。

谦让之德对推进我国法制建设，也有一定的启示作用。《菜根谭》中说："处世让一步为高，退步即进步的张本；待人宽一分是福，利人实利己之根基。"如果人人都能心此为训诫，就不会为一些小事，发无名之火，做出违法乱纪的事。而如果人人都能遵守谦虚礼让的社会风尚，人们之间的矛盾冲突就会减少，即便是发生了矛盾，也会用正常的手段去解决，从而避免违法乱纪。进而言之，法制再严密，也会百密一疏，人存"机心"，总会找到法制的漏洞。而以恭敬礼让之心对待法制和社会中的万事万物，就会自觉维护社会秩序和法制的尊严。这样，法制建设才会真正落到实处。

在前言中,我们概括谦让之德的语义学、哲学、伦理学和社会学意义的目的,并不是单纯地想让读者对本书的基本内容有个大致的了解,而是希望通过以上概括来帮助读者对谦让之德的理解和体悟。实际上,我们选取的这几个角度并未涵盖本书的全部内容。这里,我们再对本书的基本布局作一交代。

在第一章中,我们重点讨论了"谦"的语义学意义;在第二章中,我们分析了谦让之德的生成与起源问题,在原始自然观、宗教观和巫术占卜传统中,寻找谦让之德起源生成、发生发展的人文踪迹;在第三章中,我们分析了先秦名著中的谦让思想,结合《周易》、"三礼"、《国语》、《左传》和《诗经》,分析其中包含的谦让思想;在第四章和第五章中,我们分析了历代学者们对谦让之德的阐释,重点分析了历史儒家对谦让之德的看法,其中包括了先秦诸子、汉唐学者、宋明理学家以及清代乃至近代学者对谦让之德的阐述;在第六章中,我们重点介绍了一些历代谦让故事,通过著名的谦让故事来进一步阐述谦让之德的伦理意义和其现实价值;在第七章中,我们重点讨论了谦让之德的各种功能,结合现代社会学、伦理学等学科当中的方法,分析了传统伦理道德的现代意义,以及谦让之德在社会主义市场经济条件下的作用。最后,在附录中,我们还列举了历史谦虚格言,希望以此与读者共勉。

第一章 什么是"谦"

谦虚的美德是中华民族文化传统的一大特征。自古以来,谦虚就是历代文人们津津乐道的话题,人们往往通过谦虚与骄傲的对比,告诫大家要谦虚礼让、卑己尊人,只有这样才能得到别人的尊重和社会的认可,才能始终保持进步和上升的态势。应当说,谦虚也是我国传统伦理范畴的重要组成部分,这一伦理观念及其价值系统不仅在中国古代社会发挥了重大的作用,至今仍然影响着中华民族的思维言行和举止。本章从"谦"的语义学意义、"谦"的概念与外延等几个方面,对"什么是谦"这一问题展开细致入微的讨论。

第一节 "谦"的传统语义学意义

要真正理解谦虚,使它成为指导我们日常生活的行为准则,首先应当理解它的语义学意义。因为在现实生活中,谦虚有真有假,有时甚至真假难辨。谦虚的真与假当然直接与人的行为动机有关,但详细地理解谦虚在语义学上的意义,也是很重要的。因为只有真正理解了谦虚的本义,我们才能掌握它的基本内涵,从而避免时下社会上流行的"厚黑学"层面上的"谦虚"对我们的干扰和困惑。本节围绕《辞源》对"谦"这一字的解释,结合历史典故,详细地论述"谦"的语义学意义。

在《辞源》中,"谦"有三种解释:

首先,"谦"指谦逊,伪古文《尚书·大禹谟》中说"满招损,谦受益,时乃天道"。《尚书》是我国先秦时代重要的历史文献,相传有几千篇,后来孔子对它进行过删定。它是我国悠久历史文化积淀的产物,原名为"《书》",是一部历史著作。后来儒学兴起,《尚书》被列为儒家"五经"之一。在记载大禹、伯益和舜谋划政事的《大禹谟》篇中,出现了"谦"字,它与《易经·谦卦》中的"谦"是关于谦虚较早的有史料可以为证的记载[①]。

《尚书·大禹谟》的第三段,记载了大禹征伐苗民的事。在会合各诸侯的力量攻打苗民部落三十天后,并没有征服他们的情况下,伯益向大禹进谏,他认为实行德政的君主才能感动上天,周边的部落才能服膺于有仁德之心的君主的。伯益还认为做到至敬至诚才能感动神明,才能与神明进行交流,因为盈满招致损失,而谦虚则使人受益,这是神明与自然的规律。大禹听从了伯益的劝告,以文教代替了武力征伐,经过七十天的教化,苗民归顺了大禹。

大禹因为治水,建立了功德,人们都十分尊重他。而在这件事上,他却骄傲自大,轻率行事,伯益适时的劝说既避免了流血冲突,也使大禹懂得了施行文教的重要性。

由《尚书·大禹谟》引出的"谦",就是"谦逊"的意思。从语义学的角度讲,这里的"谦"与"敬"有相辅相成的关系。对上天的敬畏感和崇拜心理,引发出人们对自然神力的信仰与崇敬,而谦逊谨慎的态度则能体现这种信仰与崇敬。汉代许慎的《说文解字》中,即以"敬"释"谦":"谦,敬也。"

"谦"与"满"是对立的。"满"为意满自大,《尚书·大

[①] 《尚书》分"今文"、"古文",《大禹谟》属"古文"。"古文"部分是后人伪作,非先秦旧作。但《大禹谟》出现"谦虚"的概念,并非空穴来风。

禹谟》中说:"克勤于邦,克俭于家,不自满假,惟汝贤。"这段话是舜对禹的赞美,意思是说禹能勤劳治国,能节俭持家,不自满也不自大。与"满"相反,"谦"就是不自满,就是对自己有所保留,不过分彰显自己的能力。

其次,"谦"是《易经》中的一个卦名。《易经》又称《易》或《周易》,是中国思想史上一部重要的著作。它最初是占卜用书,后来被儒家列为"五经"之首,成为历代学者不断挖掘新思想的源泉。

《易经》中的"谦卦"主要说明"有大者不可以盈,故受之以谦"(《易·序卦传》)的道理,就是说任何事物的发展都有限度,超过限度,就是"满盈",之后,事物总会朝相反的方向发展。比如说,月亮满圆后,总会亏损;一个社会长期处于盛世,就会走向衰退。自然界的"满盈"与"亏损"是人力无法控制的,但是,在社会生活中这种现象是可以克服的,那就是经常保持谦虚的态度。

《周易》的六十四卦,均由上下两体组成,上下两体又各自分成三爻。谦卦的上体是坤,坤就是大地;下体是艮,艮就是高山。与高山相比,地是处下的,也是卑微的。在谦卦中,高大雄伟的山却处在大地的下方,这正好象征了谦虚与退让的可贵和重要。

通过分析谦卦的组成,我们能够体会到古人对谦虚的重视。古人认为"谦"是有益无害的,因为古人概括出的六十四卦中,只有谦卦上下三爻都表示吉利,就全卦看,只要持久地具有谦虚的心态,不需要其他的条件,就能使人前途亨通。在《周易》中,这种现象只出现在谦卦中,其他的六十三卦都没有这种现象。

最后,"谦"通"慊",有满足、满意的意思。《大学》中说,"所谓诚其意者,毋自欺也,如恶恶臭,如好好色,此之谓自谦"。意思是说,一个人能让自己做到诚心实意,就是不自欺欺人,就像他厌恶臭恶的东西,喜欢美好的事物一样,这就是满足。把"谦"解释为满足和满意,正好从一个侧面说明了谦虚之人的心态。

古人认为真正能做到谦虚的人,就是有自知之明的人。尺有所短,寸有所长,一个人无论多么优秀,都不可能是十全十美的;个人的修养不管多么完美,人格不管多么伟大,总是有短处与缺点的。相反,站在个人立场上去分析别人,不管这个人地位多么低下、渺小,他也有优点和长处。孔子说:"三人行,必有我师焉。"(《论语·述而》)意思是说,一个人不管有多伟大,只要能以己之短量人之长,就会觉得自己低于别人,谦虚之心就会油然而生。

此外,精神上能知足、自足的人,往往有良好的心态,他们不会因为自己不如别人而嫉妒他人,也不会无视别人的成就目空一切。谦虚的心态带给他们精神上的满足,谦虚的心态也能让他们因为不满足于现状,努力学习先进,以优秀的人或事为楷模,争取使自己更上一层楼。在这里,精神上的自足是提高自己、反省自己的一个动力。精神越是空虚贫乏的人,往往总是以己之长量别人之短,总觉得自己比别人优秀,不思进取,却对别人的成绩十分眼红,这种现象就是因为精神上不自足,最终导致心理失衡。

以上三种对"谦"的解释,基本上能反映出"谦"的本义。在传统语义学上,"谦"与现代汉语中的谦虚一词基本接近,但也有区别。

传统语义学上的"谦"虽然可以理解为谦虚,但"谦"的语义起源来自对自然界或神明的崇拜和敬畏。《尚书》中出现的"谦"是指对神灵的敬畏感在人们内心中的体验,这种体验虽然可以转化成谦虚的行为,但它的最终目的是为了讨好上天。《尚书·大禹谟》中说，大禹停止攻打苗民，他的诚心感动了上天，苗民自愿归顺了他。由此可见，"谦"最初指对上天的敬畏，是面对无法预知也无法征服的大自然时，产生在人们内心深处的具有神秘色彩的心理现象。在这里，"谦"其实体现了巫术活动中的心理现象，它表达着人们与上天进行沟通时的一种敬畏与退让心理，这点我们会专章进行论述。

　　传统语义学中，"谦"也可以专门指代谦卦。《周易》六十四卦的形成，起初也与自然神灵崇拜直接相关。《周易》讲求"观物取象"，意思是说，通过观察自然界万事万物的形状、大小、高低、明暗等特征，以及它们在春、夏、秋、冬四季的变化，来归纳它们的基本属性，并把这种属性抽象成阴阳两爻。与《尚书》中的"谦"相比，谦卦体现出的意义更接近于现代汉语中的谦虚一词。但通过细致的分析，谦卦中的"谦"还是和谦虚有所区别。从语义学的角度讲，谦卦中，"谦"的来源更多地比照了自然界的变化。比如说，它以高大的山处于卑微的大地之下为象征，说明"谦"就是高大的东西甘愿处于下风。在这里，"谦"更多地表示一种能够甘愿处于下风，有能力获得更高的地位，却不愿意占据这个位置的意思，谦卦中的"谦"是一种行动方式和自然经验的集合体。

　　《周易》没有解释自然界存在的一些现象与社会现象是否有必然的逻辑关联，它只是提供了一种参照。具体到谦卦，地上山下的形状，也只能提示人们时刻注意自然界的暗示。而现代汉语中的"谦"是一种心理活动，它更多地依赖于人的自觉性。从以上的分析，可以看出，《周易》谦卦中的"谦"比《尚书》中的"谦"更接近现代汉语中的谦虚。

　　此外，传统语义学中，"谦"也可以解释成满意、满足，这种解释仅是与"慊"通假有关。随着时代的发展，"谦"的这一意义逐步消失。

第二节　历代谦辞

谦辞，是指卑逊之辞。谦虚的德行虽然可以通过行为来表达，但也需要用言辞去反映和强化。《尹文子·大道上》说，"齐有黄公者，好谦卑，有二女皆国色，以其美也，常谦辞毁之，以为丑恶"。这个黄公，虽然心里明白自己有倾国倾城的女儿，但在言行上却不愿表现出来。当别人说他的女儿美如天仙时，他却用谦虚之辞去回应，说她们并不漂亮。黄公的谦卑之辞实际上更加强化了他女儿的美丽与动人，同时也从一个侧面反映了中国人以退为进的话语表达方式。

每个民族的语言中，都有大量的谦辞。中国传统文化是一种伦理型的文化，人伦物理深刻地影响着古汉语的形成与发展，就连它的造词法都无一例外受到传统伦理思想的影响。所以说在古汉语中，谦辞是十分丰富的，而且有些谦辞是古汉语特有的，有些词汇离开中国传统文化就无法理解它的本意。那些在别的民族看来谦虚过头的话，在古汉语中却恰恰反映着传统伦理文化的一些特征。

本节中，我们首先要分析与"谦"字有关的一些合成词，并在此基础上讨论并分析古代汉语中常见的一些谦辞。

要想真正理解"什么是谦"，就不能孤立地分析"谦"这一个字。古代汉语中，也有大量的关于"谦"的合成词。这些合成词从不同的侧面展开或强化着"谦"的意义，这些词也有助于我们全面理解"谦"的意义。

（一）谦光。是指因谦让而愈有光辉，后来用以形容谦虚礼让的风度。《周易》中说："谦尊而光，卑而不逾，君子之终也。"这句话的意思是说，谦虚对任何人来说都是十分重要的。如果一个人地位高尚，仍然保持谦虚的风尚，不自满也不自夸，他的品德就会更加受人尊重；如果地位低下的人也能做到谦虚却不自卑，并将这种品德一直保持下去，他的德行也是十分令人尊敬的。一个人不管他地位有多高或者有多低，只要有谦虚礼让的风度，就可以称为"君子"。只有道德高尚的君子才能保持终身谦虚，以身作则。《周易》甚至将"谦"作为人们的终极追求，可见古人对谦虚风范的重视和尊崇。

《周易》中引出的"谦光"一词，既说明了谦虚的重要性，也说明了做到谦虚的艰难之处。让一个人短时间内保持谦虚的作风，也许是十分容易的，可是，难就难在这个"终"字上。要一个人一生都谦虚谨慎，的确十分不易。毕竟人是有情欲的自然存在物，而情与欲中当然也包含着放纵、自我中心、自满、骄傲、显摆等内容和心态。只要承认情与欲是一个人必需的，就不能否认骄傲自满的心态其实每个人或多或少都有，问题的关键是你是否能够控制和克服它们。

《周易·谦卦》中也说："人道恶盈而好谦"，即从人类自身的情感而言，也是十分厌恶自满而喜欢谦虚的。这里的"人道"，并非自然之道，而是人类经过文化的洗礼而形成的理念和情感世界。古人通过天道、地道、神鬼三个方面的解释，来说明客观世界喜欢谦虚的本性是不以个人意志为转移的。如果一个人做到谦虚，并且能保持终身，就说明这个人具备了谦虚礼让的风度。这种风度，实际上就是一个人的人格。当谦虚的品德成为一个人稳定持久的心理要素时，他的人格魅力就会散发出一种高尚的光芒，就好像谦虚的品质具有照耀别人的光辉一样。

（二）谦冲。表示谦虚的意思。"冲"与"冲"是通假字，在这里可以解释为冲淡虚静。《老子》中有"大盈若冲，其用不穷"一句。意思是说，真正的充实就像空虚一样，它的用途是无穷无尽的。为了更好地理解"谦冲"这个词，我们先看看与它相关的几个词汇。

冲挹，表示谦虚自抑。谦虚可以理解为以己之短比他人之长，从而主动地学会谦虚；它也可以理解为明知道自己在某些方面强过别人，但为了不表现出来，就对自己的情绪进行抑制，从而达到表现谦虚的目的。此外，还有冲淡、冲虚、冲漠、冲默等，这些词都有淡泊虚静的意思。三国曹丕有诗言："冲静得自然，荣华何足为！"（《善哉行·朝日》）唐人韦应物有诗言："隐拙在冲漠，经世昧古今。"（《韦江州》五）有趣的是，以上的词汇都出现在与道家思想有关的诗文中，也就是说，这些词都从一个侧面反映了道家的主张，那就是以消极的避让达到内心的宁静与行为的淡泊。

谦冲表达的谦虚，更多的是退让与隐蔽，也可以理解为消极的谦虚。与谦光一词相比，谦冲主要表达了人们为了获得内心的安宁，或者自己的人生不被外界扰乱，选择冲淡无为的生活方式。谦光是指因为谦虚而使自己的人格披上光明的外衣，而谦冲则表示通过谦虚达到隐藏自己的人格魅力。由此可见，谦光一词是儒家崇尚的，而谦冲一词表达了道家的人生理想。

（三）谦克。表示谦逊有节的意思。"克"在古汉语中有克制自己的言行与私欲的意思，它与"谦"联系到一起，表达了通过克制自己，来达到谦虚谨慎的目的。

古人很早就懂得，谦虚并不是单纯的心理现象，它与人的许多行为方式都有关联。比如说，人都有强烈的表现欲望。一个人想向别人表现自己的能力、财富和优点等，都可以看作是很正常的想法。但是，作为社会的人，与此有关的一些做法又是不正常的。因为过分地表现自己，实际上意味着这个人无视社会的基本准则，自己的表现欲望变成了对别人的侵犯与蔑视。

从另一方面讲，谦虚本身就有克制的含义。因为只有通过克制自己的表现欲望，才能体现出人们谦虚的一面。当然，真正的谦虚并不是单凭克制就能实现的，这里面还有一个"度"的问题。如果只是为了表现出所谓的谦虚，一味地克制自己的表现欲望，这实际上已经违背了谦克的本意；不克制自己的表现欲望，只是在形式上保持谦虚谨慎的样子，也不是真正的谦虚。所以，怎样去克制自己，把自己的欲望克制到何种程度才算是谦虚，这也是需要探讨的问题，我们将在以后的章节里专门进行讨论。

（四）谦挹。谦逊退让的意思。我们先来看看"挹"的含义。"挹"可以解释为抑制、谦下，与"抑"是通假字。《荀子·宥坐》中说："富有四海，守之以谦，此所谓挹而损之之道也。"意思是说，拥有天下的人，以谦虚谨慎的态度去守持它，这就是通过抑制自己，达到长治久安的方法。

"挹"与"谦"联系到一起，实际上从一个侧面说明了达到谦虚的一种方法，那就是通过退让，使自己谦虚谨慎。据《史记·老子韩非列传》记载，孔子曾经到东周国都洛邑向老子请教过学问。当时，老子对孔子说，孔子想知道的礼，制定它的人早已死了，礼也已经灭亡了，只有他的言论还在。真正的君子遇到适当的时机就出去做官，遇到不适当的时势就隐居起来；老子还说，会做生意的商人深藏货物，看上去好像什么也没有，君子具有很大的德行而表面上却好像愚钝。他要求孔子抑制住自己的骄气和过多的欲望，学会退让，认为这样对孔子有好处。孔子离开周都后，对他的弟子们发表感慨说："鸟，我知道它能飞；鱼，我知道它能游；兽，我知道它能跑。会跑的可以用网罩住它，会游的可以用线去钓它，会飞的可以用箭去射它。至于龙，我就无法知道了，它是乘着风云而上天的。我今天见到老子，他大概就是一条龙吧！"

从以上的故事中，我们可以看出，老子是十分谦虚谨慎的。他的谦虚品德中就含有退让、抑制的内容。老子是道家的创始人，他主张隐退而不求功名。他对孔子的告诫，实际上是希望孔子能在退让与抑制自己求名逐利的情况下，在乱世中得到安身立命的场所。

古人说,"退一步海阔天空"。有些人把这句话理解成遇到困难险阻后,通过退让使自己摆脱解决问题的困境。但这句话的原意却不是这样的,它是说,当自己面对利欲的诱惑时,或者与别人进行竞争时,时刻让自己处在退让与守势,就能使自己清醒地认识到自己所处的社会环境,意识到自己能力的局限性,从而能在退让与抑制中学会谦虚。

"谦挹"一词与现代汉语中的"谦让"十分接近。谦虚礼让不仅是一种美德,而且也是一种做人的风度。

(五)谦虚。表示不自满,谦逊自抑的意思。我们先分析"虚"的意义,"虚"可以解释为空虚,在古汉语中,空虚一词的意义与现代汉语中的空虚不同。现代汉语中,空虚一般指一种心理状态,即一个人因为精神上失去支柱或依赖,变得心理空虚,无所事事,甚至于堕落。而古代汉语中,空虚是指虚空,即事物的内部是空的,什么也没有。如果专指人的内心,是指这个人心如止水,内心十分宁静自然。《庄子·人间世》中说:"唯道集虚"。意思是说,只有大道是空虚的,正因为它的空虚,成就了它的伟大。

"虚"也可以解释为谦虚。《周易》中有句话,"君子以虚受人"。意思是说君子往往以谦虚谨慎待人,并且以此获得别人的信任,"虚"在这里实际上表达了谦虚之人的一种心态。

凡是能做到谦虚的人,在面对物欲横流的世界,以及各种各样的诱惑时,他的内心是十分平和宁静的。真正的谦虚不光指外在的行为,更重要的是一种心态。而"谦"与"虚"联结到一起,正好表达了这层意思。

先秦诸子中,庄子是最痛恨骄傲自持的人了。庄子对那些高高在上,以欺凌老百姓为乐的人充满了仇恨。楚威王听说庄子有才能,就派使者带着隆重的礼物去见他,许诺让他当宰相,请他到楚国当官。庄子笑着对楚王的使者说:"千金是重利,卿相是尊位。你难道没见过郊祭时所用的牛吗?喂养它多年,然后给它披上绚丽的丝织品,送进太庙。在这个时候,它即使想变成一只孤独的小猪,难道可能吗?你快走吧,不要玷污我。我宁愿高高兴兴地在污水里游戏,也不愿被当权者所束缚,我要终身不做官,让自己心情愉快。"庄子的这段话虽然是他消极避世理论的一个佐证,但其中也不乏谦虚之辞。面对高官厚禄的诱惑,庄子首先想到的是当权者有朝一日会抛弃他,甚至于会让他付出生命的代价。如果不是一个具有虚空心态,对各种诱惑心如止水的人,根本就不可能做到这一点。所以说,要想谦虚,就必须先具备这种心态。

庄子的朋友在楚国做官后来见他,夸耀自己的能耐,说自己像个巨大的树木,楚王都不知道如何去用他。庄子听完后不耐烦地告诉他,如果一个树木大到都无法去用,那它的末日就会来临。只有保持虚己的心态,才能游历人生,而不至于丢掉性命。

汉代扬雄在《太玄经》中说:"泽庳其容,谦虚大也。"意思是如果一个人的胸怀像湖水一样广阔,就说明他是十分谦虚的,他的心胸也是十分令人尊重的。谦虚一词告诉我们,谦虚之人的心胸一定是广大的,它能够包容别人的优点与短处,也能包容自己的长处和短处。这种宽阔的心胸,是完善自我人格所必需的。

(六)谦巽。谦逊退让的意思,与谦逊同义。"巽"与"逊"是通假字。"巽"是《周易》的一个卦名,意思是像风一样。它也有卑顺、谦让的意思。

《周易》蒙卦中说:"童蒙之吉,顺以巽也。"意思是说,当事物处在萌芽状态时,或人的事业刚开始要发展时,要善于接受别人的意见,要善于把别人的意见吸取进来,变成自己的行动。"巽"在这里专指人的这种行动。通过《周易》对"巽"的解释,我们不难发现,"巽"与"谦"联系到一起,主要为了说明谦虚的态度是在行动中体现的。

与"巽"相关的一些词,也从不同侧面说明了谦虚的态度在人的行为上的表现。如"巽言"一词,它指谦逊和婉的言辞。《论语·子罕》中说:"巽与之言,能无说乎?绎之为贵。"意思是说,谦逊和婉的言辞,能不使人听了高兴吗?

孔子的学生中,颜回是最谦巽的。孔子认为颜回是他的学生当中最好学的,他既不向别人无故地发泄怒气,也不会重犯同样的错误。颜回对孔子十分敬畏,他赞叹孔子的学问,认为越是仰慕就越觉得它崇高无比,越是钻研就越觉得它坚实深厚,不可穷尽。颜回觉得即便用尽他的全力,也无法与孔子的学问相提并论,认为自己永远也达不到老师的境界。颜回的谦巽与好学也感动了孔子,孔子数次在别人面前夸赞颜回,说他能三个月不违背仁义,与别的学生相比,他能举一而反三。他甚至感叹道:"颜回的德行多好啊!一竹筐饭,一瓜瓢水,住在狭小的巷子里,别人不能忍受那种困苦,颜回却不改变他自有的快乐";"听讲时,颜回像个蠢人;等他退去私下研读,却也能发挥,可见颜回并不愚蠢。"这些赞美,都与颜回谦巽有礼,不事张扬的个性有关。

颜回二十九岁时,头发都白了,死时年纪尚轻。孔子因为失去了喜欢的学生,痛哭不已。可见,谦巽的言语与行动不仅使自己能成就学问,也能打动别人。

由此可见,谦虚不仅是一种稳定的心理现象,也是一种行动。或者说,谦虚本身就是由自己的言行举止去体现的。"谦"与"巽"结合到一起,补足了"谦"这一字在体现人的行为动机上的不足。

(七)谦谦。指谦逊的样子。《周易·谦卦》中说:"谦谦君子,卑以自牧也。"意思是说,君子能够十分谦虚,是因为君子能够以谦卑之道自我修养,并且能做到表里如一,坚持到底。"谦谦"可以理解为谦而又谦,就是说凡事都不能做过头,但是唯独谦虚是没有止境的。

历史上，那些学问越高的人，越是十分谦虚。孔子、老子、庄子、孟子等，他们都是谦逊之人。例如，儒家先师孔子，他的学问与人品在当时就已经备受人们尊重，但即便如此，他还是保持十分谦虚的态度。当人们称赞他学问很高，知识渊博时，他却说自己出生时家境不好，为了生计不得不多掌握一些知识。当学生们认为他知识太渊博，他们无法穷尽他的知识时，他又说，他并没有太多知识，在他居住的周围就有知识和德行都比他高的人，他只是很好学。孔子是贵族出身，生活在一个新旧交替的时代。当时，贵族地位下降，士人地位上升，私学开始兴起但尚未普及。作为没落贵族的后代，孔子接触的人大多是"四民"（士、农、工、商），而他的学生大多数也来自"四民"。在这样的社会阶层中，孔子的学问与见识当然是别人无法企及的。但即便如此，孔子始终都保持着谦而又谦的品德，而且越是在地位低下的人面前他就越谦虚。他说在乡亲面前，一定要谦虚，多说谦虚和婉的话。在鲁莽的青年人面前，他也十分谦虚，这反而使那些年轻人得到了感化。

"谦谦"就是谦而又谦，这个词表达了谦虚的胸怀在时间上的语义指向。那就是，谦而又谦，直到生命终结。

古代汉语中，日用谦辞也十分丰富多彩。大致说来，这些谦辞都从不同侧面反映着"卑己尊人"的道理。从称呼、寒暄到请教等，都有大量的谦辞可以完整地表达谦虚谨慎的态度与风范。在这些谦辞中"卑"、"鄙"、"薄"、"不"、"菲"、"寒"、"贱"、"陋"、"小"等词反复出现，这些形容词与名词相关联，都表达了使用这些词的人力图表现谦虚的愿望。

比如说，在日用谦辞中，表达自己地位低下的自称就有很多。如卑人、鄙人、在下、卑末等等。"卑"这一词原指一个人的社会地位低下而渺小，在这里却微妙地表达了一个人自谦的心理状态。我们可以以"在下"为例，去分析它们的用法。"在下"就是古人对自己的谦称,在《水浒传》、《儒林外史》等小说中,它大量地出现。《水浒传》三十三回中,宋江在他的弟兄面前自称是"在下":"贤弟休只顾讲礼。请坐了,听在下告诉。"我们知道,宋江在未上梁山前,已是绿林好汉尊崇的对象,号称"及时雨"。他在任何一个想要造反的梁山好汉面前,都可以称得上是兄长,而他却自称"在下",十分谦虚,这也是他能博得那么多好汉信任的重要原因。由此可见,以上这些专称自己的谦辞,并不直接意味着一个人的地位低下,它们主要是在表达一个人谦虚的性格。

当古人说到自己的身体时,会用微体、贱躯、鄙躯、薄体、下体等词汇,表示自己身体状况微不足道,这也是谦辞的一种。这些词一般都用在向长者报告自己的身体状况,或者当有人来看望自己时。南朝何逊有诗云:"贱躯临不测,玉体畏垂堂。"(《敬酬王明府》)"贱躯"与"玉体"相比照,反映了作者谦虚谨慎的心态。

年老的人对自己的谦称有老鄙、老骨头、老拙、老朽、朽人等。传统社会中,年长者备受人们的尊重,而老人们也十分谦虚。老拙是指自己年老笨拙,朽人是指自己年老体弱。

官位低于别人,或自谦地表示地位低下的词有愚臣、鄙臣、末官、微臣、下官等。

对别人谦称自己见识、见解有限的词有鄙见、管见、末见等;对别人谦称自己的儿子的有犬子、小犬、小儿、愚男等;对别人谦称自己的妻子的有山荆、寒荆、拙荆、贱内等;对别人谦称自己住所简陋的有寒门、寒舍、茅舍、贫家、蜗居、下家等。此类的谦辞都可以构成一本词典①。

古人在日常生活中大量地使用谦辞,明清小说,如《儿女

---

① 参见温端正、温朔雁编《敬谦语小词典》,语文出版社2002年版。

英雄传》、《红楼梦》、《儒林外史》、《水浒传》、《二刻拍案惊奇》等中都大量使用了谦辞。可见,当时的市井生活中,谦辞是一种"日用而不知"的语言习惯。近年来,随着汉语言的发展,一些谦辞已从我们生活中消失,但也有一些词汇仍然被使用着。如请人吃饭,谦虚地称自己招待的饭菜十分简单,可以称"粗茶淡饭"或"便饭";因事打扰别人,或有事要去别人的住处时,可以称"叨扰";在比自己有学问的长者面前,可以称自己为"学生"、"后学"、"晚学"等。

时代的进步,也带动着语言的变化。当我们今天去阅读那些充斥着大量谦辞的作品时,不免会产生一种陌生感。要学习传统文化,就必须增强自己的人文修养,在使用谦辞时,一定要把握它的意义,切不可随心所欲地去用。一般来说,使用谦辞时,会出现以下几种错误,一是将谦辞与敬辞混淆,谦辞主要针对自己或与自己有关的人与物展开,而敬辞则用在对方及与对方有关的人与事上面;二是用错对象,如将别人的儿子称作"小犬"就是用错了对象;三是颠倒位置,"老朽"一词是老人在年轻人面前的自称,但如果面对长者称自己为"老朽",就是颠倒了位置;四是画蛇添足,只要谦辞达到了使用者预期的目的,就可以了,如果重叠使用谦辞,就会让人感到生分和造作。

第三节 "谦"——概念的外延

以上两节,主要分析了传统语义学中"谦"的含义,以及与之相关的谦词。本节主要围绕"谦"与其他相近或相反的词之间的关系,进一步深入分析"谦"的内涵。

一 "谦"与"让"

在现代汉语中,"谦"与"让"放在一起,表示谦虚礼让的

33

意思。而在古汉语中,"谦"与"让"在一些语境中可以互释,或者说,"让"的一些意义是对"谦"的补充与引申。

《辞源》中,"让"有以下几种解释:

1. "以辞相责",意思是通过言辞来责备对方,这是古汉语中"让"的主要语义。《左传·桓公九年》中记载,巴国想通过楚国与邓人结盟,楚王派使者带领巴人进入邓国,不料,楚国使者与巴人都被邓国人杀死。楚王于是派使者到邓国"让之",就是责备邓国国君。邓人不领情,双方开战,最后,邓人失败。《左传》中数次出现了"让之"这个词,都表示责备对方的意思。比如说,子产到晋国后,不被晋王接见,就毁掉了使馆的围墙,晋王就派人前去"让之"。显然,"让"的这种通过言辞来责备对方的语义与"谦"是无关的。迄今在山东省南部一些地区作为批评指责对方过失之意的"让"仍然广泛使用于民间口语中。

2. "让"可以解释为谦让,即谦虚礼让的意思。《尚书·尧典》中有"允恭克让"的话,是说帝尧十分恭敬节俭,善于治理天下,性情宽容温和,诚实又懂得礼让。进一步讲,"让"有"推贤尚善"的意思,就是说,善于推鉴贤能的人,崇尚善良温和的人。据《左传》记载,鲁隐公二年,宋穆公得了重病。他招集大臣商量着要把君位传给自己的兄弟,大臣们都说愿意侍奉穆公的儿子。穆公解释说先君宣公把本来是他兄弟的位子给了他,现在该是彰显先君遗愿的时候,他说:"若弃德不让,是废先君之举也。"《左传》作者对宋穆公的行为十分赞赏,并且说宋宣公很有智慧。

《礼记·曲礼上》中,在解释礼仪的重要性时说,人伦纲常和道德仁义,都离不开礼。鹦鹉虽然能够说话,但仍然是飞鸟;猩猩虽然能说话,也只不过是禽兽。如果人离开礼仪,人也和禽兽差不多。而要讲礼仪,就必须懂得尊节退让,因为"君子恭敬尊节退让心明礼"。

3."让"还解释为"以己所有者与人",意思是说,将自己拥有的东西给予别人。《尚书》体现出的"禅让"之制,就是一个佐证。据说尧将王位让给了舜,舜又将王位让给大禹。

《论语·泰伯》中说:"泰伯,其可谓至德也已矣!三以天下让,民无德而称焉。"泰伯的品德真是伟大啊!数次将天下让给他,他都不动心,老百姓都不知道如何形容他的德行了。

以上后两种语义与"谦"是有关的。它不仅说明了谦虚的行为在行动上的表现,也以实际的行动补充了"谦"在语义行为学上的缺漏。就这两种语义,我们可以分析一下以下几个词汇:(1)让王,指以王位让于他人的意思,也指去帝位而封王的人,北周庾信有诗云:"输我神器,居为让王。"(《庾子山集·哀江南赋》)(2)让位,指以官爵或职位让与他人。《淮南子·精神训》中说:"尧不以有天下为贵,故授舜,公子札不以有国为尊,故让位。"这说的也是远古禅让的事。(3)让畔,意思是说退让田界。古史中说,有仁德之心的君主,他的教化使人们谦敬互让,耕田的人退让田界。据《史记·五帝纪》和《周本纪》等记载,舜和文王执政时,都出现过让畔的事。

通过以上对"让"的语义概念分析,我们可以看出,古汉语中"让"的部分意义的确是对"谦"的引申与补充。广义上讲,"谦"的语义比较广泛,它不仅可以指人的行为,也可以表达人的心理状态;而"让"则是通过具体的行动来表现人的谦虚。从这个角度讲,"谦"是可以包含"让"的。

但是,从语义行为学上讲,"让"能直接表达谦虚之人的行动,通过退让谦挹的行为,达到谦虚礼让的目的;而"谦"是指行为的结果,指一个人因为有言语或行动上的谦虚表现,所以他的行为可以概括为"谦"。从这个角度来看,"让"是产生"谦"的前提,是"谦"赖以表现的一种形式。

历史上,最著名的谦让故事是"孔融让梨"。据南朝范晔的《后汉书·孔融传》记载,孔融是东汉人,小时候十分聪明,四岁时就能诵诗背赋,很懂礼节。孔融兄弟七人,他排行第六。一天,他的父亲买来一些梨,让几个儿子分着吃,孔融拿了最小的。家人见了十分称奇,问他为什么不拿大的吃,他说他是兄弟当中最小的,理当拿小的梨吃。孔融的父亲听到孔融这样懂事,喜出望外。后来,这个故事很快传遍了曲阜乃至各地,又通过史书,流传后世。

"孔融让梨"的故事,可以说家喻户晓。孔融以"让梨"的行动,表现了自己谦虚礼让的品质,这正好印证了我们的分析,即"让"是对"谦"这一词在行动上的表现。

后世还有"让枣推梨"的故事。这里的"让枣",出自《梁书·王泰传》;"推梨"的故事就是孔融让梨的事,出自《后汉书·孔融传》。

据《梁书·王泰传》记载,王泰年少时,十分懂得谦虚礼让,有一次,他的祖母召集她的孙子及侄儿到她房中,将枣、栗等坚果撒在床上,叫他们分着吃。众儿孙见到这些果实,就争先恐后地上前抢着吃,只有王泰一人站在一边,不去抢。

古时候,"让枣推梨"用来形容兄弟友爱,而它同时也说明,谦虚的心态需要用行动去表达。一个人谦虚的美德是通过礼让体现的,与此同时,通过礼让,一个人谦逊的品德也会备受人的尊重。《艺文类聚·魏武令》中说:"让礼一寸,得礼一尺。"就是说,通过礼让就能获得更多的尊重与认可,不仅可以增进人们之间的友爱关系,还可以使自己内心的愿望通过行动得以表现出来。

二 "谦"与"傲"

"谦"与"傲"是一对反义词。从语义学的角度讲,这两个词在语义上的对立关系，并没有随着时代的发展而消失，而且，因为历史经验的逐步增多，"谦"与"傲"的语义对立更加明显起来。

之所以要分析"谦"与"傲"的关系，是因为"谦"这一词概念的外延需要通过对比来进一步说明，也是因为"傲"这一词在历史上有许多典故，它们都可以用来说明谦虚的必要性与重要性。

古代汉语中，"傲"有骄傲和急躁两种意思。《尚书·尧典》中说舜出生十分不幸，父母的言行举止都十分恶劣，"父顽，母嚣，象傲。"意思是说，他的父亲很糊涂，他母亲谈吐荒谬，他的弟弟象则傲慢不逊。荀子在《劝学》篇中，认为老师应当培养学生提问的习惯，要让学生懂得学习的目的在于使自己的人格更加完善。如果学生不提问，老师便把一切告诉学生，学生就会觉得获得知识太容易，理解问题也不需要付出很大努力，时间长了，就会变得不爱耐心思考，只会向老师找答案，从而养成懒惰和易于急躁的坏性情。所以他说："君子之学也，以美其身。小人之学也，以为禽犊。故不问而告谓之傲，问一而告二谓之囋。傲，非也；囋，非也；君子如向矣。"

古汉语中也有一些反映"傲"的词汇。我们可以举出以下一些例子：（1）傲很，倨傲凶狠的意思。据《左传·文公十八年》记载，颛顼有个儿子，十分傲慢凶狠。不顾纲常礼节，甚至于得罪上天，老百姓把他叫作梼杌。（2）傲物，自负、轻视他人的意思，现代汉语中有成语"恃才傲物"，指的也是同一个意思。（3）傲世，高傲自负、轻视世人的意思。《三国志·魏书·崔琰传》就讲述了崔琰因为恃才自傲，最后被曹操赐死的故事。崔琰小时候十分木讷，而且喜欢击剑，崇尚武力。到二十三岁时，才懂得读书的重要，开始专心研读儒家著作，并且成为郑玄的学生。后来崔琰的名气越来越大，受到当时为争夺天下而到处拉拢人才的诸侯们的青睐。起初，崔琰为袁绍做事，袁绍死后，他的两个儿子为争夺崔琰闹起了争端。崔琰看到形势对他不利，就谢绝了袁氏兄弟的邀请，闭门不出。曹操势力兴起后，崔琰开始辅佐曹氏。崔琰长得十分伟岸，说话时声音很洪亮，有时曹操都很惧怕他。一次，崔琰向曹操推荐了一个人才，但此人不适合从政，办事也不得力。朝中有些官员就上奏曹操批评崔琰荐人不当，而崔琰因深得曹操信任，又觉得自己才高八斗，根本听不进他们的批评。并且他还写出"省表，事佳耳！时乎时乎，会当有变时"的话，来讽刺这些人。可是，曹操听到这些话后十分生气，认为崔琰是在讽刺他。于是，他下令贬崔琰为奴隶，后来又赐死崔琰。

通过以上三个古汉语词汇，我们可以看出"傲"这一词在古汉语中历来都是用作贬义词的。

可以说，骄傲是人们自己挖掘的一个可怕的陷阱。骄傲的人往往因为自己的某个欲望没有得到满足，或者说不被别人满足，就以轻视别人、高看自己的方式来掩盖自己内心的空虚。骄傲的心理现象中充斥着片面、狂妄、轻浮、自以为是和目空一切，骄傲的人容易看到别人的错误，却从来不承认自己的错误。

一个人为什么会有这样或那样的骄傲心理呢？实际上形成骄傲心理的原因有很多，大致可以分为以下几种：

首先，骄傲来自于嫉妒。嫉妒是一种十分阴暗的心理现象。善于嫉妒的人一旦看到别人的能力、财富、社会地位等超过了自己时，心理就会失去平衡。他们宁可闭着眼说瞎话也不愿意承认别人之所以优秀，是因为别人付出了比自己更多努力的事实。善于嫉妒的人在事实面前总是善于伪装，他们会以造谣、贬损等方式诋毁别人的成就，也会用故意夸大自己能耐的办法企图压制自己的竞争对手。三国时期，周瑜算是最有嫉妒心理的人了，他贵为吴国大将，却十分恃才傲物，把自己的才能看得比天还高。他心里虽然明白蜀汉的诸葛亮比他有能耐,可他就是不愿意承认这一点。他因为十分嫉妒诸葛亮的才能,数次与诸葛亮斗法,想证明自己比诸葛亮了不起,可惜都失败了。最后,周瑜长叹"既生瑜,何生亮",并在咒骂上天时死于突发性心脏病。由此可见,嫉妒心是一种十分可怕的心理病症,如果不加以正确引导,会将嫉妒者自己推向深渊。当然不克服嫉妒心,也很难学会谦虚。

其次,骄傲来自无知。俗话说"傲慢是无知的兄弟",《吕氏春秋·谨听》中说:"不知而自以知,百祸之宗也。"意思是说,一个人明明知道自己对某个事物不了解,却自以为知道,这是所有祸害的来源。"不知而自以为知"的心理也源于虚荣心,正是为了顾全自己的面子,在别人面前体现自己的能耐,不知道也可以变成"知道"。三国时,蜀汉为攻打魏国,付出了很大代价,连年备战后,终于北上征讨魏国。可是,诸葛亮却用了"善讲兵法"的马谡,痛失街亭,功败垂成。据说马谡在蜀国开发西南时,提出过"攻心为上"的建议。就是说在征服西南边陲民族时,应该以教化的方式而不是武力来征服他们。诸葛亮采纳了他的建议,在实际运用中也取得了不小的成果。为大家所熟知的"七擒孟获"的故事,就是佐证。然而,马谡虚荣心很强,他以为在这件事上成功就说明他有统领大军的能力,当他被派往街亭驻守时,有人劝过他要把军营驻扎在峡谷,这才符合诸葛亮的战略。他却以古代的军事实例为借口,强行要求军队上山扎营。结果,魏军断了蜀军水源,而他又迫不及待地出兵,最后导致失败。

最后,骄傲来自于虚荣。虚荣心也是一种片面的心理现象,它是指一个人只顾追求表面上的荣耀,却对自己的缺点视而不见。虚荣的人往往兼有嫉妒与无知的特征,一方面他们虚荣是因为他们嫉妒别人,知道自己不如别人,就故作清高;另一方面他们虚荣是因为他们无知,正因为他们不知道"山外有山,楼外有楼"的道理,才会错误地以为自己是最了不起的。历史上,因为虚荣心太强,酿成大错的人比比皆是。比如说,战国时期的赵括,正是因为他的虚荣心,使赵国输掉长平之战而一蹶不振的。赵括是赵国大将赵奢之子,从小读了许多家藏的兵书,就自以为了不起。他常常以"纸上谈兵"来炫耀自己的才能。当时,秦国攻打赵国,赵国派老将廉颇前去抵抗。廉颇是一位名将,他知道秦军远道而来,不可能停留太长时间,就下令修建防守工事,长期按兵不动,来消耗秦军。秦昭王眼看久攻不下,就十分着急。说客范雎献出了一个反间计。他们到处宣传说,秦军并不惧怕廉颇,他们害怕赵括率领赵军。赵孝成王听说后,就上了当,他招来赵括问他能不能统领赵军。无知的赵括明明知道自己缺少实战的经验,却夸口说,如果对手是名将白起的话,他也许会感到压力,但王齕(当时的秦军统领)不是他的对手。赵王听了之后喜出望外,下令用他来替换年事已高的廉颇。蔺相如上书劝阻赵孝成王,认为赵括只会读兵书,而无实战经验。赵括的母亲也请见赵王,说他儿子从小把战争看成儿戏,谈起兵法来,眼空四海,目中无人,如果赵王用他,恐怕赵军会断送在赵括手里。赵王不听劝告,执意让赵括替下廉颇。公元前260年,秦国看到反间计成功,就悄悄用名将白起替下王齕。赵括到了赵营后,一改廉颇死守不攻的做法,贸然出兵,却被秦军团团围住。赵括见大势不好,就率军突围,结果自己被乱箭射死。赵国受此打击,从此再也无力对抗秦军。

以上三点大致能够概括骄傲心理的来源。通过以上的分析及实例,我们不难看出,骄傲的确是谦虚的对立面。妄自尊大、自鸣得意的人,以为自己知道一切;陷于骄傲的人,往往会拒绝别人的忠告;恃才傲物的人,也会丧失判断事物的客观标准。

谦虚是较低看待自己而较高看待别人的心理和行为,也是低己高人、以人为师的心理和行为。相反，骄傲则是较高看待自己而较低看待别人的心理和行为，是尊己卑人、好为人师的心理和行为。清人唐甄在《潜书·虚受》中说："自足而见其足，过人而见其过人，是即傲矣。足而不以为不足，过人而不以为不及人，是即傲矣。"唐甄在原文中的意思是说，即使是尧、舜、禹这样的圣人也不免有骄傲的表现，只不过不易为外人所察觉。圣人之傲往往表现在其闪念之间，即自满时流露出其自满，有过人之处时表现出其强于别人，没有缺点时不认为自己有不足，有过人之处而不认为自己不如人，这些都是圣人骄傲的表现。用冯友兰先生的话说："自己有成绩，而不认为自己有成绩，此即所谓谦虚。"①

谦虚与骄傲最大的不同，并不在于结果，而在于产生两种不同心理状态的起因。骄傲就是作假，而谦虚并不等于作假。谦虚的心理状态真实地反映着一个人的心灵与人格，如果一个人尊人卑己只在言谈举止上，而心里却是卑人尊己，那么，他还不是真正谦虚的人，"真正谦的人，自己有成绩，而不以为自己有成绩；此不以为并不是仅只对人说，而是其衷心真觉得如此。"②

谦虚是建立在自尊与尊人之上的，而骄傲则建立在自卑与卑人之上的。谦虚与自卑都自认卑下，但是两者在本质上是不同的。因为谦虚是卑己尊人，以人为师的心理和行为；而自卑则是自认为无法改变自己，就放任自流。一方面，从对待自己的态度来说，自卑是因为自己不自信，认为自己无法改变自己；而谦虚是充满自信的人通过以人为师来改变自己。另一方面，从对待他人的态度来看，谦虚的人必定会尊重人，因为谦虚之所以称为谦

---

① 冯友兰：《三松堂全集》第 4 卷，河南人民出版社 1986 年版，第 441 页。

② 同上。

虚，就在于卑己尊人，相反，自卑的人往往会贬低他人，由自卑生出自大的心理。可见骄傲是一种极其有害的心理现象，它不仅违背伦理道德，而且往往伤害着骄傲者自身，所以它是一种极其重要的恶。王阳明说"人生大病，只是一傲……傲者众恶之魁"（《传习录》），是很有道理的。

在我国历史上，因为骄傲酿成大祸的不止赵括一人，隋炀帝也是其中的一位。隋炀帝执政初期，也算得上是个明君。他在隋文帝开创的基业之上，大兴水利、广招贤才，对后世影响深远的政治制度，如科举制度等都是在隋朝发展起来的。然而，当国力日渐强盛时，隋炀帝的虚荣与野心也进一步膨胀起来。隋炀帝早年在江南生活过，对江南的风物十分喜欢。后来他虽身处长安，却时刻惦记着江南，为此他数次南巡。为了南巡顺利地进行，他举全国之力，兴修运河。隋炀帝认为洛阳自古为王畿之地，政治、经济、地位重要，因此决定营建东都洛阳。为了使他的威名遍布四夷，他三次派兵远征高丽，三次都以失败告终。隋炀帝的虚荣与狂妄让当时的百姓付出了沉重的代价，隋炀帝每年远出巡游时，从行的有大批士兵、官吏和宫女，最多的一次竟达五十万人。巡游历经的郡县长官不但要负责整修道路，还要提供精美的食物。为此，地方官不得不强迫百姓提前预交几年的租调。修建东都洛阳的浩大工程，使成千上万的丁夫死于非命。最后，隋炀帝也被叛军杀死。

唐玄宗也是一位颇具虚荣心的皇帝，他的政治生涯明显地分为两个时期。前期，唐玄宗致力于改革，发展生产，政治上也比较清明，开创了中国封建历史上最辉煌的时代，即"开元盛世"。然而，晚年的唐玄宗却一改往日的作风，整日贪欢于宫中，不理朝政，同时又不能知人善任，让奸臣杨国忠、李林甫主持国政。最后使得国势日衰，当安禄山、史思明造反时，自己也落得个弃都逃命的下场。

此外，农民起义领袖李自成、洪秀全都是因为骄傲自大，没有正确评价自己和估计时势，致使他们领导的农民起义也因为他们个人一时的骄傲而功败垂成。

骄傲不仅是谦虚的对立面，有时它也是人性的对立面。骄傲成性的人势必会做出有悖于人性的事。隋炀帝为获取帝位，不仅杀死自己的兄弟，还害死了亲生父亲隋文帝。虽然这种"杀兄弑父"的行径在历史上并不罕见，但隋炀帝之所以这么做，是因为他自认为自己有高于他父亲与兄长的能力，如果不杀了他们，就无法实现自己的抱负。晚年的洪秀全，也因为骄傲自大做出过许多出格的事，他将太平天国军队分为"男营"和"女营"，禁止男女混住在一起，即便是夫妻也要分开居住。而他自己却大兴土木，广纳美女，过着和君主帝王一样的奢靡荒淫生活。

与此相比，谦虚的人却能代表人性美好的一面。传说，舜的父母十分顽劣，对舜不加疼爱，处处伤害他。而舜却从不计较这些，始终以孝道对待父母。他的这种孝心中就包含着谦让，正是因为卑己尊人的谦让心理使得舜时刻懂得尊重父母。东汉光武帝刘秀之妻阴皇后，是个十分谦虚谨慎的人，从她的身上我们可以看到不为权势所困的人性之美。刘秀还未称帝时就已经娶了她，她的一个兄长也因刘秀的关系被刘秀的对手所杀。刘秀称帝后，想立她为皇后，她却说自己没有儿子，怕影响到汉朝基业的稳固，就把这个机会让给了郭贵人。后来，郭贵人失宠，阴氏终于当上了皇后。刘秀为了报答她，准备封她的另外一个兄长做侯王，而她的兄长却以自己并没有为国家立下尺寸功劳为由拒绝了。阴皇后及其兄长的谦让精神，的确为常人难以做到。在巨大的利益面前，真正懂得谦让的人，实际上表现出了人性中最为可贵的自知之明和淡泊名利的优秀品质。与那些因为骄傲自大而欲壑难填的人相比，阴皇后的谦虚与礼让的确算得上伟大。而由此所引起的社会效应，也是积极的。

三 "谦"与"敬"

上文曾提到,《说文解字》中"谦"与"敬"是互释的,原文说:"谦,敬也。"段玉裁注解说:"敬,肃也,谦与敬义相成。"意思是说,"敬"表示端肃、恭敬,它与"谦"的意义是相辅相成的。的确,"谦"与"敬"在这种意义上是可以互释的。

然而,"敬"和"谦"一样都是中国传统伦理学的一个范畴,也是儒家极力推崇的处世方式之一,也有其生成与发展的社会背景与心理背景。在漫长的发展过程中,形成了有别于其他伦理范畴的特点与系统。说到"谦"与"敬"的关系,并不是说"谦"可以涵盖"敬",也不是说,"敬"体现着"谦",我们只是想通过"敬"的词义去挖掘"谦"这一概念的外延。

"敬"这一词最主要的语义是指尊敬、尊重,这一语义也是"敬"的本义。《论语·先进》中记载了一件有趣的事,子路在庭堂上弹琴,孔子听到后说,他弹的琴是我教的吗?孔子的其他学生听到这句话后,都背地里笑话子路,对子路很不尊敬。孔子知道后说,子路琴弹得也不错,只是虽然入门,但还算不上很高境界。在这里,"敬"的意义与"谦"之间没有必然的逻辑联结。

虽然尊重别人的行为也可以从谦虚谨慎中诞生,但更多的原因来自于尊重本身。就这一点讲,不能将"敬"与"谦"的关联无限扩大化。但我们也不能否认有一部分恭敬的态度是由谦虚而来的,正是因为学会了敬重,一个人才会变得谦虚,也正是因为谦虚,一个人才会尊重他人,这一点我们可以从孔子的学生子路身上看到。子路,姓仲名由,是春秋时期的鲁国人。据《史记·仲尼弟子列传》记载,子路性情十分粗鲁,戴着雄鸡式样的帽子,佩着用猪皮装饰的剑。他好勇善斗,行为也十分鲁莽,连孔子他都敢欺侮。成为孔子的学生后,孔子从他身上看到率真而为的优点外,也看到了他的许多缺点。《论语》中数次提到孔子对子路的教导。当孔子问他的志向时,他说愿意把自己的财产拿出来与朋友们分享,如果遇到志同道合的朋友,舍弃财产也是值得的,孔子听到后哂笑一声;说到如何治理国家时,子路说只要有足够的武装,就可以治理好国家,孔子批评他说治理国家要以教化与仁德,武力是解决不了问题的。还有一次,孔子悲叹道,如果自己的理想不能实现,就想坐上小船漂到海上去,随从他的可能也只有子路了,子路听到这件事后,喜出望外。孔子见到子路的这种反应后,叹道:"由也好勇过我,无所取材。"(《论语·公冶长》)意思是说,子路太张扬,不懂得谦恭。

在孔子的教诲下,子路的性情发生了质的变化。他最后死在卫国内乱中。"子路断缨"的故事,讲的就是子路死前,有人砍断了他的帽带,子路认真而虔诚地说,君子即便是死,帽子也是不能脱去的,于是系好帽带,从容赴死。

子路性情的前后转变,表现了儒家伦理对一个人的影响。前期的子路自以为是,不知恭敬;受孔子教化后,学会了恭敬,也懂得了谦虚,成为孔子七十二高徒中的一员。由此可见,"谦"与"敬"虽然分属不同的伦理范畴,但它们也有共同之处,如果做到谦虚,那么这个人必定会恭敬他人;如果做到恭敬他人,这个人必定会十分谦虚。也就是说,谦虚可以引申出恭敬,恭敬也可以引申出谦虚。茶道文化中,"谦"与"敬"就融为一体。茶道讲"和敬清寂",这个"敬"字指的就是谦敬。

同时,我们也必须注意到谦虚与恭敬有时是分离的,谦虚与恭敬的品质,在一个人身上或许是同一的,但就这两个范畴来说,谦虚与恭敬却可以单独成立,彼此之间并没有必然联系。东汉末年的大学者蔡邕十分受人尊敬,就连目中无人的董卓也对他尊敬有加。众所周知,董卓是汉末的大奸臣,他不仅挟持皇帝,火烧洛阳，而且为非作歹，鱼肉百姓。他的一些恶劣行径甚至可以称得上是前无古人，后无来者。但就是这样一个人，却对蔡邕另眼相看，非但不加害于他，而且坚持以礼相待。我们且不说他这样做的目的，就他的这种行为而言，谦虚与恭敬之心在他身上不仅是分离的，也是分裂的。一个人如果能做到谦虚，他的品质必然是好的；做出许多令人发指行径的人，则不可能是谦虚谨慎的。然而，懂得恭敬的人，不一定就是一个品德高尚的人；反之，行为品质低下的人，不一定就没有恭敬之心。从董卓的身上，我们可以看出所谓的人格分裂往往与这个人的各种品质有着十分密切的关联。后来，董卓被杀，人们把他的尸体扔在外面，当时没有人敢去收尸。蔡邕感念董卓生前对其礼遇有加，出面为董卓安排后事，也被人杀了。

　　通过以上"谦"与"让"、"傲"、"敬"三字关系的分析，我们基本上对"谦"的外延进行了全面而细致的论述。从中我们不难看出，"谦"作为儒家伦理思想中的一个范畴，它的语义是广泛的，也是复杂的。说它广泛，是因为"谦"这一词既代表了儒家的人文理想，也表现了儒家的伦理追求；既与儒家的社会伦理观有关，也与儒家修身养性的内在追求相连；既是事关个体与群体关系的伦理概念，也与儒家的政治观念、艺术观念等有关。说它复杂，是因为一个"谦"字既可以看作是儒家伦理思想的体现，也可以看作是中国传统文化在伦理层面上的一个载体；既可以将它放在儒学的视野里去分析，也可以将它历史化，讲述"谦"本身的历史。所以，在讨论"谦"的起源与生成、"谦"的历史流变等问题之前，先细致地了解"什么是谦"，是十分必要的。

第二章 谦让的起源与生成

每一个伦理范畴都有它起源、生成、演变的过程。分析这个过程，有助于我们全面地了解儒家伦理范畴，也有助于读者从历史的角度去把握这些伦理范畴形成的过程。任何一种伦理范畴都不可能凭空地产生，也不可能仅仅是由人的心理活动构成的。就谦让而言，它和其他伦理范畴一样，都是历史的产物，其起源与生成，也是有踪迹可循的。它的演变过程可以看成是历史因素的集合体，自人类诞生之日起，这种伦理范畴就开始了它的萌芽。随着时代的发展，人的社会性因素的增加，谦让作为一种自然观、社会观、人际交往的伦理观，逐步发展起来。

在它的生成与起源过程中，谦让与人类原始的自然观、原始宗教思想、巫术、原始社交礼仪等，都有千丝万缕的联系。谦让从来不可能单独地产生于一个人的社会经验中，也不可能单独地对人的行为产生制约与规范的作用。也就是说，谦让作为一种伦理范畴，它在人们心理形成的过程也是历史化的过程，这一点我们可以通过分析上古的政治思想与伦理思想等得到证实。

历史地分析谦让的起源，既做到了梳理这一伦理范畴的基本要求，又可以将历史经历与逻辑推理相统一，最终将其合二为一，系统地将谦让产生、发展、变化的全过程客观而真实地反映出来。

本章共分四节内容，我们将首先分析早期人类的自然观与谦让这种心理现象的关系；然后着重分析原始宗教思想、原始巫术、原始社交礼仪等与谦让的起源之间的关系；最后，将谦让与原始伦理思想、政治思想结合起来，系统地分析谦让的起源与生成过程。

第一节 原始自然崇拜与谦让的生成

要想真正了解一个伦理范畴的形成过程，必须首先分析它起源的社会历史背景。中国人自古重视伦理化的社会生活，这点已经通过早期的墓葬习俗、生活礼器等得到了证实。然而这种重视伦理化的社会生活的起源又是什么？这是一个值得我们深思的问题。

每一个民族在它的早期都有一定的自然观、宗教思想、巫术、原始礼仪等，这些都可以看成是一个民族进入文明时代的前兆。在这一点上，世界上各个民族都有共性，但随着进入文明门槛过程的复杂化，各民族之间的文化差异就会显现出来。就汉族而言，有史料可以证明的原始自然观、宗教观、巫术等似乎都与政治相关。著名考古学家张光直就说："古代中国的艺术与神话同政治有着不解之缘。我们总是习惯于把政治看作当代中国社会中的一个决定因素，然而，认识到它对古代中国也具有同样重要性的人并不多。"[①]

根据张光直先生的理解，我们可以对与谦让的起源与生成有关联的一些因素逐个进行分析，从中不难看出，现代汉语语义中作为伦理思想的"谦虚"，在上古时代，乃至整个先秦都是一个政治化的伦理范畴。

[①] 张光直：《美术、神话与祭祀》，辽宁教育出版社1988年版。

一 原始自然观中的自然崇拜现象

现在能够利用的关于我国原始自然观的资料和遗物，可以说实在太少。虽然我国境内遍布着大大小小的原始遗迹，但除了石器时代的一些遗存与实物外，能直接证明我国古代原始人群的自然观的第一手资料却很少。夏代是我国进入奴隶社会的第一个时期，但关于夏文明的考古成果并不多，有些问题到现在也没有定论。直到商代，考古工作者才得到了关于占卜迷信方面的一手资料，即甲骨文。甲骨文的出现为人们认识上古时代提供了许多便利的条件，但其中关于上古时代自然观的内容并不多见。

距今两三万年的山顶洞人已经有了较为成熟的自然观，这一点可以从他们的墓葬习俗看出。山顶洞人在埋葬死者时，将死者的头朝向西方，在尸体的四周撒上红色的矿物质，这些都从一个侧面反映了他们的自然观。就是这些早期人类的经验记忆，成为谦让这一伦理范畴最早萌芽的温床。

朱天顺先生在他的《中国古代宗教初探》一书中说："人类早期，无法定居生活，地上的自然环境随着迁移经常变化，但天上的日月星三光总是伴着他们。这些天体，加上天象和气象的变化构成一个系统，成为经常影响古人生活的自然条件。"[①] 处在蒙昧状态下的古人，对周围环境最切实的感受莫过于太阳、月亮和星星，以及大自然变化无常的气候。太阳总在清晨从东方升起，也总在西方落下，天气寒冷时它带来温暖，天气溽热时它会让人生畏。在古人眼里，太阳对他们生活的影响力远远超过了其他自然现象。它既可以普照大地，让万物生长，又可以以炎热的阳光让植物枯萎、江河干涸。而月亮总在黑暗里升起，它带给那些在丛林里觅食的古人们抗拒暗夜的勇气，也以阴晴圆缺、盈亏

[①] 朱天顺：《中国古代宗教初探》，上海人民出版社1982年版，第9页。

无常带给人们时间流逝的感受。

当古人们观察天空时,首先注意到的日、月、星、云等天上存在东西,都对他们的生活产生着影响。天空本身就带给他们一种无法捉摸的神秘感,更何况存在于其中的实物。当人们切实感受到他们的生活受到天空中诸如太阳、月亮等自然实物的影响时,可能最初的感受是恐惧。他们害怕那些威力无比的天象会对其生命构成威胁,想极力躲避它们。然而,自然天象是无法躲避的,就像太阳的升起落下自有它自己的规律一样,自然界的一切变化都有自己的系统,人的力量是无法改变它们的。

当人们明白这一点后,一种对大自然威力的崇拜心理油然而生。"即使是最原始的自然崇拜,自然对象也要在加上人的心理状态之后,才能成为崇拜的对象。"[①] 也就是当一种自然现象成为人们崇拜的对象时,人们就会对它进行想象式的改造,使它具有人性的特征。这种人化的自然现象,既可以看成是原始人自然观的进化,也可以看成是一种自然崇拜的神化。

大自然的威力对古人来说的确是无边的,也是他们无法预知和控制的。本来温和的气候在太阳的猛烈照射下,变得燥热难忍;原本平静的大地,突然间剧烈地颤抖起来;一阵狂风过后,身边的伙伴不见了踪影;门前平静的小溪,在雨季到来后,把自己的栖息之地淹没了。诸如此类的自然现象,对我们来说都可以通过一般的自然常识去认识和应对,但对古人来说,它们是可怕的,也是无法预见的。古人们在自然威力面前所能做的,只能是俯首称臣。一方面,他们会对各种自然威力产生崇拜心理;一方面他们也会想尽办法去讨好这些在他们看来是神物的自然现象,向它们施以敬意。

---

① 朱天顺:《中国古代宗教初探》,上海人民出版社1982年版,第12页。

中国古代的自然观和世界上大多数民族的自然观并没有太大区别，唯一有特色之处的是中国古代的自然崇拜总与家庭联系到一起。中国古人们总是将他们崇拜的对象放到一个家族系谱中，这种人化现象中暗含着最初的伦理思想。以太阳崇拜为例，在《山海经》和《淮南子》中，都把太阳说成是女人羲和生出来的。"东南海之外，甘水之间，有羲和之国，有女子名曰羲和，方浴日于甘渊。羲和者，帝俊之妻，生十日。"（《山海经·大荒南经》）意思是说，在遥远的地方有一个方国，国中有一个女子名叫羲和，她是帝俊的妻子，生了十个太阳。

人们想象中的太阳和人是一样的，当它升起时，它需要用大木、扶桑等大树才能爬上天空；升起后，它是靠乌鸦带着走；当它行走时，也需要像人那样沐浴等。《淮南子》中记载的太阳神，它的人化现象更为复杂，它靠马车在天空中行走，而且还有女御者。

人们之所以将太阳拟人化，是因为仅仅崇拜太阳，没有办法把人们内心对它的尊敬切实化。拟人化的太阳既变得十分亲近，又好像实实在在地与人们的生活相关联。而大自然威力无比的神秘现象，也通过这种拟人化变得亲切而自然。

拟人化的太阳就变成了日神。据传说，原始社会时期，我国的古人们就开始祭祀日神，在那时就专门派人到东西两地迎送日神，商代时，出日、入日的礼拜仪式已经成为商王日常生活的一部分。到了周代，每天跪拜日神的习惯已经废除，人们祭天时顺带去祭祀太阳。祭祀礼仪从复杂、繁多到后期的简约化，表明人们的自然知识在逐步增多，太阳崇拜的心理随着人们对自然界了解的深入，逐渐淡化了。

太阳是光明之神，它带来的阳光为万物的生长提供了最基本的需要，所以祭祀太阳的仪式一般在阳光灿烂的时候进行。与太阳相比，人们对雷电的感情就复杂得多。

在古人看来，雷电是可怕的。雷电发出的巨大响声，让大地震颤，一阵霹雳，天空立刻变得怪异起来。雷电不仅带给古人听觉与视觉上的恐惧感，而且也会对人们的生活造成破坏。雷电往往使森林起火，人畜也有可能遭雷击身亡。人们在不了解雷电产生的自然规律时，往往把它想象成威力无比的恶神，或者是伸张正义、为民除害的善神。不管怎样，在雷电这种自然现象面前，古人的感受是十分复杂的。

一方面，雷电的出现有一定的周期性，它总是与雨季的到来有关；另一方面，它带来的影响又是很偶然的，并不是所有的雷电都会使大地着火，人畜毙命。"中国古代，人们所迷信的雷电神的神力、神性，以及其本体和面貌等，都可以从古人对雷电自然威力的迷惑不解，以及怕受危害的心理状态中，找到根源。人们把对雷电的错误认识和屈服于其威力的心理状态客观化，创造了雷电神迷信的内容，并塑造了雷电神的形象。"[①]

通过以上关于太阳、雷电崇拜的简单解释，我们不难发现，古人们的一些行为规范和心理状态与他们的自然观密切相关。蒙昧时代的人们同样具有蒙昧的自然观，在这种自然观的影响下，人们对周围环境中的一切自然现象都赋予神秘的色彩，在他们看来，上至天空中的太阳、月亮和星星，下至大地上的山川河流都具有人们无法控制和改变的神力。人们只有讨好这种神力，才能使自己安全地活下去。这种讨好自然威力的心态，对人们的心理状态与行为规范产生着深刻的影响。在这种影响中，就暗含着谦敬思想的萌芽。

二 自然崇拜对人类社交行为的提示作用

原始人类的自然观与他们的社会行为之间有着怎样的关系？

[①] 朱天顺：《中国古代宗教初探》，上海人民出版社1982年版，第51页。

这是一个值得深思的问题，因为只有看清了这个问题，我们才能更好地理解谦让这一伦理范畴，是怎样从简单的心理现象转化为规范人与人之间关系的伦理概念。

古人对大自然崇拜、祭祀的过程中，会产生许多诸如畏惧、谦敬、亲和、示好等心理体验，同时也会出现许多诸如跪拜、奉祀、赞美等肢体和言语行动。这些心理体验和行动方式共同体现着自然崇拜观念，也表达了人们在自然崇拜过程中使自己的各种体验历史化、经验化的过程。

不难想象，这些历史化、经验化的自然崇拜体验，最终会对人与人之间的社交行为也产生作用。当大自然的神力通过人们的臆想，逐步变成十分具有亲和力的神话传说时，那些构成神话传说的材料也与氏族日常生活乃至氏族祖先神灵等发生千丝万缕的联系。比如说，在商代始祖神话中，契的母亲简狄看到一只玄鸟，吞下鸟卵，随后便怀孕生下契。在这里，神话传说与氏族祖先的来源发生了联系。

通过以上的例子，我们可以看出自然崇拜不是孤立的现象，它与古人的社交生活、思想感情、生活准则等都有密切的关系，它对人类的社交行为也有明显的提示作用。

比如说，那些具有无比神力的自然现象，一般都具有高大、遥远、不可企及等特征，人们在崇拜这些自然现象时，自然而然地会拿它们与自己生活的实际现象进行比较。从中，他们会发现，那些氏族公社的首领和他们传说中的祖先具备着自然神力的一些特征。于是，对大自然神力的崇拜逐步会过渡到对氏族首领或氏族祖先的崇拜。传说大禹为了治理水患，三过家门而不入。他的行为受到了氏族一般成员的尊重，他本人也成为人们崇拜的对象。传说中大禹是一个能与天帝进行沟通的巫士，他具有神的力量，他的伟大神力甚至可以使江河屈服。张光直先生说："氏族的祖先一定是文化上的英雄……英雄神话几乎总是千篇一律地讲述宗族的功德行为,他们正因此而在祭祀时受人赞颂。"①

由此可见,人们崇拜自然神力的最终目的,实际上想让那些因为崇拜而历史化、经验化的心理因素与行为因素确实化,最终成为调解人与人之间关系的行为依据。自然崇拜不是目的,它是人们反观人类生活本身的一种方式。自然崇拜对人类的社交行为有以下几点提示作用:

首先,它让人类社交行为的一些准则明确化。远古的人类共同生活时,肯定经过了一段前氏族生活。那时,人与人之间处在混乱的人际关系之中,繁衍后代也是通过杂交完成的。那种混乱的人际关系,实际上就等于没有人际经验。人们虽然在狩猎活动中有意识地互相配合,但如何用年龄、性别等划分人们在氏族生活中的作用,似乎并没有确实的想法。随着大自然条件的日趋恶化,人们受到自然界的束缚会越来越大,如何更好地生活在一起,成为迫切需要解决的问题。

此时,大自然的提示对人类自身产生了良好的作用。比如说,太阳和月亮之间的关系,让人联想到男女之间的关系。太阳落山后,月亮会在暗夜里给人们带来安全的感受。它们在不同的时间发挥着不同的作用。在这种启示下,人们开始对不同性别的氏族成员进行分工,男性狩猎、女性采集成为自然而然的现象。尽管之前可能已经出现了这样的分工,但那时这种分工是盲目的,也是容易被破坏的。当大自然的提示成为一种经验时,它让人类社交行为的一些准则变得十分明确化了。

其次,自然崇拜还让人类社交行为的一些准则经常化。人类社交行为准则的形成是一个十分复杂的过程,它的形成与人类自身的活动密不可分,简单地认为对大自然的崇拜心理直接可以转化为人类行为准则,是十分不科学的。我们认为一些自然崇拜带

---

① 张光直:《美术、神话与祭祀》,辽宁教育出版社1988年版,第29页。

来的心理及行动因素,是可以转化为人的行为准则的,但这并不意味着人类的行为准则诞生的母体是人的宗教思想。就自然崇拜而言,它的历史化和经验化会对人类的社交行为产生复杂的影响,除了使这些行为明确化外,也让它们变得经常化。

比如说,对自然现象的崇拜让人们联想起一个氏族的诞生。由此,自然崇拜过程中暗含了祖先崇拜的意识。我国少数民族中就有以太阳为祖先神的崇拜思想,这些民族认为太阳是他们最早的祖先,所以祭祀太阳就等于祭祀自己的祖先。对祖先的崇拜是早期人类经常的一种崇拜行为,而对大自然现象的崇拜使这些宗教思想日益明确化和经常化。

崇拜祖先分为广义上的崇拜和狭义上的崇拜两种状况。广义上的崇拜是指对氏族始祖的崇拜,它主要体现在人的内心深处;狭义上的崇拜是对氏族当中的老人或确切的生母生父的崇敬,这种崇拜主要体现在人的行动当中。在氏族公社时期,年长者备受人们的尊重,因为他们既代表了祖先崇拜的切实象征,也代表着与大自然相处的经验与磨炼。遥远的祖先是人们无法确切地看到的,而近在眼前的年长者却可以将人们崇敬祖先的心理释放出来;那些年长者身上具有的各种生存经验又是那样难能可贵、不可替代。于是尊重年长的氏族成员,在他们面前表现出谦虚谨慎的态度成为一种经常化的行为规范。

再次,自然崇拜使人类社交行为规范稳定化。历史化、经验化的自然崇拜意识,不仅使人类的社交行为规范变得经常化,也使它变得稳定而有序。如果一种社交行为只是特定时间内出现的,而并不具有稳定性,那么,它对人类行为规范的形成起不到太大的作用。所以,当自然崇拜真正成为人们自身的经验时,它对人们的行为也会产生稳定的影响。

在雷电神的崇拜过程中,那些偶然出现的雷击事件也对人们的行为构成稳定的影响。在中国古代的雷电崇拜中,那些被雷击倒毙命的人，往往被说成是恶人。正是因为他们的行为太恶劣，雷神才会为民除害。为了不受雷击，人们往往在氏族公社生活中表现出谦让的一面，凡事不与人争执，即便是争执也要有一定的限度。不能因为自己作恶，最终落得个受雷击的下场。雷电会周期性地出现，而人们惧怕雷击也是经常性的，由此在社交生活中尽量让自己远离恶人的名声，从而避免雷神的惩治，成为一种稳定的行为规范。

最后，自然崇拜使人类社交行为经验化。自然崇拜的心理现象一旦经验化，就意味着它对人们生活的影响会明确化、经常化和稳定化，同时意味着它对人类行为规范的影响从心理层面转化为经验层面。

尊重氏族公社中的年长者，会让一个人博得氏族成员的赞赏；在氏族公社的年长者面前流露出谦虚谨慎的态度，会让他得到氏族首领的认可；因为害怕自然神力的惩治，做事十分谨小慎微的人，也会在氏族公社中得到别人的尊重。诸如此类的行为规范，最终会成为一种经验化、历史化的东西。在这个过程中，自然崇拜对人类社交行为规范的经验化也会起到较为积极的作用。

当自然崇拜意识成为一个部族共同的历史经验时，这个部族当中的每一个人都要对他们共同崇敬的自然神力表达自己的尊重。比如说，如果一个部族特别崇拜雨神，那么这个部族的成员都要对雨神进行祭祀。这种祭祀与崇拜会一代代地传下去，而雨神崇拜也成为这个部族共同的记忆。当雨神崇拜逐步转化为一种社会意识时，雨神的某些特征就成为部落首领的特征，它的威力与神性会通过部落首领与雨神的沟通，成为部落首领具备的某种力量。于是，对部落首领的崇拜也会成为经验化的东西，一代代传下去。

总之，我们认为单纯的自然崇拜是不存在的，人们崇敬自然的最终目的也不是仅仅崇敬自然本身，人们实际上在通过自然崇拜寻找影响他们生活的一些力量或原因。当这些力量或原因逐步过渡成部落祖先和部落首领身上的一些特征时，这种自然崇拜的观念逐渐成为提示人们的社交行为的一些文化符号。这些符号使得人类的社交行为规范逐步成为他们确切而真实的经验，一代代的相传，最终成为调节人与人关系的各种伦理规范。谦让这一伦理规范的生成，也与这个模式有关。

谦虚的心理状态，虽然与自然崇拜心理直接相关，但如果仅仅是因为崇拜自然便让一个人具备稳定的谦虚心态，似乎也缺乏事实上的证明。当这种谦虚谨慎的心态成为调节人与人关系的一种行为规范时，它才会稳定地居于人的内心深处，对人们的行为产生影响。

三 自然崇拜与人类的行为规范

自然威力给古人们的生活带来损害或某些好处，而人们又无法去控制它们。如果对这些自然威力视而不见，它们照样存在，依旧对人们的生活带来或好或坏的影响；如果人们明知这些自然威力有时会威胁到自己的安全，却偏要与它们抗衡，就会遭到自然威力的报复；如果人们顺应自然威力出现的规律，有意识地调节自己的生活规律，那么自然威力对人们生活的影响总会朝着有利的方向发展。原始自然观中，崇拜自然的原因大致就从此处产生。而崇拜自然的心理状态自然也会对人们的行为产生影响，最终形成符合这种自然观的行为规范。

这种行为规范是人们在大自然的影响下，逐步形成的处理人与自然关系的行为方式。在这些方式中，谦卑地服从自然威力，谦逊地对大自然表达敬仰的行为规范，就是谦让这种心理现象的萌芽。我们可以从以下三个方面去分析自然崇拜与人的行为规范之间的关系，并在此基础上，对谦让与原始自然观的关系作进一步的分析。

首先，对自然的神秘感和畏惧心理产生了诸多基本的行为规范。

古人认为自然界是神秘莫测的，这一点我们在前文中已作了解释。喜怒无常的大自然为什么会那么神秘？它的变化又是由什么引起的呢？上古时代，这些问题一直困扰着原始人类，使他们在自然界的威力面前，感觉自己十分渺小。自然力的神秘性和产生于人们内心的畏惧心理，共同对当时人们的言行产生了规范作用。

既然自然神力是无法抗拒的，那么只有讨好它才能使自己安全，而讨好的方法之一就是约束自己的行为。比如说在太阳、月亮崇拜中，人们不能用手指去指太阳和月亮。用手指物是人的一种习惯行为，当人们想要向别人展示或引见某人或某物时，总是习惯性地用手去指示对方。这种行为方式是语言功能的延伸，也是最常见的肢体语言之一。然而，面对自己崇敬的事物时，用手指去指它，代表着不敬与亵渎。传说月亮上有白兔，它专门为月神制作长生不老的药。如果用手指去指月亮就会得罪月神，她会在黑夜里出现在指月亮的人的家里，并用刀子将这个人的耳朵割破。

诸如此类的行为禁忌在我国古代的自然崇拜中很常见，这些行为禁忌一方面规范着人们的行为，另一方面也表达着人们对自然的畏惧心理。人们不敢与大自然的威力对抗，只好约束自己的行为，希望自己的行为能符合大自然神力的需要。比如说，在雷电崇拜中，偶然的雷击事件往往会让人们反思自己的言行是否触犯了雷神。而那些被雷击的人，他们以往的行为往往会成为人们讨论的话题。同时他们以往所犯的言行上的失误，也成为人们总结他们之所以被雷击的原因。所以，如果言行不合自然神力的要求，既不可能得到它们的庇护，也不可能使自己处于安全之地。因而，通过谦敬的行为规范去讨好自然神力变得十分重要。

在人与自然界的关系中，除了人利用自然获得人类生存、发展所需的基本物质外，自然也对人的行为方式产生着重要影响。大自然的威力不仅考验着人们的生存能力，也规范着人们的行为方式。其中，面对自然神力人们产生了崇拜心理，继而觉得自己太过渺小，需要得到自然神力的护佑，而若想得到这种护佑就需要谦敬的心态。由此，在大自然面前，自感渺小的古人们自然而然地产生出谦逊的心理。这种谦虚的心理现象，是崇拜大自然神力的结果，也是在与大自然进行斗争过程中，产生的各种行为规范背后的心理要素。

其次，古人们臆想出的一些崇拜行为，表达了谦敬心理背后对神秘的庇护力量的追求。

人们规范自己的一些言行，目的是为了讨好那些无法预知的自然神力。这些行为规范从不同的侧面表达了人们在大自然面前谦虚谨慎的心理状态，在这里，谦虚是人对自然的谦虚，是对大自然威力的臣服。从中我们可以看出，自然界与人类的关系，不仅仅是物质层面的关系，它对人们的伦理思想也产生至关重要的影响。那么，除了对大自然的神秘性产生畏惧心理外，是什么因素让人们在面对大自然时产生谦敬的心理？我们认为除了以上分析的原因外，更重要的是想通过崇敬自然，从中获得自然神力的庇护。

对大自然的威力除了在心理上表达谦敬，行为上小心谨慎以获得庇佑外，人们往往会臆想出一些行动，并通过这些行动表达他们的谦敬意识。

比如说，在太阳崇拜中，就有日食时打击盆器赶走天狗的习俗。日食并不是经常发生的现象，每次出现的情况也不一样。但是一旦发生日食，就会出现天昏地暗的恐怖景象。古人认为这是太阳遇到了危险，人们会自觉地鸣鼓救日，或者给天狗献礼，希望它能把吞下去的太阳吐出来。在他们看来，如果太阳真的被天狗吃掉，人们再也不会得到太阳神的护佑，所以他们会用这些臆想出的方法来"救日"。

　　人们之所以会臆想出这些行动，是因为当谦敬的心理一旦产生后，就会成为一种稳定的心理现象，这种心理现象需要外化成行动，才能完成它规范人们行为的目的。臆想出来的这些行为方式，虽然是原始的又具有迷信色彩，但它们都不约而同地反映了原始人类在内心深处渴望得到庇护与保佑的心理预期。

　　最后，自然崇拜与人的谦敬心理之间有必然的逻辑关系。

　　不可否认，谦虚谨慎的心理现象本身是十分复杂的，它的生成过程也应该是多样化的。除了人类原始的自然观对这种心理现象的产生有过作用外，也不能排除其他的因素，因为产生这一心理现象的过程是一个合力的结果。但是，我们认为谦虚的心理状态与原始人类的自然观之间有必然的逻辑关联。

　　当原始人群逐步过渡到文明社会时，对他们的生活影响最广最深的当然还是自然环境。大家都知道，人的生存能力是十分脆弱的，个体的人从出生、长大到能自食其力要经过很长的一段时间，而人类群体的生产活动在当时也与自然界关系密切，或者说，他们的行动更多地受制于大自然。最初的人类面对大自然时，首先要学会适应自然，而不是改造它。在这个过程中，对大自然产生敬畏心理，以谦虚谨慎的态度来博得自然神力的庇护成为人们首先想到的生存方式之一。

　　以太阳崇拜为例，人们对太阳的敬畏感不仅使得人们的想象力得到了空前的发挥，也使得人的心理状态发生了前所未有的变化。天空中最引人注目的天体就是太阳，当人们看到光芒四射的太阳时，除了通过它能得到光明外，也会产生一种安全感。太阳光不仅使万物生长，它也能赶走黑暗，把光明周期性地、日复一日地带到这个世界上来。在古人眼里太阳威力无比，这种威力是一般人无法具备的，因而面对太阳时谦敬的心理便会油然而生。

　　通过以上三点的分析，我们可以看出谦让的生成与自然崇拜之间有着密切的关联。谦让作为一种伦理范畴，最开始是在崇拜大自然的过程中生成的。与此同时，我们也不得不承认自然崇拜的过程和人与人交往形成社会关系的过程是同一的。也就是说，原始人群在氏族公社中形成的血缘关系、狩猎时的合作关系、氏族部落之间的合作或敌对关系等，与原始人形成较稳定的自然观的过程在时间上是相互交织的。从来没有一个原始人群先具备了一定的自然观后才产生它的社会关系，也没有一个原始人群抛开它的自然观就能形成稳定的社会关系和社会规范。从这个角度讲，谦让的生成过程是多元的，也是复杂的。

第二节 传统宗教礼仪与谦让的起源

谦让的起源与生成除了与上古时代的自然观有关系外，也与原始宗教信仰、祭祀礼仪等有关。如果说原始自然崇拜意识使得人们注意到谦虚的行为可以带给自己一种安全感，那么，由原始宗教仪礼引出的谦虚思想，则是他们行为规范的一种外化。

一 祖先崇拜与谦让

每一个民族的文化都深深地受到原始宗教思想的影响，原始宗教思想也是形成文化的一个母体，华夏文明的起源当然也受到古老的宗教观念的影响。在华夏文明中，最典型的原始宗教信仰莫过于祖先崇拜，"中国人对祖宗有着一种莫名的敬畏和崇拜。中国被视为标准的祖先崇拜国度：家中供有祖先的灵牌，家庙中供奉着祖先的神主，坟墓中安放着祖先的灵柩，脑海中蕴藏着祖先的功绩和风范。"[①]

[①] 傅才武：《中国人的信仰与崇拜》，湖北教育出版社1999年版，第33页。

最早的祖先崇拜与灵魂崇拜有关。上古时代，人们对人死后的世界产生过许多想象，认为人的肉体死去后，灵魂还是存活的，它会离开肉体，游荡在活人中间。如果氏族部落当中有人得了怪病，人们往往会认为这个人的身上附着死者的灵魂。面对这种情况时，氏族其他成员会举行祭祀，讨好那个死者的灵魂，让它离开病人的身体。死去的人总在增加，他们与自己是否有血缘关系也是一个问题，所以灵魂崇拜最初可能是针对任一死者的灵魂展开的，到了后来，这种崇拜变成了对自己祖先灵魂的崇敬。祖先的"祖"字，在甲骨文中写作"且"，是男性生殖器的象征。这说明最早的祖先崇拜还与生殖崇拜有关，能够繁衍后代也是祖先们的功绩。傅才武先生认为："从表象看，人们重视祖先是因为祖先有保佑个人幸福发达，家庭或家族人口繁衍、生存、安宁和兴盛的功能。"[1]

自古以来，人们都是以祭祀的方式来表达对祖先的崇拜的。早在原始社会，人们就有了祭祀祖先的习惯，这种祭祀习惯与当时的部落战争有关。当部落成员在战争中俘获敌人时，就拿他们来祭祀祖先，这叫"人祭牺牲"。奴隶社会时期，祖先祭祀是历代国王们必须要完成的功课。他们认为王室的一切特权和财富都是自己的祖先给予他们的，祖先的身体虽然死去了，但他们的灵魂却在天上不时地关注着子孙们，虔诚地祭祀祖先，不仅可以得到祖先的护佑，也可以让别的部族打消夺取王位的信心，因为他们的祭祀规模和祭祀礼器是别人无法比拟的。到商代时，对祖先的祭祀已经超过了对上帝的崇拜。后来，儒家将祖先崇拜纳入他们的学说中，这对封建时代的中国人产生了至关重要的影响。直到现在，祭祖的传统仍在中国大地上广泛地流传。

---

[1] 傅才武：《中国人的信仰与崇拜》，湖北教育出版社1999年版，第37页。

当人们在宗庙中、坟墓前向祖先行跪拜礼时,他们的肢体语言不仅在外观上表达了对祖先的崇拜之情,也反映着他们内心深处的一些心理状态。其中,就有谦虚的心理表达。我们可以从以下几个方面对这一问题展开讨论:

首先,人们之所以崇拜祖先,是因为他们认为祖先的功德是后辈无法超越的,当后辈们享受着祖先的荫护时,首先应当谦虚地承认自己的能耐和功德无法与祖宗相比。

如何确认祖先的功德?一方面,通过神话传说就可以了解自己的祖先,另一方面,家谱、族谱和口头的家内传说,也可以让后代了解祖先的功绩。奴隶社会时期,通过神话传说来确定祖先的功绩,是一种较为流行的做法。传说,大禹是夏朝的建立者,他的治水功绩和谦虚美德一直以来都深受人们的敬仰和崇拜;商朝的建立者是子姓氏族,传说商最早的祖先是契,他是母亲吞食了鸟卵后生下的;周代的始祖是弃,又叫后稷,传说他的母亲姜嫄是踏上巨人的脚印才生的他,在生了他后,就把他扔掉,可他却受到万物的保护,奇迹般地活了下来。夏商周三代的始祖都是"文化上的巨人"(张光直语),他们的出生都具有神秘色彩,而他们生前立下的功德更让人无法超越。比如说,大禹治水,不仅功劳盖世,甚至连上天都受到他的感动;后稷是中国最早的农业专家,他试种的许多植物,都是人们赖以生存的基础。此外,在《诗经》中,对公刘、古公亶父等人的颂扬,都是祖先崇拜的实例。

在传说中,祖先们不仅功德盖世,就连他们的出身都是那么神秘。人们之所以将他们神秘化,是想让后辈与祖先之间产生必然的距离感,正是这种距离感,才使人们觉得自己的祖先不仅功劳卓越,而且自己在任何方面都无法超越他们。

另外,家谱或族谱以及家族内口述的关于祖宗的历史,大多数也给家族提出令人无比崇敬的祖宗源流。一般来说,任何一个姓氏都有很著名的人物，这些人不仅在生前功德圆满，而且他们的道德品质也可以成为人们的楷模。那些编家谱的人，往往也会有意识地去拔高家族祖先的地位。通过假想的方式，或者通过牵强附会，总会给一个家族找到足以让他们感到荣耀的祖先。这样一来，当人们通过家谱去接触他们的祖先时，也会感到祖先们十分伟大，一般的人无法去超越他们。

需要说明的是，中国的家族观念不仅重视血缘关系，同时也十分重视门第。门第就是一个家族的社会地位象征，在"官本位"思想影响下的中国人，内心里总希望有一个体面的祖宗。这个祖宗不仅有好的出身，而且有较高的政治地位。这样的祖先不仅可以带给后辈荣耀，也为后代的努力提供一种心理的预期和奋斗的目标。

祖先的功劳之所以不能超越，还有一个原因，那就是祖先是所有同一子嗣的源头。正因为有了这个祖先，一个家族才会血脉相传至今，同一姓氏的后代在一个地区会越来越多，分支也会越来越大。这种情况，如果没有先前祖先的努力，如果不是祖先们这么重视子嗣，也许是不会有的。孟子说："不孝有三，无后为大。"在祖先的护佑下，一个家族才能繁衍昌盛，如果后辈不以家族的利益为重，就等于抵消了前辈们的努力。由此，在肯定祖先功劳的内容中，也有基于孝道而产生的一些因素。

总之，或实或虚、真真假假的祖先传说和族谱记载，都可以明确地表明，和祖先的功劳相比，后辈永远只能感叹祖先的丰功伟绩；通过一个家族子嗣的繁衍，人们都能真实地感受到祖先们的伟大之处。

当人们面对功德伟巨的祖先时，谦虚的心态便会油然而生。这种谦虚不仅包含着对祖先的尊重，也包含着对祖先灵魂的畏惧与避让。在这里我们主要说前者。

尊重祖先的原因，正如我们在前面说的那样，与祖先传说中或现实中的功德有关,也与生殖崇拜有关联。而尊重祖先的心态转化成行动时,大规模的祭祀活动、通过修家谱纪念祖先的活动、通过神化祖先教育子女的活动等都可以找到它们萌生的起源。而尊重祖先的过程,也是让人们在祖先面前学会谦虚的过程。

在这里,谦让可以看成是"敬"的外在表现。敬重祖先是每一个中国人发自内心的真实态度,这种敬重的态度逐步过渡成一种行动时,就产生了许多与它相关的伦理观念,其中就有谦让这一伦理思想。

敬重祖先的前提是承认祖先的功德,而祖先的功德可以通过人们的预设(想象的或是真实的记载或传说)变得凡人遥不可及。于是,人们学会了谦虚谨慎的态度,并希望通过这样的态度去敬重祖先。

在这里,谦虚的确是敬重的外在形式,因为谦虚从语义上讲只能是一种心理状态。谦虚意味着祖先的功劳是无比伟大的,尽管有些可以追溯的祖先并没有太大的功德,但他们毕竟是传继给我们生命的人,他们在这一点上永远的是伟大的。同时,谦虚意味着较低地看待自己的能力与功劳,在祖先面前表达出尊敬祖先、贬低自己的心态。

孔子是没落贵族的后代,后来因为兴办私学,自己又很有学问,在当时有很高的声誉。但是孔子却说"吾少也贱"(《论语·子罕》),他并不对自己的出身感到羞愧,相反,他十分重视祭祖。孔子祭祀祖先的时候,好像祖先真的在那里,他还说:"吾不与祭,如不祭。"(《论语·八佾》)意思说,如果他不亲自参加祭祖仪式,是不能请别人代理的,那样的话,相当于没有参加一样。据《论语·乡党》篇记载,孔子在本乡的地方上十分的恭敬,在宗庙里也是如此,可见,他是十分尊敬祖先的。另外,我们知道,孔子是一位十分谦虚的大学问家,他之所以能这

65

样谦虚,除了他的学问之道对他的性情的影响外,他的崇祖观念也与他的谦虚谨慎的态度有密切的关系。

其次,在追思怀念祖辈给予的爱心与照料时,也会产生出谦虚谨慎的心态。

遥远的祖先给人的只是模糊的祖先概念,尽管通过传说或家谱,我们可以听闻到与他们相关的一些事迹,但那毕竟都与自己的现实经历无关。可是,离自己最近的祖辈和父辈却是无法让人忘怀的。比如说,自己的祖父祖母、亲生父母等。他们给予一个人的不仅仅是他们生前的荣耀与光辉,更重要的是他们给予了一个人切实的生命,以及由此而来的关爱与呵护。

一般人都能亲眼见到自己的祖辈与父辈在世,在成长过程中,祖辈与父辈是最早接触,也是最亲密的家族成员。在我们即将长大,有了自己的社会意识时,最早模仿和崇拜的人也与他们有关。在狭义的祖宗崇拜论中,这样的现象是排除在外的,但是我们不得不承认,崇拜祖先既可以是灵魂崇拜,也可以是现世崇拜。

对祖先的现世崇拜,也是将祖先给予的关爱与温暖,转化成责任心与社会交际的准则的过程。在中国人眼里,祖先是能力与经验的化身,他们不仅使家族在某个地区站稳脚跟,使家族有足以向别人炫耀的光荣历史,而且他们本身的生活经历带来了丰富的人生经验。这些人生经验不仅在他们生前起到了团结家族成员、鼓励后辈的作用,在他们去世后,其依然对后辈起着积极的作用。

以孔子的家族为例,我们可以从一些零星的史料中看出孔子的人生经验、学术追求等对他的后代的影响。孔子的儿子伯鱼虽然死得早,但《论语》、《孔子家语》等书中仍然可以看到一些伯鱼的人格与学问受孔子影响的事实。有一次,孔子的一个学生对孔子如何教育子女产生了兴趣,他认为圣人教子的方法肯定与众不同,甚至孔子的高徒都有可能享受不到那样的教育方式。但是他的判断是错的，因为孔子对自己的儿子从来没有给予更多的教授机会，他只是告诉伯鱼学习儒家礼仪的重要性，同时要求伯鱼逐步培养起自学的习惯。一次，这个学生见到伯鱼就问："你在老师那儿，也得到与众不同的传授吗？"伯鱼回答道："没有。他曾经一个人站在庭中，我恭敬地走过时，他问我有没有学《诗》，我告诉他没有学，他便说不学《诗》就不知道如何说话，我听到这样的教诲，就退回去学《诗》。过了几天，他又一个人站在庭中，我又恭敬地走过。他问我有没有学习礼，我回答他说没有学，他便说不学礼就没有立足于社会的依据。我退回来就学习礼。他对我的教诲我听到的只有这两件。"（《论语·季氏》）

在《孔子家语·致思》中，孔子告诉伯鱼说，可以与人终日相处而不厌倦的只有他的学识，一个人的容貌、勇气、力量、家族等都不值得向别人炫耀，声誉流传到后世的只有他的学识和人品。

伯鱼接受教育的方式用今天的话讲就是启发式与自学式教育方法的合一。孔子通过这种教育方式，首先让伯鱼明白了自主学习的重要性，因为只有通过自主学习才能体会到所学内容对自己人格的影响；其次孔子让伯鱼明白了学习什么东西才是最重要的，教给他的是立足于社会必须的知识。伯鱼死后，他的儿子子思也同样受到这样的教育，子思因为继承了孔子的学术思想，成为战国初期的一位大儒。

通过以上的分析，我们可以知道，祖先的人生经验因为具有实用性和经验性，对后辈有着不可替代的影响。当这种人生经验成为一个家族的历史记忆与精神财富时，它就会一代代流传下来，后辈们在学习它的时候，内心里对这些前辈的经验充满敬佩之情。通过学习与感受，后辈们从中不仅获益匪浅，而且也会因此学会谦虚。因为祖先的人生经验如此丰富，以至于让他们觉悟出人生如大海般广阔，自己只是这个家族构成的历史中微不足道的一个环节而已。

最后，历代相传的家训也能使后人产生谦虚的心态。

说到家训，一些人会认为那是封建社会的东西，它们大多是封建社会上层知名人士创制出来的，对一般老百姓而言，对子女重在"身教"，他们没有条件也没有必要对子女进行"言传"。实际上这种想法是不对的，家训是我国历史上一份丰富的文化遗产，它们的作用是不能低估的。

在历史上的每一个阶段，教育都是一个系统的工程，它不仅与社会教育系统有关，也与家庭有着密切的关系。中国传统教育十分重视家庭教育，认为家庭教育是孩子的人生第一课，也会伴随一个人终身。《周易》中有一卦名曰"家人"，专门说明了家庭教育的几项原则，《礼记》中有《内则》等篇，详细阐述了家庭教育的内容和方法。可见古人是十分重视家庭教育的。

我们认为一个人学会谦虚，以谦虚的态度对待别人，必定经历过良好的家庭教育。由于历史上具体的家庭教育细节已经没有办法详细地加以论述，我们只能借助历史上较有影响的《家训》来说明这个问题。

在我国历史上内容最完整、最具影响力的《家训》可能就是《颜氏家训》。《颜氏家训》的作者颜之推，是山东临沂人，他一生经历了梁、周、齐、隋四朝，可以说生活在乱世中。因为他一生都保持着清心少欲、谦虚自损的处世方式，所以他虽然遇到许多艰险，但仍能安然地度过一生。颜之推系士族出身，深受儒家礼教的影响，加之他本人又是一个博览群书、十分好学的人，所以《颜氏家训》问世后，就大受欢迎。这本家训，以儒家伦理思想为指导，将人的家庭关系和社会关系纳入其中，形成了系统的教育子女的"言传"系统。

除了《颜氏家训》外，历史上的各类家训和诫子弟类的文章，可以说数不胜数。这些家训和警诫类作品，都从"言传"

的角度,将一些基本的处世之道和为人方法,用文字的方式传授给后人。有的家训,如《颜氏家训》已经是一本社会性的著作,它的影响已不局限于一个家族,它对一个时代,乃至一个民族的历史都产生了深远的影响。

在袁采的《袁氏世范》中,就有"处富贵不宜骄傲"为题目的专论;杨继盛的《父椒山谕应尾应箕两儿》中要求他的两个儿子"与人相处之道,第一要谦下诚实";吴麟征的《家诫要言》中也讲"进学莫如谦,立事莫如豫"①。诸如此类的家训格言,不仅对作者本人的家族产生了有益的影响,也对阅读过它们的人产生良好的影响。

信奉家训的传统也是祖先崇拜的一个方面。中国人认为家训不仅是祖先们的经验之谈,也是他们关心爱护后辈的一种方式。如果对家训表示不敬,也相当于对祖先表示不敬。家训也从两个方面对人们的谦虚性格产生影响,一方面,家训作为祖先留下的一份文字遗产,时刻让后人通过它对自己的祖先产生敬仰之情;另一方面,家训中总会提到一些与谦虚有关的事实与例证,子孙们研习这些内容,也会对他们的人格产生潜移默化的影响,使谦虚的美德成为他们完善人格的组成部分。

二 祭祀仪礼与谦让

在自然崇拜与祖先崇拜中,各种祭祀方式都可以看成是表达崇敬之情的具体方法,也就是说,祭祀的过程以及在祭祀中运用的各种仪礼,既可以表达自然崇拜与祖先崇拜的内容,也可以体现出人们谦虚谨慎的心态。

古人十分重视祭祀,他们认为国家大事除了战争就是祭祀

---

① 史孝贵主编:《历代家训选注》,华东师范大学出版社1988年版,第88、100、110页。

了。商代时，商王每天都要率领他的群臣对天帝进行祭祀，认为通过祭祀可以与上天相通，从而获取上天的信任与保佑。远古时代以及夏商周三代的祭祀礼仪中，都伴随着巫术，在当时的人们看来，巫士不仅掌握着文字，而且可以利用文字或者一些神秘的图案，与上天进行沟通。在当时，沟通上天的能力是巫士们专有的，不是所有的人都能与上天沟通。而当这种沟通的能力成为一种专门的权力时，对那些不能直接与上天沟通的人来说，这些祭祀的方式不仅让他们感受到无比的神秘，也使他们对那些会沟通之术以及能与上天沟通的人产生崇拜的心理。

根据甲骨卜辞记载，商王是当时最大的巫，他具有与最高的天神进行沟通的权力，这种权力不仅是形式上的一种表现，而且对当时的政治、经济、文化等也产生着深远的影响。所以，如果我们把祭祀仪礼放在当时的历史背景下去分析时，就能感受到它们对当时人们的生活与心理产生的影响。

首先，祭祀中常常出现的跪拜礼，使人们通过肢体语言逐步让那些萌发在心里的情感，强化成一种习惯。无论是针对上天的膳祭，还是针对祖先的丧葬之礼，都会行跪拜礼。如果简单地认为跪拜就是通过下跪，让祭祀的对象明白祭祀者的诚心，是远远不够的。其实，进行跪拜礼的原因，并不这样简单。人们之所以对祭祀的对象进行跪拜，有以下几个原因：第一，对祭祀的对象下跪，表达了祭祀者自甘卑下的心态。人们祭祀的对象，对人们来说都是具有神力或是十分伟大的。自然崇拜中，对太阳的祭祀表达着人们对太阳无边的神力的畏惧与崇拜；祖先崇拜中，对祖先的灵魂进行祭祀表达了祭祀者对祖先的怀念与尊重。也就是说，不管是自然崇拜，还是祖先崇拜，都从一个侧面表现出祭祀者对崇拜对象的崇敬。为了表达这种崇敬的心理，人们往往会对祭祀的对象进行跪拜，通过屈就自己的身体这种肢体语言来表达对祭祀对象的尊重。祭祀者自甘卑下的心态，说明他们无比崇敬祭祀的对象，也说明了他们力图通过屈就自己的言行，以表达他们的崇敬之心的心态。第二，对祭祀的对象下跪，也表现了祭祀者谦虚谨慎的心态。在祖先崇拜中，对祖先进行下跪，表达了祭祀者在祖先面前谦虚谨慎的一面，这一点我们在前文中已经进行了说明。第三，对祭祀的对象下跪，表现了祭祀者对祭祀对象心理的揣摩。人们祭祀自然神、祖先或者其他神力时，都会下跪，其中的一个重要原因是他们通过揣摩祭祀对象的心理，认为下跪能表达他们的虔诚的心态。因为上古的一些具有神力的崇拜对象，都有一般人无法拥有的神力，所以通过神人交通，人们认为祭祀对象喜欢人们对其下跪。传说，商汤能祭天求雨，当时天下大旱，庄稼都枯死在田里，人们因为缺水只好放弃家园，四处流浪。商汤看到他的子民受到干旱的威胁，就下令祭祀上天，通过跪拜仪礼，不仅感动了上天，也使他与上天的沟通取得了成功。另外，据说周的始祖后稷有奇异的神力，他能够让自己的庄稼比别人的长得又快又好。后来，人们在祭祀这些具有神力的祖先时，往往会认为他们已经具备了天神的一些特性，天神是希望人们对他下跪的，那么这些具有神力的先祖当然也不能例外。

当祭祀礼仪一代代流传下来时，人们会对那些祭祀当中时常使用的肢体语言，产生一种心理依赖，这种依赖感又通过时常举行的祭祀活动，逐渐强化成人的一种习惯。

其次，祭祀当中时常进行的献祭活动，不仅使祭祀活动变成一种有目的的祭神事件，也使参与祭祀的人们在神力面前学会谦虚。

据甲骨卜辞记载，商代时人们用三条牛或一只羊对日神进行祭祀。如果说每天都杀三头牛或一只羊来祭祀日神，让人难以信服，但是如果在特殊的日子里，用这样的祭祀规模来祭祀日神，应该是很正常的。《礼记·祭义》中说："祭日于坛"，后世的皇祖都专门设立天坛，对日神进行祭祀，而祭祀用的牺牲，也是十分可观的。

在对祖先的祭祀中,也要用祭品。上古时代,人们会通过杀死战争俘虏的方式,对祖先进行祭祀。奴隶社会时期,也有通过杀死奴隶的方式,血祭祖先的传统,到后来,人们逐渐放弃了这种做法,但祭祀中的祭品也有讲究。一般来说,祭品规格的高低,与祭祀者的身份与权力大小有关。皇室祭祀祖先使用的规格,是一般臣下不能僭越的。对一般老百姓来说,也要用最好的东西来祭祀祖先。

祭品不仅体现了祭祀的规模与目的,也表达了祭祀者对祭祀对象的讨好心态。不管是贵为皇族的上层人士,还是普通的老百姓,在准备祭品的过程中,都能体会到一种谦虚谨慎的心理过程,因为祭品的选择与制作过程,不仅复杂,而且会让人们陷入一种神秘感中,因为不是所有的东西都可以作为祭品用的。

《论语·雍也》篇中记载了一件与祭品选择有关的事,孔子说耕牛之子长着赤色的毛,有着整齐的角,虽然不想用它作牺牲来祭祀,山川之神难道会舍弃它吗?在周代,人们以红色为贵,祭祀的时候也用赤色的牲畜。这件事告诉我们,不是所有的东西都可以用来祭祀神灵的。

当然,认为祭祀时需要选择祭祀对象喜欢的牺牲也是人们臆想出来的,但这种臆想的结果却反过来控制着人们的行动。当人们准备祭祀用品时,时常会觉得各种神灵或是祖先的灵魂,都有自己喜欢的祭品,祭祀规模越大,祭品的选择就变得越困难。在这种情况下,选择祭品的过程也会成为考验人们诚心的一种方式。

如果某一次,有人出于某种原因用错了祭品,或者他准备的祭品不够标准,而祭祀的结果与祭祀的愿望正好相反时,人们会不自然地想到也许正是因为自己在祭品方面的过失,才会得到这样的下场。所以，下一次祭祀时，他们不仅不敢放低标准，也不敢在祭品上有怠慢。

在这种情况下，谦虚谨慎的心态，不仅表达了祭祀者对自己的过失的悔过心态，也表达了人们在神力面前卑己尊神的一般心态。

最后，祭祀的过程与规模，让人们进一步相信神或祖先的威力，从而真正学会谦虚地完成神人沟通。

每一次祭祀活动，都是一次表现礼制的过程，这一点我们可以从《左传》的记载中得到证明。鲁闵公二年，齐国见宋国国力微弱不堪，借宋国新易国君的机会，对宋侯进行大规模祭祀，目的是让别国看到宋国知礼懂文，而扩大祭祀规模的做法，也有通过隆重的祭祀活动，使别国对宋的野心有所收敛的意思。虽然春秋时期的祭祀活动只是一种形式主义，但这些祭祀活动的最初形式，不仅给人震撼心灵的感受，也使得人们相信这样的祭祀活动能唤起神或祖先的威力。

隆重的祭祀活动，虽然能定期举行，但并不是所有的人都能目睹它的盛大场面。另外，祭祀的过程本身极力体现和表达着人们对祭祀对象的尊重。面对神或祖先的威力，人们会自然而然地以谦虚的心态，企图与他们进行神秘的沟通，并通过沟通去表达对神或祖先的崇敬之情，以及与之有关的祈求与祝福。

通过以上对祖先崇拜与谦让，以及祭祀仪礼与谦让的关系的分析，可以看出，谦虚在文明诞生的最初，是人的一种心理状态，这种心理状态不仅与原始宗教有关，也与人们的祭祀仪礼有关联。

通过这样的分析，我们也可以看到，谦虚在儒家学说中虽然是一种伦理范畴，是体现礼制的一种行为规范，但就它的原始形态而言，它是一种基于人类原始信仰诞生的素朴的心理现象。这种心理现象的诞生,与原始宗教信仰有着密切的关联,原始宗教信仰不仅是人类文明诞生的温床,也是人类各种情感形式诞生的源泉。

在社会学上谦虚可以理解为"卑己尊人",它的起源是宗教思想当中的"卑己尊神";在行为学上谦虚可以理解为人们获得社会认可的一种形为规范,它的起源是为了获得神灵的护佑,谦虚谨慎地向神灵表示自己的谦敬;在语义学上,谦虚是涵盖着谦虚、谦逊、谦让、谦退等行为规范的总称,而它的起源是人们在祭祀过程中,逐步培养起来的,集合了敬仰、尊重、畏惧等为一体的复杂心理状态。总之,谦让的起源与原始宗教信仰有着密切的关联。

第三节 巫术占卜传统与谦让的形成

说到巫术,人们很难想象它也与谦让的形成有关,因为一般的理解,巫术都可以归入传统宗教信仰当中。当然,巫术本身就是宗教信仰的一种,但如果仅从巫术形成的基本观念来看,它也和占卜传统一样,是影响着人们日常生活的一种行为观念。事实上,在谦让的形成过程中,巫术和占卜传统也起到了意想不到的作用。在中国传统文化中,最为直接的证据就是《周易》。据史料记载,夏代和商代也有类似于《周易》的占卜书,称为《连山》和《归藏》。可见,当时人们十分热衷于占卜,并且把它看成是一种十分自然、十分可信的预知未来的通用方法。在《周易》中,除有"谦卦"外,其他卦相中也提到了谦虚,《系辞》中也专门讲到了谦虚的重要性和它的作用。

在本节中,我们将分别解析巫术和占卜传统与谦让的关系,通过了解巫术和占卜活动中的一些细节,对谦让的形成作进一步的分析。

一　巫术传统与谦让

　　巫术与占卜在起源上关系十分密切,是不可分的两种人文形态。从考古学的角度讲,巫术和占卜的起源可以追溯到原始社会。在辽宁西北部发现的红山文化遗址中,发现了大型的祭坛,而它的附近却没有人居住的遗迹,我国学术界普遍认为它可能是当时人们进行祭祀活动的公共场所;也在这个文化类型中,人们还发现了一座规模宏大的女神庙,在那里面,人们发现了五到六个神像,都是女性,人们据此推断,它是母系氏族社会时期人们进行祭祀的地方。伴随着代表江山文化特点的祭坛、女神庙和积石冢,遗址中还出土了大批成套的玉器（如玉猪龙、玉龟）。这些玉器一般被认为是巫师用来沟通神人的礼器。在属于良渚文化的瑶山遗址中,发现有祭坛的存在。在祭坛中集中埋葬着男女巫师。由此可以说,祭祀活动伴随着巫术和占卜,这是原始宗教信仰的一个特征。

　　最能直接反映占卜和巫术传统的历史遗存,是在属于仰韶文化晚期的河南淅川下王岗遗址中发现的卜骨,这说明在当时人们已经学会了通过占卜来预测未来的方法。在甘肃秦安大地湾遗址中,人们发掘出一座绘有地画的房屋遗迹,地画的正中央有一个身体魁梧的男性,他的手中持有一个尖状的器物,身体的形态像是在跳舞。他的左侧有一个女性,身材比他略小一些,但身体的形态与男性相同。考古学家们认为这幅画绘声绘色地描绘了一幅为死者驱除邪恶、保佑生者平安的巫术场面。夏商周以来,巫术与占卜传统逐步成熟起来,成为奴隶社会文明的重要标志。

　　巫术作为一种宗教形式,它崇拜的对象有自然神、图腾以及祖先。在巫术中,人被认为生活在一个神秘的空间里,其中有无数的神灵,这些神灵不管是善的还是恶的,都会对人的生活产生重大影响,如果不加以崇拜,它们就会对人的生活构成威胁。巫术作为一种宗教形式产生的社会意义，以及它与谦让的关系，我们在上面的篇章中已经作了说明。在这里，我们重点地分析一下巫术的世界分层观念和万物有灵论，以及这种观点与谦让的关系。

在巫术信仰中，世界分层和万物有灵的观念是最能直接体现巫术信仰的两种观点。巫术信仰认为宇宙是由不同的层次构成的，也就是说，世界在原型上是分层的。巫术信仰认为人类居住在大地的中间一层，它的上面是天国世界，它的下面是地下的世界。天上和地下的世界还可以分出不同的层次，第一个层次中都居住着想象当中的神灵与鬼魂，在《尚书·吕刑》、《国语·楚语》当中都记载有类似的世界分层的神话传说。我们可以根据《国语》的记载，对世界分层的观念进行剖析。《国语·楚语》中说："古者民神不杂。"意思是说，在古代，人类和神灵是分开居住的，这段记载中还说，那些聪明灵敏、品德高尚、有异样功能的人，会受到神明的宠爱，神明也会降伏到他们身上，让他们成为巫师。他们有男有女，都有与神明沟通的能力。这些人不仅可以传达神明的旨意，还可以调理世间的一切，如长幼尊卑、祭祀仪礼等。如果民神杂居，并且不祭祀神明的话，就会招来祸害。

可见，在古人看来，世界本来是分层的，天的世界属于神灵，而地上的世界属于人类，地下则是鬼魂的去处。不同世界的界限是不能打破的，否则，神灵与人类之间就会杂居，神灵得不到真正的安宁与人类的信奉，就会导致生活的混乱和灾难的降临。

这种世界分层的观念，不仅是巫术信仰当中的一个基本观点，它也对以后产生的宗教有着重要影响。比如说，在道教中，世界分为天界、人间和阴间三个部分，还把天界分成三十六重。这种划分办法就是受巫术传统影响，逐步产生的。

另外，巫术信仰还认为世界的万事万物都是有灵魂的，"在巫教信仰者的意识中，与生命绝对无关的事物是不存在的，世界上所有事物都被赋予了生命力和灵魂，而且各种灵魂都有特定的形态、性能、生活方式和处所。"[1] 这种万物有灵的观点，与文明的发展程度有关，也与当时的灵魂观念有关。古人认为，任何物种都有自己的灵魂，它们都与生命物体有关。比如说，树是有灵魂的，树的枯死说明树的灵魂已经离开了树枝，依附到别的树木或其他东西上去了。

万物有灵论与世界分层的观念是相辅相成的。世界是由不同的层次构成的，说明世界上到处都有灵魂，世界的万物都有灵魂；正因为万物都有灵魂，它们才会散居到分为不同层次的世界上。巫术信仰的这两大观点，都反映着人们对灵魂的崇拜，以及对未来世界的预想。

从这种信仰产生的角度看，它不仅与人们在蒙昧时代的想象力有关，也与原始社会末期的社会分化有关。社会的分化诞生出不同的社会阶层，这些不同的阶层在物质生活、社会地位等方面开始有了差距。人们为了找到产生这些差距的合理理由时，不自然地将它与原始的信仰联系到一起，从而产生出世界分层的观念。

既然世界是分层的，那么在人类之上就有一个神灵的世界，这个世界不仅虚无缥缈，而且一般人无法知道神灵们生活的细节。巫术信仰认为，人们的日常生活和行动都受到神灵世界的左右和干预，当人们做了善事时，神灵就会以神秘的方式奖赏人们，相反，如果人们做了坏事，那么惩罚也会以神秘的形式，出现在你的生活当中。

当人们在地上的生活，被想象当中的神灵世界所左右时，人们不仅仅崇拜神灵，也会对神灵产生出敬畏和尊重的心态。在这

---

[1] 高寿仙：《中国宗教礼俗》，天津人民出版社1992年版，第12页。

些心态中,就有谦虚的一面。在巫术信仰中,人类的力量只在有限的范围内对自己以及他人的生活构成影响,但未来的一切都是无法直接探知的,人们只好借助于神力,希望神灵的护佑能让他们躲过未来生活中的灾难。巫术信仰认为,谦虚谨慎的心态与谦逊的行为,是博得神灵信任的最佳方式。这一点,可以从巫师的行为规范中得到证明。

传说中的巫师都是人类文明精华的继承者,他们不仅有高尚的道德、聪明的头脑,而且十分谦虚谨慎,大禹就是最好的例子。传说大禹就是一个具有神力的巫师,他的身上有许多超自然的色彩。他不仅用神力阻挡住了洪水,而且还让天神为他的谦虚与诚挚所感动。后世的巫师们都把大禹当成是祖师,甚至大禹传说中行走的步态(即所谓的"禹步"),也为后来的巫师们所竞相模仿。

信仰万物有灵,就等于承认人的生命在宇宙的次要地位,在人类的上面有神灵的世界,在人类的周围万事万物都有灵魂,这些灵魂和人的灵魂一样,都是宇宙中最精贵的东西,有的甚至比人的生命更宝贵,比如说神的灵魂。当人们意识自己生活在一个充满了神秘色彩的生命世界中时,就会谦敬地对待周围的一切。

世界分层的观念让人们懂得了尊重天上世界的神灵,万物有灵的观点又让人们明白了宇宙的广大与人本身的渺小。在巫术的世界里,谦虚不仅是人们面对巫术世界产生出的一种心理现象,也是巫师身上必备的一种素质。当巫术信仰成为一种人类文明的传统时,与它有关的一些人文因素自然而然地会成为人类文明的一个组成部分。

二 原始占卜传统与谦让

我国古代,占卜术十分发达,除了人们熟知的《周易》外,还有诸如卜骨、卜甲、占星等传统。在上文中,占卜与巫术的关系，以及它们的起源问题，我们已经做了较详细的说明。在这里，我们主要分析占卜的一些基本问题，以及它与谦让的起源的关系。

占卜的产生，大致有两方面的原因。一方面，古人把自己无法了解的自然现象和生理现象，都会神秘化为一种征兆。实际上，世界上许多自然现象和生理现象之间是没有因果关系的，但古人却会把偶然间发生的巧合，看成是神灵观念支配下产生的联系。比如说，如果在梦里梦到河水，而在现实生活中遇到久未联系的朋友，古人们会认为梦到河水是能遇到朋友的前兆。

这种前兆迷信当然是虚妄的，但在古人的世界里有许多事情是无法预知的。由于缺少科学常识，人们遇到一些无法找到理由的事情时，总会将它们复杂化为一种迷信。当这种前兆迷信根深蒂固地成为人们日常所思所想的一部分时，它与占卜就有了联系。

另一方面，占卜的出现也有它的社会原因。随着古人适应大自然的能力增强，人们的生活、生产活动的范围也大逐步扩大。此时，人们需要更多的关于自然界发生、发展、变化的各种常识，但是古人自身的科学知识水平又十分有限，无法解决他们遇到的各种问题。在这种情况下，人们一方面害怕面对无法预知的未来状况，一方面又迫切地想用一些方法看到未来发生的事情的某些征兆。于是，就出现了占卜。

占卜的方式很多，最常见的是用卜骨去占卜。人们在狩猎活动中，常常能得到动物的骨头，这些骨头成为人们占卜的材料。另外，植物的枝、叶、茎也可以用来占卜，在氏族社会时期，植物占卜因为它的简便易行，十分流行。此外，占星术也是占卜的一个分类。人们把偶然看到的流星、彗星、新星等与人的梦境相联系，进行占卜。

占卜术在我国商代十分发达，20世纪初发现的甲骨文就是刻在龟甲和兽骨上的卜辞。那些卜辞是商代官方占卜的记录，它们详细地记载了当时商王遇到诸如战争、地震、气象、农业收成等问题时，求助于占卜术的状况。

《周易》是占卜术的精华，关于它的起源，《周易·系辞下》中有详细的记载："古者包牺氏之王天下也，仰则观象于天，俯则观法于地。观鸟兽之文与地之宜，近取诸身，远取诸物，于是始作八卦，以通神明之德，以类万物之情。"意思是说，包牺氏发明八卦占卜之法，他在统治天下时，通过观察天象和大地的一些特征，以及动物与植物的一些生长规律等，做出八卦。应当说，《周易》不是个人著作，它也不是短期内完成的，它的成书过程可能很漫长。但就我们关心的问题而言，《周易》显然不是一本普通的占卜之书，它是在占卜的基础上，将古人的自然观、社会观、伦理观、政治观等融合为一体的哲学著作。

通过以上关于占卜的起源、占卜的主要形式以及占卜术在商周时代的一般状况的介绍，我们可以明确地感受到，它和巫术一样，与古人们的思想感情有着密切的联系。就占卜术而言，它对古人们的影响可以概括为以下几点：

首先，占卜术和其他原始宗教思想一样，是在对大自然的崇拜过程中形成的，也就是说，占卜术本身是谦敬大自然的产物。占卜的前提是承认大自然和一些生理现象的神秘与不可知，也正是因为这种神秘性，使得人们对那些自己无法预知的事情产生感情上的依赖。在古人看来，大自然不仅具有神力，而且也充满着亲和力。当人们通过总结经验得到一些大自然变化的规律时，大自然也会向人们展露出它的一些本来面目。最起码，古人是相信这一点的。所以，在占卜的过程中，占卜者本人会对大自然充满感激之情，正是它的神秘莫测给这些想预知未来的人，提供了许多鲜为人知的征兆。在大自然的威力面前，占卜者深深感到自己的渺小与无知，所以占卜活动都是在谦虚谨慎的心理状态下完成的。谦虚的心态不仅说明了自然崇拜的心理，也表达了对具有亲和力的大自然的谦敬与尊重。

其次，人们在占卜的过程中，总要寻找一些用以占卜的前兆规律。这一点，我们通过分析《周易》的成书，已经作了阐释。古人相信的各种前兆其实都与自然界有关，自然界中出现的一些现象，虽然不能直接让古人们明白它的规律，但它却可以成为人们臆想的前兆迷信。比如说，彗星的出现，一般都认为是不吉利的，如果在星占中看到彗星，古人们会联想到战争或是灾荒。用今天的眼光去分析占卜术时，我们当然不能肯定占卜的科学性，但在当时来说占卜是人们认识自然、了解自然的一种方式。通过占卜人们对大自然的一些现象，不仅进行了总结，这些现象也对人们的生活产生了微妙的影响。

比如说，人们看到大地是孕育万物的温床，可是与天空相比，它是卑下的，也是微不足道的；与高山相比，它既不伟岸，也不高大；与峡谷相比，它既不深邃，也不幽远；与大海相比，它既不险恶，也不吸引人。但就是在人们的脚下默默无闻的大地，养育着人类，给人类提供了最基本的生产、生活场所与物质。此时，在大地上出现的一些前兆不仅可以帮助人们解决一些思想上的疑问，也让人们逐渐学会了思考。

另外，滋养万物的水，也是占卜前兆的一个来源，人们在观察江河湖海的过程中，也逐步了解了水的特性。水是无色无味也无形状的液体，它总是汇成水流后流向低洼的地方。在人们的日常生活中，水虽然是不可或缺的，但同时也是无声无息的。

在日常能见到的动植物中，也有一些成为占卜使用的前兆，比如说，冬天里绽放的梅花，不仅象征着生育的来临，也使人们由衷地对梅花产生别样的情感；与人性相通的狗，不仅是看家护院的能手，也是前兆迷信中时常出现的动物形象，同时，狗的忠实与爱憎分明也让人们对狗的特性进行分析。

以上这些现象中，有一些前兆不仅成为人们占卜时必需的材料，也使人们对大自然的一些特征进行着较为正面的思考。当人们对大自然的一些现象作出德道化的判断时，不仅表现了人们对大自然现象的关注，也表现了社会观念对自然观察的影响。在这个过程中，人们的一些社会行为规范与大自然有了因果联系。比如说，当人们深深地感受到大地孕育万物却从不像天空、高山等那样张扬时，人们对谦虚、谨慎、退让等就有了更进一步的理解。

大自然对人类行为的启示作用，在占卜活动中随处可见，通过"观物取象"形成的《周易》就说明了这一点。谦让这种伦理范畴，在行为规范的层面上，不仅是人与人社会交往的产物，也与大自然对人类行为的启示有关。大地、江河等自然现象，将人的思索定格在对它们的特性的深深崇拜中，当这种崇拜引申出一种模仿心理时，我们就找到了占卜传统与谦让相关联的证据。

最后，占卜活动使人们逐渐学会了如何趋利避害，其中有一些不乏科学成分，它也对谦让等社会伦理观念的诞生起到促进作用。

占卜的目的就是趋利避害。虽然那些臆想出来的前兆迷信与人们想要得到的结果之间并没有因果联系，但这并不妨碍人们对自然界中各种前兆的挖掘与探寻。那些偶然出现的事件，可能使人们的占卜往往以失败告终，但在数次失败后，它又能提醒人们对前兆作进一步的分析。如此反复地做这件事的过程中，人们会对一些经常出现的行为进行合理的分析与反思。比如说，如果一个人经常得罪部落当中的其他人，不与他人分享额外的一些食物，那么别人也会相同地对待他。此时，如果此人得重病需要占卜时，一般会得到要求心胸广阔、凡事不与人争的劝告。

类似的现象在《周易》的卦辞中随处可见，虽然得到这些卦象的占卜过程是不科学的，但《周易》卦辞中的一些记载却是人们长期积累下来的真知灼见。在这里，趋利避害的过程可以看作是自然规律与社会准则互为因果的产物，一些常见的自然现象被古人用来解释社会行为规范，以及这些规范对人自身的作用。而当这些自然现象逐渐被强化成一种社会规范时，它也对人们的日常行为规范产生影响。特别是那些日用而不知的行为规范，通过占卜术中的一些自然常识的强化，就成为人们刻意保持的良好作风，其中就有谦让。在古人看来，谦虚谨慎的作风不仅是大自然一贯就有的，也是有百利而无一害的良好品德。

总之，占卜传统与谦让这一伦理范畴的诞生，有着千丝万缕的联系。我们不能抛开人与人交往的社会关系，简单地将一个伦理范畴与占卜术进行联结，但我们也不能否认占卜术对古人社会生活的影响。当这种影响对人际交往、社会准则等产生作用时，占卜传统背后隐含的一些哲学背景、思维习惯等，都能成为一种伦理范畴诞生的要素。

第四节　上古政治思想与谦让的形成

随着人类从蒙昧时代向文明时代过渡，人的社会特征越来越明显，在氏族部落和早期的奴隶制社会中，人的活动越来越受到政治地位、财产状况、性别角色等的束缚。人类的意识也从原始的自然崇拜、灵魂崇拜，逐步向更高级的形态发展。在这个过程中，也产生了早期的政治思想。

政治思想的形成，需要丰富的文化积淀。中国是一个历史悠久的文明古国，一般所说的"文明时代"，在中国开始得很早，有文字记载的历史也很久远。文明时代的到来，伴随着阶级社会的诞生，而阶级社会的特征之一就是政治体制的形成，以及体现这个政治体制的统治方式和政治思想。

上古时代的政治思想虽然和原始宗教有着千丝万缕的联系，

83

但它们毕竟不是一回事。在本章的前三节中，我们一直在论述人类的行为规范与自然崇拜、祖先崇拜等的关系，其中的一些关于人与自然、人与臆想的神的世界等命题，是诞生最早的政治思想的温床。也就是说，上古政治思想与上古宗教思想有着亲缘关系，它们在一些层面上是不可分的。比如说，氏族公社中出现的女神崇拜现象，就是当时母系氏族公社，以女性为社会主体的真实写照。在原始社会时代，人们的政治观念还远远没有成熟，人们只是通过宗教信仰，间接地反映出一些原始的政治观念，但完整的、独立的政治思想在那个时代还没有形成。

到了原始社会末期，随着人们生产、生活范围的扩大，剩余产品的增多，以及社会分工的细化，人类社会才逐步从原始社会向阶级社会过渡。在这个过程中，人与人的社会关系变得日益复杂起来，阶级对立也日趋明显。这时，对统治阶级来说，如何更好地统治国家，如何使国家时常处于安定团结的状态，诸如此类的问题开始成为统治阶级上层人士经常考虑的一个问题。也是在这个时代，原本是单纯的调节人与人关系的一些行为准则，也具有了政治上的含义。或者说，人们把那些调节人与人关系的行为规范，扩大成调节阶级社会各种矛盾冲突的工具了。

当一种行为规范成为统治阶级用以统治的工具时，它会在原有意义的基础上，派生出更多的内涵。与此同时，这些行为规范的社会意义会进一步扩大，从而使这些调节人与人社会关系的行为准则，逐步成为一个社会或者是一个时代的伦理范畴。

就谦让而言，最初的含义往往与原始宗教相关，在自然神力面前流露出谦虚谨慎的态度，从而博得神力的护佑，到后来，发展成在长者或他人面前表现出卑己尊人的态度，从而获得别人的认可与尊重。而当谦让与政治观念相联系时，它的意义并不单纯地指卑己尊人，它不仅可以是谦虚谨慎的态度，也可以是获得政治优势的一种途径。我们就这个问题，从三个方面进行讨论。

大家都知道,《尚书》是一本记录我国早期政治思想的历史资料,我们的分析也依据《尚书》展开,通过分析《尚书》中体现出来的我国上古时代的政治思想,对谦让的政治含义进行较深入的剖析。

一　君权神授观与谦让

《尚书》记载了夏、商、周三代的一些政治事件,通过那些反映上古时代统治上层的史料,我们可以明确地感到,《尚书》是一本反映我国政治思想从单纯地受神力支配,到人自主地支配政治的转折。在这个转折中,我们不仅可以看到上古时代的统治者们的一些政治功绩,也能从中获取上古时代的政治思想。其中,《尚书》首先表达了君权神授的思想。

大禹将天下传给他的儿子夏启后,原始民主制被家族统治所取代。在那时,大禹的家族一方面为稳固地拥有天下而兴高采烈,一方面他们也为家族的政治前途担忧。为了稳坐江山,从夏启开始,历代统治者都千方百计地为他们的统治,寻找合理的理由和借口。而当时最大的、最有效的借口就是"君权神授"论。

"君权神授"的核心是确立统治者家族与上天的亲密关系,并将这种关系神秘化和专有化。启得到天下后,也遭到了别人的反对,在《尚书·甘誓》中,我们就可以找到相关的记录。据《史记·夏本纪》记载,大禹东巡时,在会稽得了重病,在临死前他把天下交给了益。三年后益又把政权让给了禹的儿子启,启很贤明,受到诸侯的拥护,于是他就继承了王位。启继承王位等于宣告了禅让制的瓦解,夏的同姓诸侯有扈氏不服,认为启的做法有悖于大禹的意愿,启为了维护自己的统治,就举兵征讨有扈氏。在讨伐有扈氏时,他在一个叫甘地的地方,召集将士举行了誓师大会,《甘誓》就是这个誓师大会的记录。在《甘誓》的第一部分中,夏启就说,有扈氏违背了天意,上天要断绝他的国

85

运,而夏启就是上天派来对有扈氏进行惩罚的使者。

此外,商汤在讨伐夏桀时(《尚书·汤誓》),周武王在征讨商纣王时(《尚书·牧誓》),都说他们是在按照天意行事,用今天的话说,他们是在"替天行道"。既然他们可以替天行道,也就意味着他们得到了上天的恩赐,成为上天在人间的代理人。他们的政治地位、财富和人民都是上天给予的,是神圣不可侵犯的。

既然自己的统治权力是上天给予的,那么,与上天始终要保持沟通,向上天表达统治者的诚心就显得十分重要了,这是《尚书》反映的较为原始的政治思想之一。我们可以在《尚书》的许多篇章中看到,人们向上天表达敬意的内容。

感激上天的方法很多,其中最普遍的当然是祭祀。通过祭祀,可以表达祭祀者的诚意,同时通过垄断对上天的祭祀,以及夸大祭祀的场面与程度,都可以表达统治者对上天的敬奉心理,以及他们对这种敬奉的专有权。可是,从夏桀亡国、商纣被灭的历史经验中,人们也看到天命不是一成不变的,如果统治者自以为天命可以独享,不对上天时时表达敬意时,上天也有可能将这种天命送给那些更敬重上天的人。于是,祭祀、祈祷等仪式涵盖着真实的心理表达,那就是诚心实意地向上天,向那些死去的政治领袖们表达谦敬。

这时谦让不再是单纯地表示一个人在自然神力或人的面前表现出的谦虚谨慎的态度,而是一种政治技术。这种政治技术既表现了统治者讨好暗中护佑或监视他行为的某种力量的想法,也表现了统治者不居功自傲,甘愿在上天和死去的君主面前表现出谦虚谨慎的想法。

进一步讲,如果一个人过分依赖天命,而不注意德行的话,也会一败涂地。这与他谦虚谨慎地侍奉上天和死去君主的亡灵无关,因为政治是复杂的。随着时代的进步,社会的政治环境也日趋复杂起来，当原始政治中的一些政治技术无法回应这些复杂的情况时，就会出现他们意想不到的情况。比如说，《尚书·西伯戡黎》中记载商纣王曾说："我生不有命在天！"意思是说我不是受上天保佑的吗？别人能对我怎么样！大家知道，商纣王是我国历史上有名的昏君，在他统治的时期，政治十分昏暗。为了满足他的贪欲，他不顾百姓的死活，大肆地扩建王宫，他还随意征调诸侯兵力，四处讨伐。当大臣提醒他注意自己的行为，以防诸侯起兵反叛，或者百姓造反时，他却一味地依赖天命，认为只要有天命的护佑，他就可以安稳地统治四方。但是事实并不是他所想的那样，周武王率兵征伐他时，他还在朝歌饮酒作乐，最后被周人杀死。

周人取代商的统治后，就有了"革命"思想，他们认为天命是可以转移的。因而在对上天时刻保持敬重的同时，也要对百姓施行德治。也就是说，产生了"敬德"、"保民"的意识。

二 贤人政治观与谦让

用现在的话讲，贤人就是德才兼备的人。在《尚书》中直接出现的"贤"字并不指贤人，但如通读《尚书》，我们会发现上古政治思想中，的确有贤人政治的意识。这种意识的起源有以下两方面的因素：一是禅让制本身就体现着贤人政治的观念。尧把他的位置传给舜，舜又将它传给大禹，这种传位的依据，就是要看继承者是不是贤人。继承者原本是君主的臣下，不仅立有大功，而且十分谦让，是君主们的"股肱之臣"，所以他才能获得君主的青睐。二是强调贤人在社会生活中的重要作用，这个结论是从历史经验中总结出来的，比如说，在《汤誓》和《牧誓》中，征讨昏君的人就总结出用人失当是夏、商灭亡的原因之一。《牧誓》中说，商纣王对自己身边的忠臣一概不用，却听信小人，让他们为所欲为。这些乱臣贼子也是导致商灭亡的一个原因。另外，在《尚书·康诰》篇中，周公总结过这方面的原因，他认为周文王、周武王之所以能取得天下，是因为他们本身十分贤能，而且又有一批贤臣的辅佐。

当贤人在政治斗争中，日益发挥出统治者向往的作用时，贤人们就成了政治上的楷模。《尚书·盘庚上》中反复强调要尊重贤人，遇到大事要多听贤人的意见。作为君主，要虚心地接受批评意见，在《尚书·康诰》篇中，周公告诫卫康叔说"明乃服命，高乃听，用康乂民"，要求君主们要心怀宽广，能虚心接受批评意见。

贤人政治的核心是重视人才，因为只有合适的人才，才能算作是实行了贤人政治。那么，怎样才能获得合适的人才呢？《尚书》中认为首先应当做好选拔官吏的工作，是不是贤人，光靠嘴说是不够的，应当让他们拿出真本事来。如果选拔人才时，没有考虑周到，就有可能用人不当。在《吕刑》篇中，就有"在今尔安百姓，何择，非人？"的话，意思是说，要想让百姓安居乐业，不正确地选择贤人，能行吗？

另外，如何让贤人发挥出作用，也是需要认真考虑的。《尚书》的许多篇章都谈到了这个问题，总的说来，他们认为作为君主首先应当做到能始终重贤任能。在《立政》一篇中，周公要求周成王一言一行，都要想到百姓，想到自己的江山社稷。也就是说，一个君主的言行始终要不偏不倚，不能光顾着享乐；也不能听信于小人，要始终保持清明的政治作风。要做到贤人政治的要求，就要虚心接受来自各方面的批评，如果忠厚的大臣指出了君主的不足时，不仅不能憎恨他，还要褒奖他的功劳。虚心地接受批评，也要虚心地改正自己的错误，这样才能永保社稷。此外，让贤人发挥作用，君主就必须学会谦虚，他要谦虚地承认自己不是万能的，才能容纳别人的意见，才能让那些贤能的人们去处理重大的事件。因为只有怀着谦虚的心态，才能使君主们对自己有一个正确的评价,从而不会因为大权在握,就失去了正确评价自己的能力;因为只有怀着谦虚的心态,才能看到大臣的优点,欣赏那些具有优秀品质的人,也才能放心地任用他们。

从以上分析中,我们可以看出,贤人政治观中的确有谦让的痕迹,或者说,谦虚谨慎的作风是贤人政治的一个特征。在这里,谦让与上古政治思想进一步有了明确的联系,它成为实施一种政治方案的重大要素,也成为成全这种政治方案的一个前提。

三 重民思想与谦让

重民思想和贤人政治一样,是《尚书》中反复强调的政治观念。随着奴隶制度的进一步完善,阶级矛盾和统治阶级上层的内部矛盾,也日益突出。而平民力量的进一步壮大,使得当时的政治格局发生着突变。如果一味地用高压政策统治人民,就会爆发统治者不愿意看到的下层起义。比如说,在商纣王统治的时期,当时的一些有识之士也看出,民众的造反情绪就像快要决堤的江水,但是商纣王却视而不见。当周人攻到商都外城时,就连他的军队也纷纷倒戈。

周人取得天下后,就对民众的反抗力量进行了认真的总结。他们认为天命不足以对自己构成威胁,真正的威胁来自于民众的反抗意识。在《尚书·康诰》中,就有"民情大可见,小人难保"的话,意思是说,如果不重视民意,天下难保。

重民思想既是缓和阶级矛盾的一种意识,也是对历史经验的总结。在商朝灭亡之前,有人已经提出了民心不可失,但商纣不听,到了周代时,文王就指出过保民、重民的重要性,在《皋陶谟》中有:"天聪明,自我民聪明;天明畏,自我民明威,达于上下,敬哉有土!"意思是说,上天的视听依从臣民的视听,上天的赏罚依从臣民的赏罚。天意和民意是相通的,要谨慎啊,有国的君主。

周人取代商人，成为天下之主时，他们明确地感到所谓的天命，只是人的一种借口罢了，它不仅可以转移，也可以成为别人造反的借口，真正的天命实际上是民意。史学大师王国维先生认为，周人取代商人后，就有了"革命"思想。意思是说，周人明白了天命随着民意转移的历史规律。

那么，如何能做到重视民意呢？《尚书》中也给出了相应的答案。在《尧典》中，就有尧重视民情，一年到头在外巡视，十分关心国计民生的事。也就是说，要做到重视民意，就必须关心百姓的生计，作为君主要创造良好的政治环境，让他们能安居乐业。另外，还要通过体察民情，及时了解老百姓对当前政治的意见。在听取意见时，可以采用一些诸如记录民间歌谣的办法，据说《诗经》当中的"国风"，就是采集的民间歌谣。要做到重视民意，也要求君主谦虚谨慎地对待这件事，虽然老百姓的日常生活和君主们离得很远，但也不能因此就放弃体察民情的决心，也不能因此就认为自己高高在上，不愿意与群众为伍。要时刻想到为自己的臣民办实事，也要时刻让自己保持谦虚谨慎的心态。

从以上三个方面，我们分析了上古政治思想中的一些政治观点与谦让的关系，从中可以看出，谦让和政治观念相联结后，它的本意发生了变化，它从简单地表示卑己尊人的行为规范，变成了具有政治内涵的概念。

第三章 先秦名著中的谦让思想

先秦时期是中国文化最为繁荣的一个时代，用西方文化学的概念说，它是中国文化的一个"轴心时代"。这一时期形成的哲学思想对后世产生了悠久而深远的影响，这一时期涌现出一批文化巨子，他们对中国文化的形成与发展，也起到了举足轻重的作用。当时的一大批历史典籍，也成了后世学者们反复注释的经典文本，人们往往通过它们来表达自己的哲学思想[①]，这也是中国文化的一个特征。

先秦时期的一些著名典籍，比如说《周易》、《诗经》、《左传》等，其成书过程都较长，并且它们的作者有的无法确定，有的则属于集体创作。在分析这些历史典籍中的谦让思想时，我们既不能将它们归纳在一个类型中，也无法单独地介绍其中的一部分。因为这些典籍有的是诗歌总集，有的是历史史料，有的是官方文书，所以我们不能笼统地分析它们中相近或相似的思想；另一方面，它们又都是先秦典籍，都在不同程度上反映着当时的礼乐文明，在这一点上，我们又可以将它们放在一起，就谦让与它们的关系，做一个纵向的分析。

第一节 《周易》与谦让

关于《周易》与谦让的关联，我们在前两章中，都不同程

[①] 所谓"我注六经"和"六经注我"，即是这种治学方式的集中体现。

度地作过一些分析。前面的分析,主要是想说明《周易》的成书过程与谦让的关系,以及作为占卜传统中的一部重要典籍,它对人们行为规范的影响等。在本节中,我们着重分析《周易·谦卦》的卦辞,以及《系辞》对谦让的进一步阐释,最后还要分析《周易》中谦让思想的特征和它的意义。

一 分析《周易·谦卦》

《谦卦》在《周易·上经》中排第十五位,它放在《大有卦》的后面。易学大师金景芳先生说:"作《易》者如此安排并非偶然,是有思想内容的。《序卦传》中说:'有大者不可以盈,故受之以谦。'这是说事物发展有个限度,到了一定限度就要满盈;满盈就要发生变化,开始走向反面。"[①]

《周易》是一本讲辩证法的占卜书,就连卦的安排都要讲究其中的辩证关系。《大有卦》说的是真正的"大有",就是无所不有,如果一个人在极为富有或者权力极高的情况下,还能做到居安思危、谦损自抑,就能善始善终。在《大有卦》中,一个人的主观努力成了它自己能否善始善终的根本因素。《谦卦》紧接着《大有卦》,来进一步说明个人的主观努力对自己的作用和益处。

《谦卦》的首句是:"谦:亨,君子有终。"意思是说,一个人如果能做到谦虚谨慎,并且一直保持这种优良的作风,他就可以善始善终。对于普通人来说,在一段时间内,或者在一定的社会圈子中保持谦虚谨慎的态度,可能容易做到。如果一个人还没有功成名就,正在虚心向别人学习时,他可能会很谦虚,因为他知道和别人相比,他的学问和能力不仅不占优势,而且远远不如别人。此时,这个人可能会很谦虚地向别人求教,努力地学习,

---

① 金景芳、吕绍纲:《周易全解》,吉林大学出版社 1989 年版,第 113 页。

增强自己在各方面的能力。当这个人具有了令别人羡慕的学识和能力时，他可能会更加谦虚谨慎，这样的人就是《谦卦》中所说的"君子"。可是在日常生活中，我们会看到一些人，当他感觉自己在某些方面已远远超过了别人时，就会变得狂妄自大，骄傲地认为他比任何人都强，只不过在表面上，表现出所谓的"谦虚"。这种装谦虚的人，只是把谦虚当作是可以利用的工具，利用它来博得别人的信任，最终还是要抛弃它。还有一些人，他们在一定的社交圈子里是十分谦虚的，但是一旦社交的对象变了，他的性格也会发生大的变化。在一些人面前他可能十分谦虚，而在另一些人面前他却十分骄傲自大。

《周易》的作者认为，真正的谦虚是无条件的，那就是要始终如一的谦虚，而不能把谦虚当作一种工具。那些假谦虚的人，是排除在"君子"之外的。那么，怎样才能做到始终如一地谦虚？《谦卦》中没有直接给出答案，但是"君子"二字，实际上已经暗示了这个问题的答案。"君"最早是君主的专称，在奴隶制社会中，"君子"是指那些具有良好品德的奴隶主贵族，到后来泛指一切德行高尚的男性。在《谦卦》中，"君子"是指德行高尚、谦虚谨慎的人。凡是德行高尚的人，他的内心必定是充实的，只有那些精神世界十分充实的人，才会有自知之明，不会狂妄自大，懂得谦逊退让；凡是德行高尚的人，不会因为精神空虚，就骄傲自大，他们都有不知足的进取精神，有乐观的人生态度，不会因为自己的能力不够而得不到想要的东西，就自暴自弃。只有真正的君子，才能把谦虚的美德保持始终。

《周易》的作者认为人类社会的发展变化规律与自然界的规律，有许多相通之处，这一点我们在前两章中已经作了说明，在这里，我们主要分析一下《谦卦》中怎样运用这一观点来解释谦让的。《谦卦》说："象曰：谦，亨，天道下济而光明，地道卑而上行。天道亏盈而益谦，地道变盈而流谦，鬼神害盈而福谦，人道恶盈而好谦。谦尊而光，卑而不可逾，君子之终也。"意思是说，无论天地人鬼，都是崇尚谦虚而厌恶满盈的，如果君子能做到谦逊自处，他的身上会散发出令人尊敬的人格魅力，即便他处在卑下的地位，别人也是无法超越他的，这样的人就能善始善终。《谦卦》认为自然界和人类社会的规律，都是谦虚者得福，骄傲者得祸，所以作为君子当然就要谦虚自处。这既是自然辩证法的一个结果，也是《周易》作者对历史经验的总结。

谦卦的卦象，本身也能反映谦虚谨慎的意思。《周易·谦卦》："象曰：地中有山，谦；君子以裒多益寡，称物平施。"意思是说，在上下卦中，都可以看出天和地都是十分谦虚的，下卦艮象征着山，上卦坤象征着地，自然界中本来是山高地低的，但谦卦中却是高山把自己贬低到大地之下，这就象征着卑下中包含着真诚和高贵，也就是谦虚谨慎的态度。

《谦卦》的作者认为，自然界中出现的一些满盈现象，是无法避免的。比如说，月亮的阴晴圆缺，本来就是自然界的一个规律。但同样的现象在人类社会中却是可以避免的，如果很好地发挥了人的主观能动性，谦虚而不自满的人是可以让自己立于不败之地的。作为君子，不但要谦虚自处，而且要效法这种高山藏于低地的精神，去治理国家和百姓。

《谦卦》的每一爻都在不同的侧面阐释着谦虚谨慎的重要性，以及谦逊自抑对人的益处。在第一爻中，就说："初六：谦谦君子，用涉大川，吉。"意思是说谦而又谦的君子，如果能用同样的处世态度去涉大川之险的话，也可以得到如意的结果。《谦卦》认为，"初六"爻是柔顺自处的象征，如果能做到谦而又谦，不会因为过分谦虚得到不好的后果。谦虚的美德，也可以理解成愿意处人之下，不与人硬争，但它绝不是消极的避让，而是要求人们在艰险的处境下，积极进取，这样的话任何困难都可以克服，所以说："谦谦君子，卑以自牧也。"

第二爻中，"六二：鸣谦，贞吉。象曰：鸣谦贞吉，中心得也。"意思是说，如果一个人有了一定的名望后，仍然十分谦逊，这是一种发自内心的谦虚，当然是吉利的象征。一般情况下，人们在名利面前是很容易失去自我的，有了名望就会得意忘形，这是人类一种常见的通病。如果一个人有了名望却能发自内心地始终谦虚如一，那么他就摆脱了一般人无法摆脱的利欲诱惑，成为一个君子。

第三爻中说："九三：劳谦君子，有终吉。象曰：劳谦君子，万民服也。"意思是说，一个人如果为国家立了功劳，仍然保持着谦虚的美德，那么他一定能善始善终。从卦象上看，有功劳却能谦虚的人，老百姓是十分尊重他的。第三爻是谦卦中唯一的一个阳爻，它受到其他爻的信任和护佑，有许多建功立业的机会。居功自傲也是人类的一个通病，历史上有许多人因此葬送了他们的前程，比如说，商纣王、秦始皇、李自成等。如果一个人有大的功劳却能依然保持着谦虚谨慎的心态，那么他就是真正的君子。这也说明一时的谦虚并不是真正的谦虚，经得起考验的谦虚心态，才能对一个人的未来产生良好的影响。

第四爻中说："六四：无不利，㧖谦。象曰：无不利，㧖谦；不违则也。"意思是说，做任何事情都很顺利，没有感觉到障碍与险阻的人，都懂得如何把握谦让的分寸。从卦象上看，它处在上爻当中，又临近唯一的阳爻，当然是十分吉利的卦象。如果一个人能始终谦虚谨慎，使自己常常处在卑下的地位，那么他的行为既不会对别人带来伤害，也不会因为太张扬而招致别人的不满，这样的人去做任何事，当然是一帆风顺的。

第五爻中说："六五：不富，以其邻，利用侵伐，无不利。象曰：利用侵伐，征不服也。"意思是说，自己的国家并不富足，原因是时常遭到邻国的侵犯，如果能做到谦虚如一，以德服人，那么就可以去征讨侵犯成性的邻国，这样的君主不会不顺利的。第五爻实际上也暗示了谦让的原则，谦虚的本质是以德服人，但这并不是说谦虚谨慎的人一定要退让到底，如果邪恶的势力危害到百姓的利益时，真正的君子就要站出来，伸张正义，这样做不但不会损害他的名声，反而能使他得到群众的拥护，因为谦让也有阳刚的一面，更何况它始终是正义的代表。

最后一爻中说："上六：鸣谦，利用行师，征邑国。象曰：鸣谦，志未得也。可用行师，征邑国也。"意思是说，如果一个君主的谦虚美名到处传扬，那么他就可以利用这一点去征讨那些有叛乱之心的人。从卦象上看，阳爻居于阴位，也体现出阴柔的一面，如果过分谦虚，就会招致一些人的误解，以为这样的君主软弱可欺。如果正确利用自己的优势，就可以去征伐那些叛乱者们。

总之，在谦卦中，《周易》的作者利用谦谦、鸣谦、劳谦等的概念，逐步分析了谦让的意义，这说明谦虚有各种分类和表现形式，它们的用途也不尽一致，如果能真正做到谦虚谨慎，则是有百利而无一害的。

二　《周易》对谦让的阐释

除了在《谦卦》中对谦让的概念、作用、重要性等做了较充实的分析外，《周易》通篇都对谦让进行着阐释。在《系辞传》上、下篇中，也有对谦让的解释，它们一方面是对谦卦的一种补充，同时也从不同的视角对谦让的伦理意义和社会意义进行了说明。

大家都知道，《系辞》是对《周易》上、下二经的进一步阐释，古代经学家多认为出于孔子。当代易学大师金景芳先生也认为这些篇章出自孔子之手，也有的学者认为《系辞》是道家的作品。从《系辞》的文辞和思想主张来看，说其出于孔子，应是可以接受的。

既然《系辞》都是对各卦卦名、卦辞的进一步释义，那么它当然会涉及谦卦，涉及对谦让的进一步说明。纵观这些分析，我们可以明确地感到，《周易》对谦让的理解，更多的是把它当作一种美德，试图从各个方面挖掘它的伦理价值。

首先，《系辞传》上篇中，对"劳谦君子，有终吉"一句进行了进一步说明。它是谦卦中的第三爻卦辞，意思是不居功自傲，在自己的功劳面前，依然能谦逊自抑。《系辞传》上篇对它的解释是："劳而不伐，有功而不德，厚之至也，语以其功下人者也。德言盛，礼言恭，谦也者，致恭以存其位者也。"意思是说，有功劳却不自夸，有功名却不认为自己有德行，这样的性情的确淳厚，表达了明明有功劳却甘愿处在别人之下的心态。足够的谦虚谨慎，才能长久地保有自己的地位。

在这个解释中，需要注意的是《周易》把谦虚的美德和政治权谋联系到了一起。《系辞传》（上）的作者认为，谦虚的人做事要讲究分寸，即便自己有功劳也要谦虚地甘居他人之下。在政治权谋中，这种分寸是一个人的保护伞，它使得那些和你竞争的人，对你不会抱太大偏见，从而使你时常处于安全而稳定的地位。同时作者也认为，谦虚的人要学会不甘落后于别人，甘居人下并不是投降主义，反而需要一个人在这样的情况下仍然具备积极进取的心态，只有这样，才能克服各种艰难险阻，取得成功。作者认为，谦虚的人要学会以德服人，只有以德服人，才能在做任何事时，都可以取得预想的成功。谦虚是没有止境的，越是谦虚的人越容易得到别人的信任，也就越能得到别人的帮助和合作，所以这样的人在做任何事情时，当然能一帆风顺。

如果能做到办事有分寸，时常铭记不能落后于人，并且懂得以德服人，那么这个人就可以常保他的地位了。《系辞传》（上）的作者认为，人的道德修养和政治权谋之间有必然的联系。以谦让为例，他认为足够谦虚的人能够确保他的政治地位。这种理解，可以说是《周易》思想的一个特征。也就是说，《周易》将自然界的一些规律和人类社会的行为规范进行了逻辑联系，然后又将人的道德修养与政治权谋、军事理论、商旅生活、婚姻习俗等相联系，认为它们之间也有逻辑上的联系。这种理解体现了先秦时代人们的宇宙观念，同时也表达了当时人们的社会伦理观。具体到对谦让的阐释，我们可以明确地感到这一伦理范畴的雏形已经形成，并且被广泛地运用在实际社会生活当中。

那么，《系辞传》（上）的作者为什么会认为谦虚退让可以确保一个人的政治前途？就这一点，《系辞传》（上）中也有解释，他认为"亢龙有悔"，意思是说一个人身居高位时，会逐渐产生后悔的情绪。作者进一步解释说："贵而无位，高而无民，贤人在下位而无辅，是以动而有悔也。"意思是说如果一个人久居高位，不体察民情，对他周围的贤人们漠不关心，也不加以任用，就会乐极生悲。如果一个人身居高位，不懂得谦虚的话，就会得到这样的下场，所以只有戒骄戒躁，谨慎处世，才能使自己处于安全的境地，不至于有"高处不胜寒"的感受。

其次，在《系辞传》（下）中，作者提出"谦，德之柄也"的主张，意思是说谦退的作风是一个人道德修养的关键之处。在这里，作者从谦让的伦理价值出发，对它的作用进行了深入分析。

一个人的道德修养是一个综合的过程，其中有许多因素需要逐步培养，在《周易》中也能找到一个人道德修养必须注意的各个方面。作者之所以十分重视谦让，这也许和中国传统文化的某些文化性格有关。谦虚自古以来就是中国的传统美德，传说中的尧、舜、禹等都是谦虚美德的化身，"谦谦君子"之风度也是中国人十分向往的人格境界。《周易》的作者不仅认为谦虚十分重要，而且进一步将谦虚看成是一个人道德修养的关键。他说："谦，尊而光。"（《系辞传》（上））意思是说谦虚谨慎的人，因为退让自抑反而能得到别人的尊重,他的身上就会散发出令人敬佩的人格魅力;他还说:"谦以制礼。"(《系辞传》(上))意思说谦虚是礼教的前提,那些狂妄自大的人当然不能遵守礼治,只有谦虚谨慎的人才会用礼数去节制自己的行为。

把谦虚的美德说成是礼教的前提,可见,《周易》的作者是十分重视谦虚的。这也从一个方面体现出古人对伦理范畴的社会意义十分重视,认为这些伦理范畴本身就是调节人与人关系的准则,也是个人修养的重要体现。

最后,在《易经·序卦传》中,作者进一步对一个人必须谦虚的原因进行了说明,"有大者不可以盈,故受之以谦。有大而能谦,必豫,故受之以豫……"意思是说拥有权力和财富的人,不能让自己盈满,所以必须要学会谦虚;地位十分崇高并且能做到谦虚谨慎,就一定会居安思危。在这里,作者不仅提出为什么要谦虚,而且也给出了谦虚的作用。这一点,我们在上文中已经做过分析。

《周易》对谦让的分析可以看成是对《谦卦》卦辞的补充,从中我们能感到《周易》是十分重视谦虚的,它不仅把谦虚看成是美德,而且把它看成是一个人在事业上成功、在政治上立于不败之地的一个权谋,并且谦虚本身也是社会经验与自然经验的结合体。

三 《周易》谦让观的特点

与原始宗教信仰中出现的谦让不同,谦让在《周易》中已经明确地被概念化,从中我们可以看出一些谦让的特征:

首先,在《周易》作者看来,谦让是自然现象的一个缩影。他认为"天道"、"地道"等都是十分喜欢谦虚的,所谓的"天道"、"地道"其实就是指自然规律。自然规律是一种客观现象,它需要人去发现去总结。当古人对自然界的一些规律做出基本的判断时，他们自然而然地将人类社会的一些优秀品德嫁接到自然规律当中，从而使这些品德更具有说服力，《周易》的作者显然是使用了这样的一种思维逻辑。

大自然当中的一些现象虽然和人类社会的规律有暗合之处，但它们在前提上并没有逻辑联系。比如说，地卑天高本来是自然界的普遍现象，并不能说大地本身具有那样的品质，就自甘处下。人们之所以认为大地是谦逊的，是因为通过人类的眼光把大地的自然属性社会化了。

从这一点上看，《周易》的确已经超越了上古时代的各种思想束缚，以一种全新的自然观和社会观去阐释具有辩证意义的宇宙观。谦让也不再是对自然神力或者祖先灵魂的献媚产物，而是人们通过历史经验和社会经验，形成的伦理观念。为了使谦让更具有说服力，人们进一步将它运用到自然界中，证明它存在的合理性。这种从自然界中反证人类经验的做法，一方面说明当时人们寻找某种观念的合理性时，受到一定的局限，另一方面也反映出人们迫切希望让一种合理观念能得到社会的认可。

总之，在《周易》作者看来，谦让既然是自然界的一般规律，那么它的存在就有先验的合理性；既然天地都认为谦让是一种优秀的品质，那么人类就没有理由不去遵守它。

其次，《周易》明确提出谦让是一个伦理范畴。《周易》的作者认为谦虚是一个人的行为准则之一，也是道德修养的一个方面。谦虚不仅是道德修养的关键因素，也是施行礼教的重要前提。

这一点可以说是《周易》对谦让的语义的开拓。上古时代的宗教思想中，谦虚往往被当作是一种与神力沟通时，人们内心里产生的一种心理现象，人们还没有将它纳入社会伦理范畴当中。即便是《尚书》中反映的谦虚思想，也只是一种行为规范在人们心理上的表现。而《周易》却明确地提出，谦让是道德修养的根本:"谦,德之柄也。"这说明在《周易》成书的时代,奴隶制文化已经相当成熟了,人们的社会生活与社会交往越来越复杂化,此时调节人际关系、规定等级秩序的"礼仪",已普遍地对人们的生活产生了影响。而谦虚的品德就是在这样的背景下,成为大众生活中不可或缺的一种伦理规范。

大家知道,周代是我国奴隶制社会的鼎盛时期,也是广泛地施行礼教的时代,现存的《礼证》等经典就是当时社会施行礼治的史料记载。礼治的范围十分广泛,涉及国家与社会生活的方方面面,可以说,"礼仪之邦"就形成于周代。

实行礼治有一个重要的前提,那就是德治。只有以德治国,礼教才能发挥出它应有的作用,也才能对社会秩序和百姓的日常生活产生积极影响。所以说,礼仪流行的时代也是以德治国的时代。统治阶级倡导的一些礼仪,在具体的执行过程中,也需要一个基本前提,那就是人们相信并尊重礼教。也就是说,礼教需要有一个先在的心理基础,社会生活中的一些伦理范畴成为施行礼教的前提时,礼教才会有效地成为社会控制与社会管理的一种制度。

《周易》明确提出"谦以制礼"的思想,认为谦虚谨慎的思想品质是施行礼教的前提,只有谦虚谨慎的人,才能使礼教发挥出它的作用。由此可见,社会伦理范畴与社会制度之间有着辩证的关系。社会制度会让一些伦理范畴成为约束人们行为的政治工具,伦理范畴也可以促进社会制度的实施。

再次,《周易》中的谦让反映出一种全新的人生哲学观。《周易·谦卦》在主张人们谦虚退让的同时,也主张人们面对困难时要积极进取,不能因为艰难险阻就放弃自己的理想。在今天看来,这种主张再平实不过了,但在当时这是一种全新的人生观,它的意义不亚于《周易》本身的哲学价值。古人在自然界面前总是感觉到压抑,因为自然界的变幻莫测,使得更多的人宁愿受自然规律的摆布，也不愿意用积极进取的心态去探寻自然界的规律。《周易》却没有陷入这样的思维方式中，它一方面要求人们尊重自然界的规律，认为人类社会与自然界在发展过程中，有许多相似之处。但同时《周易》也提倡积极进取的人生观，单从《谦卦》中我们就可以看出这一点。《周易》的数个卦中都有"涉大川"的话，意思是说要在艰难的环境里锻炼自己，去克服自己面对一切困难。此外，《谦卦》又要求人们要卑下自处，在名望、功劳面前始终保持清醒的头脑，要甘愿处于别人之下，凡事不与人硬争，要做到居功不自傲，还要做到以德服人。

我们认为《周易·谦卦》倡导的积极进取与自甘卑下的人生观，是辩证的也是不可分的。表面上看积极进取的人必定是张扬的人，积极进取就是努力地去超过别人，比别人拥有更多的财富或权力，也要比别人有更大的功劳；而自甘卑下则是一种投降主义，面对困难只好屈服，面对别人做出的成绩只能望而兴叹。但是如果辩证地看待积极进取与自甘卑下，我们就会发现它们的结合的确是一种全新的人生观。

积极进取的人必定会有成绩，有了成绩人们往往会骄傲自大，而骄傲自大是积极进取精神的坟墓；自甘卑下的人虽然会让人瞧不起，但他能在谦虚谨慎的心态下，守护住自己已经取得的成绩，不会因为自己的不足招致别人的不满。把这两个看似矛盾的想法合成一起，不仅可以抵消两者当中都存在的一些缺点，而且可以让它们的优点进行互补，从而成为一种既积极进取，又能谦虚自抑的优良品德。

在《周易·谦卦》中，谦让不仅仅是一种伦理范畴，也是一个哲学概念，它反映出的人生观是辩证的，也是十分具有传统特色的，中国人历来追求的"谦谦君子"之完美人格，其实就是积极进取与谦虚自抑的巧妙结合。

最后，《周易·谦卦》中的谦让有时是一种政治权谋。在谦卦的第五爻和第六爻中，作者明确提出谦让是一种政治权谋。尽管有的学者并不承认这一点，但我们也不能否认《周易》本身也是一部讲权谋的书，具体到谦卦，它当中也包含着一定的权谋思想。

比如说，统治者如果能做到谦虚谨慎，以德服人，那么他就能博得百姓的好感，从而获得人心。同时，谦虚退让有时也可能是一种计谋，表面上谦逊退避，但实际上是在让对方处于不利地位，让自己获得舆论支持，从而使自己谦虚的美名得到传扬等此类的权谋思想，在谦卦中处处可见。

将谦让视为权谋论的一个内容，可能是对《周易》的一种误读，当然也有可能是《周易》作者的本意。看起来，真正的谦虚的确需要有一定的原则，如果缺少这个原则，只是为了谦虚而谦虚的话，那么，谦虚可能会变成虚伪，成为政治统治术的一个工具。

第二节　《三礼》与谦让

《周礼》、《仪礼》和《礼记》这三部礼学著作，被统称为"三礼"。《周礼》和《仪礼》记载了周代的礼仪制度，《周礼》通过当时行政制度的形式把礼仪活动固定下来，成为国家行政制度的组成部分，而《仪礼》记载的大多是贵族们日常生活的风俗礼仪。与这两部作品不同，《礼记》是先秦礼学的集大成之作，是孔子弟子和再传弟子研究学习礼仪制度的心得和体会，也是儒家礼学思想的具体体现。

在"三礼"中，我们也能找到论述或者强化谦让思想的内容，尽管和《周易》相比，"三礼"对谦让的解说比较零碎。应当指出的是，"三礼"成书的时代晚于《周易》，所以"三礼"的作者们已经把谦让当作是一个耳熟能详的伦理范畴，把它看作是人类社会行为的基本法则,所以主要通过解释仪礼制度,来强调谦让的重要性以及它的作用。

在本节中,我们先要分析"三礼"中的谦虚思想,然后对它们进行比较,系统地说明礼学思想与谦虚思想的关系。

一　《周礼》与谦让

纵观《周礼》全书,我们找不到直接与"谦让"一词有关的文字记载,这本书中也没有出现"谦"字。因为它是一本主要讲述周代行政制度的书,书中的篇章主要围绕各种官职的设定,以及这些官职的作用展开。但是《周礼》"把周人的礼法、礼教和礼治精神充分贯彻到了对各种官职的配置之中"[1],它所记载的行政制度当然也能体现先秦时期的礼学思想。顺着这个思路,我们也能找到谦让在《周礼》中的踪迹。

《周礼》强调的是一种井然有序的政治秩序和伦理秩序,它所设计的政治制度就是秩序。《周礼》的作者认为秩序是天理,也是一种必然,所以就连官职的排序也要讲究秩序。比如说,《周礼》设置的六官(天、地、春、夏、秋、冬)反映的就是天高地卑、四季更替的自然秩序观。在这种思想的影响下,《周礼》的作者认为谦让的作风,也能体现出一个社会的伦理秩序和政治秩序。在家族中辈分低的人,要在长辈面前表现出谦让;在行政体系中,官职低下的人要对长官表达谦虚退让的态度。与此同时,《周礼》作者认为,谦让的意识是礼教的一个内涵,如果统治者能够很好地把握它,就可以用它来教化百姓,让百姓在心底里产生谦虚退让的意识。如果人们具备了谦让的品德,那么也会对礼教的实行带来好处。

在《周礼·地官司徒》中有这样的记载:"……而施十有二

---

[1] 勾承益:《先秦礼学》,巴蜀书社2002年版,第61页。

教焉，一曰以祀礼教敬，则民不苟。二曰以阳礼教让，则民不争……"意思是说，如果以祭祀之礼教育百姓，他们就不会苟且不敬，如果以礼法教育百姓谦让，他们就不会争执。《周礼》的作者认为，谦让的意识是需要培养的，特别是一般的老百姓，如果不用礼教对他进行教化，他们就不懂得如何谦让，这是统治阶级轻视人民的一种思想，也是等级秩序的必然产物。

在《周礼》中，还有以"让"、"辞"等字眼表达的谦让思想，主要体现行政中的外交、上下关系等行政礼节。比如说，在《周礼·秋官司寇》中就有："司仪掌九仪之宾客摈相之礼，以诏仪容、辞令、揖让之节。"意思是说司仪这种官员是专门管理接待宾客的礼仪，用来颁布和执行各种行政礼节，其中就有谦让之礼。《周礼·秋官司寇》记载，"主君郊劳，交摈，三辞；车逆，特厚，三揖，三辞……收庙，唯上相入，宾三揖之让，登再拜受币。"在这里"三辞"、"三让"等表示多次辞谢谦让的词汇反复出现，说明谦让的礼节在行政仪礼中已经形式化了，成了行政官员们在外交场合中经常使用的，用来表现尊重对方的外交仪式。

谦让的礼节也用在周王与群臣的关系中，用来表达臣下对周王的敬重，以及他们对周王神圣不可侵犯的地位的避让心理。比如说在《周礼·掌疆》中就有"王入内朝，皆退"的话，周天子进入内朝，臣子们不仅要给他开道，而且要避退到一边，这不仅表达着周王权力之大，其中也暗含了一种君臣之礼中为臣者的卑让之礼。

总之，《周礼》着重于挖掘谦让的政治意义，希望通过倡导谦虚退让，使得国家的政治格局井然有序。在这里，谦让的伦理学意义成为《周礼》作者安排政治秩序的一个出发点，而它本身的意义与它在政治秩序中体现出的作用，已经相差较远了。

二 《仪礼》与谦让

在《仪礼》中也没有直接出现"谦"字，但谦让的语义通过这个概念的外延，也和《周礼》一样，表现在许多篇章中。《仪礼》也是周代仪礼制度的一个汇集，不同的是，《仪礼》主要讲贵族生活中的一些仪轨，特别具有生活化的气息。勾承益先生说："意识形态的'礼'固然更为接近'礼'的本质，往往作用于人的理智，但是物质形态的礼却更能够直接唤起人的各种感觉：神圣感、庄严感、崇高感、神秘感、压抑感、威慑感、亲切感、亲和感。数种情感活动的综合，可以使人或血液沸腾或热泪盈眶或怒发冲冠，从而使人的礼学意识在一次次强烈的情感活动过程中得以强化。"[1]

根据这种理解，我们可以看出《仪礼》主要在提倡礼教的社会功用，其中体现出的伦理范畴，大多数也是为礼教的社会功能服务的。比如说在《仪礼·士昏礼》中就有"……主妇一拜，婿答再拜，主妇又拜，婿出。主人请醴，及揖让入，醴以一献之礼。主妇荐，奠酬，无币，婿出，主人送，再拜"的烦琐礼仪，意思是指女婿到妻子娘家时，应当怎样答谢对方，应当怎样应对，以及对方怎样向女婿施礼等。在这个过程中，表现出的谦让礼节，的确是人际关系中不可缺少的礼仪，它的社会功能十分强大。它不仅表现了一个贵族子弟的道德修养，也表现了人们对彼此的尊重，那些表面上的礼节，最终表达的就是谦虚的心态和退让的风度。

在《仪礼·士相见礼》中，有一些贵族子弟之间的礼节，如果朋友上门，就要在饮食起居上照顾朋友，让他有宾至如归的感觉："君子欠伸，问日之早晏，以餐具告，改居，则请退可

---

[1] 勾承益：《先秦礼学》，巴蜀书社2002年版，第40页。

也。夜侍坐，问夜，膳荤，请退可也。"意思是说对朋友要细心照料，早上要请安，晚上还要陪着聊天，要拿出最好的饮食招待他，照顾周全后，就可以退出朋友的居所了。

从以上两个例子中我们可以看出，《仪礼》主要在调节人们的行为规则，其中反映的谦让思想，也是这些行为规范的体现。这一点和《周礼》有些类似，但《仪礼》更强调谦让的伦理意义，认为谦让不仅是君子风度的体现，也是搞好人际关系、表现人格魅力的一种方式。

三　《礼记》与谦让

和《周礼》和《仪礼》不同，《礼记》是阐述和记录先秦礼教的作品，前两部作品都把谦让当作是礼的一个前提，同时礼教制度也体现着谦让的内涵。《礼记》不仅通过论述强化了谦让是礼教的一个前提外，还通过具体的生活场景和论述，说明了谦虚的伦理价值，以及它的实践意义。

首先，在回答"什么是礼"这个问题的同时，《礼记》也正面对谦让的概念进行了分析。

《礼记·曲礼上》的作者认为，礼教直接体现了人的社会性，如果没有礼教，人和动物之间就没有区别。他认为道德仁义如果没有合乎礼的标准就不可能得到成功，教育人民去端正他们的行为，没有礼教就不可能完备；论辩争执当中如果没有礼教的介入，就不可能解决矛盾；君臣、上下级、父子、兄弟之间的名分礼遇，如果没有礼教便不能确定；出外旅行和学习，如果没有礼教便不会和别人亲密融洽；排列朝廷上的等级秩序和整治军队，官员到位执法，没有礼教就不能树立起威严；因事祭祀鬼神，如果没有礼教的程式，就不能体现出庄重和虔诚。总之，礼教的作用遍布人类生活的方方面面，不管是家庭生活，还是政治秩序，都离不开礼教。

《礼记·曲礼上》的作者说:"鹦鹉能言,不离飞鸟;猩猩能言,不离禽兽。"意思是说,鹦鹉虽然能说话,但它终究是飞鸟;猩猩虽然也能言语,但它也终究是禽兽。如果人没有礼教作为社会规范,那么人的心态和禽兽之间就没有区别了,所以人们要用恭敬、克制和谦退来体现礼教。

《礼记·曲礼上》的作者从人与其他动物的区别来阐释人为什么需要礼教,从一个侧面说明了谦让的意识也是人类特有的伦理范畴。从更深的层次来说,他认为宇宙的运行本来就需要礼教,这是自古以来不言自明的一种现象,"太上贵德,其次务施报。礼尚往来,往而不来,非礼也;来而不往,亦非礼也。"意思是说上古时代,人们就崇尚礼尚往来,施人恩惠却收不到回报,是不合礼法的;别人施恩于你,却没有去报答他人,也是不合礼教的。只有有了礼教的规范,社会才会得以安定,缺少礼教,社会便会陷入混乱。

为了证明这一点,作者进一步说:"夫礼者,自卑而尊人,虽负贩者,必有尊也,而况富贵乎?"意思是说礼教的实质是对自己卑谦,对别人尊重,即使是挑着担子做买卖的小贩,也一定有令人尊敬的地方,更何况是富贵的人呢?

在《礼记》当中,对礼的概念有许多种解释,孔子弟子以及他的再传弟子们不仅把礼解释为"理",即认为礼除了是宇宙的规律外,还是社会秩序和仪礼规范的合一。就礼的本质也有几种不同的说法,其中比较典型的说法是,谦虚退让是礼教的本质。在这里,谦让的意义又一次被扩大,它不仅是仪礼体现出的一个伦理范畴,而且本身就是形成礼教的一个前提,也是礼的本质。

从这一点上讲,谦让不仅是卑己尊人,也是整个社会秩序形成过程中,不能缺少的一个心理要素。《礼记·曲礼上》的作者把谦让的作用哲学化了,在礼治形成的过程中,谦虚谨慎的心态使人们学会思考,也学会退让,学会把许多人生经验和历史经验逐步累积起来,最终形成规范人们行为的各种仪礼制度。

其次,《礼记》提倡谦虚谨慎的作风,对骄傲自大持批评态度。

《礼记》的作者注意到谦让这一概念的外延,不仅"让""恭"等字眼可以从正面反映出谦虚谨慎的语义,它的反义词也能表达出谦虚谨慎的必要性。作为阐释礼教的作品,《礼记》从反向的阐释角度,对谦让做了更深刻的分析。

在《礼记·曲礼上》中,就有"敖不可长,欲不可从,志不可满,乐不可极"之句,意思是说骄傲自大的态度不能滋长,人的欲望也不能放纵,过高的志向不能满足,享乐也不能过度。作者认为,如果一个人产生骄傲自大的毛病,那么他就不会懂得去亲近和敬重那些贤能的人,既不了解自己的短处,也不知道别人的长处,对遇到的事情总是乐于评头论足,看到自己做得对就自以为是,看到别人做错了就大加指责。这样的人就是不懂礼教的人,他们不仅没有谦虚谨慎的心态,而且也是不遵守礼教的人。

骄傲自大不仅是一种不良品行,而且也是一种有害的心理现象。比如说看人的眼神中就不能流露出骄傲的心态;如果直视人的脸那就等于向别人承认自己骄傲;如果只看别人的衣领处,会给别人一种不舒服的感觉;如果斜视,就等于有奸诈的心机。在《礼记·祭义》中,还有"退立而不如受命,敖也"的话,意思是说在祭祀中,如果退到一边,不接受别人的指使,也是骄傲的体现。

《礼记》的作者认为,骄傲自大的心态不仅不可取,而且在具体的行为中,也不能流露出骄傲,否则,既不符合礼教,也不利于人际交往,更不是一个君子应当有的风度。

再次,《礼记·大学》篇的作者认为谦让是一个人的良好品德，如果能学会谦虚谨慎，不仅对自己的成长和学问大有好处，推己及人，也会对国家社稷产生良好的作用。《礼记·大学》中有"所谓诚其意者，毋自欺也，如恶恶臭，如好好色，此之谓自谦"。意思是说，诚心诚意就是不自欺欺人，就像一个人厌恶臭恶的东西，喜欢美好的东西一样，这就是谦让。也就是说，谦虚谨慎是君子身上自然而然产生的良好品德，这种良好的品质如一个人的习性一样，是天生就具备的。君子所做的只有"慎独"，意思是说在一个人独处的时候，在没有别人监督的情况下也要始终保持这种优良的品质。

如果一个人能始终保持谦虚退让的美德，那么他的言行不仅可以当作是别人的楷模，也对治理国家大有好处。《礼记·大学》篇中用推己及人的逻辑思维，进一步强化了谦让精神的社会意义。当中说："一家仁，一国兴仁；一家让，一国兴让。"意思是说如果家庭仁爱厚道，那么国家也会仁爱厚道，如果家庭都懂得谦让，那么国民也会懂得谦让。相反，如果当权者贪得无厌，那么老百姓就会效仿他们。作者还举出"尧舜率天下以仁，而民从之；桀纣率天下以暴，而民从之"的例子来证明他的观点。

最后，《礼记》的数个篇章都从不同的角度论证了谦让的社会价值，以及在具体社交生活中如何使谦虚谨慎表达得更加完善。

在父母或其他长者面前，就要表现出谦虚的态度。"长者问，不辞让而对，非礼也。"（《礼记·曲礼上》）意思是说如果长者向你提问，不先表达出谦让的意思就直接回答，是不符合礼教的。跟随老师学习，也应当表现出谦让的态度，如果提问就一定要站起来回答。

在招待客人时，如果"客跪抚席而辞，客撤重席，主人固辞"（《礼记·曲礼上》），意思是说如果主人跪下来为客人抚正席子时，客人也跪下来按住席子推辞，客人自谦，想撤掉重席，主人也要坚持推辞。在招待客人时，作为客人一方一定要表现出谦虚谨慎的态度，要降低自己的身份，不要求规格过高的招待，而主人也要谦虚，表达未能招待好客人的意思。

在个人人格修养方面，也要处处表现出谦虚谨慎的心态。真正的君子不仅不会因为自己懂得比别人多，就骄傲自大，而是懂得越多就越谦虚，懂得越多就越会向别人学习。时刻记住别人的优点，时刻要检讨自己的缺点。"博闻强识而让，敦善行而不怠，谓之君子。"（《礼记·曲礼上》）意思是说见闻广博记忆力强，又能谦让，做事尽善尽美而且厚道，又不会有所懈怠的人才是真正的君子。

从事行政工作的人，也要讲究谦虚谨慎。这不仅是官员人格修养的体现，也是先秦礼治社会的必然要求。比如说，在家里接到君主的旨意，就要立刻去办，不能表现出骄傲怠惰的情绪，就连对送达旨意的人也要表现出无比的尊敬，"君言至，则主人出拜君言之辱"（《礼记·曲礼上》）。意思是说，当宫中官员送达旨意到达门口时，要出门迎接送旨意的人，还要谦虚地说让别人受累了的话。

在婚姻大事中，也要处处表现出谦让的风度。比如说在女方家中，君子就要处处谦让，表现出对对方家长的无比尊敬；在一般的社交场合当中，都要懂得谦让，与同乡饮酒时，要谦让，与别人出游时也要谦让。就连唱乐曲时，心里也要时刻表示出谦逊退让的态度，《礼记·乐记》中就有："廉而谦者，宜歌风"的话，意思是说作风清廉而且谦虚谨慎的人，适合唱国风（先秦时期的民歌）。这一点与《仪礼》反映的内容差不多，在这里不过多地加以说明了。

《礼记》数篇的作者们从不同的生活场景出发，分析了谦让在家庭伦理、社会交往、政治活动中的作用，进而认为骄傲的心态和行为都是不可取的，最终总结出谦让是礼教的一个本质。细细地分析这些观点，我们就会发现其中也有一定的合理性，凡是一个君子应当做到的礼仪，皆处处表达着人们谦虚退让的意识。因为《礼记》对后来的中国文化产生过十分重要的影响，所以这种谦虚退让的作风也是中国传统礼教文化的一个重要体现。

总体上看，"三礼"把谦让看作是一个重要的伦理范畴，它不仅是礼的本质之一，也是礼仪制度中不可或缺的人文因素之一；谦让既是礼教的前提，也体现在各种礼仪制度当中，成为礼教的一个部分；谦让不仅是个人修养的体现，也是为政治国的根本。通过分析"三礼"与谦让的关系，我们可以明确地感受到，谦让作为一个伦理范畴在社会秩序中扮演着十分重要的作用，它不仅仅是人格修养的一个方面，而且也具有很强的社会实践价值，是社会生活中不可或缺的价值观念。

第三节　《国语》与谦让

和"三礼"一样，《国语》的许多篇章都涉及谦让，这说明当时的人们普遍地把谦虚当作是一种美德，而且也十分注重它的实践意义。《国语》的作者认为谦让是一种具有调节功能的行为规范，它不仅可以调节人与人之间的关系，也可以调节国与国之间的矛盾冲突，谦让之德是"当时统治集团成员的必需的礼学修养"。[①] 由于礼治在西周末年逐步遭到破坏，各诸侯国之间的矛盾日益突出，"如果不能具备良好的礼学修养，则很容易陷入机穽之中。所以，《国语》用如此谨慎的态度再三强调谦让之

---

①　勾承益：《先秦礼学》，巴蜀书社2002年版，第258页。

德，正好反映了春秋时期礼义毁坏的现实。"①

一　谦让与政治修养

在《国语》中，谦让之德首先是一种良好的政治修养。在《国语·晋语四》之《文公任贤与赵衰举贤》中，我们可以明确地感受到，当时政治上清明的国君和臣下，都具有谦让之德。晋文公向他的臣下赵衰问谁适合当元帅，赵衰面对政治升迁的大好机会，却并不考虑自己，他说郤縠可以胜任，郤縠年龄正好五十，学问很高，性格淳厚。淳厚的德行是治理国家的根本，也是老百姓想要的，而具有淳厚性情的人是不会忘记百姓的利益的。因此晋文公就听了赵衰的话。

后来，晋文公让赵衰当卿相，他却辞退说："栾枝性情坚贞谨慎，先轸具有谋略，胥臣见多识广，他们都可以当文公的辅佐，我可比不上他们。"于是晋文公就让栾枝统领下军，让先轸辅佐他。赵衰的提议，一方面是他自谦的表示，一方面说明他的确知人善任。晋国后来在争霸战争中连连取胜，赵衰推举的人才可以说功不可没。

晋文公是我国历史上一个著名的政治家，他最大的特点就是能知人善任。加上赵衰起的表率作用，当时晋国政治的确十分清明，臣下们也有良好的政治修养，其中最大的特点是他们都十分谦让。后来晋文公想让原季做卿相，原季推辞说："德治是国家的根本，它的内涵很深，是不能废弃的。"言外之意就是，他认为自己不适合当卿相。晋文公又让狐偃做卿相，他也推辞说："狐毛的能力比我强，又比我贤能，他的年龄也比我大。他不做卿相，我就更不敢做了。"狐偃表面上是在谦让，实际上是在向晋文公暗示，狐毛也是一个贤能的人，文公应当用他。晋文公于

---

① 勾承益：《先秦礼学》，巴蜀书社2002年版，第258页。

是就让狐毛统率上军，让狐偃去辅佐他。狐毛死后，晋文公让赵衰代替他，赵衰却推辞道："城濮大战中，先且就表现出善于管理军队的才能，也立了汗马功劳，仁爱善良的君主应当赏罚分明。先且应当得到奖赏，这一点是肯定的。况且就我的能力和资历而言，箕郑、胥婴、先都都比我强。"晋文公从善如流，就让先且做了上将军。

赵衰谦让自抑的作风感动了晋文公，他说："赵衰三让。其所让，皆社稷之卫也。废让，是废德也。"意思是说，赵衰数次谦让，都是为了国家社稷，废弃谦让，就是废弃道德。晋文公是实施贤人政治的杰出代表，他十分懂得去调动臣下的积极性，并且从善如流，使得晋国在动荡的时局中抓住了时代的主流，致力于变革，最终成为春秋时代的霸主。

赵衰的谦让之德，是一种非常优秀的政治修养。他的谦让美德首先是一种自知之明，在晋文公众多的大臣中，能力与资历比赵衰优越的，当然也大有人在。假如赵衰是一个不知天高地厚的人，当晋文公让他推选合适的人选时，他也许只会推举他的亲信，或者直接就自我推荐。但他并没有这样做，而是把那些仁义厚道、战功卓越的人推到自己的前面，让他们在合适的位置上发挥出更大的作用。从中我们可以看出，赵衰是一个能公正地评价自己和别人能力的人，他不夸大自己的能力，也不去贬低别人，这说明他的确有自知之明。

另外，赵衰的谦让之德是一种从政风格。在政治环境中，谦让的美德是调节同僚关系的良好方式，谦虚谨慎的作风也有利于自己的发展。政治同僚之间存在着竞争关系，每一个人都想让自己的能力得到君主的认可，也想找到适当的机会展露自己的才能。特别是在专制统治中，如果不处理好同僚之间的关系，事事和别人争执，那么他就会很快地成为别人嫉恨的对象。相反，如果适时地谦让，凡事不与别人争执，那么他不仅可以避免许多不必要的矛盾冲突，而且可以得到别人的信任。赵衰数次谦让，不仅使同僚为他的谦让美德所感动，连高高在上的晋文公都对他另眼相看。

谦让之德不仅是一个人的良好修养，也是古代贤人政治的一个特征。在分析《尚书》与谦让的关系时，我们就提到过古代贤人政治观与谦让思想的关系。任人唯贤的政治意识中，就有谦逊退让的内容。如果一国的君主做不到任人唯贤，那么他本人就不是一个以天下为己任的人，他可能会觉得自己的能力比任何人都强，臣下只是他用以调遣的工具，他既不尊重有能力的人，也不看重道德品行优秀的人。这样的君主就是不懂得谦让的人，高高在上自以为是，他的政绩当然也不可能达到贤人政治的要求。如果君主能够任用贤能的人，去管理国家大事，那么他一般也是懂得谦让的人。虽然身居高位，可还是十分重视人格在治理国家中的作用。做到任人唯贤的君主，不仅能让政治清明，自己有所作为，也会影响到他的臣下，以及整个朝廷的政治风格。晋文公善于任用贤人，时时听取臣下的建议，使得赵衰等人也受到他的影响，从而让谦让之德成为晋国政治的一个特色。

此外，懂得谦让的人，不仅可以推举贤人，也可以让自己的能力得到最大的发挥。晋文公说："夫赵衰三让不失义。让，推贤也。义，广德也。德广贤至，又何患矣。请令衰也从子。"意思是说赵衰数次谦让就是不失仁义的表现。谦让能够推举贤能的人，仁义能使德政得到推广。之后，贤能的人就会不请自来。可见，赵衰的谦让的确在当时晋国的政治生活中起到了良好的作用。赵衰推举的人，不仅具有某一方面的才能，而且也符合礼仪规范。这不仅让晋文公得到了大批的人才，也使赵衰成为一个因为能够推举贤人而美名远扬的人。一般来说，只有谦虚谨慎的人，才能主动地推举他人，这不仅表现出卑己尊人的意识，也表现了谦虚之人广阔的胸怀。另外，谦让的美德在政治上也能使人获得从政的资本，就拿赵衰来说，他向晋文公推荐了大批人才，同时自己也得到重任，后来，晋文公委任他管理军队。

二　谦让与教子之道

《晋语五·范武子杖文子》中记载，中军元帅范武子很重视对他的儿子范文子进行谦让教育。他告老退休后，范文子接替他成为朝中重臣。有一次，范文子退朝较晚，范武子就问他为什么回来得这么晚，范文子回答说："朝中来了一个秦国的客人，出了几个隐晦难懂的问题考我们，朝中的官员们都答不上来，我一个人就回答了三个问题。"范武子见他如此自负，缺少谦让的态度，十分生气。他说："大夫非不能也，让父兄也。尔童子，而三掩人于朝。吾不在晋国，亡无日矣。"意思是说，那些官员不是不能解答，他们是想让资格老的官员去回答，范文子却不知道谦让，抢着去回答那些问题，这样没有礼貌。如果范武子哪天不在晋国了，别人也不必看他的面子了，范文子离死也就不远了。说完，就举起手杖打他的儿子，把手杖都打坏了。

范文子受到父亲的教训后，就翻然悔改，学会了谦虚谨慎。不久，他随着中军元帅去攻打齐国，打了一个大胜仗。当军队凯旋归来时，晋国的百姓们都去欢迎，范武子也去了。范武子看到得胜的大军和统帅一个个从他的面前走过，却不见自己的儿子。最后，范武子才出现在列队的后面。范武子就问他为什么走在军队的最后，范文子回答说，这次是中军元帅率领军队打了胜仗，如果我走到前头，晋国的百姓会把目光集中到我的身上，我不是抢占了主帅的功劳了吗？范武子听到他的儿子这么说，就十分高兴，这说明他的儿子已经学会了如何谦虚了。

范文子不仅自己十分谦让，也经常教育他的儿子范宣子要学会谦让。有一次，晋国和楚国打仗，范文子在军队中任中军副帅。晋国军队遭到楚军的袭击后，不知道如何应战，将帅们正在商量如何应对，而跟着父亲来到军营的范宣子，却不知天高地厚地跑到营帐里，向他的父亲出谋划策。范文子看到儿子恃才自傲，根本不懂得谦虚礼让，一气之下把他赶走了。

通过范氏一家三代的故事，我们可以看出谦让的美德也是一种家教之道。做长辈的人，在礼治环境中懂得了谦让的重要性，自己的人生经历、从政经验和周围发生的一切，都告诉他们谦让不仅是一种政治品格和道德修养，也是一种优良的文化传统。懂得谦虚的人在做任何事情时，都不会鲁莽行事，凡事处处谦挹退让；懂得谦虚的人也不会分不清场合，做出一些不合礼数，或对自己不利的事；懂得谦虚的人也不会喧宾夺主，只知道表现自己，却从不考虑别人的感受。总之，范氏一家注重谦让品德的故事，不仅反映出当时人们重视这一伦理范畴的实际作用外，也从一个侧面表现了传统中国家教的特点，那就是育人首先要育其德，有了高尚品德的人才能做出对社会和人民有益的事。纵观我国的历代家训，当中都有教育子女或学生如何谦虚的内容，这一点我们会在以后的篇章中，详细地进行论说，而范氏家族中注重培养谦让美德的做法，可以看成是我国历史上较早的，具有典型意义的家训。

三　谦让与安身保命

《国语》反映的是一个"礼崩乐坏"的时代，在那时，谦让不仅是一种政治修养，也是一种安身立命、保身自救的方法。西周末年，周天子失去了控制各个诸侯国的能力，反而被诸侯挟持，成为他们政治投机的一个工具。同时，礼乐制度也遭到破坏。勾承益先生认为："处在春秋战国的历史时期，各国统治集团内部以及国与国之间的矛盾不但激烈而且错综复杂。作为这些集团中的个体成员，如果不能具备良好的礼学修养，则很容易自陷于机穽之中。"①

在《晋语五·范武子杖文子》中，范武子之所以要求范文子学会谦让，其中也有要求范文子用谦虚自抑的办法确保自己在朝廷中的地位之意。如果锋芒太露，不仅得不到君主的认可，反而有可能会得罪权贵，最后落得个身首异处的下场，所以范武子会说出"吾不在晋国，亡无日矣"的话，意思是说如果他不提醒他的儿子，他的儿子也许很快就成为政治争斗的牺牲品。

在《晋语五·献子等各推功于上》一篇中，率领军队打了胜仗的将领们，在晋公面前极力地表示出自己谦虚谨慎的态度，生怕因为贪功招致骂名，或者是杀身之祸。在那场名为"靡笄之役"的战役中，晋国军队取得了胜利。晋公十分高兴，对立了功劳的郤献子说："子之力也夫！"意思是说这次打了胜仗是你的功劳啊！献子当然不敢居功自傲，就说："克也以君命命三军之士，三军之士用命，克也何力之有焉？"意思是说我只是用晋公的命令统率三军将士，三军将士都十分听从晋公的命令，自然就取得了胜利，怎么是我一个人的功劳呢？献子在这里不仅巧妙地表达了自己的谦虚，也把得胜的功劳让给了晋公，认为他的指挥得当，也是由于君主英明。之后，文子和栾武子去拜见晋公，晋公对他们也说了与献子同样的话，他们二人也用同样的方式，对君主的褒奖表示推辞，都不约而同地把功劳让给别人。

从这件事中，我们可以看出，晋公之所以数次对他的臣下说同样的话，无非也是想试探臣下。晋国大将们不居功自傲，相反都对已经取得的功绩推来让去，这都说明当时晋国政治集团内部的利益冲突十分激烈，谁都不敢轻易地流露出邀功的心理。"由此可见，作为朝廷大臣，谦让之德不仅在调节同僚关系方面具有

---

① 勾承益：《先秦礼学》，巴蜀书社2002年版，第258页。

重大意义，甚至还关系到立朝者的身家性命！"①

另外，《国语》中反映出的谦让思想，是人们对过去礼治时代，社会秩序井然有序、人民安居乐业的一种追忆。

在《晋语七·悼公使韩穆子掌公族大夫》一篇中，我们可以看出，虽然西周礼法已经遭到破坏，但人们对礼治社会的人文精神却念念不忘。在这种心态的影响下，人们对礼教的本质之一，即谦让精神还是十分珍视的。谦让的精神实际上是一种人文精神，它虽然可以当作统治者集团成员的一种政治修养，成为他们安身保命的政治技巧，或者是博得君主信任的一个工具，但我们也不能否认，当时的一些士人都把谦让看作是一种文化传统，竭力想通过自身的行为，去表现这种温文尔雅的谦抑精神。

晋悼公想让韩穆子在朝廷里担任要职，他却推辞说："厉公之乱，无忌备公族，不能死。臣闻之曰：'无功庸者，不敢居高位。'今无忌，智不能匡君，使至于难，仁不能救，勇不能死，敢辱君朝以忝韩宗，请退也。"意思是说，在厉公之乱中，我作为公族成员，不能为君主而死。没有功劳的人当然不能居于高位，而我既没有过人的智慧，也没有足够的仁德和勇气去救厉公于水火之中，所以不敢辱没悼公的信任。

从韩穆子的话中，我们可以看出他十分矛盾的心态，一方面他十分敬仰礼治时代，为国君舍生取义的传统，另一方面他却屈服于时代的变化，无所作为。但即便这样，他也要在一些言行当中表现出他对礼仪制度的尊重。所以他坚决辞去晋悼公的任命，以自己的行动体现出礼仪制度中的谦让精神。晋悼公听了韩穆子的态度后，说："难虽不能死君而能让，不可不赏也。"意思是说韩穆子的言行难能可贵的地方，是他虽然不能为他的君主去死，却也能表现出谦虚谨慎的美德。于是，就让他做了公族

---

① 勾益承：《先秦礼学》，巴蜀书社2002年版，第259页。

大夫。

从韩穆子和晋悼公的言行中,我们可以看出当时虽然是一个"礼崩乐坏"的时代,但人们还是对礼仪制度十分尊重,对谦让之德也十分看重。面对"礼崩乐坏"的现实,人们既无可奈何,又无法忘记其中的人文精神,所以就用个人的言行尽量地去表达这些优良的传统。

《国语》中大量的谦让故事,也说明谦让的思想是当时普遍的道德修养。谦让之德不仅是当时统治集团内部十分受人重视的道德本分,也是人们朴实无华的生活的真实写照。在《晋语七·悼公赐魏绛女乐歌钟》和《晋语九·少室周知贤而让》等篇中,都反映了不同阶层的人们的谦让精神。

晋悼公攻打郑国,郑国看到大兵压境,就用财物、美女等贿赂晋悼公。晋悼公得到这些财物后,就想把其中的一部分赐给魏绛,以表彰他的功劳。魏绛推辞说:"……八年之中,七合诸侯,君之灵也。二三子之劳也,臣焉得之?"意思是说八年来,晋国七次集合诸侯称霸,这都是悼公受上天护佑的结果,也是大臣们的功劳,他自己没有做多大贡献。悼公却说如果没有魏绛,他就不知道如何去处理与戎族的关系,也不能取得如此巨大的功绩,最后还是把财物赏给了他。

少室周是赵简子的一个部下,他听说牛谈体力十分了得,就请求牛谈和他比赛,他没能取胜,就让出了自己的位置。赵简子看到少室周这么懂得谦让,就让他做官,还说:"知贤而让,可以训矣。"意思是说知道别人贤能,主动地谦让,这样的人是可以调教的。

总之,《国语》当中反复强调的谦让之德,是当时统治者们十分重视的一种政治修养,《国语》也通过一些历史实事反复地说明了这一点。谦让之德不仅是礼学修养的体现,也是一种从政技巧，是统治集团内部在乱世中分配政治权力、保护自身安全的一种方法，也是贵族家庭当中一个十分重要的家训。通过《国语》记载的一些历史事件，我们也能从传统政治学的角度看到，谦让这一伦理范畴如果被扩展开的话，将会有多种多样的功能。

第四节 《左传》与谦让

和《国语》一样，《左传》也是通过历史人物和事件，来表达作者的礼学思想。在《左传》中，谦让的美德既反映在当时的政治生活中，也反映在当时的伦理生活和社会生活当中，是表现先秦礼学思想的一个重要方面。《左传》把"乱臣贼子"作为主要的批判对象，认为他们扰乱了当时的社会秩序和政治秩序，《左传》的作者树立了几个谦虚退让的典范，通过他们的事迹去批判那些"乱臣贼子"祸国殃民的事实。在《左传》中，谦让也被看作是一种良好的政治修养，是统治集团内部十分重视的人格风尚。与此同时，谦让还被看作是一个可以广泛运用到国家治理、军事策略和国际交往的行为准则。与《国语》相比，谦让的社会意义在《左传》中得到进一步扩展，成为礼学思想的一个支撑点，它不仅是个人修养当中不可或缺的一个要素，也是社会秩序和社会规则的具体体现。在本节中，我们要通过三个方面，逐一分析《左传》作者对谦让的理解和阐释。

一 《左传》对谦让的理论阐释

《左传》不仅是一本历史著作，也是一部礼学专著，其作者借用别人之口，或者是个人议论，从不同的侧面对谦让进行了理论上的说明。虽然直接阐述谦让思想的内容比较分散，但如果将它们综合到一起，我们会发现，《左传》的作者有意识地把谦让的作用分成个人修养、行政手段、外交策略、礼学根基等几个方面,系统地对谦让思想进行了理论上的阐释。

首先,《左传》的作者认为谦让是个人道德修养的具体表现,这一点与《周易》、《礼记》和《国语》中对谦让思想的理解较为一致。《左传》的作者有意识地论述了骄傲自大对个人命运的危害,并且树立了几个礼学典范,通过他们的事迹,来说明谦让思想在个人道德修养过程中所起的作用。

《左传·成公十四年》记载了一个相面的故事,相面虽然是一种类似于迷信的活动,不足取也不能相信,但这位相士所说的话却很有意义。卫侯让宁惠子给一个叫苦成叔的人相面。宁惠子见他十分傲慢,就说:"苦成家其亡乎!古之为享食也,以观威仪,省祸福也,故《诗》曰:'兕觥其觩,旨酒思柔。彼交匪傲,万福来求。'今夫子傲,取祸之道也。"意思是说,苦成叔这个人连身家性命也会保不住的,古人向上天敬献祭祀,对上天表示谦让,是为了避免灾难,所以《诗》中有此类的话,现在这个人如此骄傲自大,目空一切,他的这种态度是自取灭亡。《左传》的作者通过这件事,是想说明谦让的德行对一个人是十分重要的,如果不懂得谦让,反而傲慢轻礼,后果是十分严重的。

《左传》的作者还通过当时著名的礼学家子产、叔向、晏婴等人,说明了谦虚礼让的重要性。其把子产描绘成一个依据礼法行事的杰出政治家,认为他不仅是典型的"社稷之臣",也是一个具有谦让美德的人。当子皮要把治理卫国的重任交给他时,他却以自己太年轻,能力有限,可能会引起别人不满等为借口,进行推辞。当他执政卫国,为国家做出许多贡献时,仍然十分地谦虚谨慎,从不表彰自己的功劳。《左传·昭公十二年》记载了子产的遗言,其中说的都是如何治国的事,没有一点自我评功的话语。可以说,子产是一个"鞠躬尽瘁,死而后已"的典型,他身上具有的谦让美德,不仅是他光辉人格的真实写照,也对人们产生了积极的影响，孔子说他是"古之遗爱"，把他当作是儒家尊奉的典型人物之一。

其次，《左传》的作者认为谦让是一种行政手段。和《国语》一样，《左传》记载的时代也是"礼崩乐坏"的时期，谦让的理念已经不是上古传说时代纯粹的德行修养，它已经成为一种行政手段，在当时复杂多变的政治环境中，起到调节君臣关系、同僚关系、阶级关系等作用。

在《左传·哀公六年》中记载有这样一件事，楚昭王想决一死战，就让出自己的王位，选择公子启为王位继承人，自己则赴战场而战死。他的行为让臣下大受感动，子闾说："君王舍其子而让，群臣敢忘君乎？"意思是君王舍弃自己的儿子而立他人为王，做到了真正的谦让，作为臣下能忘记自己的君主吗？在这里将自己的王位让给别人，的确事出无奈，与上古传说时代中的禅让制相比，这种谦让是调节当时复杂的政治环境的一种权宜之术，但也从另一个侧面反映出谦让之德在政治环境当中的作用。

在《左传·襄公十三年》中，《左传》作者对晋国范宣子的政治功绩进行了赞美，他说："君子尚能而让其下，小人农力以事其上，是以上下有礼。"意思是说当政的人要以谦让的精神对待下属，一般的老百姓也就会尽全力支持统治者，这就是上下有礼。在这里，作者主要想说明谦让思想是调节君臣关系的一个重要方法。"君子尚能"实际上指的就是贤人政治，如果统治者能够任用贤人，这就说明他是一个善于容纳别人意见的人，也是一个知人善任的人。"让其下"指的是在自己的下属面前表现出谦逊礼让的风范，如果要想任用贤人，就需有礼贤下士的作风。如果统治者做到谦让有礼，那么臣下就会竭力辅佐他。如果把这个原则扩展开的话，它的作用就更大了，所以说"范宣子让，其下皆让"，晋国也因此国力强大，政治清明。

再次，《左传》当中，谦让还是一种外交策略。当时的政治环境十分复杂，大国都想取得霸主地位，而夹在其中的小国，往往成为大国竞相兼并的对象。比如说，郑国就是最为典型的一个小国。它处在齐、楚、晋等国的中间，国力弱小，地理位置却十分重要。当时周边的大国都想拉拢郑国，郑国因为夹在大国之中求生存，所以谁也不敢得罪，只好用谨慎的外交态度，周旋在几个大国之间。子产就说过"小国忘守则危"（《左传·昭公十八年》）的话，意思是说小国如果忘了谦让自守，就很危险。在这种情况下，谦让之德就成了向大国表达敬意，自甘卑下以求生存的方法。

另外，要想在外交活动中占有优势，或者是在战争中取得胜利，也要学会谦让。《左传·定公五年》记载了楚国与吴国之间的争战，吴国占领了楚国都城，楚王逃跑，他的臣下就劝他说吴国国内有宫廷之争，如果那样，吴国肯定会发生内乱，必定会从楚国撤兵。其中有一句话说："不让，则不和；不和，不可以远征。"意思是说不懂得谦让，只会争执，就是不和谋；如果不和谋，就不能远征别国。吴国当时国力正盛，但是朝廷内部的矛盾十分复杂，统治者上层为了自己的利益彼此钩心斗角，没有一点谦让之德，楚国的大臣看到这一点就肯定作出吴国会撤军的判断，可见在专制制度下，统治者的修养对国家政治利益的影响之大。

最后，也是最重要的一点，《左传》作者认为谦让之德是先秦礼学的根基，是礼治社会得以存在的根本原因。

在《左传·襄公十二年》中，集中介绍了晋国大臣们谦虚礼让的事迹，作者依据这些事情总结说："让，礼之主也。"意思是说谦让是礼教的根基。在《周易·系辞》中，谦让被看作是实行礼治的前提，而《左传》的作者进一步说谦让是礼治的根基。这种差别，也反映出《左传》作者对谦让之德的重视。

《左传·昭公二年》中，礼学家叔向借鲁国叔弓问他关于晋国谦让有礼的机会,对谦让在礼教的作用又作了一次较深入的分析。他说:"吾闻之曰:'忠信,礼之器也;卑让,礼之宗也。'辞不忘国,忠信也;先国后己,卑让也。"晏婴也说过"让,德之主也"(《左传·昭公十年》)的话,这些都说明谦让之德是礼教的根本,连忠、信这样的伦理范畴都只是礼教的"器",而谦让之德却是礼治的根本。叔向之所以这样认为,是因为先秦礼学思想中,每一个伦理范畴虽然都从不同的侧面印证着礼仪制度,但纵观所有的礼仪制度,它们成立和发挥作用,以及被人们普遍接受的前提,都是谦让之德。如果人们不具备谦让之德,所有的礼仪制度都会失去源于个体的心理基础,而礼仪制度也将形同虚设,因为谁也不会主动地去礼让别人,也就无从谈礼教了。

　　谦让的美德不仅在个人修养中占主导地位,还在人的政治生活中扮演着重要角色。所谓"先国后己,卑让也"(《左传·昭公二年》),指的就是一个人如果能真正做到谦让,那么他的推辞、避让都要有原则,如果失去原则,谦让就会成为一种卑下的技术,而不是真正的谦让之德。所以谦让并不等于避让,而是始终要以国家和人民的利益为重,做到先国后己,这才是真正的谦让。总之,正如《左传·文公元年》中所说的那样,"卑让,德之基也"。真正的谦让之德是先秦礼治传统中最重要的构成要素。

二 《左传》典型事例中的谦让思想

　　《左传》中有许多典型的事例都反映了谦让之德对当时政治、伦理、社会等的影响,我们可以选取其中的一部分加以分析。

1. 子产相郑国

　　"子产相郑国"这一典型事例中,既能反映出子产谦虚礼让的个人风范,也能反映出他在外交事务中发挥出的谦让思想,还能反映出子皮极力扶持子产，知人善任，勇于承认错误的谦让美德。

子产名公孙侨，是春秋后期有名的政治家和礼学家。如前文所说，郑国地处黄河腹部，是十分重要的交通中心，又正好夹在列强中间。一方面，由于它的地理位置得天独厚，商业和手工业都很发达，新兴贵族势力较强，而他们与旧贵族之间的矛盾也比较多，国内的政局不稳；另一方面，晋、楚两国一直相持不下，使夹在其中的郑国一直受到来自南北两面的压力，疲于应付。在这种情况下，郑国急需一位有能力、有才干的人来掌管政务，他既要有处理国内矛盾的能力，也要善于应对外交事务，而子产的政治措施就是从这两个方面展开的。

子产在执政郑国之前，就有谦逊退让的美名。据《左传·襄公二十六年》记载，郑伯为了奖赏子产等人攻打陈国的功劳，赐给子产采邑。子产推辞道："自上以下，隆杀以两，礼也。臣之位在四，且子展之功也，臣不敢及赏礼，请辞邑。"意思是说自上而下地论功行赏是礼教的表现，而他的地位和功劳都在别人之下，不敢接受采邑。郑伯坚决要给他赏赐，子产只好接受了其中的一部分。公孙挥评价说："子产其将知政矣。让不失礼。"

据《左传·襄公三十年》记载，子皮想把郑国的政务交给子产，子产推辞说国力弱小，贵族势力太大，而自己能力有限，无法管理。子皮却说："虎帅以听，谁敢犯子？子善相之。国无小，小能事大，国乃宽。"意思是说，带头的听你的话，谁敢触犯你的命令？你只要尽力辅助国家就是了。国家没有大小，小国也能应付大国，这样的话国家也会有发展。

子产接受了子皮的任命，在国内采取了一系列缓和矛盾、团结内部势力的政策，特别是在打击那些骄奢淫逸的贵族时，他绝不手软。当时郑国有个名叫丰卷的贵族，十分霸道，他不仅在国内骄横跋扈，而且随意破坏当时的礼法。有一次，他想用新猎得的野味来祭祀祖先，在郑国这是不合礼数的，因为只有国君在祭祀时才能用新鲜的牺牲。可丰卷不仅敢于僭越礼法，而且明目张胆。子产得知此事，就去阻止，丰卷不仅不听，反而想要加害子产，最后子皮从中调节解决了此事。后来，子产还是将这个骄傲自大的丰卷逐出了郑国。从这件事当中，我们可以看出子产十分痛恨骄横的人，特别是那些不顾礼法一味胡来的人。

子产的外交政策是根据郑国的实际情况制定的，他认为小国应当事事谦让，才能在复杂的国际环境中得以生存。但子产并不是一味地退让，他也会用一定的方法让大国重视郑国。有一次，子产陪同郑简公到晋国去会见晋平公，晋平公因为鲁襄公新丧的缘故，没有接见他们，而让他们一直待在宾馆里。子产于是就吩咐手下的人，毁掉了宾馆的围墙。晋平公知道这件事后，就派人来责问子产。子产以当年晋文公礼遇宾客，各国都来进贡的事，批评晋平公不知礼数。晋国执政大臣赵文子闻听子产的话后，觉得十分有理，就让晋平公以较高的规格接见了郑简公。子产曾说过："小国忘守则危，况有灾乎？"（《左传·鲁昭公十八年》）意思是小国如果忘记自己所处的环境，不知道谦退，就很危险，更何况有遇到天灾。可见，他在外交上是十分谨慎的，但通过以上的事，我们也可以看出子产的谦退是有限度的，也是有原则的。

有一次，子皮想让一个名叫尹何的人做他封地的长官，子产认为尹何太年轻不适合当官，就向子皮建议不要让尹何做官。子皮却认为尹何为人忠厚，自己又很赏识他，就想让他当官。子产却认为赏识一个人不应当拿他的性命开玩笑，况且子皮是郑国的栋梁，不能轻易地将重要的位置授给一个人。子皮听了之后，不仅不反感，反而对子产的建议大加赞赏。从这事件中我们也能看出，子皮从政的原则实际上就是古人所说的贤人政治，他任命有贤能的子产为相，就处处听从子产的劝告，对自己判断失误的事实不仅不避讳，反而以谦让之心认真地对待子产的建议。由此，我们可以看出子皮也是一个具有谦让之德的人。

子产的个人修养、行政措施和外交政策当中，都渗透了谦让之德这种优良的品质，这不仅是个人伦理道德的体现，也是社会秩序的一个方面，更是先秦礼学思想的精华。孔子后来听到子产的事迹后，就称他为"古之遗爱"。

2. 勾践灭吴

在勾践灭吴的故事当中，我们可以看到骄傲与谦虚这两种相反的心理状态，对个人前途和命运以及国家事务等的影响。骄傲自大毁掉了吴王夫差的霸业，谦虚谨慎的作风则成就了越王勾践的事业。利用《左传》当中鲁定公十四年和鲁哀公元年、十一年等记载的事实，结合《史记·越王勾践世家》，我们可以清楚地看到这一点。

起初，吴王阖闾率兵攻打越国，被越军打败，自己也受了伤，回国后就病死了。夫差继位后，时时不忘为其父报仇，他让人立在庭院中，如果自己出入，就让他们问自己："夫差，你忘了越国杀你父亲的事了吗？"他就回答说："不敢忘！"夫差用这样的方式激励自己，时时励精图治，准备去攻打越国。

三年后，吴国果然攻克了越国。勾践见形势对越国十分不利，就请求讲和，吴国大臣伍子胥认为不应讲和，而应当趁机灭掉越国，可是夫差不听劝告，答应讲和，并且放走了勾践。

勾践回国后，忧心苦思，卧薪尝胆，时时告诫自己端正自己的言行，只有这样才能让越国摆脱吴国的控制。他不仅礼贤下士，谦恭地对待那些贤能的人，而且致力变革，重视农业生产，极力让国家强盛起来。与此同时，在外交上他仍然对吴国称臣，鼓动吴国参与中原争霸。

取得胜利后，吴王夫差却变得十分骄横，他不仅对伍子胥的建议不理不睬，还狂妄地认为吴国的势力足可以进入中原，加入当时热火朝天的争霸之战中。此时的夫差被胜利冲昏了头脑，他不但没有听取伍子胥的建议，反而以伍子胥将儿子寄养到齐国为借口，逼他自杀。伍子胥在临死之前说："吴其亡乎！三年，其始弱矣。盈必毁，天之道也。"意思说不出三年吴国就要开始衰落，因为骄傲自大的人一定会失败，这是自然的道理。

鲁哀公十三年夏天，越王勾践趁吴王夫差出国订立盟约之际，攻入吴国，打败吴军，连太子也给活捉了。夫差听说此事后，怕走漏消息，把报信的人都杀了，还在订立盟约时与晋国争做盟主，对即将到来的危机全然不去理会，仍然热衷于争霸。鲁哀公十七年，越王勾践又出兵攻打吴国，吴军大败，到哀公二十二年时，彻底灭了吴国。

"勾践灭吴"是历代传诵的著名典故。越王勾践在失败中吸取了经验教训，面对失败不仅不气馁，反而更加谦虚谨慎。他卧薪尝胆、励精图治，最终消灭了宿敌吴国。从他的身上我们可以看到，谦虚谨慎的作风不仅可以让一个人清醒地认识到自己的不足，认清自己面临的形势，也可以让一个人礼贤下士、奋发图强，最终成就事业。

相反，吴王夫差骄傲自大、麻痹轻敌、不听劝告，最终落得国破人亡的下场。从最初的奋发图强，到最后不顾一切地执意扩张以致亡国，这种转变本身也是夫差性格发生转变的表现。起初，夫差为了给父亲报仇，谨慎地规范自己的行为，时时提醒自己不要忘了国仇，还任用著名的政治家伍子胥等人，国力因此得到较快的发展。后来，战胜越国后，又大举进攻中原，与晋国、楚国争夺霸权地位。此时的夫差在胜利面前已经昏了头，骄横自大，他不仅不听劝告，反而变本加厉地参与争霸。面对越国潜在的威胁，他也丝毫不知，这说明骄傲自大的心理已经蒙蔽了他的头脑，亡国只是早晚的事。

3. "重耳出奔"

重耳出奔也是《左传》中一个十分有名的典型事例。重耳就是后来的晋文公。据记载，他的父亲晋献公年老后，十分宠爱妃子骊姬，想让骊姬生的儿子奚齐继位，骊姬也不时地向献公说些谗言，让他害死公子申生，骊姬继而想害死另外两个公子重耳和夷吾。最终，申生自杀身死，重耳和夷吾则在亲信的保护下，逃到别国避难。重耳在外流亡十九年后，得到秦国的支持，回到晋国，从他的侄子晋怀公手里夺取了政权。晋文公是历史上著名的政治家，是当时的五霸之一，也是史家十分称道的明君。晋文公之所以能有如此大的成就，其中也与他的早年经历有关。如果细致地分析一下他流亡国外的经历，我们就会发现在逆境中锻炼出的谦让性格，对他的人格修养和政治作风产生着决定性的影响。

根据《左传》僖公二十三、二十四年的历史记载，重耳起先逃奔到狄国，在那里娶妻生子，生活了十二年。后来，经过卫国时，卫文公没有招待他，走到一个名叫五鹿的地方时，实在饥饿难忍，便向乡下人讨点东西吃，乡下人却给了他一块泥土。重耳十分生气，就举起鞭子要打那个人。他的随从狐偃上前制止他说："天赐也。"认为这是好的兆头，重耳听了，磕了一个头，还把那块泥土放在车上。可是到了齐国后，他因为得到了齐桓公的礼遇，就放弃了回国的打算，最终还是被他的部下灌醉后，硬拉上车，往别国寻求援助。

重耳一行，到过曹、宋、郑、楚，最后来到秦国，有时他在一些国家得到礼遇，有时却被别人戏弄，甚至于威胁。比如说，曹共公听说重耳生得肋骨连成一片，就想看一看，他不顾礼仪，在重耳洗澡时跑去看个仔细；楚成王设宴招待他时，逼问他回国后拿什么东西感谢楚国，楚国大夫子玉甚至建议成王杀掉重耳。

到了秦国后，秦穆公对待重耳很优厚，把他的女儿嫁给重耳。一次，重耳盥洗时呵斥在一边的怀嬴，让她走开。怀嬴听到后说："秦、晋匹也，何以卑我？"意思是说秦晋两国都是同等的国家,你为什么瞧不起我?重耳听后,连忙道歉。秦穆公招待重耳时,重耳还下跪致谢。最终在秦国的帮助下,重耳回到晋国,夺取了政权。

《左传》细致地描述了重耳在流亡过程中性格的变化、发展,以及他成为一个合格的政治家的过程。起初他是一个贪图享乐的人,他的身上有那种贵族公子虚伪、懦弱、苟安和胆怯的弱点。可是经过多年的流亡生涯,他变得成熟起来,懂得了在不同的场合如何应对自如,如何获得别人的信任,以及如何利用别国力量为自己服务等。重耳的性格在流亡生涯中的变化,最突出的地方是他学会了谦让,从最初狂妄自大,让自己的妻子等他二十五年后再嫁的浪荡公子,到最后连对婢女的不敬也要道歉的君子风范,说明重耳已经在流亡生活中学会了如何谦虚谨慎。他谦让的风度和坚韧的性格最终博得了秦穆公的信任,他也因此获得了回国的机会。

通过以上三个典型的事例,我们可以看出,谦让之德对个人的人格完善具有深远的影响。谦让对一个人来说,不仅仅是一种谦虚礼让的心态,也是人们用来判断人与人、人与社会关系的一个价值系统。谦让之德一旦成为一个人稳定的心理现象,就会对个人的人格修养、价值判断、人生观等产生积极的影响。

三 评价《左传》中的谦让思想

勾承益先生认为:"《左传》是西周和春秋时期礼学研究最高成就的代表作。虽然它在形式上是一部记言叙事的史书,但是书中却几乎涉及了先秦和西汉礼学研究的绝大多数重大礼学命题,而且在许多具体范畴的研究方面还显示出相当的深度。"[①]

[①] 勾承益:《先秦礼学》,巴蜀书社2002年版,第150页。

根据这个判断，我们可以从以下几个方面，对《左传》中反映出的谦让思想进行评说。

第一，《左传》集中体现了先秦时代人们对谦让之德的理解。

在我们分析的这几部先秦名著中，《左传》对谦让思想的理解与阐释，是最集中也是最广泛的。《周易》认为谦让是一种逻辑化了的政治修养；"三礼"仅从礼学的角度分析了谦让之德；《国语》更看重谦让之德在政治集团中的各种作用；《诗经》局限于美化谦让之德及其典型人物，只有《左传》从不同的角度出发，综合了以上各部作品对谦让之德的理解，并在此基础上，对谦让之德产生的心理依据、在先秦礼学中的地位和它的作用等问题进行了细致入微的解说。

表面上看，《左传》是用来解释《春秋》的，而实际上它是一本总结先秦时期人文传统，表达先秦知识分子人文意识，集合了历史事实与礼教思想的一本巨著。在书中，作者把谦让之德的意义分成不同的层次进行了反复说明，还通过大量的历史事实，对谦让之德的作用进行了说明，大到一国之主，小到一介村夫，如果能拥有谦虚谨慎的作风，都能在不同的环境中获得相应的褒奖。

第二，《左传》扩展了谦让之德的意义。

《左传》把谦让之德首先推到了一个理论高度，其作者认为谦让是仁义道德、仪礼规范的根基和源头。所有的仪礼规范当中，无不渗透着谦让之德，所有的仪礼规范，也无一不受到谦让之德的影响。也就是说，只有具备了谦让之德的规范和准则才是符合礼法的，而先秦礼学的实质是建立在人们谦虚礼让的心理基础之上的。其次，《左传》作者认为谦让之德是一个社会必须遵守的社会规则，它体现着社会的秩序。如果一个人具备谦让之德，意味着他善于遵守先秦礼法；如果统治集团内部把谦让当作美德，就意味着上下有礼，秩序井然，政治清明，贤人当政；如果君主是谦让的典范，下民效仿君主，那么社会的秩序自然会得到维护，国家的前途就有了保证。此外，《左传》当中谦让之德还是一种外交策略，如果大国之君懂得谦让，那么大国的地位会得到别国的尊重；如果小国懂得谦让，那么它就能安守自保，在强国如林的环境当中，仍然能得到生存发展的机会。

第三，《左传》深化了谦让之德的作用。

在《左传》作者看来，谦让之德不仅能使一个人的人格得到完善，还能帮助人们处理好人与人之间的社会关系；在政治环境中，谦让之德还是一种调节上下级之间、同僚之间关系的一种方法。同时，它也是一种明智的外交策略。

《左传》把谦让这一伦理范畴，真正拓展开来，使它不仅能直接体现这一伦理范畴的本义，也能在不同的语境中表达出不同的社会意义和价值内涵。

第五节 《诗经》与谦让

"诗言志"，说的是诗歌必定本乎人的性情，表达人内心世界的真情实感。纵观中外之诗，其内容大都是作者思想感情的再现。而作为我国第一部诗歌总集的《诗经》，更是最好的例证。《诗经》不仅反映了周初到春秋中叶的社会生活，更渗透着周人的礼治和礼教精神，而礼教的前提之一就是谦让之德，因此当我们探究谦让之德时，是不能够忽略《诗经》的。这里，我们从以下几个方面对《诗经》中反映的谦让思想进行分析。

一 《诗经》宇宙观中反映的谦让思想

早在三皇五帝时代，就存在一种对山川等自然物崇奉的多神宗教观念，而天在诸神中地位最高。继夏、商之后的周朝，其统治者不仅把天、神视作自己的护身符，也视作对自身的约束。他们认为"天命靡常"（《诗经·大雅·文王》），可以转移，"皇天上帝，改厥元子兹大国殷之命"（《尚书·召诰》），要想保持天命不改，就应"敬天事神"，顺应天神的要求。这可以说是天子对天、神的谦让。《大雅》中《大明》有"小心翼翼，昭事上帝"，写的是周文王小心而谨慎地事上帝。《皇矣》中有"不识不知，顺帝之则"，写的也是文王恭顺上帝法则的事。这两首诗中都体现了文王对上天的恭顺。他认为这样做不仅可以保证自己的地位，并可以用"天命靡常"提醒自己，促使自己在当政时能够实行安国保民的措施。否则，没有居安思危的意识，又怎会治理好国家？就像《大雅·板》所描述的那位国君，好话说了不兑现，制定的国策没有远见，不循圣法恣意妄行，人们都劝谏他不要过于高兴，否则老天会降下灾难的。周朝时，祖先也被神化了。由于人们对天神的崇拜，对祖先也很恭顺。但又透着一种后代对前代的谦让之意，即是顺承祖先。由敬而产生的顺承之心。敬是德、礼的体现，能敬无灾。对于个人而言，敬是"身之基也"（《左传·成公十三年》），对于一个国家而言，同样是一个安全的保障。

　　顺承祖先的这一谦让之举，不仅可以使天子在百姓心中的形象有佳，更重要的是也继承了前代的宝贵经验。这对于统治国家是很有好处的。就像《下武》中所写的周武王，继承了太王王季及文王的以德治国，取信于天下人，天下人都认为武王是继承祖先事业而行，从此就会享受到天赐的好福分，从而纷纷归顺他。这也是更好统治国家和人民的一种手段。其实作为天子，是高高在上的统治者，完全可以依照自己的意志办事，即使是恣意妄为，不顺承祖先也可以，但其结果就不会如武王那样民心归顺，反而会弄得天怒人怨。

二 《诗经》人际关系论中的谦让思想

在整个社会生活中，人与人之间总会结成一定的人际关系。在彼此交往时，如果能以谦相待，不仅表示出对对方的尊敬，更能拉近彼此的距离。《诗经》中也有相当的诗篇反映出这一点。

首先是君臣之间的谦让。在君主制条件下，君主统治着全国的臣民，如何处理君臣关系对于国君来说是一个很重要的问题。在现实的社会中，君主如果能够客气地对待臣子，就是一种谦让了。《诗经》从一个侧面反映出国君对臣子的谦让是很必要的。这是因为，只有如此，臣才会对君忠，从而对国忠；否则，君主将臣子视如犬子或草芥，那么臣子也就将君主视为国人甚至寇仇。《鹿鸣》和《彤弓》这两首诗反映了君礼遇臣的事实：国君宴请臣子，不仅有佳肴、美酒，更是用奏乐吹笙来助兴。这样的举动，让臣子们感受到了国君对他们的盛情，他们也对国君加倍尊敬，努力地为国君出谋划策，以更好地维护统治。

再就是母子之间的谦让。《邶风·凯风》记述的就是七兄弟对母亲的尊敬和爱戴。母亲辛辛苦苦抚养大了七个儿子，他们也认识到了母亲的辛苦和艰辛，不知如何才能报答母亲的养育之恩，发出了"子不成才难报娘"的感慨。而子女们正是体会到了父母的这份艰辛，才会对他们非常的孝敬，而孝敬父母不仅要在父母面前遵循有关的礼仪规范，言语、神色、举止不失恭敬，问安视膳，更应顺从父母的意志，"敬共父命"（《左传·襄公二十三年》）、"违命不孝"（《左传·闵公二年》）。这是由内在的爱转化而成的外显的恭敬和顺从。这种恭敬和顺从就是对父母的谦让。而在当时的社会也提倡"父慈子孝"，但在现实生活中，人们所重视的是子孝而不是父慈，不孝子往往受到社会舆论的谴责，而不慈父却很少受指责。这样一来，父母便能决定子女的命

135

运。正是由于这种特有权利和天生的养育之恩，使子女对其谦让和恭顺。《将仲子》所描述的那位姑娘，要求她的情人不要进入自己家里，不是自己不思念他，而是因为怕自己的父母责骂。其实，男女恩爱本应该是自由的，不应该受到指责，而这位姑娘正是出于对父母的谦让，而牺牲了自己的感情。

不可否认，孝敬父母，对其谦让是应该的，至今也是中华民族的一种美德。然而，有时候，年长的人责备年幼的人，哪怕明明是错了，也硬是说成是合情合理的。相反，卑贱的或年幼的人如果以理力争，哪怕明明是对的，也会硬被说成是大逆不道。其实，在家庭中，应建立一种相对平等的关系。该讲道理时就要讲道理，父母应该对子女谦让时，适当地做一些让步，少一些专制，反而会让他们更加轻松，更能体会父母的心理。相比之下，当今的青少年们就幸福许多，摆脱了封建的家长制束缚，让自己有了更自主的空间，也因此，现今的家庭关系比从前融洽了许多，而且多了份温馨的感觉。

还有就是兄弟之间的谦让。《诗经》所反映的时代，家庭的基本成员是父母、子女、兄弟。当时，人们将兄弟关系视为仅次于父子关系的一种家庭关系，往往一谈到父子关系，后面就会紧跟着兄弟关系。当时，兄弟的伦理道德就是"兄爱弟敬"。所谓"兄爱弟敬"，意即"兄爱而友，弟敬而顺"[①]。这体现的正是兄弟之间的谦让，它约束着兄弟之间相互的态度和行为方式。"兄弟致美……毋绝其爱"（《左传·文公十五年》），说的就是兄弟之间的友爱。而《陟岵》一诗中，正描写了在外服役的弟弟对哥哥的思念。诗中写道，站在小山岗的最高处，遥望哥哥，想起了临行前哥哥对他的叮嘱：小心身体多保重，快回切莫死异乡。这体现了兄弟的相互友爱。兄弟的谦让更表现在生死关头，卫国

---

① 陈筱芳：《春秋婚姻礼俗与社会伦理》，巴蜀书社2000年版，第153页。

公子寿在得知其父将杀异母弟急子时，挺身而出，为了保全兄长而献出了自己的生命。《二子乘舟》就是以此为背景写的。由此可以看出谦让对于规范个人行为、减少兄弟冲突、协调兄弟关系的作用。

兄弟之间不仅体现着家庭关系，也体现着宗法关系，在宗法制度中，他们之间存在着等级、尊卑的差别，而"兄爱弟敬"也适用于此。"凡今之人，莫如兄弟"（《小雅·常棣》）。如果能够以此谦让之举协调兄弟关系，那么就会避免许多矛盾和祸患。宗法制度是用强制的原则制约兄弟相互的行为，从而协调他们的关系。而兄弟之间的爱敬之德却能弥补宗法之所不能及，调整宗法解决不好的问题。"兄爱弟敬"不同于宗法原则的强制性，而是通过主体的自我信念，自我调节，自我批评来制约兄弟双方的关系。它以天然的骨肉情感为基础，而上升为一种高级的道德情感。在这种爱、敬之德的引导下，兄弟之间就会互相谦让。这种谦让可以使发生在贵族家庭中的兄弟争位，争财物、田产等矛盾都迎刃而解。这样看来，兄弟谦让不仅对家庭、宗族和社会的稳定秩序有着积极的作用，对于权力的平稳传接意义更大，弟兄和睦，是家族力量的标志。否则就像《杕杜》诗中所描写的那个流浪者，孤零零的一个人，同姓兄弟也没有，想体验那种兄弟情也没有机会。

另外，是朋友之间的谦让。在君臣、父子、兄弟、夫妻、朋友等伦理关系中，只有朋友之间不包含尊卑、等级关系。这就体现在交往时的互相尊重和敬爱。不考虑身份、地位等外在条件，只要志同道合就可以成为朋友，而互相尊重的前提就是谦让。《卫风·木瓜》中就写朋友之间：你送我木瓜，我用美玉作报答。美玉哪能算报答，是求永久相好！你送我木桃，我用琼瑶作报答。琼瑶哪能算报答，是求彼此永相好！你送我酥李，我用琼玖作报答。琼玖哪能算报答，是求彼此好到底。诗中所体现的就是朋友见面互送礼物以表情谊,其实送的东西不重要,重要的是用礼物表示对彼此的尊重,从而永远维持朋友关系。千里难寻是朋友,既然已成为朋友,就应当好好珍惜。否则,只有送礼,而无回礼,有来无往,是很难维持良好关系的,我们都应该认识到诗中所表达的含义,以此提示自己,要善待朋友,只有彼此谦让才会得到交友的快乐。

同行间的谦让。这是对于从事同一行业的人来说的。对于这种关系中的双方,能做到彼此谦让是极不容易的。俗语说"同行是冤家",由于两者之间存在着争夺利益的矛盾,是不容易和睦相处的。其实,只有用谦让来协调同行之间的关系,才可以避免彼此的忌害。就像《齐风·还》中记述的两位猎人,他们在山间道路上相遇,一起驱赶野兽,并互相称赞对方的技艺。正是两人互相谦让,使彼此消除猜忌,同心协作,才驱赶走野兽。否则,他们互不相让,硬要一比技艺的高下,孤军奋战,很可能会遭到野兽的伤害。而同行间的谦让之德,不仅在于对个体人身安全的意义,而且对于国家的秩序和稳定也有重要意义。《无衣》一诗中就是说这方面的内容:两位战士共同穿衣,修整武器,听从国家调遣去打仗,由于彼此谦让,互不争功,同仇敌忾,才打退了敌人,最终保卫了国家安全。

由此可见,合力永远大于单力,同行间只有消除猜忌,互通有无,才会有更大的收获,尤其是在科技等日新月异的今天,同行间更应注重彼此谦让,协调好关系,团结起来共同迎接挑战。这样,不仅会更好地克服困难,而且会带给你更大的喜悦和收获。

三 《诗经》政治观中的谦让思想

从《诗经》中我们可以看出,敦睦亲族就需要谦让之德。"亲族"是指父系宗亲,其中不仅有直系父辈关系,还有母系、下辈、旁系平辈关系，即父、母、叔、伯、子、孙、兄、弟等关系。看起来，这是一个包容着众多的亲属关系的大家族。而这个家族最特殊的是有一个特殊的成员——国君，他有着至高无上的尊严和权威，他与家族成员又有了另外一种特殊的君臣关系，有着等级、尊卑的差别。这种特殊的身份可以使他不必拘泥于宗亲关系，但他能敦睦宗亲，说明已把自己放在与其他亲族共处的地位，这也是一种谦让之德。《行苇》一诗就歌颂了周代亲近家族兄弟，敬重老人的美德。《常棣》一诗中更是道出了敦睦亲族的重要性："凡今之人，莫如兄弟。"只有兄弟才会在你有难时不顾一切帮助你，即使在家中不和睦，对外也会同仇敌忾。这样看来，对宗亲的谦让，不仅增进了彼此的感情，更有利于统治。正所谓"家和万事兴"。否则，亲族互相疏远，甚至为争爵禄互不相让，一直怨恨到死亡，这是不利于统治的，再加上百姓的仿效，这样一个失去了凝聚力的国家，如同一盘散沙，必定会自取灭亡。

亲近诸侯也是靠谦让之德。周时实行分封制，周王将自己的子弟、功臣分封到各地，作为某一地域的占有者或领导者，故他们具有封建领主的性质。这些大诸侯又以相同的方式对自己的子弟、臣属进行分封，如此逐渐派生，整个周代政权组织形成了一个呈辐射状散布的封建领主统治结构。国君就是全国最大的封建主，他能够放下自己的尊严、权势去亲近下面的小诸侯，可谓是对他们的谦让。《崧高》一诗就叙述了这样的事实：申伯是分封到南境的诸侯，王亲近他，又赐他马车、国宝等礼物，申伯感受到了王对他的礼遇，努力治理南邦，使其闻名于各诸侯国。国君的谦让和礼遇，不仅拉近了他们彼此的距离，更有利于巩固国君的统治。试想如果他不亲近诸侯，甚至使用强制手段压制下面的诸侯，诸侯必定会有反叛的心理，利用自己手中的力量去反抗其统治，后果是相当严重的，历史上许多事实也都说明了此点。

选贤授能亦渗透着谦让之德。《南山有台》一诗中说，有贤能的君子是国家根基的依靠，充分体现了贤能之人对于治理国家的重要性。而作为一国之君能够认识到自己力量的不足，并能从治理好国家这个大局出发，任用贤能，这一谦让之举，体现了其宽广的胸襟。"君明臣忠"，对于明君，臣子更会忠诚地为其做事，这更有利于加强其统治了。《烝民》中就记述了一位楷模：仲山甫是王的一位贤臣，他处世随和，注重大臣的仪表，处事谨慎，遵循古训，勤于政事，忠于职守，明辨是非，忠于天子，坚持原则，耿直坚毅，不欺弱小，不畏强暴，能行己善，能补人过，行政有力，执事有方，公而忘私，集众多的贤德于一身。这样优秀的大臣忠实执行国君的命令，真可谓是国家的根基和依靠。而且，他的言行身教也会对全社会产生很大的影响。对这样的人谦让，不仅不会有损王的尊严，而且更会显示王的贤明。

仁爱人民也有谦让之德。陈筱芳认为，"体恤百姓，正直不偏为仁"①。《诗经》正好表达了这一思想。《国语·周语》载周大夫富辰所言"仁所以保民也"。只有仁爱人民，才是对人民最大的谦让，这就要求统治者"作民父母"，爱护民众"若保赤子"。将君民关系赋予感情色彩，比喻为父母子女关系，这样做起来就容易许多。《洞酌》就描述了这样的一位国君：他把人民当成自己的子女，人民得到了休养生息，都向他归顺。

正所谓"得民心者得天下"。民为邦本，民心的向背不仅影响战争的胜负，甚至决定国家的命运；国君应当以民为重，这样才能巩固统治，防止农民暴动危及政权。而民又为君本，君民之间是一种依存关系，君是"民之主"、"民之望"，这是说君有治理民众的权力，但也有安民、恤民的责任。如果君主使百姓绝望，则"弗去何为"，完全可以将他驱逐。这样看来，对人民的

---

① 陈筱芳：《春秋婚姻礼俗与社会伦理》，巴蜀书社2000年版，第266页。

谦让,其实就是对君主自己和国家的谦让。

勤勉不懈也是谦让之德。《文王》一诗就赞美了文王作为一国之君,勤勉不倦地治理国家,广施恩惠,声誉远扬,如此的基业已能百代相传,累世昌盛,但他还小心谋事。也正因为有了这样的国君,人民才臣服,上帝才赐福,使得西周不断强盛。可见,这种自谦的做法,对于治理国家是多么重要。这也给了我们后人以启示:做任何事,都应该勤勉不懈,持之以恒,这样才会在原有的基础上,更加前进。

上述的两大方面都反映了国君的谦让之德,所谓"满招损,谦受益",正因为他们懂了谦让的可贵,才会使自己的统治巩固、稳定。而那些不懂谦让,任意妄为的国君,得到的只能是更大的损失,就像《雨无正》中所描写的周幽王,被天、民所弃,以至于周室被灭,没有安居的地方。

四 《诗经》强调男女恋爱关系中的谦让之德

作为组成社会的两大主体:男性和女性,他们在彼此交往时而产生好感,从而一步步地进入到婚姻、家庭。而当他们结成夫妻后,在今后的生活中两人就是关系最亲近的人,所以彼此互相谦让,才会有和睦、美满的生活。在《诗经》中有关男女恋爱、婚姻的诗特别多,它们也都从不同的侧面反映了这一问题。

(一)在追求异性的过程中,应当学会谦逊有礼。

在《诗经》一开篇的《关雎》中就写道:"关关雎鸠,在河之洲,窈窕淑女,君子好逑。"诗句中男子用"窈窕淑女"形容女子,马瑞辰在《毛诗传笺通释》中说:"秦晋之间,美心为窈,美状为窕。"而"淑"是温和善良的意思。这几个词语是对女子的一个相当高的评价。男子能用这些词语来赞美女子,本身就体现了对女子的谦让。而后,男子又在诗中表达出了对女子的深深思念,夜不能寐,并想用琴瑟、钟鼓取悦女子。在当时的社会中，奉行"男尊女卑"，男子的地位高于女子，而诗中的男子却能真诚地对待自己心仪的姑娘。这份谦让，让我们领会了他用情之深和用情之专。《汾沮洳》一诗中则再现了女子对男子的谦让。诗中描写的女子赞美爱人的品质，认为自己的爱人不仅人长得美，而且非常英勇，甚至超过了公族将军。而《泽陂》一诗中所描写的那位姑娘更是抛开了女子传统中娇羞的一面，在诗中表达了对荷塘泽畔碰到的那位青年的思恋，以至于彻夜难眠。

  男女之间的谦让还表现在对彼此的感情坚定、专一。在《郑风·出其东门》一诗中，就表现了男子爱有所专。诗中写道，当他走出东边城门时，看到出游的姑娘多于云彩，但是他都没有动心，只倾心于白衣青巾的那位姑娘。为什么说这是一种谦让？我们都知道，当时的婚制是一夫一妻，而实际当中则是一夫一妻多妾，妾与妻虽然在身份、家庭地位等方面有尊卑差别，但在感情上却是相同的。因此在当时，男子同时喜欢一个或几个女子，虽不合乎婚制，但是被允许的。诗中的这位男子能够始终如一地对待女子，专情于她，这既是一种纯美的爱，同时也不能不说有在感情上对女子的谦让的内涵。女子对男子的感情同样也怀有这份坚贞不屈。《大车》中就描写了这样的一位女性。虽然她碍于世俗不能同情人经常见面，但她并没有淡忘这份感情，仍时时刻刻挂念着对方。并在心中对他说：活着时两人住不能同房，死了愿和他一同葬。并让天上的太阳来作证，以表明自己的决心。

  从上面这两首诗中我们体会到了他们对于自己感情的珍视。情人之间只有彼此专一，才能建立一份可信、可靠的感情关系，才会在危险时，彼此互相扶持。就像《北风》所描述的那对情人，正因为彼此对爱的专一、诚信，才会在祸乱到来的时候，信守爱情，共同面对各种艰难险阻。

  古人这种对感情的专一态度对今天也有着很好的影响。在社会物质文明高度发展的今天,人们并没有抛弃这种美好的品质,反而更加重视一份真诚。现在的家庭是一夫一妻制,如果男子同时与几个女子交往,不但不被社会承认,而且会遭到世人的责骂,我们认为这与我国优良文化传统的影响是分不开的。

(二)男女在约会见面、谈情说爱时,彼此也应该谦让相待。

男女青年在恋爱时,都会互相约会,这也是从古至今延留的传统,《邶风·匏有苦叶》就体现了这一点。诗中写一位女子在河边等待对岸的情人,河水已经淹到车轮,她还是不顾一切地等待着她的情人。其实,女子对待感情时的态度比男子要含蓄、保守许多。况且男女相会时大都是男子等待女子,而这位姑娘能够抛弃这种观念,不仅表现了那种谦让态度,更表现了她的用情之深。再说《静女》,一位温柔静雅的姑娘,本身就是男子所喜欢的对象,但她却放下架子主动去约情人,并赠送彤管以表心意,当结束约会时又摘草赠送男子。这种少见的主动,不仅让男子受宠若惊,心中更加深了对姑娘的爱意,虽然她送的礼物轻薄,但在男子看来,这是对他爱意的一种表示,从而爱屋及乌。

《汉广》诗中描写了一位小伙子喜欢上了一位汉江上的游女,他认为自己追求这个女子如同要渡过又宽又长的茫茫汉水一样,是根本不可能的。正是这种不确定的心理,导致他最终失恋了。我们最熟悉的《蒹葭》诗中写到"蒹葭苍苍,白露为霜。所谓伊人,在水一方"。这句诗深受人们的喜爱,然而诗中所体现的也是男子对所喜欢的人不敢大胆追求,可望而不可即的那种感慨,《月初》透露出的也是这样的一种意境。

当我们读起这些诗歌时,不禁被它的婉转、悠扬而吸引,被这种深情而朦胧的爱情所打动。然而,当我们细细地研究它们时,就会发现诗中所体现的那种无奈并不值得我们去欣赏。有些诗中的主人公由于过分的谦让,使得自己对于爱情产生了不确切的心理，认为自己根本不可能得到渴望的爱情从而放弃了爱情，进而放弃了追求，放弃了用实际行动追求爱情的机会，但却又自怨自艾，让自己更加烦闷。去追求自己的爱情和幸福，是会得到很多的鼓励的，可他们连尝试的勇气都没有，成为了感情的懦弱者，逃避者，这种谦让，只会得到别人的同情。可同情又能解决什么问题？

与上面两首诗有所不同，《溱洧》所体现的是男子约会时女子所表示的谦让。诗中描写一对青年男女出游，姑娘说要到洧水河边去游玩，小伙子虽然已经去过，但还是陪着姑娘去了，他们玩得也很开心。正是小伙子的谦让大度，成全了姑娘的心意，成就了一段美好的爱情。

从以上这三个方面看，我们就会明白：在男女的感情世界中，男女之间的地位是平等的，并不存在身份、尊卑等方面的差别。认识到这一点，彼此之间就应互相谦让，这样才能维持并巩固自己的感情。否则，当双方发生一点儿矛盾就互不相让，各持己见，再美满的感情也会在争吵中消失的。这也是我们今天应从中吸取的经验。然而，我们也要懂得"适可而止"和"过犹不及"的道理。在处理感情时也不能一味的谦让，否则，得到的会是一颗苦果，《诗经》中关于这方面的描写也很多。

其实，这种朦胧式的爱情在今天的社会中也有很多，面对自己喜欢的人不敢表白，默默承受着痛苦。那么现在是否应该从这些诗中得到些启示呢？每个人都有追求爱情的权利，不论美丑、贫富、尊卑，这些都不是限制，重要的是自己怎样看待自己，只要有自信，一定会得到这份幸福。要想得到一份美好的爱情并不容易，不只要受到自身压力的限制，在当时封建的社会条件下还有许多来自外界的压力，碍于当时社会道德、伦理等的限制，有时也不得不让步。如《鄘风·柏舟》诗中所描写的那位姑娘，她已经找到了自己所喜欢的男子，并且感情很深，但由于没能得到母亲的赞同，不得不放弃。又如《将仲子》中所写的那位姑娘，告诫她的情人不要去她家，并不是因为自己不想念他，而是怕爹娘兄弟的责骂和别人的闲话。这两首诗中所写的女子对自己的情人都有着浓浓的深情，但迫于当时的世俗伦理，只得做出让步。当时的世俗是很落后、保守的，青年男女的婚姻都是由父母做主，只有得到父母的赞同，他们才有可能在一起。否则，就如《蝃蝀》中所描写的那个女子，她找到了爱人，没有得到父母的同意就自己决定嫁给他。这样一来，不仅父母兄弟远离了她，而且还遭到了旁人的指责，认为她是个不可信的人，只想到自己的婚嫁，不知听从父母的命令。

然而，男女婚姻只有父母赞同还不行，还必须要有媒人之约，否则婚姻也不会得到承认。《伐柯》一诗就表明了这一点。诗中写了没有媒人做媒的婚姻，就好像被砍去斧柄的斧头，是不被承认的。要想得到妻子，必须得有媒人，否则会遭到旁人的嘲讽与指责。如果说在婚姻时，对父母谦让还是情有可原的，而谦让于媒人就显得没有必要了。这就是落后的封建制度造成的。相比之下，生活在今天的青年男女们就幸福很多，他们可以自由地谈恋爱，按照自己的意愿决定婚姻，父母只是参与意见，并不是专制。这样一来，就会成就美满的婚姻。如此看来，父母在婚姻方面对自己的子女谦让一下，会有更好的结果。

（三）夫妻生活中也要强调谦虚礼让，只有这样才能夫妻恩爱、白头偕老。

当男女双方摆脱各种阻力，真正结成夫妻后，他们才成为了自己的主人。在他们组成的家庭中，可以按照自己的意志行事了，但是，此时夫妻双方更应该互相关怀、爱护，彼此谦让相待。这样才会使家庭关系更和睦，生活更幸福。

《东方之日》就是描写一对新婚夫妇恩爱的作品。诗中写道：在东方日出的时候，清秀的姑娘嫁到我家，从此与我形影不离，夫妻相伴做事。这首诗所体现的就是"夫唱妇随"的意境。妻子出于对丈夫的爱，凡事都听从丈夫的。又如《女曰鸡鸣》一诗中描写的那对猎人夫妇，他们不仅相约早起，并且互相合作，丈夫猎到猎物，妻子调和烹饪。她对丈夫说：知你为我对我好，送你佩玉莫嫌少；知你对我很体贴，送你佩玉请收好；知你对我恩爱深，送你佩玉以为报！从中我们更能体会夫妻间谦让相待的可贵。

  对于家庭和睦，夫妻相处融洽的家庭，人们都会很羡慕，其实这不难。只要夫妻间和睦相处，遇事或发生矛盾时，彼此各让一步，不要怒目相视，多从对方的角度考虑，一定能处理好这种关系。倘若不能如此，家庭永无宁日。《诗经》中也提示了许多实例，如《终风》诗中就写了一个女子对丈夫的怨恨。女子在与男子结婚后，男子不再专一地爱着她，又娶了其他的女子，从而把她遗忘。无论她怎样思念，男子也没能回心转意；而《氓》一诗中所记录的那位女子的丈夫更是恶劣至极，女子在嫁给他以后，勤勤恳恳地劳动，支撑着整个家，经过三年的苦熬，生活总算有了改变，然而她的丈夫却变了心，不仅忘了以前的山盟海誓，甚至还喜欢了别的年轻漂亮的姑娘。正是丈夫的这种不谦让的态度，造成了这可悲的家庭悲剧。可见，谦让在处理家庭关系时的重要作用。

  《诗经》在我国文学及史学上的地位是毋庸置疑的。它让人们在读诗、欣赏诗的同时而受到教益。可以说，《诗经》对于人们的影响和教育从古至今一直没有间断过。中国是一个礼仪之邦，在社交及日常生活中谦让待人已成为中国人的一种习惯；同时，中国也是一个诗的国度。因此，在这样一个国家弘扬谦让之德，从《诗经》这样的古老经典中吸取养分，是必不可少的，也是会有丰厚回报的。

第四章　历代学者论谦让（上）

先秦时代是我国传统文化形成、发展的重要时期，这一时期形成的哲学思想、伦理道德和文学艺术，是中国文化的一个重要源头。先秦时期也是我国传统文化最为繁荣的时期，许多著名的哲学家和思想流派，如大家熟知的孔子与儒家、老子与道家、墨子与墨家、韩非子与法家等，都产生和成熟于这个时代。

同样，这一时期形成的哲学思想和伦理思想，对以后中国文化产生了主导性的影响，比如说孔子创立的儒家及其思想，不仅是封建时代的主流思想，而且深刻地影响了中国人的思想感情与生活方式。就谦让思想而言，先秦诸子对它的理解和阐释，以及他们身上表现出的谦让之德，也是后世中国人津津乐道的优秀传统之一。

第一节　孔子的谦让思想

孔子（前551—前479）是我国儒家学派的创始人，是我国最伟大的思想家和教育家，也是人类历史上最有影响力的哲人之一。现代新儒家称："在孔子逝世2500多年以后的今天，无论我们用'中国性'一词指称何物，它均与孔子这个人物有着或多或少的联系。孔子的影响也远远超出中国之外，涵盖了整个汉文化圈,尤其是韩国、日本和越南三国……"①在20世纪,随着中国现代化步伐的加快,孔子的思想受到了前所未有的挑战,甚至在一些时候,其被看作是阻碍中国现代化进程的思想包袱。但客观地讲,由孔子思想衍生出的生活方式和思维模式,与当前中国的社会政治、伦理道德等仍有着千丝万缕的联系。也就是说,孔子及其思想与当前中国人的生活方式与思想感情仍未脱节,相反,随着我国现代化发展日趋理性化,人们会对孔子有更客观、更正确的评价。

在本章中,我们着重介绍和分析孔子的谦让思想。通过纵述他的人生经历,分析他的人格修养,以及他的相关言论,系统地向读者介绍这位伟大人物的谦让思想。

一 孔子——"谦谦君子"的典型代表

(一)早年经历与孔子的人格修养

孔子自称是殷人的后代,他的先祖孔父嘉曾是宋国宗室,被人杀害后,他的后人逃亡到了鲁国。到孔子的父亲叔梁纥时,家道已彻底中落,所以说孔子是没落贵族的后代。孔子幼年丧父,与母亲过着相依为命的生活,但即便这样,他也并没有因此而消沉,相反,他从小就好学上进。据史料记载,他五六岁时,与孩童们玩耍时,就摆设俎豆等祭器,学作祭祀礼仪动作。而礼仪是当时最重要的知识之一,是贵族子弟的必修课。这就可见,孔子对美好生活的向往是自幼就已开始了。

幼年的孔子在母亲的管教与爱护下,并没有受到多大的苦难,可是当他步入社会后,却经受了多方面的考验,而他的谦让风度也是在社会生活中逐渐培养出来。有一次,鲁国的重臣季氏

---

① [美]安乐哲·罗思文:《〈论语〉的哲学诠释》,中国社会科学出版社2003年版,第2页。

举行宴会招待士人,士人是当时的贵族阶层,孔子也符合这一身份。可是当他前往季氏家时,却被季氏的家臣阳虎拦在门外,阳虎对他说:"季氏飨士,非敢飨子也。"(《史记·孔子世家》)意思是说季氏招待的是士子,没有请你。换句话说,阳虎认为孔子早就不是贵族子弟了。这件事深深地刺激了年少的孔子,使他明白光靠他父亲留下来的名号是不可能得到别人尊重的,家族的历史也不可能给他增添荣耀,只有认清自己所处的环境,以及自己的地位,才能更好地发挥自己的能力。

孔子家境贫寒而且地位低下,等到成年后,曾在季氏门下做小吏,管理过仓库,也担任过主管畜牧的小吏。孔子虽然明白自己的官职卑下,但他却从来不马虎行事,也不与贪官同流合污。最后,遭人妒忌,只好放弃这份官职。

孔子早年的这些经历,以及他的出身,对他成为一个"谦谦君子",起到了至关重要的影响。家境的贫寒和没落贵族的出身让他很早就明白,他的贵族身份不可能带给他荣耀与地位,他也不能依赖这种身份,去过一种纯粹的贵族生活。这一点使得他很早就懂得谦虚谨慎地对待周围的人们,不管是在上的贵族,还是身份低下的平民。

早年从事的职业也对他形成谦虚退让的个性,起到一定的作用。作为贵族,他们一般都过着饭来张口、衣来伸手的日子。而孔子却要去做在一般贵族眼里只是门人或一般平民做的工作,但孔子在这样的工作环境中不仅没有消沉,或者对自己感到失望,反而勤勤恳恳地做好了他的本职工作。与高高在上的贵族相比,他没有因此而自甘卑下,与深受压迫的平民相比,他也没有因此就小瞧他们。从孔子的身上,我们可以看到,真正的谦让之德,是一个人认清了自己所处的环境后,自然而然地形成的人格魅力。古人说:"人贵有自知之明。"的确,当一个人有了自知之明后,他就可以看清自己,也会以一颗平常心去对待周围的人与事。从这一点来说,谦让之德并不是什么高深的东西,它只是人们身上自然而然地流露出的思想情感。

(二)游学经历与孔子的人格完善

孔子的游学经历,也对他形成谦虚退让的美德起到了至关重要的作用。据《孔子世家·观周》等篇记载,孔子和南宫敬叔曾出游过东周都城洛阳,并且参观了后稷的庙堂。在庙堂的台阶前,有三个铜人,都闭着嘴,它们背后的铭文写道:"古之慎言人也,戒之哉,无多言,多言多败;无多事,多事多患,安乐必戒,无所行悔……温恭慎德,使人慕之……江海虽左,长于百川,以其卑也。天道无亲,而能下人,戒之哉。"意思是说,这些铜人就是古代时谦虚谨慎的人,不要多说话,不要多事,不要做后悔的事,温顺、恭俭、谨慎的品德,令人仰慕。大江大海虽然不相助,却比所有河流都长,因为它们卑下谦让。上天对谁都没有亲疏之分,却能谦下待人,人们应当牢记这些教训。孔子读完这些铭文后,对他的随从说:"小子识之,此言实而中,情而信,诗曰:'战战兢兢,如临深渊,如履薄冰。'行身如此,岂以口过患哉?"意思是说孔子认为铭文上说得十分可信,《诗经》当中也有相应的话:"战战兢兢,就像面临深渊,就像踩上薄冰。"如果一个人的行动这样谨慎,那么他就可能避免灾祸了。

据《史记·孔子世家》和《史记·老子韩非列传》记载,孔子在游历东周都城时,曾拜访过老子。老子对他的教诲也对他形成谦虚退让的个性有一定的影响。孔子第一次见到老子时,是个年方三十的有志青年,他以充满自信的口吻向老子述说了自己的志向,他说他要拯救"礼崩乐坏"的局面,要恢复古代圣贤的礼教。老子却对他说:"子所言者,其人与骨皆已朽矣,独其言在耳。"(《史记·老子韩非列传》)意思是说孔子所说的礼教,制定它们的人早就死了,只有他的言论留了下来。老子认为"礼崩乐坏"已经成为历史事实,这是谁也改变不了的。老子站在道家的立场劝告孔子要看清形势，不要有过多的骄傲之气和过多的欲望。《孔子世家》中详细记载了孔子向老子请教学问的事，可能大多是后世儒家的创作，但主要的用意也是在反复说明老子规劝孔子的事。

孔子年轻时的理想和抱负都很大，他的志向是想恢复周公之治，所以面对"自隐无名为务"（《史记·老子韩非列传》）的老子，不免有一些狂妄。可老子的一席话也让孔子十分感动，毕竟他们所处的时代的确如老子所说，与文武周公时代相差太远，如果仅仅想恢复过去的礼治是不可能的。虽然孔子之学与道家主张有很大差别，但在面对混乱的时世，面对百姓的疾苦时，认清现实总比一味地想恢复过去的辉煌要好。从这一点上讲，老子流露出的人文关怀和对年轻人的教诲仍然对孔子产生了作用。孔子曾经深情地对他的学生说："鸟，吾知其能飞；鱼，吾知其能游；兽，吾知其能走。走者可以为罔，游者可以为纶，飞者可以为矰。至于龙吾不能知，其乘风云而上天。吾今日见老子，其犹龙邪！"（《史记·老子韩非列传》）意思是说，鸟虽然会飞，却可以用箭射它；鱼虽然可以游，但可以用针钩钓它；野兽虽然可以跑，但也可以用网罩住它；至于龙，它乘着风云上天，我今天见到老子，他大概就像一条龙吧！

孔子的游学经历，以及请教老子的事实，对孔子的人格修养无疑产生了积极的影响。孔子在其学问与名声日盛的时期，不仅见识了上古时代就已经成为人生经验的一些历史古迹，而且亲自向老子这样的名人请教，也使他懂得了自己的学问再如何完美，总会有不足之处，应当虚心地向他人学习，只有这样才能让自己更加完善。

另外，孔子离开周都洛阳返回鲁国时，老子赠言给他，说临别时富有的人送给别人财产，仁义的人送给别人几句话，他没有财富，就送几句话给孔子，他说："聪明深察而近于死者，好议之人者也。博辩广大危其身者，发人之恶者也。为人子者毋以有己，为人臣者毋以有己。"（《史记·孔子世家》）意思是说，聪明深察的人常常遇到死亡的威胁，是因为他好非议他人的缘故；博学善辩、才能广大的人常遇到危及自己的困难，是因为他好揭发别人的不善；作为子女在父辈面前不要总是突出自己，作为臣下在君王面前不要总是抬高自己。老子的这番话，实际上是要求孔子学会谦虚谨慎。

孔子显然从他的游学经历与老子的教诲中得到了启示，经过风风雨雨的锻炼，形成了荣辱不惊、谦让自抑的高尚人格。季氏的家臣阳虎，是当时手握重权的大臣，他早年曾经对孔子无礼，使孔子吃了闭门羹。后来他看到孔子的声名日益隆兴，就想请孔子出来做官。用进步的眼光看，阳虎是当时新兴的势力的代表，但孔子却是相对保守的，他最看不起的就是那些僭越礼法的人，阳虎当然也是其中之一。有一次，阳虎想让孔子去见他，孔子没有去，他就派人送了一头猪给孔子。按当时礼尚往来的传统，孔子应当前往阳虎的住处答谢阳虎。可是孔子不想见到阳虎，就选了一个阳虎不在家的日子前去答谢。两人碰巧在路上遇见。阳虎就问孔子两个问题："怀其宝而迷其邦，可谓仁乎？""好从事而亟失时，可谓知乎？"（《论语·阳货》）意思是说自己有一身本领，却听任国家陷入危难，可以叫做"仁"吗？一个人喜欢做官，却屡屡错过机会，可以叫做聪明吗？孔子无言以对，最后只能回答："诺，吾将仕矣。"（《论语·阳货》）孔子最终还是没有去阳虎门下任职，毕竟阳虎有替代季氏的野心，面对高官厚禄，孔子还是认清了形势，并未被利欲所诱惑。这说明当时的孔子（约四十二岁）已经做到了谦虚自抑，并把它当作度量时势、保全自己人格的一个法宝。

孔子的私学规模扩大后，曾带领学生在各国游历了十四年，其间他既得到过礼遇，也遭受了冷遇；既看到了战乱带给人民的痛苦，也看到了"苛政猛于虎"的现实。当他再次返回鲁国时，终于形成了自己独立的以"仁"为核心的思想体系，他的个人修养也达到了前所未有的高度。

（三）《论语》所反映的孔子谦让美德

《论语》是孔子弟子和再传弟子记录孔子言行的一本语录体著作，它较为系统地反映了孔子的思想。在《论语》中，我们也能找到一些反映孔子谦让之德的记载，将它们串联到一起后，孔子"谦谦君子"的形象，便会跃然纸上。

孔子是一个好学之人。虽然当时他是最著名的大学问家，却从来不因此就呈现自满之相。相反，正因为好学，他才不知满足，也正因为好学，他才能时时注意到自己的不足和缺陷，努力寻求机会去学习和提高。在《论语·子罕》中，他说："吾有知乎哉？无知也。有鄙夫问于我，空空如也。我叩其两端而竭焉。"意思是说，"我有知识吗？没有。有一个庄稼汉问我，我本是一点也不知道的；我从他那个问题的首尾两端去盘问，然后尽量地告诉他。"可见，孔子在学问方面是十分谦虚的。

孔子还说过"三人行，则必有我师焉"（《论语·述而》），意思是说，几个人一起走路，其中必定有一个人身上的品德可以为我所取。也就是说任何人都有某种长处，如果谦虚地向别人学习，就可以在任何地方找到自己学习的对象。他进一步说："择其善者而从之，其不善者而改之。"（《论语·述而》）意思是说选取那些优点进行学习，对看到的缺点要及时改正。孔子当时已经是十分有名的教育家，他的学生据说有三千之多，著名的有七十二人，按理说别人都应当以他为师，但他却处处从别人身上学习东西，从不以为自己是个完善的人，时时通过学习别人去补充自己的知识。

孔子很喜欢有谦让美德的人。他的学生颜回是一个十分好学和谦虚的人，孔子对他喜爱有加。当别人问他的学生中谁最好学，他只说是颜回一人。颜回英年早逝，孔子十分悲痛。他不仅喜欢颜回专注于学问的精神，更是为这位懂得谦让的学生的人格魅力所感动。有一次，孔子问他的学生子贡，子贡和颜回相比，谁的学问更强一些，子贡十分谦虚地说，颜回能知一反十，而他却只能知一反三。孔子听了之后十分高兴，表扬子贡有自知之明。当然，具有自知之明的子贡也是他所喜欢的学生之一。鲁国有位大将在与齐国作战时，为了掩护全军后撤，一直殿后。当他骑着马进城门的时候，还解释说："非敢后也，马不进也。"(《左传·哀公十一年》)孔子得知此事后评价说："孟之反不伐"(《论语·雍也》)，意思是说，孟之反这个人不夸耀自己。由此可见，孔子是十分尊重有谦让之德的人的。

另外，在《论语·乡党》篇中，我们更能全面地感受到孔子"谦谦君子"的风范。孔子在本乡的地方上非常恭顺，像自己不能说话的样子，他用这样的方式表达他对乡人们的尊重。在宗庙里、朝堂上，他说话时明白而流畅，只是说得很少。联系到他在周都洛阳后稷庙中所见的铜人铭文，以及老子对他的教诲，我们就能知道，他少说话的目的大概有两个：一是不想得罪权贵；一是想表示自己谦虚退让的从政风格。

孔子在接待外国宾客时，面色十分矜持庄重，脚步也快了起来，一言一行都符合宾礼的规范，而且在宾客面前露出谦虚谨慎的样子。出使到国外，孔子拿着圭，恭敬谨慎地向对方表示友好。朝堂上的孔子更是谦逊，当他进入朝廷大门时，表现出害怕而谨慎的样子，好像没有容身之处；既不站在门的中间，也不踩着门槛经过；经过国君的座位，面色便矜持，脚步也更快，时刻表现出谦虚谨慎的样子；回到自己的位置时，仍然表现出恭敬不安的样子。

通过以上三方面的介绍，我们可以看出孔子"谦谦君子"的人格魅力。没落贵族的身份和别人的轻视并没有使他的人格发生扭曲，相反，他在早年丧父、家道中落的逆境中时时自强不息，成为一个德才兼备的人；通过游学与请教，他进一步增长了学问，也时时反躬自己的行为，不断地完善自己的人格修养；虽然有别人无法企及的学问，他却处处以人为师，不耻下问，好学上进；不管是对待乡里的一般百姓，还是贵族士子，他都十分谦虚谨慎；在外交场合、宗庙朝堂，他的谦让自抑体现了一个合格的礼学家的风范，以及一个合格的政治家应当具备的基本素质。总之，孔子的确是一个"谦谦君子"的典型代表，虽然他逝世已经近2500年，但他的音容笑貌、行为举止、为人风范等至今仍为人们津津乐道、赞美歌颂。

二　孔子论谦让

孔子不但身体力行谦让之德，时时让自己的行为符合谦让之德的要求、教诲他的学生和家人要培养谦让之德，而且在理论上系统地对谦让之德进行了阐述。孔子不仅是"谦谦君子"的典型代表，也是大力提倡谦让之德的思想家，他认为谦让之德不仅是历史经验已经证明的对人有百利而无一害的优良品德，也是人们修身的一个法宝。在本小节中，我们通过《论语》、《孔子家语》等文献的记载，系统地分析孔子阐述谦让之德的言论，并在此基础上总结先秦儒家的谦让思想。

（一）孔子将谦让之德落实到"修身"二字上，认为只有懂得谦虚礼让的人，才能成为"君子"，也才能成为实行"仁"的思想的社会先驱。

大家都知道，孔子思想的核心在于一个"仁"字。"仁"既是人际关系当中的最高标准，也指人的社会理性，即以仁爱之心去对待他人，使自己成为一个有责任心、同情心和事业心的人。"仁"同时也是一个人的人格基础，是成为德才兼备之人的前提。

孔子在回答如何让自己成为仁爱之人的问题时，数次提到了谦让之德，他认为只有具有谦让美德的人，才会懂得仁爱。也就是说，谦让之德是形成仁爱思想的一个前提。反过来，如果一个人做到了"仁者爱人"，那么他必定是个谦虚礼让的人。

被孔子尊称为"古之遗爱"的子产，就是具有仁爱之心的人，孔子赞美子产，是因为看到了他既谦虚谨慎，又仁政爱民的一面。孔子对子产评价道："有君子之道四焉：其行己也恭，其事上也敬，其养民也惠，其使民也义。"（《论语·公冶长》）意思是说，子产的行为当中有四种品行符合君子之道：他自己的容貌态度庄严恭敬，他对待君主负责认真，他教养人民有恩惠，他役使人民合于道理。孔子把谦让之德放在子产君子品行的四条内容之首，可见他对谦让美德的重视，也反映出谦让美德在人格修养当中的地位。

孔子一生崇拜周公文武，在与他时代较近的人当中，只有子产、老子等人给他留下了深刻印象。子产这样的著名礼学家，一直十分重视修身，把个人的品德看作是自己安身立命的根本。子产身上的这种谦让美德，也深深影响了孔子。我们看到，孔子也把谦让之德看作是衡量君子风范的标准之一，认为只有具备谦让之德的人，才配得上做君子，才能去施行他提出的仁爱思想。

那么，怎样才能做到谦虚礼让呢？孔子认为谦虚谨慎不是十分复杂的东西，它很平实地反映在我们的日常生活当中，我们可在日常生活的一言一行中学会谦虚、保持谦虚。

有一次，孔子的学生樊迟向他请教什么是"仁"，孔子回答说："居处恭，执事敬，与人忠。虽之夷狄，不可弃也。"（《论语·子路》）意思是说，平日容貌态度端正庄严，工作严肃认真，对别人忠心诚意。这些品德，即便到了外国，也是不能废弃的。孔子认为谦让的美德是在日常生活中逐步培养起来的，只要在平时的容貌态度中时时注意培养，就能获得谦虚谨慎的品质。

虽然这种品质很重要，但只要用心去培养，谁都可以得到这种品质，在谦虚的美德之前，人人都是平等的。孔子还说过："君子有九思：视思明，听思聪，色思温，貌思恭……"（《论语·季氏》）意思是说，君子有九种考虑，其中一条就是时常要考虑容貌态度是不是谦虚恭敬。

　　孔子之所以认为日常生活当中我们就可以获得谦让之德，这与他的总体思想主张有关。孔子生活的时代，新兴的平民势力在日益高涨，贵族垄断一切的时代逐渐退出了历史舞台，作为得风气之先的孔子，也认为贵族垄断一切的时代已经过去，普通百姓也有获得知识、成为君子的机会，孔子兴办私学的举动实际上就说明了这一点。被西周官学垄断的君子之学，此时已经可以进入平常百姓家，孔子顺应时代的要求，提出"野人"（与"国人"相对）也可以参政议政的主张。在品德修养的问题上，孔子把那些贵族们故弄玄虚成一般人不可企及的品质，放入平常人的视野当中，认为人只要在日常生活中以一个君子的风范要求自己，人人都可以成为君子。基于这样的认识，孔子并没有把谦让之德说得十分玄虚，认为只要在平时的一言一行中注意培养，我们就可以获得谦让美德。

　　同时，孔子认为谦虚的美德并不是孤立存在的，它需要一个大的礼治环境作为生长的基础，也需要保有谦让美德的人懂得社会的礼仪规范。孔子说："恭而无礼则劳，慎而无礼则葸，勇而无礼则乱，直而无礼则绞。"（《论语·泰伯》）意思是说，注重容貌态度的端正却不知礼数，就未免劳倦；只知道谨慎，却不懂得礼，就只能流于懦弱；只凭敢作敢为的胆量，却不知礼，就会盲目闯祸；心直口快，却不知礼，就会伤人。可见，真正的谦让是建立在礼教基础之上的，如果仅仅是为了表现所谓的谦虚谨慎，就在容貌上、举止中体现出谦虚谨慎的样子，是不能算作是谦虚的。只有懂得礼法的人，才能知道社会的规范准则、社交礼仪以及待人接物的基本礼数，而明白了这些知识后，一个人才能在具体的实际生活中去表达自己谦虚礼让的风度。如果只是为了谦虚而谦虚，却不懂得社会的规范和准则，也不懂得社会交往原则，那么他的谦逊只能是无本之木、无花之果了。

从以上的分析中可以看出，孔子在谈到如何培养谦让美德时，是站在客观的立场上讲的。一方面，他走在时代的前列，认为谦让之德是人人都可以在日常生活当中去培养的；另一方面，他也认为谦让的美德不是孤立存在的，需要人们在懂得社会秩序、规范和准则的大前提下，才能培养出来。所以，一个人要通过修身具备君子的品德，就必须懂得和学会这个社会的基本价值规范，以及社会交往的基本准则，只有这样才能让自己的修身做到有的放矢。在这个基础上，人们想拥有谦让之德，只要在日常生活当中努力去培养就可以了。孔子的学生有子进一步发挥说，"恭近于礼，远耻辱也。"（《论语·学而》）意思是说，恭敬庄重且符合礼法，就不至于受到污辱。有子把谦让之德的前提与它的作用联系到了一起，这正好符合孔子的看法。

（二）孔子在教诲他的学生时，系统地论述了谦让美德在人际关系、学问道德和人格培养当中的作用。

在孔子看来，谦让的态度不仅要落实到个人的修身之中，也要表现在待人接物的态度上，应谦虚谨慎地看待别人和自己。在《论语·公冶长》篇和《孔子家语·颜回》篇中，孔子对他的学生讲述了谦虚谨慎地看待别人和自己的道理。当他问子贡，颜回与子贡哪一个在学问上更强一些时，子贡给了他满意的回答。孔子这样问的目的也是为了提醒子贡，强中更有强中手，一定要清楚地知道自己的水平，看清自己所处的地位和形势，只有这样才能学会谦让，学会谦虚地对待他人。

有一次，子贡向孔子请教孔文子这个人为什么要给他"文"的谥号时，孔子回答说："敏而好学，不耻下问，是以谓之

'文'也。"(《论语·公治长》)意思是说他聪明好学，爱好学问，又谦虚下问，并且不以为耻，所以就给他这样的谥号。孔子借孔文子的事，告诫子贡要谦虚地看待自己，只有虚己盈人，才能拥有平和良好的心态。

孔子还要求他的学生有原则地处理人与人之间的关系，既不自甘卑下而无所作为，也不恃才自傲固执不化。起初，子路是一个十分固执又骄横霸道的人，似乎人际关系也搞得不太好，他学琴时孔子的其他弟子都笑话他，孔子还为他打圆场。孔子时时不忘教导他，让他改掉那些不好的习性，特别是注意自己的言语，不要在说话时流露出狂妄自大、好勇无谋，而是要谦虚地向别人学习，处理好自己与他人的关系。有一次，子路问孔子如果孔子率领军队，会找什么样的人共事，孔子回答说："暴虎冯河，死而无悔者，吾不与也。必也临事而惧，好谋而成者也。"(《论语·述而》)意思是说，赤手空拳地和老虎搏斗的人，不用船只就要渡河的人，都是死了都不后悔的人，我不和这样的人共事。孔子旁敲侧击地暗示子路，如果他的秉性不改的话，孔子是不会与他共事的。孔子要求子路凡事要谨慎，不能盲目地对自己过分自信。

当子路问孔子如何才能成为"士"时，孔子回答说："切切偲偲，怡怡如也，可谓士矣。朋友切切偲偲，兄弟怡怡。"(《论语·子路》)意思是说互相批评和睦共处的人，就可以叫做"士"了，朋友之间互相批评，兄弟之间和睦共处。孔子认为只有处理好人际关系，自己才会得到别人的认可和帮助，进而在良好的人际关系当中，发挥自己的特长。孔子明白子路是一个人才，但子路过分张扬的个性，使他不能有效地把握自己的长处，也不能处理好人际关系，孔子对他的教诲主要是针对他的弱点展开的。

与子路相反，颜回是一个过分谦虚的人，他的自甘卑下，实际上是把自己的长处给隐藏了，作为积极进取的儒家，孔子当然不喜欢这种个性。孔子曾说过："回也非助我者也，于吾言无所不说。"（《论语·先进》）意思是说，颜回不是对我有帮助的人，他对我所说的话没有不喜欢的。孔子认为颜回太拘泥于老师的教诲，过分谦虚地认为自己不如老师，这样就把自己的长处给埋没了。虽然孔子也知道颜回是个悟性极高的人，"吾与回言终日，不违，如愚。退而省其私，亦足以发，回也不愚。"（《论语·为政》）孔子整日和颜回讲学，他从来都不提出反对的意见和疑问，像是个愚蠢的人，但等到他退回去自己研究，却也能发挥，可见颜回并不愚蠢。孔子认为颜回是他的学生中最为好学的人，但孔子后学中，颜氏之儒却并不是主流，这与他早死有关，也与他过分谦虚，不主动发表自己的见解有关。所以，真正谦虚的人，凡事不与人硬争，不吹嘘自己的功劳，也不应当过分地谦让卑己，影响到自己的追求和理想。

　　孔子还认为一个人既要有好学的精神，也要善于学习别人的长处，虚心地向别人求教，在人生的每一个阶段，努力地寻找学习的对象，获得真正的良师益友，明白学无止境的道理。《论语·子罕》中说："子绝四——毋意，毋必，毋固，毋我。"意思是说孔子没有凭空揣测、绝对肯定、拘泥固执、唯我独是这四种毛病。那么，孔子是怎样做到这点的呢？结合上文中我们对孔子游学经历的分析，和《孔子家语》中记载的孔子向儿童、宋国女子求教事（未必具有真实的史料价值，此处只作为一般论据），以及《论语》中的一些语录，我们认为孔子是在不断向别人学习的过程中，达到这些谦虚谨慎的品德的。"三人行，必有我师"，这既是孔子对学生的教诲，也是他一生谦虚地求教，从中获益匪浅，继而总结出的人生心得。谦虚的人往往会明确地知道自己的不足，从而才会向别人求教；反过来，不断地向别人求教，去发现别人的长处，就会更明白地知道自己的不足，这样会使一个人更加谦虚。

孔子还要求他的学生要有屈己待人、谦虚大度的气概。学生子张问孔子做"善人"的道理,他说:"不践迹,亦不入于室。"(《论语·先进》)意思是不踩着别人的脚印,学问道德难以到家。如果没有宽大的胸怀,不去学习别人的长处,就做不到虚己盈人,也就无法超越自己的弱点,成为一个具有谦虚美德的人。

(三)孔子认为在社交活动中,做到谦虚谨慎,就可以创造出良好的社交关系,避免不必要的麻烦与争执。

孔子认为一个人如果能拥有谦让的美德,那么他就可以在复杂的人际关系当中,获得理性地分析与判断时势的眼光和高度,避免那些因为人际关系问题,给自己带来的不便。孔子的学生子张问孔子什么是"仁",孔子回答说:"恭宽信敏惠。恭则不侮,宽则得众,信则人任焉,敏则有功,惠则足以使人。"(《论语·阳货》)意思是说,做到恭敬、宽厚、诚实、勤敏和慈爱,就是"仁",恭敬就不至于受到侮辱,宽厚就能得到大家的拥护,诚实就能得到别人的任用,勤敏就能提高工作效率,慈爱就能调动别人。在孔子看来,在处理人际关系时,谦让之德可以成为人们的保护伞,正因为你谦让,所以才能博得大家的喜欢,你的人格也会得到别人的认可和尊重,从而可以避免别人的侮辱。反过来讲,别人如果看到你谦虚礼让的美德,自然会被你的人格魅力所吸引,就会尊重你而不是侮辱你,所以说"恭近於礼,远耻辱也"(《论语·学而》)。

《论语·学而》当中还记载了一件值得人们细细深究的事。有一次,子禽问子贡,说他们的老师孔子到任何一个国家,都能打听到那个国家的政事,他是求别人告诉他的呢?还是别人主动告诉他的?子贡回答说:"夫子温、良、恭、俭、让以得之。夫子之求之也,其诸异乎人之求之与?"意思是说,他老人家是靠温和、善良、严肃、节俭和谦逊得来的,他的方法和别人是不一样吧?子贡的话从一个侧面反映了谦让之德给孔子带来的好处,只要谦虚地对待别人,不管是在朋友、同事、同乡之间,还是陌生人之间,抑或是在异国他乡,都可以得到信任并且尊重你的人。一个人只要谦虚地对待别人,别人也会以礼貌的态度对待他,这样就可以获得别人的信任,自然也能轻易地打听到自己想要的信息。所以,谦虚待人,不仅可以避免不必要的麻烦,也可以获得别人的尊重和信任。在处理人际关系时,这两点都是十分重要的。

孔子还认为交朋友也要交那些谦虚谨慎的人,骄傲自大的人身上有太多的缺点,所以不适合与他们为友。他还认为人们追求快乐时,也要注意培养那些让人学会谦虚的乐趣。孔子说:"益者三乐,损者三乐……乐骄乐……损矣。"(《论语·季氏》)意思是说,有益的快乐有三种,有害的快乐也有三种,以骄纵放荡为快乐是有害处的。可见,谦让之德贯穿于人的一切社会生活中,人们只有时时注意培养这种品德,才能成为一个真正的君子。

(四)孔子对那些狂妄自大的人和他们的言行,都给予了批评,认为骄傲自大是不可取的,是对人有害的。

孔子说:"巧言令色足恭,左丘明耻之,丘亦耻之。"(《论语·公冶长》)意思是说,花言巧语、伪善恭敬的人,左丘明认为是可耻的,孔子也认为是可耻的。左丘明相传为《左传》的作者,所处的时代早于孔子。孔子此处借左丘明之口讽刺那些假谦虚的人,认为那是一种可耻的行为。假装谦虚的人,首先是十分伪善的,他们不顾礼法,将那些表面的文章当作获取别人信任的资本。这既违背了孔子提倡的仁义精神,也是欺骗别人、利用别人的做法。

假谦虚实际上就是真骄傲,也是内心空虚的表现。正因为内心空虚，知识贫乏，又不想让别人看出来，就在表面上装作是十分谦虚的样子，以博得别人的好感。这样做往往会适得其反，人们不仅不可能尊重这样的人，反而会对他们的言行给予批判；这样的人不仅不能从别人那里获得帮助，反而会搞坏人际关系，使自己处于更不利的地位。所以，真正的君子是不会装作谦虚的，那样既没有必要，也没有好处。孔子说："君子泰而不骄，小人骄而不泰。"（《论语·子路》）意思是说，真正的君子安详舒泰，却不骄傲凌人；小人骄傲凌人，却不安详舒泰。

那么，"小人"产生骄傲心态的原因是什么呢？孔子认为这与他拥有的地位、能力和财富等有关。如果一个人拥有别人无法企及的地位，那么他就会因为失去与别人比较的参照而变得十分骄傲自大；如果一个人拥有别人不可能拥有的才能，他也会因此恃才自傲；如果一个人拥有很多财富，而觉得别人只有羡慕他的份儿，这样他也会变得十分骄傲。孔子说过："如有周公之才之美，使骄且吝，其余不足观也已。"（《论语·泰伯》）意思是说，如果一个人有周公那样高超的才能，却十分骄傲而且吝啬的话，别的方面也就不值得一看了。在孔子看来，如果有才能的人却有骄傲的毛病，那么他的才能也会被骄傲的心态所掩盖，从而和那些丝毫没有能力的人没有什么区别。

子贡曾经向孔子请教：贫穷却不巴结奉承，有钱却不骄傲自大，这样好不好？孔子回答说："可也。未若贫而乐，富而好礼者也。"（《论语·学而》）意思是说，这样也可以，但是还不如贫穷却能安贫乐道、富贵却能谦虚谨慎好。可见，孔子认为富有的人，很容易产生骄傲情绪，要想成为真正的君子，就应当处富贵而不骄傲。他还说："贫而无怨难，富而无骄易。"（《论语·宪问》）意思是说，贫穷而没有怨言是很难的，富贵却不骄傲是很容易做到的。可见，在孔子的观点中，地位高、有财富的人要做到谦虚，并不是一件很困难的事情。

（五）孔子还认为谦虚礼让是从政者必需的修养，也是一种治国之道。

孔子认为谦让之德是从政者必备的素质之一，它既可以使人们处理好同僚之间的关系，也可以使谦虚之人能更好地发挥自己的能力。子张曾问孔子怎样才能更好地从政，孔子说从政者要具备"五美"。所谓"五美"，就是："君子惠而不费，劳而不怨，欲而不贪，泰而不骄，威而不猛。"（《论语·尧曰》）意思是说从政者要给人民以好处，而自己却无所损耗；劳动百姓，却没有怨言；自己有所要求，却不至于贪污受贿；安泰矜持却不骄傲自大；威严却不凶猛。作为"五美"之一的谦让之德，是获得百姓支持、上下一心的法宝，也是从政者安身自保的一种策略。

有一次，孔子和子路、曾皙、冉有还有公西华一起讨论理想，子路率先说："千乘之国，摄乎大国之间，加之以师旅，因之以饥馑；由也为之，比及三年，可使有勇，且知方也。"（《论语·先进》）子路的理想是，如果让他去管理一个处在大国之中的国家，用三年时间，他就可以让那个国家人人都有勇气，而且懂得大道理。孔子听了以后，哂笑了一声。后来他的学生问他为什么要哂笑子路，孔子说："为国以礼，其言不让，是故哂之。"（《论语·先进》）意思是说，治理国家应当讲礼让，可是子路一点也不谦逊，所以就笑话他。

孔子还说："不在其位，不谋其政。"（《论语·泰伯》）意思是说，如果不在那个位置上做事，就不要去考虑它的政务。这句话也体现出孔子的从政主张，即以谦让的态度对待政事，如果政事与自己的职位有关，那么自己就必须对这些政事负责；如果政事与自己无关，那么就不要去考虑它。做到这一点，既表现了一个人谦虚退让的美德，又可以避免自己太过张扬而招致不满的危险，而且还可以减少不必要的心理负担和从政欲望，使自己能虚心地接受自己的能力范围内的事务，同时又能理智地对待别人的成绩。

在孔子看来，谦让也是一种治国之道，这与他的礼治思想有关。礼治实际上就是德治，德治讲求以理服人，不主张用暴力去解决问题，而是以文治代替征伐。所以孔子说："能以礼让为国乎，何有？不能以礼让为国，如礼何？"（《论语·里仁》）孔子的这一主张是针对当时诸侯势力互相攻伐，丝毫不顾及百姓生命安全而提出的。他认为暴力解决不了实质性的问题，反而会使问题更加严重。所以他反问，如果不用礼法来治理国家，那么礼仪有什么用呢？可是，现实的政治形势并不像孔子说的那样，在充满了残酷的竞争与征伐的时代，往往是暴力而不是礼治能更容易地解决问题。在这一点上，我们可以看出作为知识分子的典型代表，孔子虽有良好的愿望，但他却无力改变现实环境。

但是，以谦让之德治国的思想并不是虚空的，孔子的这种主张对后世中国统治者们的统治之术也产生了积极的影响。在中国历史上，凡是可以称为太平盛世的时代，都是以德治国的结果，毕竟在封建集权的时代，统治者的个人作风对当时的政治秩序有着决定性的影响。可以说，如果一个君主真正做到谦虚谨慎，那么他就会取得较为优秀的政绩，赢得名垂后世的英名。

总之，孔子对谦让的理解是比较全面的、客观的。他认为谦让是一种对个人修身有诸多好处的美德，对处理人际关系、培养优良人格都有积极而重要的作用。同时，孔子也把谦让看成是一种为官之道和治国之术，认为谦虚谨慎的人才能做好行政工作，如果一个国家以谦让之德处理国政，那么它也可以成为强国。也就是说，孔子把谦让看成是人伦物理的一个要素，它是人内心自然而然产生出的优秀品质，作为君子应当时时去培养它，使它成为指导人际关系、人格修养、从政之道的一种有用的伦理范畴。

三 孔子谦让思想评说

通过以上对孔子谦让思想的分析,我们可以看出,孔子不仅十分重视谦让之德,而且对此也有自己的看法和观点。孔子把谦让美德纳入儒家伦理思想观念中,认为它是人性当中自然而然流露出的良好品性,作为继承文化传统、勉力救世的儒者,就必须要学习并掌握这种优良的品德,并在实际的学习生活和社会交往中加以运用。纵观孔子的谦让思想,我们认为它有以下特点:

首先,从历史文化连续发展的角度看,孔子的谦让思想有一定的继承性。孔子一生以发扬"周礼"为己任,认为周代礼仪制度是救乱世于水火的唯一法宝。所以,孔子才会对周公之治十分向往,连做梦都以梦见周公为幸事。孔子的思想有继往开来的特点,自然会对以往的文化经验进行吸收,并在此基础上创造出新的文化概念。从这一点上讲,孔子的谦让思想自然也有它的源头。

从广义上讲,孔子谦让思想的源头就是"周礼"。"周礼"当中的礼仪规范,都在不同程度上体现着谦让之德,"周礼"形成的心理依据也与谦虚礼让有关。关于这一点,我们在第三章中已经做了阐述。孔子继承了"周礼"的人文精神,认为谦让的美德既是处理人际关系和进行各种交往时必需的一种心态,也是个人修身当中十分重要的参照。"周礼"把谦让当作包含在各种仪礼之中的精神要素,孔子也把它看成是完善的人格当中自然流露出的一种品质;"周礼"当中的谦让之德是人们遵守礼法的前提,孔子也认为只有具有谦让之德的人,才能做到"仁";"周礼"认为谦让实际上是社会秩序与规范在人们心态上的反映,孔子也认为谦让之德是治理国家的一种策略,也是人们尊重并遵守社会秩序与规范的体现。

由此可见,孔子的谦让思想确实与以往的历史文化有联系,并且在理解谦让之德的内容、范围及形式上有继承以往传统的特征。

其次,孔子的谦让思想有继承,也有创新。与"周礼"相比,孔子把谦让之德的主体,即拥有谦让之德的人的范围扩大了。他认为人人都可以拥有谦让的美德;同时,谦让的美德也可以贯穿到生活的每一个细节当中。

孔子生活在礼乐制度全面崩溃的时代,贵族阶层垄断的文化知识也随着时代的发展,开始逐步进入寻常百姓之家。当文化垄断被打破时,那些被认为是只有贵族们才能拥有的文化知识和文化品德,老百姓也同样可以具备。正是这样的时代背景,给予了孔子一个创造新思想的契机。孔子不仅通过他的教育思想和教育实践印证了学术下移、知识扩散的时代特征,也把握住了时代的机遇,将那些本来是贵族们享有的文化特权赋予了一般平民阶层。他认为只要在日常生活当中注意自己的一言一行,谦让的美德自然会成为一种稳定的心理素质,只要人们潜心地去培养它,并不需要外在的身份、神的护佑等限制性的条件。

再次,孔子的谦让思想,着重点在于一个"谦"字。与在人际交往中讲求"虚己"的道家不同,孔子创立的儒家具有积极进取的精神,认为过分的谦让是不可取的。孔子的这一主张与"谦"这一字的本义较为接近,"谦"当中就有卑己尊人、奋发图强的语义。孔子曾说过:"当仁,不让于师。"(《论语·卫灵公》)意思是说,面临着实行仁德的机会,即便是老师也不能与他谦让。孔子的这一主张既反映出儒家积极进取的心态,也反映出儒家谦让思想当中,以谦虚的心态寻求进步的哲学主张。《周易》认为谦虚是没有止境的,一个人越谦虚就越好,越是谦虚也就会带来越多的好处。孔子的谦让主张显然和《周易》是不一样的,孔子认为颜回就太过谦虚了,他和孔子讨论学问时,从不提出相反的主张或疑问,对孔子言听计从。孔子认为他这样做是不对的，既对他本人没有好处，也没有给自己带来教学相长的乐趣。孔子认为谦让要有一定的限度，不能为了表现谦虚的心态，错过施展自己才能的机会，也不能为了谦让别人，埋没自己的才华。

最后，孔子认为谦让之德既是一种人际交往的态度和原则，也是一种素养。儒家思想的核心内容都体现在人的伦理关系当中，他们认为君臣、父子、夫妇这三大关系基本上概括了人际交往的基本内容。作为一个有素养的人，就要在各种伦理关系中，时时表现出谦虚退让的美德。比如说作为君主，就要虚己容人，要用古人所说的贤人政治管理政事，在大臣们面前要表现出谦虚的风度与胸怀；作为大臣，也要十分谦虚，这既有利于处理同僚之间的关系，也有利于用理性的眼光去分析时势，向君主提出更好的治国方略。

通过分析孔子本人的谦让美德和他的谦让思想，我们基本上了解了先秦儒家的谦让观。孔子的谦让思想既与历史经验有关，也有他的创新之处。孔子的谦让思想把谦虚礼让集中在一个"谦"字上，认为日常生活的方方面面都可以体现谦虚礼让的风范，认为谦虚的美德也可以在日常生活当中得以培养与发展。孔子的这些主张对后世的儒家产生了极为重要的影响，后世的儒家都是在孔子的基础上对谦让之德进行进一步阐释的。

第二节　孟子、荀子论谦让

孔子去世后，"儒分为八"（《韩非子·显学》），他们都在不同程度上继承了孔子思想的一个方面，并根据时代的要求与学术的发展，进行了创造性的发挥。比如说，曾子继承并发扬了孔子的孝论，而子夏则主要继承了孔子的诗论。孟子和荀子与孔子不是同一时代的人，他们之间最少相差一百多年。也就是说，孟子和荀子属于孔子的再传弟子，他们的思想属于儒家学说的衍生。值得注意的是，思孟学派与荀氏之儒都是儒家学派中的显学，这两派对发扬孔子学说都起到了至关重要的作用，孟子和荀子的思想也对后世产生了较为深远的影响。其中，孟子被称为"亚圣"，是儒家学派中地位仅次于孔子的人物。就谦让思想而言，孟子和荀子也继承了孔子的观点，并根据当时时代的要求与自己的学术主张，对它进行了进一步的增益和反思。在本节中，我们要分别讨论孟子和荀子的谦让观，并且对他们两人的谦让观进行学术上的比较，力图对先秦儒学的谦让观有一个全面的了解。

一　孟子论谦让

孟子（前372—前289），名轲，是战国时代邹人。据《史记·孟子荀卿列传》记载，他曾受学于孔子之孙子思的学生门下，"道既通，游事齐宣王，宣王不能用。适梁，梁惠王不果所言，则见以为迂远而阔于事情"。意思是说，当孟子学成后，就到齐国和梁国去推行他的政治主张，可是统治者认为他的话迂曲而遥远，空阔而不切实际，就都不用他。后来，孟子回到故国，以著书立说教学为业。看来，孟子的经历与孔子是有一些相似之处的。孟子所处的时代正好是兼并战争如火如荼的时代，也是法家思想大行其道的时代，孟子的学说不能通行也在情理之中。孟子继承并发扬了孔子和子思的"仁"，并提出了"仁政"的思想主张，在人性论上他主张性善论，试图在人性上寻找实行"仁"的根据与依托，而他的谦让思想都与之紧密相关。

（一）孟子的人性论是他谦让思想的基石。

人性问题的探讨是春秋战国时期知识阶层所热衷的话题，孟子也不例外。而考察孟子人性论的渊源，其也是从孔子学说中衍生出来的。孔子曾说:"性相近也,习相远也。"(《论语·阳货》)他认为人的性情本来是相近的,只是由于后天的习染,就产生了差距和不同。由此可见,孔子的人性观是相对宽泛的。孟子认为"仁"是人性的一部分,它自然也是人性善的结果。从这一点上看,从孔子到孟子,儒家的学术主张是从广义到狭义转变的过程。

在《孟子·告子上》中,孟子系统地论述了他的人性观。他认为从实情上讲,人是可以为善的,善是先天生长在人心间的一种存在,这便是所谓的"人性本善"说。而有些人的行为并不善良,这都是后天的因素造成的,并不是因为他们没有善的初生之质。他还认为恻隐、羞恶、恭敬和是非之心人人都有,恻隐之心就是仁,羞恶之心就是义,恭敬之心就是礼,是非之心就是智。仁义礼智都是主观的,不是外在的力量强加给人的,有些人丧失了它们,是因为他们不曾反思这些东西罢了,所以说,"求之则得,舍之则失"。

顺着孟子的这个思路,我们不难判断出,在孟子看来谦让之德也是人的初生之质中就有的,只是有的人没有去保持它而已。如果人们没有了这些先天的品质,人也就不能称其为人了,孟子说:"无恻隐之心,非人也;无羞恶之心,非人也;无辞让之心,非人也;无是非之心,非人也。"(《孟子·公孙丑上》)意思是说没有恻隐、羞恶、辞让、是非之心的人,都算不上是真正的人。既然没有辞让之心,就不能算是人的话,那么谦让之德就是人性成立的根据之一,是人所以为人的依据。孟子的这一主张显然是将孔子的人性观狭义化了,他通过人的良心来讨论"仁"的社会实践性,继而在人性伦理中找到了实行"仁"的根据,而谦让之德当然也是实现"仁"的人性质地之一。

(二)孟子认为谦让之德是人性本善的体现。

把孟子的谦让观放入他的伦理思想当中去考察时,我们就会发现，孟子把谦让之德当成是人性本善的体现。孟子说："行有不慊于心，则馁矣。"（《孟子·公孙丑上》）意思是说如果不从内心里保有谦让，人的行为在外观上流露出的谦虚就是虚假的。孟子并不在意外在的谦让行为，他本人就比较张扬，并不以外在的谦虚去博得别人的喜欢。他认为真正的谦让是人性当中本来就有的，人们只要努力地去保持它，并在实际行动中去体现它的价值，就可以了。而真正谦虚的人，他的各种行为当中就贯穿了谦让美德，不需要外在的形式去强化或表现它。他说："恭者不侮人，俭者不夺人。侮夺人之君，惟恐不顺焉，恶得为恭俭？恭俭岂可以声音笑貌为哉？"（《孟子·离娄上》）意思是说，恭敬谦虚的人是不可能侮辱别人的，勤劳俭朴的人是不会去夺别人财产的，那些人都唯恐别人不知道自己的恶行，怎么能做到谦虚谨慎、勤劳俭朴呢？谦虚谨慎和勤劳俭朴怎么能通过声音笑貌去表现呢？可见，在孟子的伦理观中，谦让之德是实实在在的，那些外在于人性的东西不仅不能表现谦让之德，反而会使谦让美德失真，使它无法落到人性之中。

（三）孟子认为谦让之德是"礼"的根本。

孟子的把仁、义、礼、智并称为"四端"，认为它们都源于人性之初，并能调节人类社会中的各种关系。"四端"也是孟子哲学思想的综合，它们通过不同的侧面反映了孟子"万物皆备于我"的主张。学者张奇伟说："孟子把礼归结为我为主，他人为宾的人际交往过程中恭敬、辞让的心理活动以及由此产生的一系列礼貌行为，这是有深意的。"[1] 他认为孟子将礼和义并置，把它们当作调节人们行为的规范和准则，而这种规范和准则的源头仍然是人性之初。外在的礼仪制度只是体现人们内心礼义素养的材料，真正构成谦让之德的仍然是人的心理依据。

---

[1] 张奇伟：《亚圣精蕴》，人民出版社1997年版，第47页。

孟子说："辞让之心，礼之端也。"（《孟子·公孙丑上》）他认为谦让之德是礼的开端，这种伦理范畴首先以一种特定的心理活动为出发点，在处理人际关系时，产生出谦虚、谦让、退让、恭敬等行为和活动，"正是这类行为和活动积累和发展的基础上演变和产生了一系列的仪礼和礼节等。"①

孟子的这一主张与《周易》的说法是一致的，也认为谦让之德是形成礼仪的前提和基础。这种主张与孔子的观点是不一样的，孔子认为谦让之德是人们懂得礼仪之后，产生在人们日常行为当中的一种品德，它是人们遵守礼仪的结果。而孟子认为是人们本来就有的谦让美德产生了礼仪，各种礼仪制度都是体现"四端"的外在形式。

孟子之所以认为谦让之德是形成礼仪的前提，这与他的哲学主张有关。孔子虽然提出了"仁"的概念，但并没有给出实行"仁"的根据与途径。孟子顺着孔子的思路，发现了人的良心本身是人性善的基础，"良心本心是内在的，但它总是要表现出来，这个表现出来的东西就是仁义礼智，就是性善。"② 既然人的良心能够体现"仁"，那么它就可以将"仁"所涵盖的社会秩序与规范，撒播到各种人际关系当中，成为约束人们行为的各种准则与制度。

孟子的这种观点，不仅使孔子的"仁"直指社会秩序与规范，也使它的概念发生了转化，即人的内心活动本身就是一种创造秩序的复杂本源。

（四）孟子认为谦让之德是施行仁政的一个要素。

在《孟子·公孙丑下》中记载了一件有趣的事，孟子要去见齐宣王，碰巧齐宣王派遣了一个人来通知孟子，说他感冒了，

---

① 张奇伟：《亚圣精蕴》，人民出版社1997年版，第48页。
② 杨泽波：《孟子与中国文化》，贵州人民出版社2000年版，第188页。

不能吹风,所以不能亲自来看孟子,要求他第二天到朝堂上来见齐王。孟子回答说他也碰巧生病,也不能去见齐王。第二天,孟子却去了东郭大夫家吊丧。齐宣王明知孟子是故意不来见他,说派人带着医生来见孟子,孟子的门人只好在路上拦住孟子,让他躲到景丑家过夜。

到了晚上,景丑问孟子,从家庭的角度看父子关系,从社会的角度看君臣关系,这两者都是社会当中最重要的伦理关系,父子之间应当以慈爱为主,君臣之间应当以尊重恭敬为主,可孟子为什么不对齐宣王表示恭敬与谦让呢?孟子回答说,只有他是最尊重齐王的。他借曾子的话说:"晋楚之富,不可及也;彼以其富,我以吾仁;彼以其爵,我以吾义,吾何慊乎哉?"意思是说,晋国和楚国的富庶,我们是比不上的,但是他有他的财富,我有我的仁;他有他的爵位,我有我的义,我有什么觉得不如他呢?孟子认为天下一般公认的东西有三种最尊贵,爵位是一个,年龄是一个,道德是一个。在朝廷里是先看爵位,在乡里是先看谁的年龄大,至于辅佐君王统治人民,德是最重要的,齐宣王也不能因为他的爵位高就轻视孟子的年龄与德行。

孟子还认为要想取得很大的功绩,君王就必须要有不受召唤的大臣。如果有什么事需要研讨,就要亲自到臣属那里去讨教,他应当尊重有德行的人。如果不这样的话,就不必和这样的君主有什么交往。孟子还举了商汤和伊尹、齐桓公和管仲的例子,来证明自己的观点,认为真正要想成为明君的话,就必须要有"不召之臣"。

齐宣王是一个好大喜功的人,他礼遇孟子的目的是想表现他所谓的礼贤下士的作风,实际上并不是真心想任用孟子。孟子也清楚齐宣王不是一个真正礼贤下士的君主,因为他没有明君必须具备的谦让之德。孟子希望齐国能实行仁政,认为当时国力比较强大的齐国,如果能实行仁政,就可以在兼并战争中取得道德上的优势，那些小的国家会因为齐王的仁爱与德行，自动归附齐国。然而，这仅是孟子良好的愿望，在复杂的政治形势中，他所主张的仁政思想与那些急功近利的治国思想相比，显得既不切实际，又迂阔空泛，而齐宣王就是这样看待孟子的。孟子认为谦让之德是仁政思想中的一个组成部分，它与上古时代的贤人政治有一定的继承关系，同时也有创新。

在孟子看来，地位再高的君主也只不过是他的爵位比别人高，爵位是可以转移的，君主也没常位。而那些德行很高的人，他们的学问与见解是别人替代不了的，也是可以和君主相抗衡的。君主要想任用贤人治理国家，就必须学会谦虚谨慎，以谦让之德对待那些贤人，让他们获得崇高的政治地位，使他们的人格和学问都受到应有的尊重与理解。

孟子认为那些好名之人，不可能去施行仁政，孟子也没有必要向他们表示出尊敬与谦让。他说："好名之人能让千乘之国，苟非其人，箪食豆羹见于色。"（《孟子·尽心下》）意思是说，好名的人可以将有千辆兵车国力的国家让给别人，但是，对不能给予他名誉的人，哪怕是要他让出一筐饭一碗汤，他也会露出不悦之色。孟子不遗余力地讽刺那些表面上对贤人表示尊重，实际上却处处为难于人的君主，他们为了自己的名声，甚至可以放弃国家人民，对老百姓的苦难与不幸不闻不问。这样的人不仅不可能去施行仁政，就连仁政的本义也无法理解，他们既不谦虚，也不懂得通过谦让之德去施行仁政。对这样的人，人们也没有必要对他们抱以谦让，或者说他们不值得人们用谦虚礼让的态度去维护，而是应当摧毁他们的地位，找到合适的仁义之君去治理国家，就像孟子本人对齐宣王说的那样："君之视臣如手足，则臣视君如腹心；君之视臣如犬马，则臣视君如国人。"（《孟子·离娄下》）

孟子还告诫统治者说，老百姓的愿望是不能违背的，老百姓关心的生计问题也不能延缓。他说:"民之为道也,有恒产者有恒心,无恒产者无恒心。苟无恒心,放辟邪侈,无不为己。及陷乎罪,然后从而刑之,是罔民也。焉有仁人在位罔民而可为也?是故贤君必恭俭礼下。"(《孟子·滕文公上》)意思是说,一般老百姓都有一个基本情况:有固定的产业收入的人才有一定的伦理准则,否则就没有。倘若没有一定的道德观和行为准则,放纵自己的恶劣欲望,就什么坏事都可以干得出来。等他们犯了罪,再去加以惩罚,就等于使他们自投罗网。真正施行仁政的君主,都不可能去做伤害老百姓的事情,所以说,贤明的君主必然会以谦让之德博得贤人的信任与辅佐,避免这样的情况发生。通过以上的分析,我们可以看出,谦让之德是孟子仁政思想的一个表现。

(五) 孟子讽刺了那些在处理人际关系时,自高自大,盲目自傲的人,认为谦虚礼让是处理人际关系的一个准则。

在《孟子·离娄下》下中还有这样一则故事,说齐国有一个人,家中有一妻一妾。他每天外出回家时,都是酒足饭饱。他的妻子就问他是在哪里吃喝的,他说是和一群有地位的、财大气粗的人在一起。妻子告诉小妾说:"良人出,则必厌酒肉而后反;问其与饮食者,尽富贵也,而未尝有显者来,吾将瞰良人之所之也。"意思是说,他每次外出都一定吃饱肉喝足酒后才回家,问他和什么人一块吃喝,他说都是非常富有、地位显赫的人,但又不曾有高贵的人来我们家,我准备去观察他究竟到了什么地方。第二天一大早,她就悄悄跟在她丈夫后面,一直尾随着来到城外的墓地。在那里她的丈夫向前来祭祀的人乞求食物,于是她也知道丈夫酒足饭饱的原因了。回到家后,她对那个小妾说:"丈夫是我们仰望依靠终身的人,今天才知道他竟是这样的人!"孟子用这个故事来讽刺那些为了寻求富贵不择手段的人,这个故事也从另一个侧面反映出不知谦让的人,为了表现自己也可以不择手段的事实。明明没有富贵的朋友,却为了在妻妾面前撑面子,使自己沦落为乞丐,这就是骄傲者的真实写照。孟子还说:"般乐怠敖,是自求祸也。"(《孟子·公孙丑上》)骄傲自大的人,是自取灭亡,谦虚谨慎的人才能得到安稳的处境。

当孟子的学生万章问他什么是处理人际关系的原则时,孟子回答说:"恭也。"(《孟子·万章下》)"恭"可以解释为现代汉语中的恭敬,这个字本身也包含着谦让的意思。孟子进一步说,如果别人送礼物给你,先要思量别人为什么要送礼物给你,这是不是符合礼仪,从内心深处对这一行为作出判断,再作出接受或不接受别人礼物的决定。恭敬谦让的作风不是装出来的,而要以自己的诚心去体现,恭敬谦让的态度在送礼物之前就应当具备,如果表面上恭敬谦让而心里却对别人抱着无所谓的态度,君子是不能被这些表面上的礼仪形式所迷惑的。

总之,孟子作为孔子的后学,在继承了孔子思想的基础上,更多地结合了时代的要求与学术本身发展的规律,提出了自己的哲学主张、人性观以及政治观。就谦让思想而言,孟子也是在继承的基础上,进行了创新与发挥,使它能更好地为自己的哲学思想服务,去解决社会生活中遇到的实际问题。

二　荀子论谦让

荀子(约前313年—前218年),是战国时代的赵国人,据《史记·孟子荀卿列传》记载,他曾经游学于齐国,受到齐王的礼遇,在稷下学宫中享有很高的学术地位。后来去了楚国,做了兰陵令。晚年时以著书立说为业,韩非子曾是他的学生。荀子生活在战国晚期,这时的社会环境与政治形势与孔子生活的时代已经很不同了,和较早的孟子相比,荀子所处的时代政治更为混乱,兼并战争也更为激烈。在这样的情形下,荀子既继承了儒家伦理学说,又结合当时流行的法家思想,创造了有别于其他派系的儒学观点。

就谦让思想而言，孔子侧重于通过道德伦理来阐释它的意义，而孟子似乎更侧重于通过政治领域来说明谦让的意义。与他们相比，荀子的谦让观依据外在的各种礼仪展开，结合伦理道德与社会实际两方面来说明这个问题。我们将从几个方面逐一说明荀子谦让观。

（一）荀子的谦让观与他的人性论有关，认为后天的努力与学习是获得谦让之德的主要途径。

在我国历史上很长一段时间，学者们都认为荀子不是儒家，因为他的观点与孔孟有很大的区别。司马迁认为他的学说融合了儒、墨、道、法四家的言论，这种看法是正确的。但是荀子毕竟是儒家出身，他的学说兼容了孔子和孟子学说的一些主张，又有自己的创新，这是儒家学说发展的一个趋势，并不能就此说明他不是儒家。

荀子的人性观与孟子是针锋相对的，荀子认为人性是恶的，人性向善是后天努力的结果。在《荀子·礼论》中，他认为人生来就有欲望，欲望不能得到满足，就不得不寻求满足，这种寻求如果没有一定的限度，就会发生争斗。争斗会引起混乱，如果发生混乱，国家就会没有秩序，无法管理。所以，上古的政治家们就制定了礼仪来区分等级差别，调节人们的欲望，满足人们的要求。既然人生来就有欲望，那么人性就不可能是善的，制定礼仪的目的也是为了节制人的欲望。荀子把性恶论当作是他礼学思想的基础，并通过挖掘人的心理现象，想为他的理论找到一个心理学的基础，这一点与孟子的做法是一样的。

荀子认为人性本恶，即便是父子之间，之所以相互礼让，那是由于感情的关系，与人的本性没有联系，用他的话说是："然而孝子之道，礼义之文理也。故顺情性则不辞让矣，辞让则悖于情。"（《荀子·性恶》）意思是说孝子之道是礼义教化的缘故，顺着人的本性的人是不会有谦让之德的，谦让之德有悖于人的性情。

既然人性本来是恶的,那么像谦让之德这样的优良品质,人天生是不可能具备的,只有通过后天的努力与学习,才有可能获得。在荀子看来,人是近朱者赤、近墨者黑。"得贤师而事之,则所闻者尧舜禹汤之道也;得良友而友之,则所见者忠信敬让之行也。身日进于仁义而不自知也者,靡使然也。今与不善人处,则所闻者欺诬诈伪也,所见者污漫淫邪贪利之行也,身且加于刑戮而不自知者,靡使然也。"(《荀子·性恶》)意思是说,得到贤能人的教化,听到的都是上古时代仁义之人的故事;得到良好的朋友,见到的都是忠厚信义谦让的美德。这样的人每天都接近仁义自己却不知道,这是环境的影响使得他这样。如果和不好的人相处,那么所听到的就是欺骗、诬蔑、奸诈和虚伪,看到的是肮脏、欺骗和贪婪的行为,自己受到灾难的紧逼也不知道,这也是环境的影响所致。

在《荀子·荣辱》篇中,荀子说那些不知礼仪的人,只懂得吃喝,哪里知道谦让? "人无师无法,则其心正其口腹也。"意思是说,如果人们没有老师教他们礼法,他们的心灵就和他们的嘴一样,只知道饱食终日而不学礼法。荀子还认为,如果一开始就以礼法教育人们,使他们养成习惯,诱导他们反复重申礼仪规范,即便是见识再浅陋的人,也会很快明白礼仪。所以,教化才是形成谦让之德的根本。从这一点上讲,荀子和孟子的区别是十分明显的,孟子认为人天生就具有谦让的美德,只要人们时时注意保持这种美德,它就会恒久地留在人的内心深处。而荀子认为谦让之德是通过后天的学习得来的,人性本来是恶的,不可能产生出谦让美德,要想成为一个君子,只有通过学习礼仪、遵守礼法等方法,才能得到谦让美德。荀子和孟子之所以有这样的差别,说到底还是因为他们的人性观不同。就谦让之德的作用来说,他们的主张还是接近的,他们都认为只有具备了谦让美德,一个人才能称其为君子。而且他们都认为谦让之德是从政的一个原则，与礼仪制度有着不可分割的联系。

（二）荀子认为谦让之德是君子人格的体现，君子要时时注意培养谦让美德，才能得到社会的认可，也才能成为一个完善的人。

荀子在《劝学》、《修身》等篇中，数次提到君子人格与谦让之德的关系，他认为只有具备了谦让美德，一个人才能称其为君子。作为君子，见到好的品行，一定要认真反思自己是否具备这种品德；见到不好的品行，一定要反躬自己，看自己身上是否也有这样的缺点。自己有好的品质要坚定不移地珍视它，发现自己有了缺点，就要想办法改掉它。要正确地对待别人的批评，对自己说真话的人要把他当做朋友，对自己奉承的人，要明白他是在害人。作为君子时时要尊重师长，追求好的品质，对学问与道德要永不知足。作为君子还要遵守礼义，如果不遵守礼法，人就会变得骄傲自大庸碌无为，君子的一言一行和仪态风度都要遵守礼义，只这样才能称其为合格的君子。

在《荀子·不苟》中，荀子处处拿小人和君子相比较，认为只有君子才能做到谦虚礼让，而小人骄傲自大、心胸狭窄，没有谦让的美德。他说："君子能亦好，不能亦好；小人能亦丑，不能亦丑。君子能则宽容易直以开道人，不能则恭敬繜绌以畏事人；小人能则倨傲僻违以骄溢人，不能则妒嫉怨诽以倾覆人。"意思是说，君子有才能也好，没有才能也好，他的品行是好的；小人有才能也好，没有才能也好，他的品行是恶的。君子有才能就宽大容忍，平易正直地开导别人，没有才能就恭敬谦让，用敬畏的心情对待别人；小人有才能就傲慢自大而盛气凌人，没有才能就嫉妒、怨恨和诽谤别人。真正的君子柔顺温和却不随波逐流，恭敬谦逊并能宽容大度，其中谦让之德也是君子和小人最明显的区别。

（三）与孔子和孟子一样，荀子也认为谦让之德是君主们必备的政治素养，也是从政者需要掌握的执政原则之一。

在《荀子·君道》中，荀子详细地说明了君主具备谦让之德的好处。他认为上行下效是政治集团内最常见的政治规则，如果当政者是一个骄傲自大、恃才自傲的人，那么他的臣下也和他一样，只会欺上瞒下；如果君主喜爱玩弄权术，那么他的臣下也会乘机进行欺骗，做一些于国不利的事；如果君主是一个偏听偏信的人，那么他的臣下也会乘机颠倒是非，为己谋利；如果君主是一个贪图利益的人，那么他的臣下也会乘机搜刮人民。所以荀子说："君子者，治之原也。官人守数，君子养原；原清则流清，原浊则流浊。故上好礼义，尚贤使能，无贪利之心，则下亦将綦辞让，致忠信，而谨于臣子矣。"意思是说君子才是治国的本源，官吏把握着度量器具的规定，是治国的支流。本源纯净支流就纯净，本源混浊支流就混浊。所以，作为君主就要遵守礼仪，学会谦让，以礼贤下士的作风赢得有才能的人的信任，只有这样才能获得人才，使自己的国家得到发展。如果君主做到了这一点，那么他的臣下也会极其谦让、竭尽忠信，为国家做出积极的贡献。

在《荀子·仲尼》篇中，荀子进一步谈到了臣下应当具备的谦让之德。他认为真正能成大事的臣下，一定是个十分谦让的人，这不仅表现在他对才能的重视，以及对贤人政治原则的把握程度，更应当表现在他个人的修养当中。荀子总结说："终身不厌之术：主尊贵之，则恭敬而僔；主信爱之，则谨慎而嗛……信而不处谦，任重而不敢专。"意思是说一辈子不让人家厌弃的方法：君主尊重你，你就要恭敬谦让；君主信任喜爱你，你就要谨慎谦虚。地位高贵时不能自高自大，担负重任时，不能独断专行。只有这样才能妥善地保持高位，掌握重要的权力，去实行自己的政治抱负。荀子借孔子的话进一步说："知而好谦，必贤。"

学识渊博而又谦虚谨慎,一定有好的品德,这样的人去从政就不会在政治集团中遭到别人的排挤和君主的轻视。

在《荀子·宥坐》中,荀子借孔子之口讲了一个寓意深刻的故事。孔子在鲁桓公的庙里参观,见到一种倾斜而不易放平的容器,就向守庙的人询问说:"这是什么器具?"守庙的人回答说:"这大概是人君放在座位右边的一种器具。"孔子说:"我听说这种放在右边的器具,空着的时候就倾斜,装着一半的水,就能放正,装满了水就翻倒。"孔子回头对他的弟子说:"灌水吧。"弟子们就舀水灌到里面。水灌到一半时,容器就能放正,灌满了水之后容器就翻倒了,空着的时候容器就倾斜着。孔子喟然叹道:"哪有水满了不翻倒的呢?"孔子的学生子路上前请教水满不翻、永久富贵的办法。孔子回答说:"自己聪明智慧,要保持愚钝的样子;功业再大也要保持谦让的态度;有盖世的勇敢和力气,也要保持怯弱的样子。拥有整个天下的财富,也要保持谦逊的态度,这就是所说的谦让了再谦让的方法。"

这则故事虽然未必真实,但却反映了荀子的谦让观,荀子认为当政者,不管是君主还是臣下,都要有谦虚谨慎的作风,如果盈满自傲,是不会有好下场的。

(四)荀子批评了那些骄傲自大、目中无人的人,认为谦让之德可以给人带来许多好处。

荀子说:"骄泄者,人之殃也,恭俭者,屏五兵也。"(《荀子·荣辱》)意思是说,傲慢和轻浮,是人的祸患;恭敬而有节制,就可以排除刀枪之祸。人的本性当中有许多小人的欲求,如果不加以教导,就会变得骄横无礼,最终使自己处于危险的境地。谦让的美德是人人都应当具备的,它不仅是人格高尚的标志,也是安身保命的一个法宝。

荀子说:"满则虑嗛,平则虑险,安则虑危,曲重其豫,犹恐及其祸,是以百举而不陷也。"(《荀子·仲尼》)人们在盈满的时候想到谦虚,平安的时候想到危险,这样的话就不至于遭到不幸。他还说:"体恭敬而心忠信,术礼义而情爱人,横行天下,虽困四夷,人莫不贵。"(《荀子·修身》)意思是说,行为谦恭有礼并且心存忠信,遵循礼义并且性情仁爱,这样的人走遍天下,即使困处边远地区,人们也没有不敬重他的。在荀子看来,谦虚谨慎的人不仅使自己处于安全境地,也很善于和别人相处,别人不仅会尊重他的人格,也会被他谦虚谨慎的作风所感动。

荀子还认为作为老师,应当只向那些懂得谦逊的人讲学。他说:"故礼恭,而后可与言道之方;辞顺,而后可与言道之理;色从,而后可与言道之致。"(《荀子·学而》)意思是说,和谦虚谨慎的人才能谈论学问,见到他恭敬有礼,才可以同他谈论"道"的方向;见他言辞谦逊和顺,然后才可以给他讲解"道"的原理;见他表现出乐意听从,然后才可以进一步同他谈论"道"的精深含义。只有懂得谦让的人才会博得别人的信任,加上他好学上进,别人是无法超过他的。而那些懒惰骄傲的人,别人不仅不与他们讲学问,他们自己也不会有所作为。

总之,荀子的谦让观与他的性恶论有着密切的关联,他认为人性当中没有诸如谦虚礼让这样的美德,只有通过后天的努力和学习,人们才能具备谦让之德。和孔孟一样,荀子认为谦让之德是君子人格的表现,谦让的美德也是统治者们必须具备的政治素养,如果人们具备了谦让之德,就能更好地处理人际关系,得到社会的尊重和认可。

第三节 老庄论谦让

和儒家一样,道家学派也是先秦时代产生的一个重要的哲学学派。它的创始人是老子,而庄子则是道家学派在战国时代的主要代表人物。道家思想是我国传统思想的重要组成部分,是中国传统思想的基本特征与思想观念的源头之一。与儒家积极进取的入世精神不同，道家主张"自隐无名"的出世精神，也对中国人的思想感情与生活方式产生了不可替代的影响。广义上讲，道家思想与儒家思想是互补的，儒家关心的是伦理道德与社会秩序之间的逻辑关系，道家关心的是人的精神依托与社会秩序之间的矛盾关系，它们都从不同的侧面解决着中国人如何生存与发展的问题。

就谦让思想而言，道家的主张与儒家的观点也可以看成是互补的。儒家认为谦让之德是人际交往中具有积极意义的一个伦理范畴，其观点重在强调一个"谦"字；道家也认为谦让的作风是人际交往的一个原则，其观点重在强调一个"虚"字。现代汉语中的"谦虚"一词，可以看作是儒道互补在语义学上的体现。在本节中，我们要分别分析老子与庄子的谦让思想，对先秦道家的谦让观念做一次深入的了解与阐释。

一 老子的谦让思想

老子，是春秋时期的楚国人。据《史记·老子韩非列传》记载，他姓李，名耳，字聃，据说《老子》一书就是他的作品。司马迁说："老子修道德，其学以自隐无名为务。"他给孔子所讲的礼仪，关键内容也是"自隐无名"，要求孔子谦虚谨慎地对待人生，这一点我们在上文中已经作了分析。纵观《老子》一书中涉及的宇宙观、人生观和政治观，其中都渗透着一种否定意义上的思维方式，老子通过这种否定的思维方式，表达了他消极避世的人生观与价值观。谦让之德在老子的哲学思想当中，充当着表达他处世方式的概念之一。

（一）老子认为谦虚退让是宇宙的普遍法则，如果人们遵守这个规律，就可以使自己立于不败之地。

老子的哲学思想与早期中国文化也有相互继承的关系，从前几章的分析中我们已经得知，上古时代的人们在观察大自然时，把一些人类社会当中的优良品质附加在自然物身上，通过它们去反观人类的行为，从而找到解释这些行为的合理依据。老子继承了这种思维方式，他的宇宙观就是在以大自然为释义背景的思维观念中产生出来的。在《老子》第八章中，他说："上善若水。水善利万物而不争，处众人之所恶，故几于道。居善地，心善渊，与善仁，言善信，政善治，事善能，动善时。夫唯不争，故无尤。"意思是说，上善的人就像水一样。水善于滋润万物却不与万物相争，它总是处于人们所厌恶的低下的地方，所以最接近"道"。人要像水那样选择低下的地方，心胸要保持深沉宁静，交友要真心相爱，说话要诚信可靠，从政要有条有理，干事要利用特长，行动要抓住时机。正因为像水那样与世无争，才不会有过失。

老子认为人们应当像水那样卑下自处，才能真正得到精神上的宁静与安稳。他说："天长地久。天地所以能长且久者，以其不自生，故能长生。"（《老子》第七章）意思是说，大自然之所以能够长久地存在，是因为它的运行不是为了存在而存在，所以能够长久。拿水来讲，它处在人们认为的低下之地，却能够滋养万物；它清彻透明，与世无争，却得到了人们的重视。这些宇宙当中的现象都说明谦让是大自然的普遍规律，人们如果想要安稳地生存，就必须遵守这些规律。

作为生活在社会当中的个人，其身上有很多伦理色彩，他不可能逃脱社会秩序与社会准则对他的限制。而人的灵魂自然会被那些外在的社会秩序所侵扰，人们也无法真正做到与世无争。在这样的情形下，老子以大自然谦虚自处为比喻，要求人们放弃生活当中不必要的争执，学会像水那样宁静自处，谦虚谨慎地对待自己的生活，避免那些外在的秩序对人性不必要的摧残，诚实善良地生活下去。

老子认为如果能做到谦虚自处，人的心灵会像水一样深邃明净。在那种境界里，人对物质世界的欲望被人的虚无精神克制住了，社会生活当中常见的一些不良行径也会退出人的生活，人们在交往时互相谦让、讲究信用，人的灵魂也可以在那样的境界里得到安慰。

通过以上分析可以看出，在老子的宇宙观中，谦让是大自然当中普遍存在的一个规律，也是大自然无知无欲的一个体现。如果人秉承了这样的品质，那么他就能以谦虚谨慎的心态，对待身边的人和事，从而使自己处于像大自然那样"不争"却能自处的安全境地。

（二）老子认为谦让就是"虚己"，是退出竞争、委曲求全的弱者生存之术。

和孔子一样，老子也生活在春秋乱世当中，可他看到的更多的是战争与灾难，是鱼肉百姓的残酷统治与当权者的贪得无厌。面对乱世，老子的思索侧重于如何让人们处于安全境地，自己不被当权者所利用，以"自隐无名"的生存方式去捍卫生命的尊严。老子认为在乱世当中，如果人们不学会谦让，处处与人争执，那就等于自己把自己放到了危险的境地。他说："持而盈之，不如其已；揣而锐之，不可长保。金玉满堂，莫之能守；富贵而骄，自遗其咎。功遂身退，天之道也。"（《老子》第九章）意思是说，碗里装满了水，不如停止下来；尖利的金属，难保长久；金玉满堂，没有守得住的；富贵而骄傲，等于自己招灾；功成名就，退位收敛，这是符合自然规律的。

老子的谦让观重在一个"虚"字，他认为人们之间无序的竞争打破了平等和谐的相处氛围，使人们变得急功近利、为所欲为。老子并不认为社会竞争是不正常的生存行为，也没有消极地否定人类的欲望，他只是结合了时代的特征，提出一部分人，特别是弱者应当具备的生存之术。

老子认为物质世界的欲望与权力,都是过眼云烟,自古以来没有一个人能够长久地保持住自己的财富与权势,反而使自己迷失在其中,丧失了本性,甚至使自己成为财富和权力的奴隶。老子劝告人们放弃盈满与锐利,过分进取只能招来别人的嫉妒;过于锋芒毕露的人,也只能成为乱世中权力与财富争斗的牺牲品。如果一个人权力过分强大,财富过分地多,到了一定程度自己也无法控制局面,反而能产生出骄傲自大的情绪,如果这样的话,就等于自己给自己招来灾难。所以,老子劝人们学会谦让,如果已经拥有了权力与财富,就应当适可而止、退位收敛,这不仅符合老子认为的自然规律,也是人们在乱世中企求自保的一个好办法。

老子认为谦虚就是卑己尊人,要想在乱世中保全自己的性命,就应当学会满足和尊重别人的自尊心。作为社会的人,我们都无法避免地要和别人打交道,同事之间、朋友之间以及君臣之间都会产生竞争和攀比等关系。如果不尊重和满足别人的自尊心,一味地想表现自己的能力,那么他不仅不能很好地处理人际关系,反而会引起他人的嫉妒,别人不但不承认你的优点或者帮助你,而且会反对你,甚至伤害你。所以那些以财自傲的人,以才自恃的人,以权自大的人都不会有好下场。所谓"企者不立;跨者不行;自见者不明;自是者不彰;自伐者无功;自矜者不长。"(《老子》二十四章)意思是说,踮起脚想站得高一点,反而站不稳;急切地大跨步前行,反而走不远;自我显示的人,反而不能显闻;自以为是的人,反而不能彰显;自我夸耀的人,反而不会被认为有功劳;自高自大的人,反而不能持久。

老子批评了那些在别人面前急于表现自己的人,认为骄傲自大的人都没有好下场,急功近利的做法也不符合"道"的规律。一个人要想获得别人的认可和帮助,只能学会卑下自处,以"虚己"之心对待周围的人和事。因为只要你学会了虚己谦让,就会在人际关系当中处于有利的地位。而你自甘卑下的做法，也会引起别人的同情心，人们不仅不会因为你的自甘卑下看不起你，反而会承认你的长处与优点，帮你克服困难，从而使你能在卑下的环境里得到发展。这就是老子所说的"不自见，故明；不自是，故彰；不自伐，故有功；不自矜，故长。"（《老子》二十二章）

老子主张人们以弱者自处，谦虚地评判自己的能力，以虚己之心放弃不必要的欲望，在乱世中委曲求全，这样不仅可以保全性命，也能使自己体悟到人生的本质。在老子看来，宇宙间万物的生存方式是十分复杂的，它们有的气势红火，有的处境寒凉，有的势力强大，有软弱无力。那些强大红火的事物很容易走向衰退，而那些软弱无力的事物却可以长久地保存下去，所以弱者应当谦虚自处，去掉那些极端的、奢侈的、过分的东西，只有这样才能长治久安。老子说："知其雄，守其雌，为天下谿。为天下谿，常德不离，复归于婴儿。知其白，守其黑，为天下式。为天下式，常德不忒，复归于无极。知其荣，守其辱，为天下谷。为天下谷，常德乃足，复归于朴。"（《老子》二十八章）意思是说，深知什么是强雄，就安于柔雌地位，甘做天下的溪涧。甘做天下的溪涧，永恒的"德"就不会离失，而回复到婴儿似的单纯质朴的状态。深知什么是光彩，却安于暗昧的地位，甘做预测天下的工具。甘做天下的工具，永恒的"德"就不会有过错。而恢复到最后的真理。深知什么是荣耀，却安于卑辱的地位，甘做天下的川谷。甘做天下的川谷，永恒的"德"才得以充足，而回复到真朴的状态。

老子认为当人们真正学会了谦虚，并且看清了世界的本来面目，那么他就会自动地放弃那些不必要的权力与欲望，甘愿处于低下、卑微的地位。这样做的目的不仅仅是为了保全性命，更重要的是这样的生存状态，使人更接近质朴纯真的"德"，使个性得到最大限度的张扬，也使人格尊严得以维护。在这里谦让之德是人们接近真理的一个途径，它不仅让弱者安心自处，也使那些具备谦让美德的人们通过自己的努力体悟到了人生的本质。

（三）老子认为骄傲自大、自以为是是人生一大病，必须要学会克服。

在个人发展的路途上，老子主张循序渐进，他认为做任何事都要打好基础。他说："合抱之木，生于毫末；九层之台，起于累土；千里之行，始于足下。"（《老子》六十四章）意思是说，合抱的大树，是从细小的萌芽生长起来的；九层的高台，是从一筐筐土开始堆积而成的；千里的远行，是从脚下第一步开始的。只有打好了基础，人们才能更好地把握事物发展的规律，也能知道做事的不易，从而自然会自始至终地谨慎从事，不骄傲自满。所以他说："民之从事，常于几成而败之。慎终如始，则无败事。"（《老子》六十四章）

老子还批评那些自以为是的人，认为那种虚伪的态度本身就是不懂得谦让的表现。他认为人应当有自知之明，这样才可以使人避免"不知知"的毛病，使自己能谦虚地评价自己的能力。而那些没有自知之明的人，自以为有很强的能力，对自己的缺点视而不见，对自己的一点点优势却自赞自夸，如果这样下去，他的那些优点也会变成缺点。他说："知不知，尚矣；不知知，病也。"（《老子》七十一章）意思是说，知道自己有所不知道，最好；不知道却自以为知道，这是毛病。老子还说懂得谦虚谨慎的人，不会犯"不知知"的毛病，因为他把"不知知"看作是毛病了，自然不会犯那种错误。

老子还认为骄傲自大的人往往贪得无厌，这样反倒使他更加骄傲，从而无法避免祸害缠身。老子说："祸莫大于不知足；咎莫大于欲得。"（《老子》四十六章）老子认为没有比不知足更大的祸患了，没有比贪得无厌更大的罪过了。人们之所以不知足，是因为他们对自己的能力过分自信，骄傲地以为自己是最强大的，自己的能力应当得到相应的报酬，所以他们才会变得贪得无厌。如果以这样的观念去处理人际关系，就相当于不承认别人的优点，只认为自己才是对的，那么他不仅得不到别人的理解和尊重，反而会因为太贪心阻碍别人的发展，从而成为别人嫉恨的对象，这样的话当然离祸害不远了。

　　老子也认为轻举妄动是骄傲的一个根源。他说："轻则失根，躁则失君。"（《老子》二十六章）如果轻率行事，就相当于失去了根基，浮躁不安自然会失去主宰。骄傲的人往往会以为凭自己的能力，任何事情都不在话下，他们会轻率从事，从不考虑后果。一个国君轻率地治理国家，那么他一定是个骄傲自恃不懂谦让的人，他不仅不会治理好国家，反而会失去主心骨，使自己一败涂地。

　　所以老子认为骄傲自大、自以为是是不可取的，人应当有自知之明，谦虚谨慎地处理人际关系，谦逊退让地治理国家，只有这样才能使自己处于安全境地。如果骄傲的心态不去除的话，就等于违背了自然规律，自然会受到惩罚。

　　总之，与儒家相比，老子的谦让观更具有理论色彩，他把谦让思想纳入他的宇宙观当中，认为谦让是自然规律的一部分，人们要想安宁地生活，当然要遵守自然规律，也自然要懂得如何谦让。老子的谦让观重在强调一个"虚"字，他认为在乱世当中，只有卑己尊人，虚空自己的能力，不显露自己的才华，才能保全自己的性命。进一步讲，老子认为虚己自处的人，才能更接近人生的本质，才能达到"道"的要求。

　　在人际交往观中，儒家和道家都十分重视谦让的作用。这与它们都源自周礼文化有关，因为从一开始，儒道两家面对的文化传统是同一的，只是他们思考问题的方式和观察问题的角度不同罢了。所以，老子的谦让观在人际交往、从政等领域与以孔子为代表的儒家观点有相似之处。但是儒家讲求谦让的目的是教人学习别人的优点，以积极进取的精神，最终战胜困难，也要超过他人，这就是荀子所说的"青出于蓝而胜于蓝"的道理。而道家认为卑己尊人是获得别人信任和帮助的一种方式，只要卑己尊人，个人的能力自然会彰显出来，老子并不主张积极进取，反而要求人们处处以退为进，凡事不能强出头，只有这样才能叫做谦让之德。

二 庄子论谦让

庄子，名周，是战国时代道家的主要代表人物。庄子的思想继承了老子的"道"论，并结合了时代的要求与自己的创新，使道家思想更趋于完善。在各国纷争的年代，庄子亲眼目睹了兼并战争对社会造成的破坏，以及统治集团内部充满血腥的利益之争。当儒家、墨家和法家都为重建社会秩序四处游说诸侯时，庄子却反其道而行之，认为人们应当安守自处，通过"无己"、"无功"和"无名"，去寻找安慰灵魂的"无待"之境。

就谦让思想而言，庄子也继承了老子的观点，认为谦让本来就是自然规律的一部分。在《庄子》一书，他用大量的寓言故事，说明了谦虚谨慎的重要性。庄子以批判现实的角度表达了他的谦让思想，其中渗透了他那充满思辨色彩的说理方式，我们的分析也是根据这一特点展开的。

（一）庄子认为宇宙是极其复杂的，人对世界的认识和对知识的追求也是无止境的，所以人们应当谦虚地对待自己的能力，学会以谦逊的心态面对一切。

庄子把人们之所以需要有谦虚精神的原因，放到他的宇宙观中进行说明，他认为人的认知能力是有限的，而宇宙是无限的，以人们有限的认知能力去认识无限复杂的宇宙时，人们当然要谦虚地承认自己能力的局限性。只有这样，人们才能培养出一个良好的心态，也才能更好地认识世界。庄子用一个寓言故事说明了这一点。

在《庄子·秋水》篇中，庄子借河神之口说明了事物的多样性和人的认知能力的有限性之间的矛盾，告诫人们谦虚地评价自己的认知能力。

这个寓言中说，秋雨绵绵，百川的水都流入黄河。水势之大，竟漫过了黄河两岸的沙洲和高地。河面也被水涨得越来越宽阔，已经看不清对岸的牛马了。河神见状欢欣鼓舞，他自我陶醉，以为天下美景已尽收自己的流域。后来，河神扬扬得意地顺流东下，到达北海。朝东望去，一片汪洋，看不见边际，这使他顿时大吃一惊，一扫扬扬自得的神情。他眺望无边的大海，不禁大发感慨："野语有之曰：'闻道百以为莫己若者。'我之谓也。"意思是说，俗话说的真是好，只有见识短浅的人，才认为自己高明。这说的正是我这类的人啊！经过一番反思，河神想到即使是孔子的见闻与学识也还是有限的；伯夷的高尚品德也没能达到顶点。原来河神并没有这样的见识，今天看到了广阔无边的大海，才明白了这个道理。

庄子认为那些知识浅薄的人，往往以为自己不知道的很少；而知识渊博的人，才会懂得世界是无限的，这说明自我满足是知识浅薄、眼光短浅造成的。为了避免这样的错误，人们应当学会谦虚，以谦虚礼让的心态去认识世界。

在《秋水》篇中，庄子以"井底之蛙"的寓言故事，批评了那些自以为是的人，他认为骄傲的情绪是目光短浅、故步自封造成的。这个寓言当中说，井里的青蛙在井边碰上一只从东海而来的大鳖。青蛙看见大鳖，便对它吹嘘道："你瞧我多么快乐呀！我从井栏上蹦进浅井，可以在井壁的缝隙里小憩。在井水里游耍，水面就托住我的胳肢和下巴。在软绵绵的泥地上漫步，淤泥就漫过脚背。看看周围的红虫、小螃蟹，它们谁也没有我自由自在。"

井蛙喋喋不休地夸耀自己的安乐："我独自享受这口井，真是快乐极了。"它对海鳖发话："先生，请问您，为什么不常常来光临水井呢？"

海鳖经不住井蛙的怂恿，抵不住它的诱惑，也走到井边去瞧瞧。谁知它的左足还没踏进井底，右足却被井栏绊住了。它进退不得，迟疑了一会儿，回到了原处。

海鳖算是亲自领教了一番青蛙炫耀不已的井边环境。它忍不住向井蛙介绍大海的景象："我生活的大海用千里的遥远不足以形容海面的辽阔；用万尺深度不足以穷尽海底之深。在大禹时代，十年中有九年遭水灾，海面也并不因此而上涨；商汤时代，八年中有七年遇旱灾，海水也并不因此而下降。你要知道大海是不受旱涝影响而涨落的。这也就是我栖息在广阔东海的乐趣！"井底之蛙听了大海鳖对大海的描述，十分吃惊，羞愧得一句话也说不出来。

通过这个寓言故事，庄子告诫人们只有放开眼界，才能使自己知道得更多，只有克服骄傲自大与自我标榜，才能真正认清周围的一切。

（二）庄子认为谦虚谨慎是乱世中得以保全性命的一个法宝，不为权势与利益诱惑的人，就是懂得谦虚退让之德的人。

也是在《秋水》一篇中，庄子以自己为蓝本讲了一个寓言故事，说的是庄子在河南濮水悠闲地垂钓，楚威王闻讯后，派两位官员赶赴濮水向庄子传达他的旨意，邀请庄子进宫，愿将楚国的治理大业拜托给庄子。

庄子手持钓竿听毕楚王的意图后，头也不回，眼望着水面沉思片刻，说："楚国有神龟，死去已有三千年。楚王将它的骨甲装在竹箱里，蒙上罩巾，珍藏在太庙的明堂之上供奉。请问：对这只神龟来讲，它是愿意死去遗下骨甲以显示珍贵呢，还是宁愿活着，哪怕是在泥塘里拖着尾巴慢慢爬行呢？"

两位来使听完庄子的一番发问，不假思索地回答："当然是选择活着，宁愿在泥塘里拖着尾巴爬行。"庄子见他们回答肯定，回过头悠然地告诉两位官员："请回吧，我选择在泥塘中活着。"

在《史记·老子韩非列传》中，也记载了类似的史实，说楚威王想请庄子去做官，庄子坚决辞让。这些寓言与史实不仅表现了庄子高洁的人格，以及不为名利和权势放弃生命自由的精神，也表现了他以谦让的风度保全个人性命的求生策略。

庄子要求人们在面对利欲诱惑时，要做到心如止水，就像正在流动的水，是无法照出任何相貌的；但是静止的水，却像是一面镜子，能够虚心坦白地接受一切事物。因此，所谓"心如止水"，就是形容能够以谦虚坦诚的心态面对任何事物的一种心性境界。

在战争频繁、争斗纷乱的年代，百姓无法保全自己的性命，诸侯们为了自己能够建功立业，千方百计地寻找有能力的人，希望他们能够帮助自己建立霸业。与此同时，那些高高在上的君主往往也急功近利，他们任用人才的标准就是看他能不能在短期内给自己的国家带来好处，如果不能，轻则辞退那些人，重则让他们付出生命的代价。当时统治集团内部的竞争也十分激烈，一些人为了获得君主的信任与重用，不惜以出卖他人的办法去博得君主的欢心。在这样的政治环境中，利益争斗和权力分配才是大家关心的问题，而老百姓的疾苦，他们则是不闻不问。庄子认为面对这样的时世，要做到无知无欲，不为外在的权势和利益所动摇，以谦虚谨慎和心如止水的心态去面对利欲的诱惑。只有这样才能摆脱统治者的纠缠，也能让自己清醒地认识到社会的现实状况，以自己的努力达到精神自由的境界。

另外，庄子以"螳臂当车"为喻，劝人不要自不量力。这则寓言中说，鲁国的颜阖性情十分刚烈，有一次被聘为卫国太子蒯聩的师傅。他从来不曾担当过如此重要的职位，内心的惶恐可想而知。于是，只好求教于卫国的大臣蘧伯玉大夫，请教如何教导太子。蘧伯玉大夫就针对他的行为，引用螳螂的例子来规劝他："任何物体靠近螳螂的时候，即使靠近它的是一辆车子，它也照样挥动镰刀似的臂，奋力抵抗，这实在是因为螳螂无法辨清自己的身份，而太过于相信自己能力的缘故。你现在的情形也正和螳螂一样，你太高估了你自己的能力，所以才会不智地想去当太子的老师。如果你过分地坚持自己的意见，必定会遭受太子的不满。所以你务必要小心从事。"

这则寓言告诉我们，在乱世中君主用人的标准是要你在短时间内带给他们好处，如果不是这样自己的性命就很难保全，更何况自己的能力本来就不足。所以谦让的心态，也是一种自知之明的人生态度，只有了解自己能力的人，才会真正做到谦虚退让。

（三）庄子通过几个寓言故事说明谦让的美德是处理人际关系的重要准则，只有懂得谦让的人才能获得别人的尊重，也只有懂得谦虚谨慎，才能战胜别人。

在《庄子·逍遥游》中，庄子通过尧让位给许由，被许由拒绝的事，来说明那些懂得谦让的人不仅可以保全自己的人格，也可以受到别人尊重的道理。尧是一位十分谦虚的帝王，当他听说隐士许由很有才能的时候，就想把领导权让给许由。他对许由说："日月出来之后还不熄灭烛火，它和日月比起光亮来，不是太没有意义了吗？及时雨普降之后还去灌溉，对于润泽禾苗不是徒劳吗？您如果担任领袖，一定会把天下治理得更好，我占着这个位置还有什么意思呢？我觉得很惭愧，请允许我把天下交给您来治理。"

许由说："您治理天下，已经治理得很好了。我如果再来代替你，不是沽名钓誉吗？我现在自食其力，要那些虚名干什么？鹪鹩在森林里筑巢，也不过占一棵树枝；鼹鼠喝黄河里的水，不过喝饱自己的肚皮。天下对我又有什么用呢？算了吧，厨师就是不做祭祀用的饭菜，管祭祀的人也不能越位来代替他下厨房做菜。"

这则寓言就是"越俎代庖"这个成语的出处，从中我们可以看出庄子以许由为喻，是想说明真正谦虚的人，其人格修养已经达到了很高的境界，他不会为权势所左右，也不会自不量力地担任自己无法承担的工作。这样的人，不仅是谦虚礼让的典型代表，也是受人尊敬的仁义之士。在我国古代传说中，许由就是一位以自隐无名、谦虚礼让而出名的隐士。

庄子还告诫人们不管有多大的本领，也不能把它当作骄傲的本钱。只有谦虚谨慎的人，才能获得人们的敬重。

在《庄子·徐无鬼》中，有这样一则寓言故事，讲的就是这个道理。吴王坐船在大江里游玩，攀登上一座猴山。一群猴子看见了，都惊慌地四散逃跑，躲在荆棘丛中了；唯独有一只猴子，却扬扬得意地跳来跳去，故意在吴王面前卖弄灵巧。

吴王拿起弓箭向它射去，那猴子敏捷地把飞箭接住了。吴王下令左右的侍从一齐放箭，结果那只猴子被射死了。

吴王回过头对他的朋友颜不疑说："这只猴子夸耀自己的灵巧，仗恃自己的敏捷，在我面前表示骄傲，以至于这样死去了。警惕呀！不要拿你的地位去向别人耍骄傲呀！"

颜不疑回去以后，就拜贤人董梧为老师，尽力克服自己的骄气，远离美色声乐，不再抛头露面。过了三年，全国人都称誉他。

这则寓言说明人不能过分地自信，也不能过分地向人炫耀自己的能力，特别是面对那些有权势的人时，更不能表现出骄傲自大的情绪，否则就会招来灾难。这则故事也说明做到谦虚谨慎的人，社会是会认可他们的，人们不仅不会因他们的卑下自处嘲笑他们，反而会十分尊重他们的人格。

那么，什么是庄子认为的谦让之德呢？庄子也是用寓言故事回答了这个问题。有一位姓纪的先生，替齐王养参加比赛的斗鸡。才养了十天，齐王就不耐烦地问："养好了没有？"纪先生答道："还没好，现在这些鸡还很骄傲，自大得不得了。"过了十天，齐王又来问，纪先生回答说："还不行，它们一听到声音，一看到人影晃动，就惊动起来。"

又过了十天，齐王又来了，当然还是关心他的斗鸡，纪先生说："不成，还是目光犀利，盛气凌人。"十天后，齐王已经不抱希望来看他的斗鸡。没料到纪先生这回却说："差不多可以了，鸡虽然有时候会啼叫，可是不会惊慌了，看上去好像木头做的鸡，精神上完全准备好了。其他鸡都不敢来挑战，只有落荒而逃。"

这就是"呆若木鸡"这一成语的出处。呆若木鸡不是真呆，只是看着呆，其实是全神贯注以应战，仅此就可以吓退群鸡。而那些活蹦乱跳、骄态毕露的鸡，不是最厉害的。目光凝聚、纹丝不动、貌似木头的鸡，不是靠骄气，而是靠凝聚之气最终战胜敌人。

庄子认为外表的活泼、逞强、伶俐，都是骄傲自大的表现，人们要不断地磨炼自己的性情，把浮躁和妄动的个性收敛起来，把力量凝聚于内，看似呆气却内蕴着真气的木鸡，根本不用去靠近敌人，还未出手，敌人就先吓破胆了。

在《庄子》一书中，还有一则寓言故事，说的也是这个道理。庄子的好朋友惠施被封为魏国的宰相后，庄子很为自己的朋友高兴，起程去拜访惠施。庄子的行动传到小人那儿，他便歪曲庄子的来意，从中挑拨说：庄子此番进京拜访，来者不善，意在谋取相位。惠施一听，心里十分恐慌，害怕丧失官位，于是下令搜捕庄子。为了抓到他，整整在国都搜查了三天三夜。

惠施的举动被庄子知道了，庄子索性主动登门求见。惠施见庄子竟敢自投罗网，吃惊不已。庄子也不向惠施多解释，只是坐下来讲了一个故事：

在南方，传说中有一种神鸟，与凤凰同类，名叫鹓鶵，它从南海出发飞往北海，在途中，若不见高高的梧桐树，绝不栖息；不是翠竹与珍稀的果实，绝不食用；不遇甘甜的泉水，绝不畅饮。神鸟一路飞翔，它在天空看见地面上有只猫头鹰，正在啄食一只腐烂的死鼠。猫头鹰饥不择食，它在看见头顶上的神鸟后，以为是来抢食死鼠的，于是涨红了脸，羽毛竖起，怒目而视，作出决一死战的架势。它见神鸟仍在头顶飞翔，便对着它声嘶力竭地发出吓人的喝叫。

庄子把猫头鹰遇到神鸟的故事讲完后，坦然地走到惠施面前，笑着问他："今天，您获取了魏国相位，看见我来了，是不是也要对我恫吓一番呢？"说完，庄子放声大笑，拂袖而去。

庄子用这则寓言想告诉我们，那些没有谦让之心的人是最怕竞争的，他们虽然清楚自己能力有限，却总是自以为是，不愿承认自己的弱点。这样的人还有不容人的毛病，一旦看到别人靠近自己，就以为是来和自己争夺权力。这样的世俗小人总是用阴暗的心理来猜测别人的行为。而那些人格高洁的人，对所谓的权势根本就不动心，他们谦虚退让的作风却反倒会让那些利欲熏心的小人所误解。这个寓言不仅讽刺了那些权迷心窍的人，也表达了庄子谦让思想的核心，那就是道家所谓的谦让，是放弃不必要的争执，以"虚己"之心获得灵魂的安宁与精神的解脱。

庄子的寓言故事不仅文风生动，而且寓意深刻，为了让读者更好地理解这些寓言故事，我们尽量避免了用原文去讲述的办法，代之以用现代汉语去讲述这些寓言。通过以上的分析，我们也可以看出，和老子一样，庄子的谦让观重在强调一个"虚"字，认为在人际交往中，以虚己退让的心态自处，才能在现世获得精神自由。和老子不同的是，老子通过否定的谦让观，目的是以退为进，本质上仍然是希望人们能参与社会竞争，只是竞争的手段与儒家不同罢了。而庄子希望人们放弃一切不必要的争执与竞争，以"无待"的心境去追求精神自由。他们不同的谦让观点，也反映了道家学说内部的差异。

第四节　墨子、韩非子论谦让

墨子是春秋战国之交的思想家，墨家的创始人。在先秦时期他的思想与儒家思想处于对立的地位，他的哲学观点代表了下层人民的心声，墨子之学也是当时的"显学"之一。韩非子，战国末期的思想家，是法家思想的集大成者，他把法、术、势三者结合起来，使法家思想更趋于完善。就谦让思想而言，他们的主张主要是为各自的政治观点服务的，与儒家和道家相比，他们没有系统的谦让观，只是把谦让之德当作是个人修身和参与政治活动时，必备的一种素养。在本节中，我们要分别讨论墨子和韩非子的谦让观，并将他们的观点和儒家、道家的观点进行对比，从而较为全面地向读者介绍先秦时期诸子学说当中的谦让思想。

一　墨子论谦让

墨子的谦让观主要体现在他的政治观与修身论当中，他认为治国的核心是获得人才，统治者要想获得人才就必须以谦虚的态度，承认并认可贤人的作用。而想成为贤人的人，也必须要有谦让的美德，只有这样才能完善自己。

（一）墨子认为国君应当具备谦虚礼让的风度，只有这样才能获得治国的良才。

墨子的谦让思想主要是为他的政治观点服务的。墨子主张贤人政治，认为统治者应当任用有才能的人治理国家。他说，治国没有不优待贤士的，如果君主不任用贤人，国家就会走向灭亡。

国君明明知道国内有贤人，却不任用，有才能的人就会轻视国君。他以晋文公、齐桓公等人成就霸业为例，劝告那些在位的君主，要求他们礼贤下士，只有这样才能治理好国家。

墨子主张的贤人政治虽然和上古时代的贤人政治观有一定的联系，但它们的本质是不同的。上古的贤人政治观主要针对统治集团内部的权力分配问题，要求君主在选拔官吏时任用有才能的士族，在这种观点中贤人只是那些有才能的贵族上层。而墨子所说的贤人，是指一切有才能的人，这不仅包括有才能的上层知识分子，也包括有一技之长的普通百姓。墨子的这种贤人政治观既体现了上古贤人政治观的一些特点，也具有根据时代要求进行的创新。墨子的贤人政治观要求国君唯才是用，不以等级和出身去评价一个人的才能，而是以贤者本人的学识和才能去衡量他的治国能力。

在《墨子·亲士》、《墨子·尚贤》等篇中，墨子反复说明了这个观点，而这个观点成立的前提之一，就是要求君主必须具备谦虚礼让的风度。这种政治修养不仅是君主心怀开阔、善于容人的体现，也是他们获得贤人信任、避免祸患的一个方法。在《墨子·七患》中，墨子列出了七种有可能导致亡国的祸患，其中有国君滥用民心导致亡国的祸患，也有国君过分残暴导致的祸患，还有"君自以为圣智而不问事，自以为安强而无守备，四邻谋之不知戒，五患也"。意思是说，国君自以为神圣而聪明，不过问国事，自以为安稳强盛，而不做防御准备，四面邻国在图谋攻打他，而不知戒备，这是第五种祸患。

墨子认为自以为是的国君，往往过分相信自己的能力，不听从大臣的劝告，一意孤行，最终只能自取灭亡。所以，要想治理好国家，只能任用贤人，因为国君不可能一个人去治理国家，他的能力也不可能面面俱到。而想任用贤人，就要保持谦让的作风。如果国君具备了谦让作风，他会是一个十分谦虚的国君，对国家大事不会采取盲目的行动，事事会与大臣们商量，这样就不会出现上述的祸患。如果国君懂得谦让之德，那么他的政治作风就会具有相当的亲和力，他不仅能博得大臣们的信任，而且也会获得他们的拥护，这样的话，即便是他处于危难，也会有贤人来帮助他。就像晋文公和齐桓公那样，在出奔他国时，因为自身的谦让作风，获得许多贤人们的信任，最终成就了自己的事业。

（二）墨子认为谦虚礼让也是个人修养当中必备的一种素质，要想成为贤人，就必须具有谦虚礼让的作风，只有这样才能完善自己的人格，也才能被国君重用。

在《墨子·修身》篇中，墨子系统地阐述了墨家主张的修身观点。他认为君子应当循序渐进地培养自己的能力，明察身边的一切，理性地判断时势，对与自己有关的人也要有清醒的认识。此外，他还说："动于身者，无以竭恭；出于口者，无以竭驯。"意思是说，表现在身体举止上的，是无比的谦虚；嘴上说的，要无比的雅顺。可见墨子认为谦让的作风要表现在日常的言行当中，只有这样才能在别人心目中成为一个谦虚谨慎的人。

墨子的这一主张与孔子的说法是十分接近的。孔子也认为谦虚的态度应当在日常行为当中表现出来，那些看似平凡的日常举止不仅可以表达人的内心活动，也可以让别人感受到自己谦虚谨慎的态度。墨子和孔子的许多主张都是相对的，但在这一点上却十分相似，这说明先秦诸子都是在相同的文化传统中，企图寻求重建社会秩序的理论。由此而言，他们的立论在某些时候出现一致的情况也是很正常的。

墨子还认为要想表现出谦虚的作风，就应当少说多做。墨子的学生子禽问墨子，多说话到底有没有好处，墨子回答说青蛙、苍蝇等白天黑夜地不停地叫，叫得口干舌燥，可是没有人听它的；但是，鸡棚里的雄鸡只在黎明时啼叫两三次，大家知道鸡啼就要天亮。所以，墨子认为多说话没有什么用处，重要的是话要说得恰到好处。这个故事也从一个侧面反映出墨子的谦让思想，墨子认为谦虚谨慎的人，是少说多做的人，那些只在嘴上夸夸其谈的人，不仅不可能得到别人的尊重，他们的行为本身也是不合时宜的，所以真正谦虚的人，正是那些以自己的行动去证明一切的人。

二　韩非子论谦让

和墨子一样，韩非子的谦让思想也与他的政治观密切相关。韩非子的治国之道，是富国强兵的战略决策与法、术、势并用的行政之策。其中，韩非子特别强调统治集团内部相互协调的问题。另外，韩非子也认为谦让之德是个人修养的一个组成部分。

（一）韩非子认为臣子必须具有谦虚谨慎的作风，只有这样才能谨慎从事，也才能协调好各方面的关系，从而有利于提高行政效率。

韩非子的历史观，决定了他反对礼治而主张法治的秩序论。他说："上古竞于道德，中古逐于智谋，当今争于气力。"（《韩非子·五蠹》）上古时代人们以道德服人，自然可以实行礼治，但是动荡纷乱的社会现实当中，武力往往是解决问题的关键，所以当今社会适合法治而不是礼治。韩非子还用"守株待兔"的寓言，说明了这一观点。

但是，韩非子毕竟还是生活在那个受礼治思想深刻影响的时代，他不可能完全摆脱礼治思想的影响，于是他便通过法治的角度重新对传统道德观进行阐释。就谦让之德而言，韩非子也是通过法治的角度进行说明的。他认为谦让之德应当发自人的内心深处，那些表面上的形式不仅不能体现谦让，反而使它进一步成为别人利用的形式。他说："众人之为礼也，以尊他人也，故时劝时衰。"（《韩非子·解老》）意思是说，大家把礼当作是尊重他人的形式，那么它就根本不能表示出自己的真实感情，所以它会每况愈下。韩非子"主张'取情而去貌',认为形式不但不能表现内容,而且足以损害内容。"① 这种重质轻文的价值观,决定了韩非子在判断谦让之德时重视谦让的实质,而不在乎外在的形式。

韩非子认为判断一个人是否具有道德修养,要看他的行为是否符合"人主"(最高统治者)的利益,是否符合法、术、势的要求,如果符合,就表明他有"礼";如果不符合,那么他就是"非礼"②。所以,韩非子特别强调臣下对君主的忠心,也特别强调臣下谦虚谨慎的作风。

在历史观、价值观和政治观的多重影响下,韩非子的谦让观是为他的法治思想服务的,而且具有一定的片面性。他只强调臣下在君主面前的谦虚礼让,却没有将这一行为变成上下之间互动的关系。与儒家和道家的谦让观相比,韩非子的主张显然只是为统治者上层服务的。而与墨子相比,他们的立意正好相反,墨子要求君主首先应当谦虚礼让,这样才能获得贤人支持;韩非子却认为臣下应当时时谦虚谨慎,这样才是符合礼法。

在韩非子的谦让观中,还是一个特点,那就是他特别重视人们之间互相谦让的作风与行政效率之间的关系。这一点他也是通过一则寓言故事说明的。在《韩非子·难一》篇中,他用"自相矛盾"这个寓言故事,攻击儒家同时赞颂尧的明察和舜的德化,指出二者不可能并存于一时的道理。这个故事同时也告诫人们,应当谦虚地承认自己的不足,只有相互配合才能使自己的能力得到最佳的发挥。寓言中说,从前有一个卖矛的人,在市集上夸耀他的矛是天下最好的矛,不论怎么坚实的盾它都能刺穿。同时,这个人手里也拿着一面盾在卖,他又夸耀他的盾是天下最好

---

① 谷方:《韩非与中国文化》,贵州人民出版社1996年版,第326页。
② 勾承益:《先秦礼学》,巴蜀书社2002年版,第397页。

的盾,无论怎么锋利的矛也刺不穿它。有些人被他的夸大宣传吸引住了,逐渐围拢来。这个人扬扬得意,正在等候买主。人群中走出一个人,向这个卖矛和盾的人问道:"听你说得很好,你的矛和盾可算天下最好的武器。如果用你的矛刺你自己的盾,能不能刺得穿它?"这个问题使这个卖矛和盾的人瞠目结舌,回答不上来,只好满面羞惭地拿着他的矛和盾,灰溜溜地离开了市场。

这则寓言除了说明大家熟知的"自相矛盾"的道理外,也说明了那些骄傲自大的人,往往只知道夸耀自己的长处,却看不到自己的短处,反而通过掩饰的办法,自欺欺人。这样做的后果,就是人们仅仅通过自己的能力去解决问题,而不知道相互配合。就像"矛"和"盾"一样,只有相互配合,才能在战场上发挥最大作用,如果仅发挥一方的能力,不仅不能发挥出最大的作用,反而使它们彼此之间成为对立关系。

(二)韩非子的修身观继承荀子的观点而来,所以他也把谦让之德当成是通过修身获得的从政资本。

法家的人生观是主张进取的,他们认为只有积极地参与社会秩序的重建才能救乱世于水火。但就韩非子本人而言,他的人生观当中有许多道家和儒家的色彩,特别是他的"术说"可以说十分阴柔,与老子的观点十分接近。所以在人生观上,他主张顺合自然的进取,认为过分的自信是一种祸害。他说:"战战栗栗,日慎一日,苟慎其道,天下可有。"(《韩非子·初见秦》)意思是说,小心谨慎,谦虚礼让,如果能谨慎地遵守这一自然法则,天下就可以据为己有。从这段话中我们可以看出,韩非子主张以谦虚谨慎的态度去对待一切,因为谦虚谨慎是成功的法宝,而且这种成功仍然表现在政治领域。

韩非子还说:"去甚,去泰,身乃无害。"(《韩非子·扬权》)意思是说,去掉过分的行为,身体才不会受到伤害。骄傲自大的行为也是一种过分的行为,如果从政者在别人面前表现出这样的行为，他的身体当然有可能会受到伤害。因为骄傲自大的人好为人师，喜欢在别人面前表现自己的能耐，这样不仅会招来嫉恨，也会使自己变得虚伪轻浮。如果这样下去，就会受到别人的排挤，也会失去君主的信任，作为参政者，应当尽量避免这样的缺点。

另外，韩非子认为真正的谦虚谨慎，是发自人们内心的，他不主张通过外在的形式去极力表现所谓的谦虚，认为谦虚谨慎的作风是人格修养的一部分，不应当被外在的形式所取代。

总之，韩非子的谦让观和墨子的谦让观一样，都没有形成系统的理论，他们的谦让观都是为各自的政治观服务的。有趣的是，他们两者的谦让观点正好是相反的，墨子主张通过外在的形式去表现一个人谦虚谨慎的作风，而韩非子认为那些外在的形式不仅不能表达谦虚礼让，反而会给这种美德带来损害，所以他主张人们以自己的诚心去表达谦虚谨慎的作风；墨子认为君主应当首先学会谦虚礼让，这样才能获得贤人的信任，也才能引来优秀人才为国家服务，而韩非子认为判断一个人是否具有谦虚谨慎的作风，首先要看他是不是尊重君主，他的行为是否符合"人主"的利益。这种相反的谦让观不仅反映了先秦时代思想界活跃的学术气氛，也反映出不同社会阶层对同一伦理范畴的不同理解。这些都对我们全面地认识谦让的伦理意义大有好处。

第五章　历代学者论谦让(下)

从秦统一六国开始，中国进入了中央集权制的专制时代。在这个漫长的历史时期，儒学逐步成为官方意识形态；道家为了适应时代需要，有时屈从于主流意识形态，有时通过内部的调适变得神秘化、边缘化；法家的思想成为中央集权统治的权术来源，与儒学构成"外儒内法"（或称"阴儒阳法"）的思想格局；而墨家思想却从此退出了主流意识形态的竞争，成为支撑（或潜藏）民间思想的一个文化源头。

在中国思想史的发展脉络中，我们能清楚地看到先秦诸子的思想决定了后世中国文化的问题意识和思索范围。就谦让思想而言，后世学者们的讨论也局限于先秦诸子讨论的命题当中，他们虽然结合了时代的要求，但讨论分析的范围显然受到了先秦诸子思想的约束。在本章中，我们按历史发展的先后顺序，分别讨论历代学者的谦让思想，由于篇幅所限，我们也只能选取其中较为典型的观点进行讨论，对历代谦让思想作一次鸟瞰式的分析，所以未免有以偏赅全的不足。

第一节　两汉、隋唐学者论谦让

在本节中，我们要集中分析两汉至隋唐时代的谦让思想。由于这一历史阶段是儒家思想成为官方意识形态的重要时期，儒家的谦让思想自然也对当时的学者们产生了重要的影响，我们分析的对象大多也是儒家的信徒。汉代刘向在《说苑·敬慎》中总结了儒道两家的谦让思想,并从六个方面出发,对谦让之德进行了系统的理论分析;魏相把谦让之德与军事战略联系到一起,进一步论证了两者之间的关系;而《颜氏家训》则较为全面地总结了儒家提倡的谦让之德及其伦理意义。

一　《说苑·敬慎》中的谦让思想

《说苑》是西汉著名学者刘向的作品。刘向(约前77—前6年),本名更生,字子政,沛(今江苏沛县)人。楚元王刘交的后代,经历了宣帝、元帝、成帝三朝,曾任光禄大夫、中垒校尉等官,是西汉著名学者。他留下的著作较多,其中有《新序》、《说苑》、《别录》、《世说》、《高士传》、《列女传》等。在《说苑·敬慎》篇中,刘向较为全面地分析了谦让这一伦理范畴,可以说他的分析是对先秦诸子谦让思想的一个总结,也是在这一基础上的创新。

(一)刘向谦让观的理论基础。

刘向认为谦让之德来自人的主观能动性,认为人的福祸兴衰都与人们自身的行为有关。与先秦时代的谦让思想相比,刘向的这种观点更趋于理性化,他并没有把谦让之德的来源追溯到"天命"当中去,也没有以原始自然观作为谦让之德的源头,而是把人的主观能动性当作是谦让之德的来源。他认为人们自身的行为决定着人们的命运,所以行为的好坏是判断人们未来命运的一项重要指标,而谦让之德显然是良好的行为方式,如果人们依照这样的行为规范,去处理各种人际关系,并以此为约束自己的行为规范,那么人们的行为就可以得到别人的认可,自己也可以得到许多好处。

刘向说:"存亡祸福,其要在身,圣人重诫,敬慎所忽。"意思是说,一个人乃至一个国家的存亡祸福,都与人们自己的行为有关，古代的圣贤告诫人们要学会谨慎谦让。通过这句话可以看出，刘向在分析谦让之德的来源时，显然摆脱了先秦诸子的影响，提出了自己新的观点，但是在分析谦让之德的作用时，他又受到儒家思想的制约，把谦让之德的作用仅仅局限于政治领域，认为从政者必须要学会谦虚谨慎，而谦让的品质也会在一个人的从政行为当中最大限度地发挥作用。刘向的这一看法，是继承儒家的思想而来的，并且对儒家的谦让观作了狭义上的理解。

儒家"学而优则仕"的观点，深深影响了中国古代知识分子的人生观。古代知识分子大多都以从政为荣，认为寒窗苦读的最终结果要体现在自己的政治生涯中，这样才能实现自己的人生价值，也能为社会作出一定的贡献。在这种观点的影响下，知识分子在学习期间，以及在培养个人素质时，都十分在意自己所学的东西以及自己的修养与政治规范之间的关系。也就是说，古代知识分子都是以政治的需要作为学习知识和个人修养的前提，当时的政治规范需要什么样的知识，他们就学习什么；当时的从政风范需要什么样的素养，他们就有意识地培育这些素养[①]。

那么，刘向谦让观的这两个特点产生的根源又是什么呢？我们认为这与当时的社会政治形势有着密不可分的关系。

西汉前期，为了缓和社会矛盾、增强国力，统治者们通过"休养生息"的办法来恢复因长期战乱而遭到严重破坏的社会生产力和社会秩序。为了适应这一需要，意识形态领域内，讲究"无为而治"的黄老之术盛行，儒学却没有受到刘邦等人的重视与青睐。到了汉武帝时，社会形势发生了大的变化，汉武帝一方面需要加强中央集权，另一方面为了巩固"大一统"的局面，需要有积极进取的贤才为他服务。汉代大儒董仲书适时地提出

---

① 参见赵锡元、赵玉宝《春秋战国时期知识分子的基本特征》，《松辽学刊》1991年2期。此文中曾专论士阶层的"志道"与"为政"特点。

"罢黜百家、独尊儒术"的主张,并取得了汉武帝的支持,这使得儒家学说迅速成为当时的官方哲学。当然这一时期的儒学与先秦儒学已经有了很大的不同,董仲书把阴阳五行学说当中的一些内容渗透到儒家思想当中,使得儒学变成为刘氏政权合理性提供理论依据的学说。

作为当时有名的学者,又是刘氏家族的成员,刘向显然最能直接体会到社会形势的变化,以及这种变化对知识分子的影响。具体到思考知识分子的人格修养问题时,刘向也把他对时代发展规律的理解,渗透到了他的这些主张当中,从而使得他在继承先秦诸子学说的同时,自觉地考虑到时代的要求,从而形成自己独到的见解。刘向继承了儒家积极进取的人生态度,认为个人的行为决定着个人的命运,所以如果具有谦让的美德,这种品质自然会对个人的命运带来好的影响。人们没有必要在"天命"或自然界当中去寻找谦让之德的源头,只要通过个人的努力,人们都可以具有谦让美德。他同时也认为谦让的美德一定要体现在政治生活中,只有这样才能发挥出谦让之德的作用。他认为在政治领域内,如果不能做到谦虚谨慎,就很难保全自己的性命,也不能使国家处于安全境地。他说:"中庸曰:'莫见乎隐,莫显乎微;故君子能慎其独也。'谚曰:'诚无垢,思无辱。'夫不诚不思而以存身全国者亦难矣。诗曰:'战战兢兢,如临深渊,如履薄冰。'此之谓也。"

(二)刘向从六个方面说明了谦让之德的作用。

刘向借周公之口,系统地说明了谦让之德在政治生活中的作用。据说周成王为表彰周公,想封周公,周公推辞不受。于是在鲁地封周公的儿子伯禽,伯禽也想辞去封地,周公却对他说:"去矣!子其无以鲁国骄士矣……吾闻之曰:德行广大而守以恭者荣,土地博裕而守以俭者安,禄位尊盛而守以卑者贵,人众兵强而守以畏者胜,聪明睿智而守以愚者益,博闻多记而守以浅者广。此六守者,皆谦德也。"

刘向从以上六个方面对谦让之德在政治生活中的作用进行了系统的说明,我们也依次地对以上六个方面进行解释:

第一,"德行广大而守以恭者为荣",刘向认为这是谦让之德的第一个作用。意思是说,一个人如果德行高尚,并且对国家人民作出了重大贡献,却仍然谦虚谨慎,就会得到人们的普遍尊重,他也会因为自己谦虚礼让的作风而获得许多荣耀。

借周公本人的事迹,我们就可以在周代的政治生活中引证这一点。周公是文王的儿子,周武王的弟弟。他辅佐他的侄子周成王治理天下,取得了许多骄人业绩,可他却能做到"吾于天下亦不轻矣。然尝一沐三握发,一食而三吐哺,犹恐失天下之士"。意思是说,我对天下的事仍然不敢掉以轻心,在沐浴、吃饭等日常活动中,时时提醒自己要做到谦虚谨慎,时时害怕失去天下士子人们的支持。周公可以算是一个"德行广大"的杰出政治人物了,可他却处处谦逊小心,唯恐失去民众的支持,仍然用谦虚谨慎的行为去约束自己。

刘向还借周公之口说:"夫贵为天子,富有四海,不谦者先天下亡其身,桀纣是也,可不慎乎!"意思是说,贵为天子、富有四海却不知谦虚谨慎的人,是夏桀和商纣吧,人们难道不应当谨慎小心吗?那些没有谦让品德的国君,他们自然也没有高尚的德行,骄傲自大的后果只能是自取灭亡。而那些德行高洁、谦虚谨慎的人,如文王、武王、周公等,他们的事迹却流芳百世。

第二,"土地博裕而守以俭者安",刘向认为这是谦让之德的第二个作用。

土地是封建时代最重要的财富,在这里土地实际上是指各种财富。财富在任何一个时代既是社会地位的象征,也是人生成功的一个标志。有了大量财富的人,往往会过着一种普通人无法想象的奢侈生活,他们也会因此变得狂妄自大,以为自己拥有的财富足可以让自己心安理得地骄傲自恃，而不必有所顾虑。可是刘向认为财富是一把双刃剑，它既可以给人带来富裕的生活、较高的社会地位等，也可以使人陷入危险境地。

作为拥有广阔国土的君主，如果因此而骄傲自大，不仅不能很好地治理国家，反而会使国家处于混乱状态。因为与骄傲自大的情绪相伴而生的，往往是一个人的无知。无知的国君只看到表面上广大的国土，却看不到在这片国土上生存的人民的真实生活以及他们的困难与艰辛；无知使得君主片面地以为自己的国土与财富足可以帮助他们完成更大的愿望，那就是扩张与搜刮。骄傲自大而且愚蠢无知的君主往往因为不知勤俭，一方面利用掌握的财富去完成扩张的野心，另一方面会用搜刮来的财富尽量地去满足他们奢侈淫秽的生活，最终导致的结果就是亡国身死。

刘向借周公之口还说："故《易》曰，有一道，大足以守天下，中足以守国家，小足以守其身，谦之谓也。"意思是说，《周易》中讲了一个道理，从大的方面讲，它可以让人守住天下，从中等角度讲，它可以让人守住自己的国家，从小的方面讲，它可以让人守住自己的性命，这就是"谦"。有了财富就会盈满，如果不以谦虚之心去守住它，它迟早会因为自己的贪心与挥霍而消失，这个道理既适合于国家天下，也适合于一般人的生活。

第三，"禄位尊盛而守以卑者贵"，刘向认为这是谦让之德的第三个作用。

高官厚禄是大多数士子的梦想，可是纵观历史，有几个人能长久尊贵？又有几个人能在高高在上的位子上长久安坐呢？历史经验已经数次证明了这个道理，即过分盈满必然会导致骄傲情绪，骄傲的情绪必然会让人失去高官厚禄。所以刘向告诫那些具有高官厚禄的人，一定要谦虚谨慎、自甘卑下，只有这样才能保全自己的功名。

刘向认为卑己尊人的人，往往能够做到居安思危和清心寡欲，是具有自知之明的人。居安思危的人不会因为眼前的成就而自满，他懂得月盈必亏的道理；清心寡欲的人不会因为身居要职，就让自己的欲望无限地膨胀，他懂得如果那样，只能是自取灭亡；有自知之明的人，往往能明白"高处不胜寒"的道理，他懂得如何在高位仍然谦虚自处。如果能做到这些，那么即便拥有高位，仍然可以守住高爵厚禄，安然地实现自己的政治抱负，历史上因为谦让而能成就功业的人，也大有人在。

刘向借周公之口又说："是以衣成则缺衽，宫成则缺隅，屋成则加错；示不成者，天道然也。"意思是说，衣服做成了却让衽缺着，宫殿修好了却让隅缺着，房子盖好了却让它交错成形，这都是在展示不盈满的道理，这也是自然的规律。

第四，"人众兵强而守以畏者胜"，刘向认为这是谦让之德的第四个作用。

刘向还把谦让之德运用到军事策略当中去，认为兵强马壮、人多势众的情况下，仍然能做到谨小慎微，以畏惧的心理对待敌人，就可以取得胜利，这也是谦虚谨慎的一个表现。纵观历史，我们不得不说刘向的看法是真知灼见。上古时代的牧野之战中，商纣轻视边地小邦周的势力，但最终却一败涂地；在长平之战中，骄傲轻敌的赵括败给远来的秦将白起；破釜沉舟的项羽攻陷数倍于己、骄傲自大的秦军，等等。此类的军事事件都说明了一个道理，即骄兵必败。

刘向在总结历史经验时，发现那些谦虚谨慎的将领往往能率领大军，创造出辉煌的战绩；而那些轻敌自傲的人，往往因为骄傲自大而功败垂成。所以他借周公之口总结了这个道理。如果将领具备谦虚礼让的品质，他就会是一个理性、冷静而谦虚、谨慎的人。冷静的性格会使他即便在占优势的情况下，仍然明白事物是发展变化的，不到最后关头谁也无法预测最终的战争结果；谦虚谨慎的作风使他能谦虚地对待自己的指挥能力，即便是胜券在握，仍然会理性地分析形势，听取部下的建议，以谨小慎微的心态去对待一切。

第五，"聪明睿智而守以愚者益"，刘向认为这也是谦让之德的一个作用。

这个道理是刘向通过孔子和老子之口进行说明的。《说苑·敬慎》中，刘向往往通过古人之口来表达自己的观点。需要指出的是，古人的说法只是证明刘向观点的材料，并不具有史料性质。加上我们在前文中已经对孔子和老子的谦让思想进行了分析，所以此处不再引述他们的话。

聪明睿智的人往往会产生骄傲的情绪，这样的例子在日常生活中随处可见。聪明能干的人，和自己身边的人一比较，就显得十分突出，不管在学习上还是在做事时，他们总能胜人一筹。于是这些人便会自以为是地认为别人都不如自己，骄傲的情绪自然而然地就产生了。

一旦产生骄傲情绪，人的眼光就会变得十分狭隘，认为自己的能力已经很强了，没有必要再去努力，也没有必要再去学习了，从而他就会变得故步自封。人的能力是个动态的东西，它如逆水行舟不进则退。如果守着原有的那点能力，不知进取，最终也会丧失那些能力，变成一个愚蠢的人。

另外，骄傲的情绪也会让人的心胸变得极为狭隘。骄傲的人不仅不会向别人学习，反而看不起那些虚心学习的人。这样下去的话，他一方面会放弃学习，另一方面又因为破坏了人际关系，没有办法得到别人的提醒和帮助，长此以往，最终也会变得一无是处。

相反，那些虽然天资很高却很谦虚的人，不仅不会产生骄傲情绪，反而会更加好学上进。他们既有能力又懂得谦让，自然会博得别人的好感，别人也乐于帮助他们；他们本来就有很好的能力,加上不断地学习,其能力自然也会更上一层楼。这种谦让的精神运用到政治生活当中时,那些能力很强却谦虚谨慎的人,能更好地处理人际关系,也能使他们时常更新自己的知识储备,在政治领域真正做到游刃有余。

最后,刘向认为"博闻多记而守以浅者广"也是谦让之德的一个作用。

这个作用本来是谦让之德在学问上的体现,但刘向认为它也可以运用到政治生活当中去。博闻强记的人往往也是学问与能力很强的人,如果他不以此为傲,而以平常心看待自己在这方面的能力时,就会得到很多的人支持,别人也愿意把自己知道的知识告诉他。这样的话,他既可以保持住自己的能力,又能通过别的渠道学习到新的东西,自然会让自己具备更广阔的视野。

刘向认为在政治生活中,丰富的知识和广阔的视野是一个从政者必备的素养,只有这样他才能更好地完成自己的工作,也才能更好地为君主服务。而具备了谦让之德的人,不仅可以具备以上的素质,也可以成为一个知识广博、视野开阔的人,周公就是一个典型的代表。

刘向认为以上六点都是"谦德",他把谦让之德细化为六个方面,并且通过这六方面进一步说明了谦让之德的形成及其作用。可以说,刘向的观点总括了汉代以前的谦让观念,也反映出谦让观在汉代儒学思想中的地位,以及它的特征。刘向把谦让之德的作用归结到政治生活中的做法,也深刻地影响了后世学者的思路,这一点我们会在以后的章节中进行说明。

二 魏相、冯异的谦让言论及其品格

魏相和冯异都是汉代著名的政治人物,魏相曾在汉宣帝时任御史大夫,冯异是东汉初年著名的将领,他们都在政坛上取得了不俗的业绩。据史料记载,魏相和冯异都是具有谦让美德的人,他们的谦虚谨慎也是成就他们事业的一个重要因素。另外，他们还有相关的一些言论。在讲述他们二人的谦让品德时，我们也会分析他们的谦让言论。

（一）魏相的谦让言论及其谦让品德。

魏相，死于公元前59年，生年不详。他是西汉济阴定陶（今山东定陶西北）人，字弱翁。魏相自小学习《易经》，他的思想也深受《易经》哲学的影响。魏相曾为郡卒史，后通过举贤良，成为茂陵令。宣帝时累官至御史大夫，政绩颇丰。

魏相的政治事迹中，谦虚谨慎的作风使他不仅得到权贵的认可，也使得他获得了别人的信任，在危难时提醒并帮助他。魏相任河南太守时，丞相车千秋死去，车千秋的儿子时任洛阳武库令。他看到自己的父亲已死，没有人护佑他，加上魏相治理河南很严，害怕长此以往会得罪魏相，就自行免去职务，离开洛阳。魏相命人前去阻止他，却没能留住武库令。魏相就说："大将军闻此令去官，必以为我用丞相死不能遇其子。使当世贵人非我，殆矣！"（《汉书·魏相传》）意思是说大将军霍光听说此事，一定会以为我不能礼待死去丞相的儿子，使得那些权贵人非议我，这样可不好。果然武库令到达长安后，大将军霍光就责怪魏相，说他不能团结下属，又轻视重臣之子。最后，魏相被革去官职，并下了大狱。

通过这件事，魏相吸取了许多教训。当他获得赦免后，又开始从政时，就变得十分谨小慎微。他的朋友丙吉也告诫他说："朝廷已深知弱翁治行，方且大用矣。愿少慎事自重，臧器于身。"（《汉书·魏相传》）意思是说，朝廷已经知道你处理政事的能力和你的德行，以后必定会得到重用。希望你能谨慎从事，不要太张扬。

后来，大将军霍光死后，霍氏集团仍然把持朝政，魏相就上书汉宣帝，要求朝廷不要助长霍氏威风，应当贬抑他们的势力。

后来霍氏果然想通过政变，把汉宣帝置于死地，被宣帝发觉后，阴谋未能得逞。魏相因为上书有功，就成为汉宣帝的心腹之臣，"代为丞相，封高平侯，食邑八百户。"(《汉书·魏相传》)

魏相官至丞相，可谓功成名就，但他仍然以谦虚谨慎的作风，竭力为朝廷谋略，并无半点私心。当时汉朝与北方匈奴之间战事不断，汉宣帝时，匈奴势力衰退，宣帝就想乘机出兵攻击匈奴。魏相上书劝阻，认为应当抓住匈奴衰退之时，与他们修好，只有这样才能确保边境安宁。他还在奏章中阐述了"骄兵必败"的道理。他说："恃国家之大，矜民人之众，欲见威于敌者，谓之骄兵，兵骄者灭。"(《汉书·魏相传》)意思是说，以国家的强大、人民的众多，作为向别国炫耀的资本，并以此来向别国开战，这样的军队就是"骄兵"，骄傲的军队往往目中无人，当然会失败。汉宣帝听从了魏相的建议，放弃了攻打匈奴的想法。魏相数次向汉宣帝进言，宣帝也从善如流。

《汉书·魏相传》中把他赞为股肱之臣，认为他是谦让美德的化身。汉宣帝执政时，西汉曾出现"中兴"的气象，这与当时朝廷内的从政风气也有一定的关系。魏相的谦让作风帮助他实现了政治抱负，也让他谦虚的美名流传百世。

(二) 谦虚自律的将领冯异。

冯异 (？—34)，字公孙，河南颍川父城县人，自小喜欢读书，熟读《左氏春秋》和《孙子兵法》。

冯异生活在王莽代汉时期，因为王莽改制不得人心，加上天灾不断，各地群雄并举，盗贼横行，冯异也以郡掾的身份监督五县，与苗萌一起把守父城。刘秀率兵进攻颍川，攻打父城时，受到阻击。冯异出巡父城的属县时，不小心被刘秀的士兵抓获。这时，冯异的从兄冯孝及同乡多人在刘秀的帐下效力，极力向刘秀推荐冯异。刘秀召见冯异，冯异表示愿意归降，但老母尚在父城中，请刘秀先放自己回城，愿意献出五县来报答刘秀。后来冯异果然说动苗萌一起归降刘秀。冯异还推荐了铫期等人给刘秀，他也成为刘秀的心腹之臣。

冯异为人谦逊有礼，与其他将领在路上相遇时，他都会引车避道。他这样做是为了避免不必要的相互猜忌，同时也可以博得别人的好感，在乱世中以谦虚谨慎的作风，守持自己的地位。史载，他治军有方，在行军途中，别人都坐在一起夸耀自己的功劳，冯异却一个人靠在大树下，军中都称他为"大树将军"。他的这些谦让作风，都被士兵看在眼里，当攻破邯郸、分派士兵时，士兵们大多愿意分到冯异的军中。

冯异还是一个十分具有战略思想的人，他为刘秀平定关中、铲除豪强立下了汗马功劳。他也深知权重震主，就借口长年在外、心中不安，向当时已为皇帝的刘秀请求回京。光武帝十分信任冯异，就拿别人诬告冯异的奏章给他看，冯异看到后，上表感谢光武帝的信任。冯异一生为光武帝刘秀平定天下而四处征战，他谦虚谨慎的作风也获得了刘秀的信任。最后，在消灭隗嚣余部的战役时，冯异病死在军中。

魏相和冯异虽然没有系统的谦让观念，但他们却用行动注解和实践了谦虚礼让。在他们两人的从政和从军生涯中，谦虚谨慎的作风既是他们得以实现人生抱负的一个要素，也是他们实现人生价值的一种方式。魏相是《周易》的信奉者，他的谦让思想大体上与《周易》中的谦让观有关。而冯异却是通过细小的行为体现出他的谦让美德的，他不仅能在日常生活中表现出谦虚谨慎的作风，而且以此作为人生的准则，在那个兵荒马乱的年代，他并没有因为取得战功就加入争夺天下的行列，而是以一个合格的将领身份帮助刘秀完成了统一天下的大业。

三　《颜氏家训》中的谦让思想

颜之推（531—595），字介，山东琅玡临沂（今山东省临沂）人，其家族世传《周官》、《左氏》之学。颜之推十二岁时，值梁湘东王绎自讲老庄，就拜绎为师，很受器重。后又兼学礼传，博览群书。梁亡后不愿为西魏臣属，就率妻子奔北齐，为黄门侍郎。北齐亡后入周，为御史上士。隋文帝时，又召为学士，不久染病身亡。颜之推是南北朝时期的著名学者，他不仅深知当时的政治形势，而且长于文词，对音韵、训诂和校勘之学也有研究，他著的《颜氏家训》二十篇，提倡以儒家伦理思想教育子弟，影响十分深远。

在《颜氏家训》中，颜之推分析了谦让这一伦理范畴在家教、求知、文章等当中的作用。这里，我们依次对其展开分析。

（一）颜之推把谦让之德看成是家教的一个重要方面，它对处理各种人际关系有很多益处。

颜之推以儒家思想为根据，强调立己、达人、爱人、谅人，恪守父慈子孝、兄友弟恭、朋友有信的伦理秩序。他认为谦让之德是人伦物理的自然表现，也是家教当中必须贯彻的一个原则。

颜之推主张"严教"，认为父母应当做到威严而又慈爱，只有这样才能让子女学会敬畏和谨慎。他反对父母对子女过分溺爱，认为那样会使孩子们从小就为所欲为，自然不知道如何节制自己的行为。如果"骄慢已习，方复制之，捶挞至死而无威，忿怒日隆而增怨，逮于成长，终为败德。"（《颜氏家训·教子》）意思是说，当孩子骄横轻慢的习性已经养成时，才去管教，即使把他们鞭打至死，也难以再立父母的威信。父母的火气一日日增加，子女对父母的怨恨也日益增长，等到孩子长大以后，最终将是道德败坏。所以颜之推认为从小严格治教，是向小孩灌输谦虚礼让道德修养的前提。

那么，如何去培养子女谦虚礼让的品质呢？颜之推认为最好的办法莫过于言传身教。他说："夫风化者，自上而行地下者也，自先而施于后者也。"（《颜氏家训·治家》）意思是说，风尚的教育感化，是从上面推行到下面的，是由前人延续给后人的。也就是说言传身教是道德教化的根本，只有这样才能起到感化人心的作用。他认为如果父亲做不到慈爱，则儿子就不会孝顺；如果兄长做不到友爱，弟弟就不会恭敬。所以要想培养良好的习性，做父母的就应当以身作则。如果父母具备了谦虚谨慎的作风，子女也会受到父母的影响，自然地具备这种作风。

颜之推还认为谦让的作风有诸多好处，从积极的方面讲，在人际关系当中谦让之德可以调节父子、夫妇、兄弟、朋友等之间的关系，使它们更加和谐；从消极方面讲，谦让的品质可以让人避免灾祸，退出不必要的竞争，安然地保全自己的性命。

（二）颜之推还认为谦让之德是做学问、写文章之道。

除了在伦理关系当中强调谦让之德的重要外，颜之推还主张经世治用，反对不学无术、游手好闲的士族门阀习气，认为只有通过学习使自己成为有用之人，才是知识分子的正道。在《勉学》篇中，颜之推认为一个人应当从小就学习，利用自己的灵性与智慧，多学知识才是士大夫们应当做的。他还认为"夫所以读书学问，本欲开心明目，利于行耳"。意思是说，读书和做学问都是为了明白事理，增长见识，这对自己的行为举止也有好处。他还特别强调了读书对一个人培育谦让之德的好处。他说："素骄奢者，欲其观古人之恭俭节用，卑心自牧，礼为教本，敬者身基，瞿然自失，敛容抑志也。"那些一向奢侈骄横的人，要让他们看到古人的节俭和谦让，使他们惊觉自己的行为有过错，从而可以让他们收敛抑制骄傲的心态。颜之推还说，那些骄傲自大的人，一旦读到古代圣贤处处谦虚谨慎、小心从事的事迹时，也会受到启发，变得谦逊起来。

颜氏的这一主张实际上在强调历史经验对一个人行为规范的影响。人生来不可能具备谦让的品质，在家教当中人们也不可能完全学会谦虚谨慎，然而只要通过个人的努力，在读书和做学问的过程中，通过阅读先人著作，温习历代贤人的优良品性，并逐步受到感化和影响，最终也会让人们具备谦让的美德。

颜氏还认为谦让的美德是文章之道，认为文人们过分地显露才华的做法是不可取的。他说："自古文人，多陷轻薄；屈原露才扬己，显暴君过……凡此诸人，皆其翘秀者，不能悉纪，大较如此。"（《颜氏家训·文章》）意思是说，自古以来文人大多陷于轻慢，过分显才；屈原过于显露才华，过分地表现自己，暴露了君主的过失……以上这些人，都是文人中的佼佼者，都是出类拔萃的人，但是终因过分显才，没有落得好下场。颜氏显然受"文以载道"的传统影响，认为文章能表达清楚自己的见解即可，没有必要虚张声势。我们虽然不能全然赞同他的主张，却也无法否认其中的合理成分。自古以来，许多文人往往恃才自傲，他们的文章也是这种心态最好的表证。由于有这样的习性，以文字获罪的文人不计其数，所以从消极的谦让观来看，写文章时以谦虚退让的心态，去表达作者的意图也未必是一件坏事。

《颜氏家训》中虽然没有专门的篇章论述谦让之德，但纵览此书，我们能明显地感受到作者是把谦虚礼让的美德融入到每篇作品当中去了。颜氏以平实自然的文字，向我们展示了儒家教育观的方方面面，也通过各个篇章表达了作者对谦让之德的理解。在本书中，我们只选取了三个角度，对颜氏的谦让观进行了分析，但这是远远不够的，想要全面了解颜氏的谦让观还需要读者们去阅读原著。

四 唐太宗与魏征的谦让言行

唐太宗李世民是唐高祖李渊的次子。隋末，李渊、李世民父子看到隋朝将亡，乃于大业十三年（617）在晋阳起兵。在唐朝统一全国的过程中，李世民军功甚多，他的功业超过他的兄弟李建成和李元吉,但身为次子,不能继承皇位;太子李建成亦知李世民终不肯为人下,于是与李元吉结为一派,与李世民一派相对抗,展开了争皇位继承权的斗争。武德九年六月四日,李世民发动"玄武门之变",杀死李建成、李元吉,逼唐高祖李渊退位,自己称帝,是为唐太宗。

唐太宗即位后,居安思危,任用贤良,虚怀纳谏,实行轻徭薄赋、疏缓刑罚的政策,并且进行了一系列政治、军事改革,终于促成了社会安定、生产发展的升平景象,史称"贞观之治"。"贞观之治"是中国封建时代最著名的"治世"。

唐太宗在即位之后,对如何处理原来属于太子李建成东宫集团的人,他听从了尉迟敬德的建议。尉迟敬德认为,杀人过多不利于国家的安定。因此,唐太宗便以宽容的态度对待原来太子一派的人,有才干的还委以重任。魏征便是一个著名的例子。唐太宗的宽容化解了许多矛盾,也使许多原来站在对立面的人能够有机会转变过来,成为治理国家的有用之才。

为了使唐朝长治久安,唐太宗认真地总结了隋朝灭亡的教训,他得出了三个原因。第一,奢华浪费,劳民伤财。隋炀帝为了享受,大修宫殿,为到南方巡游,大征民工修造运河。第二,生活腐化堕落,荒淫无道。为满足自己的贪欲,让全国进献珍奇宝物和大量美女。第三,战争太多,耗费国力。好大喜功的隋炀帝东征高丽,得不偿失,加上其他战争使得民不聊生,最终激化了社会矛盾,导致隋朝的灭亡。在惨痛教训的对照下,唐太宗下决心进行彻底治理,加上下属大臣们的通力协作,"贞观之治"在中国历史上展开了它美丽辉煌的画卷。

唐太宗选拔官吏时虽然如饥似渴,但他并没有因此而降低求贤的标准,而是用才干和贤能严格衡量的。他有句名言,"内举不避亲,外举不避仇",说得很有道理。魏征说"兼听则明,偏信则暗",唐太宗就将魏征的这句忠言牢记在心。有了好的指导思想，纳谏也就有了良好的基础和前提。魏征被唐太宗重用，和他的宽容也有很大的关系。当初唐太宗质问魏征为什么挑拨他们兄弟之间的关系，魏征却回答说如果太子李建成早听他的话，一定不会有今天的结局。唐太宗很赞赏他的直率，便以礼相待。根据他耿直的秉性，让他任谏议大夫，贞观三年又任参与朝政，行宰相职权，成为贞观名臣。

在武德九年（626年），唐太宗即位不久，命人点兵。当时的唐制规定，年满二十一岁才能入选，但大臣封德彝却说十八岁以上高大健壮的也可以点兵，并得到唐太宗的同意。魏征却驳回了诏令三四次，不肯签发。唐太宗大怒，召见他质问。魏征说："您常说要以诚信治天下，但即位以来，仅几个月就几次失信于民，这怎么能说是以诚信治天下呢？"太宗听了转怒为喜："过去我总以为你很固执，不懂政事，今天听你分析国家大事，都很切中要害，我确实是错了。"太宗不但改正了错误，还赏赐给魏征一只金瓮。

魏征去世后，唐太宗异常悲痛，他说："人用铜（古代的镜子用铜磨制而成）做镜子，可以纠正衣冠；用古代历史做镜子，可以明辨国家的兴盛与衰亡；以人做镜子，可以知道自己的得失和过错。现在魏征走了，朕便失去了一面宝贵的明镜。"（《旧唐书·魏征传》）

为了更好地纳谏，唐太宗还采取了一些具体有效的措施，如谏官和史官列席军政会议，对于敢于直谏的大臣给予重赏鼓励，同时也是对其他人以后进谏的一种有效的激励。唐太宗善于纳谏的作风实际上与他的谦让观念有关，正是因为有了谦虚的胸怀，唐太宗才会从善如流。

另外，魏征等人的劝谏也对唐太宗的施政产生了良好的影响，在著名的《谏太宗十思疏》中，魏征提出唐太宗应当戒骄戒躁，只有这样才能使政治清明，国家也才能长治久安。他说：

"……既得志，则纵情以傲物。竭诚则胡（吴）越为一体，傲物则骨肉为行路。虽董之以严刑，震之以威怒，终苟免而不怀仁，貌恭而不心服。怨不在大，可畏惟人，载舟覆舟，所宜深慎，奔车朽索，其可忽乎！"意思是说，如果君主恃才傲物，老百姓就不会心悦诚服，虽然表面上表现出恭敬的样子，但内心里不会尊重君主，如果出现这样的情况，即便是用严酷的刑法，也改变不了事实。所以说"水能载舟，亦能覆舟"，这个道理是不能忽视的，作为君主要时时谨小慎微、谦虚谨慎、戒骄戒躁，只有这样才能获得臣下和百姓的支持。

唐太宗与魏征的谦让言行，是封建时代理想政治局面的一个写照，也是历代封建统治者们竞相效仿的模范式君臣关系。我们认为唐太宗善于纳谏、勇于承认错误的做法，与他个人的谦让品质有必然的联系，而魏征的谦让言论实际上是对谦让之德的政治意义的又一次总结，从善如流的君主与勇于直谏的臣下，从不同的侧面表达了谦让之德的政治意义。

第二节　两宋学者论谦让

两宋时期是儒学发展的一个重要时期，儒家学说经过几百年的整合与发展，在两宋时又迎来了它的一个鼎盛时期。两宋时代的儒学又称理学，是融合了道教、佛教思想的新儒学，两宋时期的理学家又称为新儒家。新儒家们打着"为往圣继绝学，为后世开太平"的旗号，企图重振儒学，进一步巩固它的官方哲学地位。两宋时期著名的理学家及学派有周敦颐的"濂学"，程颢、程颐的"洛学"，张载的"关学"，以及朱熹的"闽学"，都对儒学的振兴做过艰苦卓绝的努力，他们的思想也对后来的中国文化思想产生了不可替代的影响。

就谦让思想而言，两宋的理学家也对此作过阐释。他们的谦让观主要体现在关于先秦古籍的阐释作品,以及一些语录体的文章当中。也就是说,两宋理学家们论述谦让思想的言论比较散乱。我们在分析两宋学者们的谦让观时,不再逐一地分析每个学者的谦让思想,而是将他们的相关言论归纳到几个问题当中,通过这些问题系统地分析两宋学者们的谦让观。

一　两宋理学家对《周易·谦卦》的阐释

重新阐释先秦儒家的经典著作,是理学家们振兴儒学的一个途径。理学家们认为《周易》是儒家的经典,《周易》中的《系辞》、《序卦》等文字都是孔子的作品,所以通过重新阐释《周易》,去挖掘其中的儒学真义,也是恢复儒学至尊地位的一个方法。两宋时期的理学家大多都对《周易》做过阐释,企图从中找到"内圣外王"的思想依据。在这里,我们选取了程颐和朱熹两人对《周易·谦卦》的阐述,通过分析总结出理学家们的谦让观。

(一)程颐对《周易·谦卦》的阐释。

在分析《周易·谦卦》的文字当中(《周易·程氏传》卷二),程颐认为事物发展到一定程度后,就会出现"大有","大有"是盈满的可能,但不是最终结局,如果能把握住"谦损"的道理,事物发展到最鼎盛时并不一定要走向衰退。程颐通过谦卦的卦象说明了这个道理,他认为地中有山的卦象本身就表明高大的事物可以在卑下的事物当中去体现它的价值。他的这种说法与先秦易学的看法并没有实质性的不同。但他同时又认为"德"是人们能做到谦虚退让的根本原因,他对《谦卦》的阐释,也重在强调一个"德"字。

程颐认为"德"是人们具备谦让品质的前提,是人内在的最高品质,也是"理"在人们内心中的表现。他说:"达理,故乐天而不竞,内充,故退让而不矜。"(《周易程氏传》卷二)意思是说如果参透了"理",那么就会知天命而不凡事与人竞争,内心充实,就会知道退让而不矜持。如果人们做到内心的充实完满,就意味着人们具备了"德",也就具备了谦让的前提。

程颐说:"以崇高之德,而处卑之下,谦之义也。"(《周易·程氏传》卷二)意思是说,具备了崇高德行的人,甘愿处于卑下的地位,就是谦让的本义。他认为内在的"德"实际上就是"理"在人心当中的表现,如果内在的品德一直能保持下去,那么人们的内心就具备了"仁"的基础,所以作为"德"的一个表现,谦虚退让自然也会因此发挥它的作用,谦让之德就是人们具有了崇高品质后,仍然谦虚谨慎、卑下自然的一种心理状态。

程颐认为德行高尚的人,自然会具备谦让的品质,有了这种品质也自然会得到别人的尊重,自己的内心也时时谦逊平淡,这样的人不管到了哪里,都能得到别人的认可,不管做什么事也都做到有始有终。所以他说:"有其德而不居,谓之谦。"(《周易·程氏传》卷二)道德修养是内在的东西,它不是表现给别人看的,所以如果具备了崇高的德行,人们往往会变得十分谦虚。谦虚的人会对内心的欲望进行克制,对自己和别人的言行进行反省,不与别人争执,也不会因为外在环境的影响而放弃内心的坚守,所以这种谦虚谨慎是一种稳定的心理素养,它的来源是人们的道德修养,同时也对人们的道德修养起到维护、巩固的作用。

(二)朱熹对《周易·谦卦》的阐释。

和程颐一样,朱熹对《周易》的阐释,也是为了通过儒家经典进一步证实自己观点,所以他对《谦卦》的阐释也是为他的学术观点服务的。如果仔细分析朱熹对《谦卦》的阐述,我们会发现他和程颐对谦让的看法并不一致,这种不一致与他们两人的思想主张不同有关。

朱熹也认为"君子有终"之象,是"自然之理"(《朱子语类》卷七十)。他认为自然造化本身,向人们展示了谦虚退让这一伦理范畴的变化与发展，就像山上的土，它随着水流到山下，使山变瘦而泽变高，这就是所谓的"变盈流谦"。他还说宇宙本来空无一物，事业功劳对人又有何益处；天地化育万物，却从来不以此为傲，所以他认为谦让的本源是宇宙之理。

那么什么是谦让呢？朱熹说："谦者，有而不居之义。"（《朱子语类》卷七十）意思是说，谦让是指有地位却并不以此为骄傲的意思。他针对程颐对"谦尊而光"一句的解释，认为"恐程先生之说，非《周易》本文之意"。（《朱子语类》卷七十）他认为"尊"是针对"卑"而言的，地位高的人谦逊有礼，他的道德会更加高尚；地位低下的人谦逊有礼，他的德行也是无法超越的。朱熹认为谦让本来就是一个变动的概念，要想达到谦让之德，并不一定要处于卑下之位，地位高的人仍然谦虚谨慎，说明他只是把自己的地位在心理上放低了，但本质并没有变，也没有必要变。所以他认为程颐将"谦"和"卑"对等起来的做法是不对的。

朱熹对《谦卦》的阐释重点放在两个方面：一是他认为谦虚谨慎的作风是政治修养的一个体现；二是他认为谦让是兵法的极致。

在第一点上，他认为"谦"就是"有而不居"。当人们处于一定的政治地位时，不应当就此心满意足，而应该积极进取，那种骄傲自大的做法，只能落得个"虽位尊而不光"（《朱子语类》卷七十）的下场，所以在朱熹看来谦让只是一种行为规范，而不是人们追求的终极目标。在第二点上，朱熹认为谦让自古以来就是兵法当中一个极致。他引用老子和孙子的理论，进一步说明了谦让与兵法的关系。他说："若以不服而征，则非所以为'谦'也。"意思说，以谦让之心征服别国，前提是让他心服口服。他以老子"哀兵必胜"的理论，说明了谦让之德的战略意义，又引用孙子"始如处女，敌人开户；后如脱兔，敌不及拒"

的说法，认为谦让的做法在兵法中可以起到迷惑敌人、出奇制胜的作用。

总之，程颐和朱熹对《周易·谦卦》的阐释，向我们展示了两宋理学家的谦让观。一方面，程氏的"洛学"把谦让归于德行修养之中，认为"德"是"谦"的前提，是人性中消极的德行标志，从而为他们"存天理、灭人欲"的总体主张寻找内在的根据；另一方面，朱熹却认为谦让之德是人格修养的一部分，它本身就是道德修养的一个境界，对人际交往、从政原则、军事策略等都会起到积极的作用。可以说朱熹的见解既是对程氏思想的继承，也是在此基础上的发展。

二　两宋学者论治学、交往等活动中的谦让规范

两宋学者在问学、治学、交往等活动中，都提倡谦虚谨慎的作风，他们认为谦虚的态度可以使人明理，谦逊的作风能使人进步，谦让的行为也可以获得别人的认可。所以谦让之德是一种优良的品性，也是一个具有社会价值的伦理范畴。

（一）两宋学者以自己的言行实践着谦让之德。

在《程氏遗书》卷十二中，记载了一段十分有趣的对话，谢良佐和程颐分别一年后，又去见程颐。程颐问他："相别一年，你都做了些什么修行功夫？"谢良佐回答说："也就只消除了一个矜字。"程颐问他："为什么呢？"谢良佐答："仔细检查起来，一切病根都在于此。如果能做到克服矜持的罪过，学问才有精进之处。"程颐点头称许。并随即对在座的弟子说："此人追求学问，是一个能够切问而近思的人。"

谢良佐认为矜持是修养的一大障碍，只有去除它，才能使自己做到谦虚谨慎，而具备了谦虚谨慎的作风，学问和修行自然也会有所增长。所以，他用了一年的时间，去消除他身上矜持自傲的毛病。程颐得知此事后，十分赞赏谢良佐的做法，可见程颐也

主张在个人修行的过程中，应当尽量避免矜持自傲的毛病。

在二程的门下有许多具有谦让作风的典范，其中之一就是"程门立雪"的故事。宋代学者杨时和游酢，向二程求学，非常恭敬。杨游二人，原先以程颢为师，程颢去世后，他们都已四十岁，而且已经考上了进士，然而他们还要去找程颐继续求学。相传杨时、游酢，来到嵩阳书院拜见程颐，正遇上程颐闭目养神，坐着假睡。程颐明知有两个客人来了，他却不言不动，不予理睬。杨、游二人怕打扰先生休息，只好恭恭敬敬，肃然侍立，一声不吭等候他睁开眼来。如此等了好半天，程颐才见了杨、游，装作一惊说道："啊！啊！贤辈早在此乎！"意思是说你们两个还在这儿没走啊。那天正是冬季很冷的一天，不知什么时候，开始下起雪来。门外积雪，有一尺多深。这个故事，就叫"程门立雪"。

这个故事，不仅说明了谦虚礼让的作风是当时士人们普遍具有的美德，也说明当时学界领袖人物程颐也十分重视学生的谦让品德。

杨时和游酢本来就是学问很高的人，又是进士出身，在当时已经有了较高的政治地位和学术地位，但他们仍然十分尊敬程颐，在老师面前表现出谦虚谨慎的样子。大雪之天本来可以进屋等程颐醒来或直接叫醒程颐，也可以借口离开，但他二人却没有这样做，而是在大雪当中等待老师的招见。这种尊敬老师、诚恳求教的行为当中，就有谦虚礼让的美德。杨时和游酢在功成名就后，仍然想拜程颐为师，这说明他们十分谦虚，并不以为自己的学问已经达到无须向别人求教的地步。相反，他们以谦虚的心态彻悟了学问没有止境的道理，所以才会以进士身份，向程颐求教。另外，他们立于程门，甘受雪天之苦的行动，也践行了他们谦虚礼让的美德。在官本位的传统中国，凡是做官者，在人际交往中往往具有心理上的优越感，所以待人接物往往也以他们为中心。但是，杨时和游酢却没有这样做，面对学问渊博、品德高尚的程颐，他们以谦虚退让的行动向程颐表达了敬重与爱戴之情。程颐在大雪天中，不急于接见二位的做法，也是想了解一下二人求教的诚意。看到他二人有如此的表现，自然答应了他们的请求。

通过"程门立雪"的故事，我们可以看出宋代学者们以实际行动践行着谦让之德，谦虚礼让的作风既是个人修养当中最重要的一个环节，也是人际交往的一个原则。

那么，如何培养谦虚礼让的作风呢？宋代学者也做过思考，除了在问学、求教中培养谦虚谨慎的作风外，通过学习社会礼节规范，抑制个人的欲望，也是一个较为有用的办法。

理学家张载认为讲究社交礼节，有助于改变社会风气，人们从小就应学会用各种规范去节制自己的行为，从而战胜各种不正当的欲望，做一个理性的人。他说："世学不讲，男女从幼便骄惰坏了，到长益凶狠，只为未尝为弟子之事，则其于亲已有物我，不肯屈下，病根常在。又随所居而长，至死只依旧。"（《张子全书·经学理窟》）意思是说如果在学校中不学习社交礼节，男女从小就骄气懒惰，到长大成人后这种毛病就更加凶狠，只因为从小就不曾做子弟应做的事，对于亲人已有物我之别，不肯屈下，病根常在。又随着环境而长，至死都无法改变。所以张载主张从小培养人们的谦让品德，在人际交往中有意识地提醒孩子们注意自己的言行，只有这样才能克服不良的欲望，成为具有谦让之德的人。

（二）宋代学者认为谦让之德是学问、求知的前提。

宋人林逋在《省心录》中说："知不足者好学，耻下问者自满。"意思是说，知道不知足的人，是好学的人；耻于下问的人，是自满的人。他强调学问之道重在谦虚，只有做到谦虚，才会做到不知足；只有学会谦虚，才能做到不耻下问；只有懂得谦虚的人，才能看到别人的长处和自己的不足。所以，谦让之德是人们求知和做学问的一个前提。

当人们处于求知的阶段时，谦让的品质是保证求知质量的前提。从主客关系上讲，学问是无止境的，而人的能力总是有限的。所以只有具备了谦虚的心态，人们才能虚心地学习，而不至于妄自菲薄或骄傲自大。那些不懂得"学海无涯"的人，往往会对自己的能力过分自信，或者对学习知识的艰苦程度没有一个理性的把握。当他们学到一点东西时，就会产生骄傲情绪，以为自己的能力很强，足可以应付所有的知识。而当他们遇到困难时，也会轻浮地以为这些困难并不能说明他的努力不够，只是没有必要去掌握那些东西，宁可掩耳盗铃，也不愿承认自己的缺点。所以，骄傲自大和妄自菲薄像是一对姐妹，都从不同的侧面表现出人们求知过程中的错误想法。

针对这种状况，程颢认为："内重则可以胜外之轻，得深则可以见诱之小。"（《二程遗书》卷六）意思是说，内心稳重就可以克服外在行为的轻浮，学问精深就可以发现外界诱惑很小。从程颢的主张中，我们可以看出，谦让之德与学问之间是互动的关系。一方面做学问的过程中，我们可以学到谦让；另一方面谦让的品德也会帮助我们更好地去学习知识。当人们掌握了一定的知识后，就会明确地知道知识是无止境的，从而就会虚心地接受这个事实，在自己能力所及的范围内，尽量努力地学习知识。由此，一个人的心态会变得稳重而谦逊。当人们具备了这一心态后，它也会对人们的学习产生良好的影响，人们也会因此学到更多的知识。

张载认为人们应当牢记孔子"毋意、毋必、毋固、毋我"（《论语·学而》）的教诲，时时告诫自己不要犯骄傲自大的错误，只有这样才能在求知和做学问的过程当中，最大可能地发挥自己的能力，成就学问的最高境地。他还认为不耻下问虽然很难做到，但即便是老人也要具有这样的谦虚心态。如果以为自己年老，就不想向别人求教，那样的话，一个人终生也不能懂得圣人之道；如果自以为什么都懂，不肯下问，那么他最终只是自欺欺人。所以，他主张时时不耻下问，只有这样才能使自己的学问达到一般人无法企及的高度。

朱熹认为在做学问的过程中，时时反省自己是做到谦虚谨慎的前提。他说："日省吾身，有则改之，无则加勉。"（《四书章句》）意思是说时时反省自己的学问和行为，如果有了过错就加以改正，如果没有就激励自己，积极地学习更多知识。朱熹把谦让的品质看成是人们积极进取的表现，他的这一主张是继承了孔子的看法。他认为真正的谦虚就是对自己的不足有一个中肯的认识，看到自己的不足后，不仅不会隐瞒它，相反应当积极地去改正它，只有这样才能使自己的学问和见识有所增长。

（三）两宋学者批判了骄傲自大的作风，认为人们应当遵守谦虚谨慎的伦理规范。

在《周易程氏传·临传》中，程颐指出骄奢淫逸是招致灾祸的原因。他说："圣人为戒，必于方盛之时。方其盛而不知戒，故狃安富则骄侈生……"当事物处于兴盛、当人的地位处于最高时，人们应当反省自己，有所戒备。因为习惯于安乐富足，就会产生骄傲侈奢的坏习性。程颢也说："富贵骄人固不善，学问骄人，害亦不细。"（《二程遗书》卷一）意思是说以富贵而骄傲自然不好，以学问而骄傲，危害也是不小的。程颐还说："做官夺人志。"（《二程遗书》卷十五）他认为做官夺人心志，往往让人骄傲自恃，失去本性。

由此可见，骄傲的起源与人们拥有的权力、财富甚至知识都有密切的关系。一旦产生骄傲的情绪，它就会给人们带来危害。如果处于富贵的人骄傲自恃，就会招来别人的嫉妒，他自己也会变得奢侈淫逸，从而会很快失去拥有的财富；如果有权势的人骄傲自大，就不能处理好同僚之间的关系，他会变得故步自封，目中无人，这些毛病都是从政者的大忌；如果一个人自以为学问很高就骄傲自大，那么他就会变得不思进取，听不进别人的建议，也无法容纳别人的见解，他那点知识也会很快贬值。所以骄傲的情绪是不可取的。朱熹就曾说："人之洗濯其心以去恶，如沐浴其身以去垢。"（《四书章句》）人们应当时时反省自己，如果发现自己有骄傲情绪，就应当像洗澡去除身上的污垢一样，去除内心的骄傲情绪，只有这样才能使自己时时处于谦虚谨慎的心理状态。理学之宗周敦颐认为时时听取别人的批评，也是克服骄傲情绪的一个办法。他说："仲由喜闻过，令名远穷焉。今人有过不喜人规，如护疾而忌医，宁灭其身而无悟也。"（《通书·过》）意思是说，子路闻过则喜，所以博得了无穷的美名。现在的人有了过错，却不喜欢别人规劝，像保护疾病而忌讳医治，宁可灭身而不醒悟。他劝告人们有了过错就应当改正，骄傲既然是一种毛病，自然也应当加以改正。

三 两宋家训中的谦让思想

两宋时期是我国家训文化发展的重要时期，在《颜氏家训》的影响下，两宋文人士子都以训诫子女、兄弟为人生的大事，大多都有家训文字传世。在众多的两宋家训中，也有专门讨论谦让之德的篇章。在此我们选录其中较为典型的一部分进行分析，通过这些家训进一步了解两宋时期的谦让思想。

（一）宋人通过贫富之间的对比，强调人们处于富贵时仍应谦虚谨慎。

宋人认为，贫富之间的差距可以改变人的性情。人们在处于贫困境地时，往往能保持住自己的优良品性；可一旦富裕了，就会变得骄横奢侈，原来的优良品质也会被抛弃。宋人认为人们一旦染上骄傲奢侈的毛病，财富和权力也会因为这些不好的性情，迅速地成为明日黄花。所以,他们往往书写家训告诫子孙:处于富贵时,时时记得谦让有礼,万不能骄傲自大。

北宋著名诗人苏舜钦在他的《送外弟王靖序》当中,告诫他的表弟,处于富贵时应当保持原有的人生准则,不应当因为富贵而不求上进。苏舜钦认为古代的很多贤人,都曾经受人歧视、生计萧条、饱尝冻馁、历尽艰辛。但他们都能在困境中奋发向上,成就自己的事业。然而,"今贵人之胄,以缇纨肥味泽厥身,一无达者之困肆焉。自以为胜物也,习惰志覆,安久质变,不知诚性之日陷脱也。"① 意思是说,如今高贵人家的后辈,裹以绫罗,食以美味,丝毫也感受不到通达之人的那种困穷艰难。他们自以为是生活中的佼佼者,可是,习性久久怠慢,毫无进取之心,会使人志气消磨,饱食终日会使人素质发生蜕变。他们哪里知道,美好的心灵,是因此而毁灭了呢。在这个毁灭的过程中,当然也包括谦让的美德,原本对自己十分有益的谦虚精神,却因为骄傲自大,消蚀殆尽了。

宋人袁采在他的《袁氏世范》中,更以"处富贵不宜骄傲"为题,直截了当地告诫他的子孙不能因为富有就骄傲自恃。他说:"富贵乃命分偶然,岂宜以此骄傲乡曲。"② 富贵本来是偶然的事情,不应当由此就骄傲自大。他还着重指出,富贵不是前定的,有一部分人本来贫寒,靠能力自己致富,这本来就不容易,所以不应当骄傲。如果一旦骄傲起来,就会在乡里失去民心,别人只能对他的财富产生嫉妒,而不会尊重他。另一部分人是靠上辈的财富变得有钱有势,自己并没有多少才能,所以更不应当骄傲。他说:"此何异于常人?其间有欲以此骄傲乡曲,不亦羞而

---

① 参见《诫子弟书》,北京出版社2000年版,第144页。
② 参见史孝贵主编《历代家训选注》,华东师范大学出版社1988年版,第69页。

可怜哉！"(《袁氏世范》)意思是说，那些靠上辈发财的人，如果在乡亲面前骄傲自大，岂不是感到羞愧又让人可怜吗？

（二）宋人家训中，谦让之德也被看作是从政、交友的一个原则。

著名史学家司马光在他的《与侄书》中，告诫他的侄子在从政时要谦虚谨慎，既不能因为有了权力而作威作福，也不能依赖司马光的权势，做违法乱纪的事。司马光也是当时著名的政治家，朝廷当中有许多人嫉妒他，这一点他也很清楚。他说自己"如一黄叶在烈风中，几何不危坠也！"[1] 在人事险恶的政坛上，即使得到高位，司马光也处处以谦虚谨慎的作风，小心应对政事，从不喜形于色。所以他告诫侄子说："汝辈当识此意，倍须谦恭退让。"(《与侄书》)意思是说，侄子们应当懂得司马光做官的艰辛，也要明白司马光的良苦用心，加倍地谦恭退让。

南宋著名诗人陆游在他的《放翁家训》中，提到谦让之德是人际交往的一个准则。他认为年轻人才思敏捷，乐于与人交往，也很容易变坏。如果有这样的子弟，作为父母兄弟的就应当忧虑，而是高兴。要严加教导他们，"令熟读经学，训以宽厚恭谨，勿令与浮薄者游处。"[2] 教育子女，不仅应当让他们熟读经书，还要教育他们忠诚老实、谦虚谨慎，不要让他们和轻薄放荡的人来往。因为轻薄放荡的人往往骄横自恃，与这样的人交往久了，子女的性格也会受到他们的影响，所以要防止子女交这样的朋友，并且告诉他们交友的原则之一就是要具备谦虚礼让的美德。

朱熹也在《与长子受之》中告诫他的儿子，不要和那些骄横轻薄的人交往，他说："其谄谀轻薄，傲慢亵狎，导人为恶

---

[1] 朱熹：《诫子弟书》，北京出版社2000年版，第158页。
[2] 同上书，第181页。

者，损友也。"① 那些巴结逢迎、浅薄无知、傲慢而又行为放荡、引导别人做坏事的人，是对自己有害的朋友，当然不可交。朱熹和陆游的看法是一样的，他们都反对与骄傲自大的人交往，认为那样的朋友只能带给自己不良的影响，不应当与他们交往。

第三节 明清学者论谦让

明清时期，也有许多学者讨论过谦让之德。他们不仅继承了宋代理学家的观点，而且进一步强化了儒家伦理范畴的社会意义。明清学者把谦让之德纳入到更广阔的社会视野进行分析，进一步挖掘了谦让之德的社交意义。

明清时期是我国传统文化的成熟期，也是它逐渐走向衰退的时期。在这个特殊的时期，儒家伦理思想已经成为人们"日用而不知"的文化资源，它一方面规范着人们的行为，另一方面使人们陷于一种"无意识"当中，对它的规范作用视若无睹。在这种情况下，儒家伦理范畴的社会性虽然很大程度上被社会群体所接受，但它的文化价值却被忽略了。也就是说，当谦让之德等优良的伦理范畴成为约束人们行为的规范与原则时，它的礼学意义已经退出了历史舞台，人们只把它看作是一种行为规范。当儒家伦理范畴的礼学意义随着自身的发展逐步消失时，它自身存在的合理性自然也会受到质疑，我们可以从明清学者的谦让观中看到这一点。

一 王阳明的谦让思想

王阳明是明代著名的思想家，他出生在明代中叶。当时政治动荡、腐败盛行，儒家伦理思想受到前所未有的挑战。王阳明本

---

① 朱熹：《诫子弟书》，北京出版社2000年版，第184页。

人对当时士风日下、人心不古的社会现状也十分忧虑和不满,他的谦让观就是针对这些现象提出的。

首先,王阳明对当时士大夫当中流行的表面功夫十分反感,认为过多地追求形式上的东西,不利于人际交往,也不利于个人修养。

王阳明在讲学时,发现他的学生当中,有些人的行为举止过于矜持,他就说:"人若矜持太过,终是有弊。"(《传习录》下)意思是说,人的行为过于矜持,终究是不好的。他的学生就问这是为什么,他回答说人的精力毕竟有限,如果一味地追求表面功夫,在容貌、举止当中去表现自己的与众不同,往往就不能观照自己的内心世界。王阳明认为谦让的作风首先是一种谦和的心态,既不做作也不矜持,如果一个人只是为了表现自己,而做一些表面功夫,反而无法真正做到知行合一,当然更谈不上谦虚谨慎了。

王阳明认为,谦让之德是人们具有自知之明的表现。人一旦清楚了自己的能力,就会自然而然地学会谦虚谨慎,而一旦具有了谦虚谨慎的作风,也就达到了"致良知"的境界。王阳明说:"只此自知之明,便是良知。致此良知以求自慊,便是致知矣。"(《静心录》之二)意思是说,自知之明就是"良知",如果用这个"良知"做到谦虚谨慎,那么就等于具有了德行。

王阳明是心学的集大成者,他认为事物的存在依赖于人的意识,人的"良知"也起自人的本心。他还提出"知行合一"的观点,把人的意识和行为合而为一,认为人的道德意识可以决定人的外在行为。既然人的道德观念可以决定人的行为,那么那些表面上的东西就不是发自人内心的,自然不应当提倡。"如今讲此学,却外面全不检束,又分心与事为二矣。"(《传习录》)所以说,从广义上讲,王阳明的谦让观与他的哲学思想密切相关。知行合一的认识论决定了王阳明谦让观的特征,即他认为谦让之德是人内心的"良知"之一,它本身就可以决定人的行为,而不需要外在的形式去强化它的作用。

其次,王阳明也把谦让之德看成是人际交往的一个原则,并且将它细化为朋友之间讨论学问时的一个准则。

从先秦诸子开始,历代学者们对谦让之德的社交意义已经做了很多论述,他们都认为在人际交往中,谦让的作风可以使人们获得别人的信任和帮助。明清以来,学者们进一步细化了它的社交作用,王阳明认为谦让之德是朋友之间处理人际关系的一个准则,特别是在学问方面,它的作用更应值得关注。

王阳明向他的学生陈九川讲学时,提到了朋友之间的交往原则。他说:"大凡朋友须箴规指摘处少,诱掖奖劝意多,方是。"(《传习录》)意思是说,与朋友相处,彼此间应当少一点规劝指责,多一点开导鼓励,这样才是正确的。他认为"好为人师"在朋友之交中是最忌讳的。规劝与指责的行为一般来自于长辈,朋友之间本来人生阅历都差不多,所以在学识上不可能有太大差别。如果一些人总爱对朋友指手画脚,就说明这些人是十分骄傲自大的,他们认为自己的能力比朋友强,学问也比朋友高,所以有资格向朋友进行规劝与指责。王阳明认为朋友之间是友爱的关系,即使一方的能力强过另一方,也没有必要据此就在朋友面前表露自己的能耐。他说:"与朋友论学,须委曲谦下,宽以居之。"(《传习录》)意思是说,朋友之间讨论学问,应该委曲谦让,完厚待人。

王阳明的一个朋友常常因为生气而责备别人,王阳明就告诫他说学习应当反省自问,如果光是责备别人,就会只看到别人的不对,而看不到自己的错误。长此以往,就会产生骄傲情绪。他说:"舜能化得象的傲,其机括只是不见象的不是。"(《传习录》)意思是说,舜之所以能感化象的傲慢,关键只是他不去看象的不对之处。王阳明认为朋友之间也应当如此,多发现别人的长处，并以此来感化他，他自然也会改掉不足。

王阳明的这个主张，显然是把谦让之德在人际交往中的作用细化了，他仅以朋友之交来讨论谦让在人际交往中的作用，目的是想进一步指出以谦让之德调节人际关系时，应当注意的一些细节。他认为朋友之间互相谦让的目的是为了增进彼此之间的友谊，即使在讨论学问，也要明白这一点。明知自己学问高，却以谦虚退让的心态对待朋友，这说明这个人的内心的确具备了谦让的"良知"，他的外在行为不仅表达了他的德行修养，而且也更好地处理了他与朋友之间的关系。

王阳明也以自己的实际行动，实践了他的这一主张。据《王阳明全集》（卷四）记载，王阳明和当时著名的学者董沄，就因为彼此谦让，成为忘年之交。董沄是明代著名诗人、学者，他以六十八岁高龄仍然表现出谦虚好学的品性。有一次，他来到会稽，听说王阳明在此处讲学，就前去旁听。当时王阳明的名声已经很大，听他讲学的人也很多，董沄听完后也觉得受到了很大启发，就想拜王阳明为师。王阳明听说董沄想以他为师，就十分谦虚地推辞，认为不论在学识上还是在年龄上，董沄都是自己的老师。可谦逊的董沄还是感动了王阳明，他们一起谈学论道，成了忘年之交。在《王阳明全集》（卷十）中，我们可以读到董沄向王阳明请教学问的记录，他们两人的关系也成为文人们津津乐道的千古佳话。王阳明之所以在朋友之交中强调谦让之德，是因为谦让之德是人们内心真实情感的流露，也是彼此表达敬意与爱慕之情的一种方式。如果能用谦虚礼让的心态对待朋友，就说明他对朋友之情是十分重视的，他的态度也是十分真诚的。

最后，王阳明明确提出"人生大病，只是一傲字"（《传习录》下），认为骄傲的心态有百害而无一利，人们应摒弃这种不良的心态。

王阳明认为骄傲自大是不可取的，如果一个人傲慢骄横，这就说明他的人格是不完善的，他的良知也被恶的事物所蒙蔽。他认为，如果做子女的骄傲自大，那么他们必然不会孝顺父母。因为他们十分骄傲，自然就会在长辈在面前表现出他们的这种心态，他们要么对长辈轻慢无礼，要么以为自己的能力远远超过长辈，从心里看不起长辈，自然就谈不上孝顺了。如果做臣下的骄横无礼，那么他必定会不忠。臣下一旦表现出骄傲的情绪，说明他把君主的权威不放在眼里，认为自己的能力远远高出君主，时时想着要取代君主，当然就谈不上忠诚了。如果父亲骄傲自大，就不会做到慈爱。因为骄傲的情绪已经暴露了父亲的缺点，而一旦被他的孩子看在眼里，自然会损害父亲在孩子心目中的形象，这样的父亲当然就谈不上慈爱了。如果朋友骄傲自大，他就会看不起任何人，更谈不上朋友之间的诚实与信任了。王阳明说："诸君常要体此人心本是天然之理，精精明明，无致介染著，只是一无我而已：胸中切不可有，有即傲也。"（《传习录》下）意思是说大家应当体会到人心本来说是天然的"理"，天然的"理"是透明的，没有一点杂念，只有一个"无我"。人们心中切不可"有我"，胸中"有我"就是骄傲。

在这里，"无我"指的是平和冲淡、谦虚谨慎的心态；而"有我"，指的是自我表现的欲望。如果做到"无我"，那么就等于拥有了谦虚礼让的心态，这样的人在任何时候都会以善良的心境对待万事万物。否则的话，人们会被表现自我的欲望所支配，无法做到谦虚自抑，各种恶劣的念头和行为也就由此产生了。所以，王阳明一针见血地指出："谦者众善之基，傲者众恶之魁。"（《传习录》下）

王阳明的谦让观不再片面强调谦让的必要性，而是针对人们不良的行为，强调谦让之德的伦理价值。从中我们可以看出明代的谦让观念已经被细化成处理特定人际关系的行为准则，儒家伦理思想的礼学背景进一步淡化，王阳明更多地强调了谦让行为的合理性，并以此去批评那些不合儒家伦理规范的行为。

二　吕坤论谦让

吕坤（1536—1618），明代学者。字叔简、心吾、新吾。宁陵（今属河南）人。官至刑部侍郎。曾上疏陈天下安危，认为不能轻视农夫、织妇，因世人赖其为生。著有《呻吟语》、《去伪斋文集》等。在《呻吟语》一书中，吕坤详细地阐述了他的谦让观，他认为在个人修养、求学问知和人际关系当中都需要谦虚谨慎的作风。我们也通过这三个方面，对他的谦让思想进行分析。

在哲学上，吕坤主张一元论。他说："天地万物只是一气聚散，更无别个。"（《呻吟语·天地》）他不同意理学家将"道"与"器"、"理"与"气"分开，或"理在气先"之说。这种主张也体现在他的谦让观中。吕坤反对人们表里不一的做法，认为谦让的品质是发自内心的，他并不提倡形式上的谦虚谨慎。他还反对"轮回"说，认为"呼吸一过，万古无轮回之时；形神一离，千年无再生之我"（《去伪斋文集》卷五）。可见，吕坤是一位具有唯物主义精神的哲学家。吕坤认为天地间的万物都是慢慢形成的，所以才能够长久地存在，"天地万物，只是一个渐"（《呻吟语·天地》），以这个规律反观人类社会，人们也应学会循序渐进。吕坤还说："世界虽大，容得千万人忍让，容不得一两个纵横。"（《呻吟语·天地》）吕坤认为天地万物讲求始终不变的中庸之道，如果过分骄横无礼，天地也容不下这样的人。吕坤将谦让之德提高到哲学层面上，为这种伦理范畴的合理性找到了哲学上的阐释背景，这是吕坤谦让观的一个特点。

（一）吕坤认为谦让的品德是一个人求学问知时必备的素养，认为世界上没有一件可以骄傲的事，人们应当处处学会谦让。

在《呻吟语·问学》篇中，吕坤数次提到了谦虚谨慎对人们学习知识、增长见识的作用。他认为人世间没有一件事是值得骄傲的，即使才高八斗，也没有必要骄傲。他说："德行是我性分事，不到尧、舜、周、孔，便是欠缺，欠缺便自可耻，如何骄得人？"（《呻吟语·问学》）吕坤认为德行修养本是个人的事，与别人无关，所以不应当处处与人相比。如果一个人能做到为自己的完善而求学问知，那么他就不会拿自己的才德与别人比较，也就不会产生骄傲情绪了。另外，吕坤认为求知的道路是无止境的，即便再有能力的人，也不可能穷尽所有的知识，即使能力再强也不可能达到圣人们的境界。作为求学问知的人，应当心神气定，而不应浮躁虚华，因为达不到圣人境界本身就表明自己的德行修养有欠缺，应当时时感到自己的不足，而不应骄傲自大。

吕坤认为做学问时，应当保持心境澄清。他说："学者万病，只一个'静'字治得。"（《呻吟语·问学》）他认为只要保持内心的平静安宁，读书时就可以静下心来，做学问时就可以冷静思索，与人交流时也会虚心谨慎，所以说"静"是医治求学之路上各种缺陷的一剂良药。

在吕坤看来，只要保持内心的宁静，就不会产生骄傲自大的情绪。内心是否始终宁静冲淡，也是考察个人修养功夫的一个试金石。他说："怠惰时看工夫，脱略时看检点。"（《呻吟语·问学》）意思是说，怠慢懒散时可以看出一个人的修养功夫，轻慢之时可以看出一个人检点省察的功夫。做学问的人应当处处留意自己的作风，只有这样才能增长学问，如果克服不了骄傲怠惰的情绪，就不可能做好学问。

（二）吕坤认为最卑微的想法莫过于骄傲自大，认为骄傲是幼稚的表现。在个人修养中，谦虚谨慎的作风是不能缺少的，只有具备了谦虚礼让，才能谈得上是德才兼备。

在《呻吟语·人情》篇中，吕坤讲了一件十分有趣的事，一位大官告老还乡，门庭前再也没有以前那样热闹了。他看到这种状况，就十分不高兴，还说这真是世态炎凉。吕坤却说："平常淡素是我本来事，热闹纷华是我倘来事。"意思是说，平平淡淡是我本来过的生活，热闹繁华那是偶然得来的，不可能长久。他认为这是那个大官心中炎凉，而不是世态的过错。通过这个故事，吕坤总结道："辱莫辱于求荣，小莫小于好大。"（《呻吟语·人情》）意思是说，最可耻的事莫过于虚荣，最卑微的事莫过于骄傲自大。那个告老还乡的大官，就是一个十分虚荣的人，过惯了前呼后拥、作威作福的生活，就形成了爱慕虚荣的性格，一旦失去了原有的地位，就无法适应平淡的生活。平淡的生活本来是正常人应当过的，却在那个大官的眼里变得不正常，他的虚荣矜持与骄傲自大已经改变了他的本性，自然就体会不到平平淡淡的真切。

吕坤还认为骄傲自大是幼稚的表现，他说："童心是作人一大病，只脱了童心，便是大人君子。"（《呻吟语·存心》）意思是说，幼稚是为人处世的一大通病，只要摆脱了幼稚，就成为了大人君子。那么什么样的行为算是幼稚呢？吕坤说："凡炎热念、骄矜念、华美念、欲速念、浮薄念、声名念，皆童心也。"（《呻吟语·存心》）吕坤指出的这些念头中，都包含有骄横自大的成分，也就是说，骄傲自大是幼稚的最大表现。

既然骄傲的情绪是最卑微的想法，也是幼稚的表现，那么如何在个人修养中避免这些缺点呢？吕坤也给出了解决这个问题的答案。

他认为，要避免骄傲情绪首先应当分清骄傲与谦虚，区别两者之间的不同。这个问题虽然看似简单，可是很多人就是不懂它们之间的区别。吕坤说："守交礼者，今人以为倨傲；工谀佞者，今人以为谦恭。"（《呻吟语·人情》）意思是说，恪守礼义的人，如今人们却认为他们是骄傲自大；而那些擅长阿谀奉承的人，如今的人却认为他们谦逊有礼。时代在变化，判断谦虚与骄傲的标准也在变，所以在个人修养当中一定要分清楚它们两者的区别，不要为名利所累，以真切诚实的心态去判断各种行为，才是获得德行的正道。

他还认为要做到谦虚谨慎，就不应当过分表露自己的才能。他说："露己之美者恶。"（《呻吟语·人情》）意思是说，喜欢暴露自己优点的人让人感到讨厌。因为他们都是急于表现自己才能、骄傲矜持的人，所以才会喜欢表露自己的优点。他们的这种做法不仅不符合事物发展的一般规律，而且也不是德才兼备者所提倡的。

在完成个人修养的过程中，吕坤还强调虚心。他说："心要虚，无一点渣滓。"（《呻吟语·存心》）他认为只有保持内心的安宁，才能做到内心的充实与自足。当面对利欲的诱惑时，他不会因此改变立场；当自己具备了德才时，也不会因此就骄傲自大。所以，内心的安宁是做到谦虚谨慎的前提。另外，他还主张向别人学习，他说："人必有一善，集百人之善，可以为贤人；人必有一见，集百人之见可以决大计。"（《呻吟语·修身》）通过学习别人的长处，可以积累更多的经验，长此以往就会形成学习别人的习惯，也就会懂得谦虚的好处，从而会更加珍视这种品德。

（三）在人际关系当中，吕坤也把谦让看成是交往的一个原则，但他更侧重于强调这一原则在处理家庭关系时的作用。

和王阳明一样，吕坤也认为谦虚谨慎是尊敬长辈的表现。他说"长者有议论，唯唯而听，无相直也"（《呻吟语·伦理》）。长辈们如果议论事情，要恭恭敬敬地听从，不要与他们争论，这是谦虚的表现。如果在父母面前表露出骄傲的情绪，就会伤害父母的情感，"倨傲以甚之，此其人在孝弟之外，固不足论"（《呻吟语·伦理》）。意思是说，狂妄的姿态加剧父母愤怒，这样的人就放在孝悌之外，不必多加评论了。可见，吕坤对这种行为也十分反感。

吕坤还把谦让之德理解成单方面的伦理规则，认为即使父母对子女冷若冰霜，做子女的也要以满腔的温和对待父母，而不能表露出骄傲情绪。他还进一步细化了谦让之德在处理家庭关系中的作用，认为儿媳是侍候长辈的人，不能让奴婢为其代劳，不可滋长他们骄奢懒惰的情绪。这表明，吕坤注意到了谦让之德在家庭环境中的意义，认为这是处理家庭关系的重要手段。

从吕坤的这些主张中，我们还可以看出，儒家伦理思想发展到明代时，已成为人们日用而不知的行为准则，有时还是单方面的行为动机，成为控制特定社会群体思想感情的一个工具。

三　明清其他学者论谦让

除了王阳明和吕坤外，明清其他学者如杨爵、唐甄、顾炎武等都讨论过谦让。与王阳明和吕坤相比，他们的谦让言论要么十分零散，要么只是针对某一问题而言，所以没有王阳明和吕坤的谦让观那样系统和全面。不过，这些学者的看法也是值得重视的，因为他们针对某一问题展开的讨论，往往都能有深刻的见解，所以也需要我们认真分析。

（一）杨爵论谦让

杨爵（1493—1549），明代诗文家、学者。字伯珍，一字伯修，号斛山。富平（今属陕西）人。著有诗文集《杨忠介集》，另有《中庸集》等。《明儒学案》辑录了杨爵的《漫录》，其中较为集中地反映了他的谦让观。杨爵的谦让主张集中在治学修身方面，认为谦虚谨慎的作风是求学问和个人修养过程中一定要坚持的优良品质，它也是文人士子们应当追求的人生境界。

首先，杨爵认为谦虚谨慎的人，不应当过多地向别人述说自己的想法，而应当学会自我反省。他说："做一好事，必要向人称述，使人知之，此心不定也。"（《明儒学案》卷九之《漫录》）意思是说，做了好事，不必向别人说，如果非要向人述说自己的功劳，说明他的内心不够平静。也就是说，这种人有很强的表现欲望，这是骄傲自大的开始。杨爵认为在修身的过程中，应当时时明白，自己以为做了好事，别人也许不这样看，或者说自己做的事十分平常根本算不上是好事，去做这样的事本来是分内的事，就更不应当向人述说和夸耀。如果事事都向人表功，即使自己每件事都做得十分得体，这只能表明自己避免了做错事，不应当自我夸耀。

杨爵认为自以为是的人都是骄傲矜持的人，他们向别人展示自己的长处和优点的目的也是为了表现自己，这种行为是不可取的。他说："禹之不矜不伐，颜渊无伐善，无施劳，此圣贤切己之学也。"（《明儒学案》卷九之《漫录》）大禹不矜持也不自大，颜渊不表露功劳也不自夸，都是"为己之学"的典范，应当学习古代贤人们的这种精神。杨爵认为求学是为自己求学的，修身也是修自己之身，所以没有必要向别人展示自己的成果，这既是古代贤人们普遍具有的风范，也是人们在求学修身过程中应时刻铭记的一个准则。

其次，杨爵拿"不足"与"有余"作对比，认为谦虚谨慎的作风实际上是一种积极进取的人生态度。他说："智者自以为不足，愚者自以为有余。"（《明儒学案》卷九之《漫录》）聪明的人往往不知足，而愚蠢的人却自以为是，容易满足。自以为不足的人，就会虚心地学习别人的长处，从而使自己学到更多的东西；容易满足的人，是骄傲自满的人，没有积极进取的动力，最后只能一败涂地。在杨爵看来，谦让的心态是人进步的一个动力。正因为自己不知足，才会看到自己的不足和别人的长处，乐于向别人求教，别人看到他具有这种谦虚精神时，也乐于帮助他，所以他能学到更多的知识；如果骄傲自满，一方面看不到自己的缺点，自以为学问很高，无须再努力了，另一方面也不会看到别人的长处，不会虚心地向别人求教，也得不到别人的帮助，最后变得一无是处。

最后,在《漫录》中,杨爵处处反躬自己,告诫自己要处处谦虚谨慎。另外,他个人的人生体验也可以看成是他的谦让思想。有一次,杨爵在梦里见到王阳明,与他讨论学问,王阳明一直洗耳恭听,却从不发一言一句,这使得杨爵猛然醒悟:大儒王阳明都如此谦虚,更何况是自己?这个梦境只是杨爵用来表述心迹的一个材料,他的用意是想通过这个梦告诫自己处处谦虚谨慎,越有学问的人往往越谦虚,只有那些对学问一知半解的人,才乐于向人卖弄学问。

(二)唐甄论谦让

唐甄(1630—1704),原名大陶,字铸万,号圃亭,四川达县人,明末清初著名的进步思想家。唐甄在所著的《潜书》一书中,论述了他的谦让观。具体而言,他主张在从政时应当具有谦虚谨慎的心态,他还主张以谦虚礼让的作风来完善个人的品质。

首先,唐甄认为谦让之德是从政者必备的一种素养。这既包括以谦虚谨慎的态度对待政事,以谦和的作风处理人际关系,也包括以谦让的心态获得民心等。

唐甄认为民众的智慧是不能小看的,那些轻视老百姓的人实际上是狂妄自大的人。他说:"天下有天下之智,一州有一州之智,一郡一邑有一郡一邑之智。"(《潜书·六善》)也就是说,每个人都有突出的一面,不能轻视那些底层民众的智商,更不能忽视他们的创造力。所以唐甄认为当政者应当做到"违己"、"从人",凡事不自以为是就是"违己";处处听从别人意见,听从民众的智慧就是"从人"。作为进步的思想家,唐甄批判了君权神授的落后观念,认为当政者应当为民着想,制定大政方针时也应考虑到百姓的利益。所以他主张统治者应当以谦让的心态,去对待百姓的创造力,而不应当自以为是。

唐甄认为行政的各个环节中,都要做到谦虚谨慎,他主张

"慎始"、"循中"、"期成"的从政原则。"慎始"是指在从政的一开始,就要慎重地处理政务,不能以骄横的态度得罪百姓,也不能用这样的态度去处理国计民生;"循中"是指在处理政事的过程中,一定要循序渐进,不能急于求成,要以谦虚的心态对待政务,不能操之过急;"期成"是指完成政务时,也要保持谦虚谨慎的作风。他说:"始既已慎矣,中既已循矣,而有不保其终者,小器易盈,志满则骄也。"(《潜书·六善》)如果在前期做到了谦虚谨慎,最后也有可能因为麻痹大意而功败垂成。所以他认为谦虚谨慎的作风在行政过程中应当是一贯的,而不是一时兴起和做给人看的。

其次,在个人修身的过程中,唐甄也强调谦虚礼让,他批判了那些骄傲矜持的人,认为骄傲自大是不可取的。

唐甄分析了谦虚和骄傲这两种不同心态之间的区别,认为谦虚的心态有利于人格完善,而骄傲自大则是自我满足的表现。他说:"自足而见其足,过人而见其过人,是即傲矣。足而不以为不足,过人而不以为不及人,是即傲矣。"(《潜书·虚受》)意思是说,即使是尧、舜、禹这样的圣人也不免有骄傲的表现,只不过不易为外人所察觉。圣人之傲往往表现在其闪念之间,即自满时流露出其自满,有过人之处时表现出其强于别人,没有缺点时不认为自己有不足,有过人之处而不认为自己不如人,这些都是圣人骄傲的表现。

骄傲的人首先会自我满足。骄傲的人总是过高地看待自己的能力,认为别人都不可能取得像他那样的成绩,只有自己的能力才能达到这种程度。所以他会卑视别人而高看自己,对自己的现状感到满足。如果一个人犯了这样的毛病,他就会变得不思进取,这是个人修身当中一定要避免的。唐甄批判了这些不可取的骄傲心态,要求人们要时时具备谦虚礼让的心态,要做到卑己尊人,这样才能完善个人人格,使自己成为对社会有用的人。

（三）顾炎武论谦让

顾炎武是明末清初的思想巨子，也是一个大学问家，同时还是一个具有谦让精神的典范。他的谦让观重点体现在他对孔子"三人行，必有我师焉"这一名句的理解当中，提出了"以己之短量人之长"也是谦让品质的表现。

顾炎武是当时著名的学者，很多人都羡慕他的学问，而他却不以为然，认为自己有很多不足。他说："探究天人之学，我不如王寅旭；读书明理、观察精微，我不如杨雪臣；独精三礼，我不如张稷若；艰苦力学、无师而成，我不如李中孚……"（《广师篇》）在与他人比较时，顾炎武看到的是别人的长处，他总是拿别人的长处与自己的短处相比，从而在别人身上看到自己并不具有的优点，这就是"以己之短量人之长"。

这个道理虽然浅显，但真正能做到的却没有几人。"以己之短量人之长"的前提是卑己尊人，甚至是在明知自己比别人强时，也要放下架子，体察别人优于自己的地方，这是很难做到的。一般的人都有强烈的自尊心，总爱拿自己的长处和别人的短处相比，以此来获得心理上的平衡。但顾炎武认为这种做法恰恰起到了相反的作用，为了获得心理安慰，却不顾事实，以蒙蔽自己的办法欺骗自己，是十分愚蠢的做法。

顾炎武的这个主张也实践了孔子的观点，他认为每个人身上都有优点，只要虚心地学习，人人都可以为师。如果具备了这种修养，一个人的学问和人格境界就会得到升华。

四 明清家训中的谦让思想

明清时代也有许多家训传世，其中也有讲到谦让之德的内容。与历代家训一样，明清时期的家训也是以儒家伦理思想为理论根据的，所以其中反映出的谦让观也代表了儒家的观点。这里，我们选取了杨继盛、吴麟征、朱柏庐、曾国藩四人的家训进行分析，通过他们对谦让之德的看法，来总结这一时期家训当中谦让思想的特征。

（一）杨继盛在《父椒山谕应尾应箕两儿》中提出"与人相处之道，第一要谦下诚实"①的主张。

杨继盛（1516—1555），字仲芳，号椒山，明代容城（今河北容城县）人，明代嘉靖时期的进士，官至刑部员外郎，著有《杨忠愍集》。他在《父椒山谕应尾应箕两儿》一文中，强调了人际交往当中谦让之德的作用。

他认为与人交往当中，最重要的是谦虚和诚实。如果一起从事，就不要害怕劳苦，应当做得比别人多；一起吃饭，要把甘美的食物让给别人；一起行路，要给别人让路；一起睡觉，也不能多占席位。要做到"宁让人，勿使人让；吾宁容人，勿使人容；吾宁吃人亏，勿使人吃吾亏；宁受人气，勿使人受吾之气"。只有处处谦让，才能和别人更好地相处，而相安无事。他还说："人之胜似你，则敬重之，不可有傲忌之心。人之不如你，则谦待之，不可有轻贱之意。"意思是说，如果别人在能力上超过自己，则要敬重这样的人，不能嫉妒他们，也不能妄自尊大；如果别人的能力不如自己，也要善待这样的人，不能在他们面前流露出骄傲情绪。杨继盛的这些主张既是对前人家训的一个总结，也是自己的经验之谈，他对谦让之德的这种理解可以说代表了儒家的交往观。

（二）吴麟征在他的《家诫要言》中，提出"进学莫如谦，立事莫如豫"②的主张，认为谦让之德是学习知识时必备的一种素养。

---

① 参见史孝贵主编《历代家训选注》，华东师范大学出版社1988年版，第97—103页。

② 同上书，第110页。

吴麟征，生卒年不详，字圣生，号磊斋，浙江海盐人。明末进士，官至太常少卿，著有《家诫要言》。

吴麟征认为，谦让的心态是求学问知过程中必备的一个素养，要想在学问上有所长进，必须具备谦虚的态度。因为谦虚谨慎的态度，可以使人虚心地对待学习的内容，不会因为学到一点知识而忘乎所以；谦让的品质也可以让人感到不知足，从而可以起到"进学"的目的；谦让之德也使人善于发现别人的长处，而看到自己的不足，使他们乐于接受别人的批评，乐于学习别人的长处，学会自省。

另外，吴麟征也认为具有谦让的品质有利于人际交往，谦让之德可以看成是处理人际关系的润滑剂，有利于和别人结成团结互助的关系。他说："谦以下人，和以处众。"具有谦让美德的人，更容易处理人际间的关系，也容易得到别人的认可和尊重，从而可以广泛地团结别人。

（三）朱柏庐在他的《治家格言》中，提出"遇贫穷而作骄态者，贱莫甚"[①]的看法，批评了骄傲自大的不良习性。

朱柏庐（1617—1688），名用纯，字致一，江苏昆山人，柏庐为其自号，著有《朱子家训》。

和众多具有儒学思想的学者一样，他以自己的行动实践着儒家伦理思想的社会意义。在《治家格言》中，他详细地规划了一个人从早到晚应当具备的道德修养，其中也谈到了他对谦让之德的做法。

他认为儒家提倡的行为规范中，都有谦让之德的影子。比如说，平日小心谨慎地管理家族的活动，是在长辈面前表现谦让之德的一种体现；与邻里能够和睦相处，也是因为谦虚退让的结果

[①] 参见史孝贵主编《历代家训选注》，华东师范大学出版社1988年版，第124页。

等此类的看法都反映了他的谦让观。

朱柏庐批评了那些本来贫穷不堪,却骄横自大的人。他认为一个人应当通过自己的努力,去改变贫困的现状;如果明明处于贫穷的境地,却还骄傲自大,说明这种人不仅心术不正,就连起码的人格尊严都没有,所以朱柏庐把这样的人斥为"贱莫甚"。

(四)清末大儒曾国藩也十分强调谦虚礼让,在《曾国藩家书》中,他数次以书信的方式告诫曾氏家族的成员,要以谦让之德为人生准则,他本人也以实际行动做到了这一点。

曾国藩认为谦虚谨慎是立身处世的根本,谦虚首先要表现在求学问知当中。他说:"吾人为学最要虚心……傲气既长,终无进功。"[①] 他认为骄傲自大已经成为一种不良的社会习气,他唯恐曾氏家族的成员也染上这种不良习气,所以主张在求学问知时,一定要谦虚谨慎。

他认为谦逊的态度是为人处世的一个原则,他说:"天地间惟谦谨是载福之道,骄则满,满则倾矣。"[②](《曾国藩家书·致四弟(咸丰十一年正月初四日)》)他告诫他的四弟说,谦虚谨慎既是保全自身的一个法宝,也是长久地立于不败之地的一个准则;骄傲自大就是盈满,过分盈满迟早会倾倒。

他还认为真正的有识之士,都是十分谦虚的,纵有雄才大略,也要谦虚自抑。他说:"吾辈在自修处求强则可,在胜人处求强则不可,若专在胜人处求强,其能强到底与否,尚不可知,即使终身强横安稳,亦君子所不屑道也。"[③]

曾国藩本人就以实际行为实践了他的这种谦让观,他和他的兄弟为挽救清朝立下了汗马功劳,可是他处处谦虚谨慎,从不自

[①] 《曾国藩治家全书》,岳麓书社1997年版,第58页。
[②] 参见史孝贵主编《历代家训选注》,华东师范大学出版社1988年版,第147页。
[③] 《曾国藩治家全书》,岳麓书社1997年版,第88页。

以为是，也不居功自傲。在太平天国运动被镇压之后，他主动解散了湘军，使自己摆脱了权重震主、遭人猜忌的政治处境。可以说，曾国藩的谦让作风是他能长久地身处政权核心，却能风平浪静地保全自身的一个法宝。

总之，明清时期的谦让观，不仅继承了历代谦让思想当中的精华，而且在某些方面细化了谦让之德的作用。与此同时，明清时期的谦让观大多源于儒家伦理思想，在以儒学为官方哲学的时代，儒家提倡的伦理范畴已经成为人们日用而不知的规范与准则，谦让之德也不例外。

第四节　近代学者论谦让

自从进入近现代历史时期，我国思想文化领域发生了极其巨大而深刻的变化。儒家提倡的纲常礼教和伦理范畴遭到有史以来最为沉重的打击，传统中国的伦理道德、社会风尚和礼仪风俗都发生了显著的变化。西学的传入，对中国人的生活方式和思想感情产生了极大的影响，也促使中国思想文化发展史进入了一个崭新的时代。作为儒家提倡的伦理范畴之一，谦让之德也随着这一激荡的历史潮流发生了较大的变化，但其基本精神却是一以贯之的，近现代学者们继承了历代儒家力倡的谦让之德，并赋予了它新时代的内涵。这里，我们选取三位代表性人物梁启超、胡适和冯友兰，通过对他们所认同的谦让之德的论述与看法，以审视近代以来谦让之德的发展变化。之所以选择他们三位，不仅因为他们对谦让之德进行了深入的探讨与阐释，而且也因为他们以行动实践着这一伦理范畴。换言之，他们以谦虚和蔼的忠厚之风感化着周围的人们，他们用生命和行动使自己也使别人变得更优雅、更伟大。总之，他们堪称我国近现代历史上谦虚礼让的典范。

一　梁启超的谦让言行

对于每一位知晓中国近现代历史的人来说,梁启超是一个耳熟能详的名字,他是活跃于中国政坛学界30余年的一代风云人物。梁启超在学界所取得的成绩远远高于其政治活动,他著述之宏富,影响之深广,在同时代的学者和思想家中可谓首屈一指,几乎论无不及,学无不窥,被称之为"新思想界之陈涉"。就谦让之德而言,他对此也有精辟的论述,我们将他的谦让言行分为以下几个方面进行讨论:

(一)早期的家庭教育使梁启超很早就具备了谦虚谨慎的品格。

梁启超从小所受的显然是儒家式的家庭教育,他自小学习并实践着儒家提倡的各种伦理范畴,他说:"吾家自始迁新会十世为农,至先王父教谕公始肆志于学,以宋、明儒义理节之教贻后昆。"[1] 可见梁启超幼年的家庭教育是儒学式的。他的祖父、父亲和母亲都曾教他读书。他的祖父名镜泉,是一位秀才;他的父亲名莲涧,也是一位秀才,在乡里教书;母亲赵氏,知书识礼,非常贤惠。梁启超幼年时代受祖父提携教诲的地方最多,从四岁起,就开始由祖父和母亲教读《四书》、《五经》,"日与言古豪杰哲人嘉言懿行"[2],以圣贤仁人的言行勉励他。父亲对他的管教很严,他的言行举动如稍不规矩,即遭受责备;当他十二岁考取秀才时,他的父亲仍然要他操作劳役。母亲生性温良慈爱,不过对他的管教甚严,不但教他读书,而且教他做人的道理。梁启超在《我之为童子时》一文中,曾追述他六岁时说谎被责的情

---

[1]　《梁启超全集·哀启》,上海人民出版社1999年版,第2920页。
[2]　《梁启超全集·三十自述》,上海人民出版社1999年版,第957页。

形说:"我母教我曰'凡人合故说谎,或者有不应为之事而为之,畏人之责其不应为而为也,则谎言吾未尝为。……然欺人终必为人所知,将来人人皆指而目之曰,此好说谎之人也,则无以信之。既无人信,则不至成为乞丐而不止也。'我母此段教训,我至今常记在心,谓为千古名言。"① 由此可见母教对他的影响之深,直到晚年还念念不忘。

(二)梁启超提倡"知行合一"、"慎独"、"谨小",认为谦虚谨慎的行为是内心活动与个体行为的合一。

和宋明理学家一样,梁启超认为谦让是指内心的谦虚和行动上的礼让,他强调在谦让言行中做到"知行合一"。受康有为的影响,梁启超也是陆王学派的忠实信徒,特别是对王守仁十分崇拜,他曾说"王学为今日学界独一无二之良药"②。梁启超吸取了王学的"知行合一"论,他认为"知行合一"说的宗旨是"知而不行只是未知"一语,因此他在道德修养上很强调"行"。他曾说:"道德者,行也,而非言也。"③ 意思是说,道德必须从行表现出来,作为道德修养的谦让,也必须从"行"表现出来。人生之事在于行动,不行动就无诚心,不诚心就不能有始有终做出任何事情,所以人生必须重践行,做实事。

梁启超很重视王守仁关于"事上磨炼"的主张,他强调不放松在小事上的磨炼,主张重视"克治小过",反对人们"不拘小节"、"不矜细行"。表现在谦让上就是要事事时时谦虚礼让。谦让的道德修养,贵在"慎独"、"谨小"。"慎独"体现了严格要求自己的道德自律精神,是道德修养的极高境界,也是在历史

---

① 《梁启超全集·我之为童子时》,上海人民出版社1999年版,第959—960页。
② 《梁启超全集·德育鉴·知本》,上海人民出版社1999年版,第1500页。
③ 《梁启超全集·新民说·论私德》,上海人民出版社1999年版,第719页。

上已被充分证明行之有效的十分重要的道德修养方法。一个人独自居处的时候也要谦虚谨慎地注意自己的内心和行为，防止骄傲自满的情绪或行为。君子在他人看不见、听不到自己言行的时候，更要特别注意检点自己，更要小心谨慎。"谨小"即指对微小的事情、苗头要谨慎对待，不可忽视或放纵，"勿以善小而不为，勿以恶小而为之"。培育谦虚高尚的品质，就必须从小处着手严格要求自己，在点点滴滴的小事中塑造自己高尚的人格。要从小事做起就要特别注意在微小处下工夫，最细微的举动，往往最能显示一个人的品格。谦虚这个品质，是人们一刻也不能离开的，可以离开就不是谦虚。

（三）梁启超的谦让品行。

梁启超一生中写了1400余万字的著述，广泛涉及政治、经济、教育、哲学、佛学、文学及新闻等各个方面，为中华民族留下了一笔丰富的文化遗产。他之所以能取得如此巨大的成就，与他重视修身养性有关。他在长沙主讲时务学堂时，就在《湖南时务学堂学约》中对学生指出："他日任天下事，更当先立于无过之地。与西人酬酢，威仪言论，最易见轻，尤当谨焉。扫除习气，专务笃实，乃成大器，名士狂态，洋务膳习，不愿诸生效也。治身之功课，当每日于就寝室时，用曾子三省之法，默思一直之言论行事，失俭者几何，则自记之。始而觉其少，苦于不自知也；既而觉其多，不可自欺，亦不必自馁，一月之后，自日少矣。"意思是说，要想成为"任天下事"的有用人才，必须先要注意克服自身的弱点、缺点。对于自身的弱点、缺点，要敢于正视，不能"自欺"、"自馁"；要向曾子那样一日三省，这样做下去，自己的弱点、缺点就能逐渐减少、克服[1]。这种"自省"的

---

[1] 毕唐书、陶继新主编：《中华名人修身之家宝典》，中华工商联出版社1996年版，第808页。

方法包括两部分内容,一是严于解剖自己,二是解剖他人。严于解剖自己是人有自知之明的表现,世上没有十全十美的人。每个人要正确地认识自己,就必须对自己一分为二,既要看到自己的长处和优点,又要看到自己的短处和缺点。解剖他人就是正确客观地认识、评价他人。看到别人的长处和优点要虚心学习,看到别人的短处和缺点,要反省自己是否也有,有则改之,无则加勉。

梁启超年轻时就已学识渊博,名扬全国,但他自己"常觉其学未成,思忧其不成,数十年日在旁皇求索中"[①]。他认为学问是极其深奥的东西,所以致力于学问的人,先要懂得学问之深,明白学问不是轻易获得的,他才会发狠心用功学、刻苦钻研,这样才能成为学术大家;否则,轻视学问,做表面工夫的人,或依仗自己的小聪明,以为就能体悟学问的人,只能停留在对学问表层的一知半解上。

梁启超常受人批评的是他的思想前后矛盾,不过由此正足以看出他不满于昨日之我,他的思想是在不断的进步求新之中,"不惜以今日之我与昨日之我挑战"。他始终力求赶上时代的步伐,凡西洋各种新思想新学说,只要是合乎时代潮流的,他无不接受而加以提倡。

梁启超是一位知名度极高的大人物,誉满中外,但他从不自视甚高,而是以平常心来对待自己,对待他人。梁启超晚年从事讲学育才极为辛勤。据梁实秋回忆,那时梁公在大学演讲,开场白往往是两句话,头一句是:"启超没有什么学问",接下来轻轻点一下头,说"可是也有一点喽!"梁启超太过谦虚了。他的演讲十分受欢迎,仅举南开一例。南开请梁启超在校举办文化讲座,讲座的题目为《中国历史研究法》。梁启超每次连讲两个小时之久,毫无倦容,诚可谓诲人不倦。他的演讲深受南开师生喜

---

① 梁启超:《清代学术概论》,天津古籍出版社2003年版,第8页。

爱，听讲者达数百人，几乎倾校而动，而且还有许多其他各校师生慕名而来。梁启超授课极为认真，凡因事误课必定补讲。讲座结束后，他还同历史班全体学员合影留念。

"以己之短量人之长"，一个人不论多么伟大，总有缺点、短处；他人不论多么渺小，总有优点、长处。人稍有一长，即便诚心求教，方能受益也。20世纪20年代初，梁启超花费20余年的心血研究《墨经》，写了《墨经校释》一书，在当时墨学界颇有影响。这本书出版不久，他意外地从当时很有声望的刊物《东方杂志》手中接到一篇《读墨经校释》。原来这是一份专事抨击、批驳梁启超这部大作的文章，而文章的署名却是一名闻所未闻的栾调甫。梁启超此时早已是一位学识渊博、誉载四海的人物、学术界权威，但他仍认真读了这篇文章。读后大为震惊：一是，过去从未有人这样批评他的著作，而该文毫不避讳地批评《墨经校释》，"本书最大的缺点，是校释内随意改字、删字的办法"。二是，海内墨学界中，竟有超越他的"小人物"。这篇《读墨经校释》发表以后，隔年《东方杂志》又刊登了《梁任公五行说之商榷》一文，这两篇文章尤似两只铁拳呈现在墨学界，被人传为"栾师两打梁任公"。梁任公非常谦虚，自检其过，认为，"我自己也将十年来随时杂记的写定一篇，名曰《墨经校释》，其间武断失解处诚不少。"他称赞栾调甫，"今世治先秦学者多矣，既能入，又能出，所见未有如公者"。他下定决心要找到这个栾调甫，共同探讨墨学。直到1925年，梁启超去上海，才从别人口中得知栾调甫的住处。他不耻下问，专程到济南会见栾调甫，与其畅谈数日。梁启超在学术探讨上的那种服从真理，尊重他人，谦逊的高尚品德，实在不愧为一位杰出的学者。

二　胡适的谦让言行

胡适是新文化运动的首倡者之一，他领导的新文化运动打倒了"孔家店",与此同时,他还全力提倡"全盘西化"。这给人造成的印象是,胡适似乎与中国传统文化是势不两立的。不过纵观胡适一生的言行,我们也能感受到传统文化对他影响甚大,他的言行中贯穿了许多儒家伦理文化的色彩,谦让之德也是其中之一。

(一)胡适接受的家庭教育也是儒学式的,他从小深知谦让之德的意义,并终身实践着谦虚谨慎的作风。

胡适的父亲胡传,信奉程朱理学,24岁就进学为秀才,是当时比较开明又有爱国心的知识分子。父亲留给胡适的影响是相当深刻的,从胡适以后的生活道路和思想历程可以得到印证。胡传在逝世前留下几份遗嘱,在给妻子冯顺弟的遗嘱中说:嗣穈(胡适字嗣穈)天资聪明,应该令他读书;给胡适的遗嘱,也鼓励他努力读书上进。并留下两种启蒙的韵文课本,一为《学为人诗》,一为《原学》[①]。胡适初入私塾读的就是这两本书,《学为人诗》中有这样的训导:"为人之道,在率其性。子臣弟友,循礼之正;谨乎庸言,免乎庸行,以学为人,以期作圣。"又有"为人之道,非有他术;穷理致知,返躬践实;黾勉于学,守道勿失。"作为一个幼年童子,熟记这些训条后,便深入脑海中,当然会对其为人为学都产生极大的影响。胡适所受的启蒙教育仍然是儒学式的,尽管他以后走向了儒学的反面,但丝毫不能影响他对儒学所代表的人类优美心智结晶的伦理思想的继承与发挥,特别是谦虚礼让的品德一直以来都深受胡适的重视。

在胡适稍长之后,胡适的母亲总是向儿子讲述父亲的生平,反复地转述胡传在遗嘱中对儿子的期望。她还常常对儿子说:"你总是踏上你老子的脚步……你要学他,不要跌他的股(丢脸之意)。"[②]胡适自懂事后,就有意识地去了解和熟悉父亲的生平

[①] 胡适:《四十自述》第1册,上海书店1987年版,第34页。
[②] 同上书,第56页。

思想，以父亲为榜样。他恪守父亲的训示，追求"以期作圣"的人生目标，成为近代的圣人、大师。

（二）胡适——中国近现代"谦谦君子"的典型代表。

胡适有"谦谦君子"之美誉，他能放开心胸容纳他人，谦逊地尊重他人，以自谦的心态对待自己取得的成绩，以谦虚谨慎的态度对待学问……总之，他那虚怀若谷、精益求精、不耻下问的谦虚胸怀，堪称一个时代的楷模。

胡适待人十分谦逊，胡适一生朋友、学生满天下，可见其人格魅力和感召力。他能从任何人身上看出长处，能同任何人做朋友，不论老少贤愚贵贱高低，恭敬一切，莫有差别。他常安排时间接见任何来访的客人，不论谙与不谙。当年轻人来探望他时先生总要说："你多大了？""我真羡慕你！"他常与比他小四十岁的好学的卖饼小贩袁瓞先生一起讨论政治问题、社会问题，成为忘年之交。先生如此平易近人，以贤下人，令人赞服。

胡适曾谦虚地说，自己是"但开风气不为师"。其实他是"既开风气又为师"。中国现代史上有两个最伟大的老师，一个是蔡元培，另一个就是胡适。戴季陶曾经送给胡适一副对子"天下文章，莫大胡适；一时贤士，皆出其门"。可谓一语中的。

胡适的私淑弟子、历史学家罗尔纲在《师门五年记》中记载他在先生门下生活和学习的情况，这篇作品文字朴实，读后却感人肺腑。罗尔纲是一个出身贫寒的青年，最初到胡适家担任抄写员。面对胡适家中的满堂名流，罗尔纲自感卑微，不免产生自卑心理，善解人意的胡适充分考虑到了这点。"每逢我遇到他的客人时，他把我介绍后，随口夸奖一两句，使客人不致太忽略我这个无名的青年人，我也不至于太自惭渺小。有时遇到师家有特别的宴会，他便预先通知他的堂弟胡成之。到了他宴客的那天把我也请去做客，叫我也高高兴兴地做了一天客。适之师爱护一个青年的自尊心，不让他发生变态的心理，竟体贴到了这个地步，叫我一想起来就感激到流起热泪来。"① 罗尔纲用肺腑之言,深切地记述了他对胡适谦虚礼让之美德的记述,《论语·子张》中说:"君子尊贤而容众,嘉善而矜不能。"以此来况比胡适可谓恰当中肯。

正是在胡适的教育关爱下,罗尔纲成为著名的史学家。在他的身上也延续了胡适的谦让精神。罗尔纲从不摆专家架子,不以权威自居,平易近人,待人宽厚,他创办太平天国博物馆,却坚辞不当馆长;他主持太平天国史料编撰工作,却不肯署个人主编;他常把自己的学术成果和治学经验无私地传授给青年,希望他们做到后来者居上。

胡适谦逊的美德还表现在其治学方法上。胡适提出"勤、谨、和、缓"的治学方法。"勤"就是眼勤和手勤,勤求材料,勤求事实,勤求证据;"谨"就是一丝一毫不苟且,不潦草,举一例,立一证,下一结论都不苟且;"和"就是心平气和,虚心体察,平心考察一切不合己意的事实与证据,抛开成见,跟着证据走,服从证据,舍己从人;"缓"是要从容研究,莫急于下结论,证据不足时,姑且悬而不断。由此可见,他治学的方法中也提倡谦虚谨慎。

从胡适身上我们可以看到,谦虚的人能尊敬他人,也能得到他人的尊敬,从而获得较高的评价。

据《胡适之晚年谈话录》记载:胡颂平因在先生身旁工作已有一年多,亲自体验到先生做人的道理,不觉脱口而说:"我读《论语》,我在先生的身上得到了印证。"先生听到这句话先是一愣,然后慢慢地说:"这大概是我多读《论语》的影响。"②从这几句话可以体味出,胡适对传统文化中儒家经典著作《论

---

① 参见罗尔纲《师门五年记·胡适琐记》,生活·读书·新知三联书店1998年版,第17—18页。

② 胡颂平编:《胡适之晚年谈话录》,中国友谊出版公司1993年版,第27页。

语》,常读不懈,并且身体力行,自觉或不自觉地按照《论语》所主张的道德规范要求自己。罗尔纲这样评价胡适:"我还不曾见过如此的一个厚德君子之风,抱热忱以鼓舞人,怀谦虚以礼下人,存慈爱以体恤人;使我置身其中,感觉到一种奋发的、淳厚的犹如融融的春日般的安慰。"[1] 唐德刚也在《胡适口述自传》的《写在书前的译后感》中说:"胡适之先生是近代中国最了不起的大学者和思想家。他对我们这一代,乃至今后若干代的影响是无法估计的。"[2]

思想新颖的国学教授毛子水先生在得知胡适逝世后十分悲痛,他说:"胡先生是'经师',也是人师;他的忠恕、诚实、谦虚、正直、慷慨、温和、见义勇为、舍己从人,都是人生德行最上等的模范。"从胡适一生的行迹看,他是一位举世敬仰的学者和思想家,他一生获得世界各国著名大学颁赠荣誉博士学位35个,恐怕世界上没有哪位伟人在生时曾经享受如此崇高而普遍的国际声望。胡适之所以能获得如此之高的评价,与他谦虚谨慎的作风不无关系,正是他谦逊礼让、虚怀若谷的风范,感动了两岸三地乃至世界各地的人们,他的学问和为人才会冲破各种樊篱,成为一个时代的象征,也必然会对以后的中国思想文化产生更为深远的影响。

三 冯友兰的谦让言行

冯友兰在20世纪初踏入学术研究领域,20世纪90年代完成最后一部著作,他的学术生命之长,在其同辈学者中恐怕是绝无仅有的。他为中国哲学史学科建设作出了巨大贡献,迄今为止

---

[1] 罗尔纲:《师门五年记·胡适琐记》,读书·生活·新知三联书店1998年版,第18页。

[2] 唐德刚:《胡适口述自传》的《写在书前的译后感》,华东师范大学出版社1983年版,第10页。

无人能够望其项背。

冯友兰出生在一个"世代书香"之家。他的祖父名玉文,致力于经学,曾考过秀才,但因得罪了官员,而未被录取。他从此告别官场,不再应试。他虽未取得任何功名,但开启了"耕读传家"的家风。冯友兰的父亲名台异,是进士,其伯父名云异、叔父名淑异都是秀才。冯友兰在这样一个书香门第,耳濡目染,潜移默化地成长。

在19世纪末,旧传统没有断裂的农村,"私塾"教育仍是一种普遍的教育形式。冯友兰也不例外,从七岁起便在家庭设立的私塾里接受传统教育。他后来回忆说:"在我上学的时候,学生有七八个人,都是我的堂兄弟和表兄弟。我们先读《三字经》,再读《论语》,接着读《孟子》,最后读《大学》和《中庸》。"[①] 早期的启蒙教育影响了他一生,《四书》、《五经》这些中国传统文化的经典著作深深扎根于这位未来哲学家的头脑中,为其后来成为传统文化的继承者准备了条件。儒家经典著作不仅造就了冯友兰深厚的文化功底,也塑造了他谦虚礼让的品质。

(一)冯友兰论谦让。

冯友兰要求人们正确对待自己已经取得的成就,不以骄傲自大的做法掩埋来之不易的成绩。他说:"自己有成绩,而不认为自己有成绩,此即所谓谦虚。"[②] 自己明明高于别人却以为低于别人,自己明明有成绩却以为无成绩,就是谦虚。只有这样才能不被外在环境所制约,不会被那些嫉妒虚荣自私逞强浮夸以及野心勃勃的情绪所困扰。一个人,如果能做到不为得而忘形,不为失而丧气,能够摆脱一时一事之得失的局限,从大处着眼,从严

---

① 冯友兰:《三松堂自序》,三联书店1984年版,第2—3页。
② 冯友兰:《三松堂全集》第4卷,河南人民出版社1986年版,第441页。

要求，就必定能不断得到满足。

冯友兰认为人们总是处在与别人的比较当中，这种比较常常会使人对比较的结果异常地敏感。人们不能摆脱与他人的比较，但能正确地认识这种比较。绝不能因暂时的落后而气馁，比较是为了看清自己在同一群体中真正的层次，找出差距，并因此确立奋斗的目标；也不能因暂时的成功而满足。除了与同处境的人比，还要与理想的标准比较，以使自己心胸开阔，立意更高。

冯友兰还主张"谦敬必诚"，认为真正的谦虚是发自内心的。谦虚并非弄虚作假、虚伪，更不是懦弱，而是放开心胸容纳他人，低下头来尊敬他人。如果一个人尊人卑己只在言谈举止，而心里却是卑人尊己。那么，他还不是真正谦虚的人。真正谦虚的人"并不是仅只对人说，而是其衷心真觉得如此"[1]。谦虚是人们发自内心的巨大精神力量，谦虚一旦在人们的内心深处形成，就会对一个人行动的整个过程，起着指令作用。

谦虚既然是保持美德的关键，那么一个人如何才能得到谦虚谨慎的品德？冯友兰认为这种品德要靠个人修养来获得。中国传统的道德修养是以个体道德为起点的，他强调个人的正心、诚意，强调"自天子以至庶人，壹是皆已修身为本"。在个人与整体、个人与社会的关系上，突出个体的为善的主动性，重视在个人道德主动性的发扬中来完善人格，从而达到主人、圣人、真人、完人的境界。因而，冯友兰十分注重个人道德修养。他说："在道德生活中，一个人的行为，能感动他人；道德愈高，感人愈多愈深。这是生命之进化之最高境界，好像藏在地心的活力在火山顶上，大放光明。"[2] 他认为道德是生命所达到的最高境界，

---

[1] 冯友兰：《三松堂全集》第4卷，河南人民出版社1986年版，第441页。

[2] 冯友兰：《评伯格森的〈心力〉》，《新潮》1922年第3卷第2期。

怎样达到这种最高境界呢？通过个人修养的不断提高来达到。在其后来的《贞元六书》中，他进一步详细阐明了个人修养的境界、道德观以及二者的关系，指出道德境界是精神的创造，如无一番自觉的修养功夫，是不可能达到的。这种自觉的修养功夫，包括两部分，一曰学，二曰养。

（二）冯友兰以树立谦虚品质为其家教根本之一，并在实践中取得了良好效果。

冯友兰谦虚的品质对女儿宗璞影响很大。宗璞十五岁时写了一篇散文，登在杂志上，这是她发表的第一篇作品。后来报刊上经常登她的文章，人们开始称她为作家。冯友兰心里虽然很高兴，但却担心女儿因此骄傲，依仗聪明，学习不足，时时告诫女儿。他后来为《宗璞小说散文选》作序时谈道："一个伟大的作家必须既有很高的聪明，又有过人的学力。杜甫说自己'读书破万卷，下笔如有神'。上一句说的是他的学力，下一句说的是他的聪明，二者都有，才能写出他的惊人诗篇。"[①] 冯友兰时时告诫他的女儿，在名利途上要知足；在学问途上要知不足。他认为在学问途上，聪明有余的人，认为一切来得容易，易于满足现状。靠学力的人则能知不足，不停于现状。学力越高，越能知不足，知不足就要读书。受父亲影响，长期以来读书成为宗璞生活中的重要内容。

冯友兰经常引用《诗经》中"周虽旧邦，其命惟新"这两句话，作为自己的座右铭。他在晚年反复强调自己"旧邦新命"的历史使命，其情其意可谓愈老弥笃。在其长达近一个世纪的生命路程中，尽管"这个路程充满了希望和失落，成功和失败，被人理解和误解，有时居然受到赞扬和往往受到谴责。许多人，

---

① 冯友兰：《宗璞小说散文选·序言》，引自《中国当代作家选集丛书·宗璞》，人民文学出版社1991年版。

尤其海外人士，对我似乎有点困惑不解。"[1] 但冯友兰总能顽强地继续前进，他说："我理解他们的思想，既听取赞扬，也听取谴责。赞扬和谴责可以彼此抵消。我按照我的判断继续前进。"[2] 以别人的态度作为镜子用以观察自身情况，是反省的能力与心理修养。别人的抵触情绪中可能蕴藏着自己的过失，及时调整有益于进步。但这不等同于迷信镜子，因为由别人的态度所反映出来的自我印象，难免也有夸张、歪曲、失真的地方。谦让并非指一味地顺从，过分自认卑下，谦让基于自信基础上而以人为师。对别人的赞美或批评要保持清醒的辩证的态度。

冯友兰不仅较为系统地论述过谦让之德，他自己也以现代新儒学家自居，当代学术界已经普遍承认他的这一学术立场，尽管他的学术之路历经过诸多坎坷，但他谦虚地为人为学的作风，仍然是值得我们称道的，更是值得我们效法的。

---

[1] 冯友兰：《三松堂全集》第1卷，河南人民出版社1985年版，第338页。

[2] 同上书，第343页。

第六章 历代谦让故事

在我国历史上有很多以谦虚礼让著称的人物,他们的谦让美德不仅使他们获得了很多益处,也影响了许多人的道德观念。讲究谦让之德的人,无一不是人们争相歌颂的对象。我们也可以从他们身上看出,儒家提倡的伦理道德对他们的人生观产生了决定性的影响。

历史上以谦虚礼让著称的人们,给我们留下许多有趣的故事,其中有一些是有据可查的,有一些只是口耳相传的故事,但不管怎样,它们都是我国传统文化当中一份相当珍贵的人文资源。我们虽然用大量的篇幅讨论了谦让之德的起源、生成以及这一伦理范畴发展、变化的过程,但如果谁都不去实践它,那么理论上的探讨只能是缘木求鱼。所以我们要用一个章节的篇幅,专门讲述历史上有名的谦让故事,希望读者能够从中获得启发。

我们将历代谦让故事分为自谦、求教和雅量,每类故事列为一节,每节中选取较有代表意义的故事,以它们发生的年代为先后顺序,对其进行分析与评述。

第一节 自谦的故事

在现代汉语中,"自谦"是指自我表示谦虚,是说通过自己的言行表达自己谦虚退让的作风。实际上,凡是谦虚谨慎的行为都有自谦的成分在里面,但是仔细加以区分,我们也可以看出自谦与其他方式的谦虚还有所不同,这一点可以从以下的自谦故事中得到印证。

一　邹忌不以己为美

《战国策·齐策》当中有一篇读者熟知的文章,即《邹忌讽齐王纳谏》,说的是齐国丞相邹忌劝谏齐威王广开言路、听取臣民批评的事。

据《战国策》记载,邹忌高八尺余,形貌出众。一天早晨,他穿戴整齐,照过镜子,问他妻子:"我与城北的徐公相比,谁更美?"其妻说:"君美甚,徐公哪能赶上你啊。"据传,徐公是当时齐国最美的男子。邹忌不信,又问其妾,妾也说他比徐公漂亮。然后他问来访的客人,客人同样称赞他胜过徐公。但当他有一天亲自见到徐公时,发觉自己比徐公差得太远了。经过再三思考,他觐见齐威王,禀明事情的原委,说:"臣本来不及徐公美,可妻爱我,妾惧我,客人有事求我,他们都恭维我比徐公美,使我受了蒙蔽。现今齐国土地千里,城池一百二十座,宫廷的嫔妃、近臣都偏爱您,朝中大臣都畏惧您,全国民众都有求于您,由此看来,人们对您都不讲真话,大王受蒙蔽一定很深了!"

齐威王也是一位颇有才干的国君,他即位时年龄尚小,委托卿大夫处理国事。九年里,屡遭各国侵犯,人民不得安宁。任用邹忌为相后,他决心整顿朝政,奋发图强。听到邹忌的讽谏后,他立即颁布命令,在全国范围内征求意见。他规定不论官吏百姓,凡指出齐王的过错的,都给予奖赏。一开始进言的人很多,朝廷外门庭若市;之后提出批评意见的人就越来越少了,因为齐威王改正了错误,大家也就无话可说了。齐国因此不仅恢复了国力,也摆脱了列国的侵犯。燕、赵、韩、魏诸国听说此事后,也都纷纷来向齐国朝拜,各国对齐国十分敬畏臣服。

这篇文章称赞了邹忌虽然身居高位，却颇有自知之明。他不仅承认自己受了蒙蔽，通过比较获得了真实的情况，并且以切身感受提醒齐威王倾听批评意见的必要性。这篇文章同时也称赞齐威王从谏如流，欣然采纳邹忌的建议，公开征求意见，修明政治，出现稳定昌盛的局面。

《战国策》记载的这个故事与《史记》所载的邹忌讽谏齐威王的事情并不相同，《史记》中记载说齐威王沉迷于琴瑟，邹忌以琴为喻，让齐威王省悟过来，从此励精图治，使齐国的霸业得以维系。与《战国策》相比，《史记》的记载更为可信，因为专制时代的国君，愿意接受意见者很少，大多喜欢赞扬、恭维和吹捧；一些很有成就的人，也往往自视甚高，把别人的吹捧看作是独具慧眼，把苦口婆心的劝导当成恶意攻讦。正因如此，邹忌非常高明地巧设辞令，用比喻的手法达到了规劝齐威王的目的，也让齐威王懂得了自知之明的重要性。

"邹忌不以己为美"的自谦故事，说明自谦是指要有自知之明。实际上，真正的自知之明，就是指人们要具备实事求是的精神。因为谦虚不仅表现在待人接物上，而且需要以实事求是的精神，恰如其分地对待别人，更进一步说，看别人做到实事求是还不难，最难的是对自己的评价也实事求是。因此，真正谦虚的人，一定是有自知之明的人，只有自知之明的人，才能保持谦虚。

二　陈平辞相自谦

陈平（？—前178），西汉阳武（今河南原阳东南）人。他是个足智多谋的人，数次以奇计辅佐刘邦定天下，汉初被封为曲逆侯。汉惠帝、汉文帝时，曾升为右丞相，后改任左丞相。陈平的一生充满了传奇色彩。

据《汉书·陈平传》（卷四十）记载，陈平"少时家贫，好读书,治黄帝、老子之术"。黄老之术在政治上主张"无为而治",在个人修养方面,讲求退让自抑,陈平自谦的作风首先与此有关。

秦始皇死后,天下大乱。陈平曾先后为魏王咎和项羽做谋士,但没有机会施展自己的抱负,最终投奔了刘邦。陈平屡次向刘邦献计,为刘邦消灭项羽统一全国立下汗马功劳。后来,他又献计除掉了韩信,设计解除"白登之围",成为汉高祖刘邦的心腹之臣。

汉高祖死后,吕后专权。"右丞相陈平患之,力不能争,恐祸及己。"(《汉书·陆贾传(第四十三卷)》)陈平只甘于保全自己,他的做法令许多刘氏集团的支持者不满。陆贾曾当面劝谏过陈平,他说:"天下安,注意相;天下危,注意将。将相和,则士豫附;士豫附,天下虽有变,则权不分。权不分,为社稷计,在两君掌握耳。"(《汉书·陆贾传(第四十三卷)》)意思是说,天下相安无事时,大家关注的是丞相;天下危机时,大家在意的是太尉。如果将相之间能和睦相处,那么其他官员就会依附他们;只要其他官员依附他们,天下虽有危机,权力却是无法分隔的;既然权力无法分隔,那么国家的命运就掌握在丞相与太尉两人手中。陆贾针对当时吕氏专权、皇权危机的现实,劝说陈平与太尉周勃搞好关系,认为只有这样才能保住刘氏天下。陈平听从了陆贾的意见,与周勃一起等待时机消灭吕氏势力。

吕后死后,朝廷内的矛盾进一步激化,陈平、周勃等人趁机消灭了吕氏的党徒,并且立高祖的庶子代王刘桓为皇帝,是为汉文帝。文帝继位后,为了表彰陈平和周勃的功劳,不仅赐给他们很多财物,还想立他们为相。陈平原本就是右丞相,但他却装病辞相位,想以这种方式把功劳让给太尉周勃。周勃听说后,也自谦地表示陈平更应官居高位。

陈平为了汉王朝的利益,在危机四伏的政治环境中,仍然为刘氏的天下鞠躬尽瘁，等到论功行赏时，他却自觉地将功劳让于别人。陈平的这种做法不仅实践了黄老之术中力主的"虚己盈人"、"崇让则人不争"的做人信条，也为他处理同僚间的关系提供了良好的人际环境。

陈平的自谦还表现在他对形势的清醒把握，以及他不居功自傲的品行当中。史学家班固说："事多故矣，平竟自免，以智终。"（《汉书·陈平传（第四十卷）》）可见陈平是一个善于审时度势的人，他清楚地看到刘邦虽然能从善如流，但却处处防范功臣，而吕后时代政局更加复杂，刘氏与吕氏矛盾重重。面对这样的政治环境，陈平却能安然地保全自己的性命，并在关键时刻为汉王朝的巩固作出贡献。当汉文帝继位后，他不仅不居功自傲，反而以装病的方式表示谦让。从陈平的身上我们可以看出，自谦不是孤立的行为，它要求人们应认清形势，针对不同的环境做出有利于自己和他人的行动。自谦也是一种平和的心态，当面对财富与权力的诱惑时，首先应当想到自己是否具备拥有它们的资格，只有这样才能做到不居功自傲，也才能在复杂的环境中获得良好的生存处境。

三 自谦的皇帝刘秀

刘秀是东汉王朝的开国皇帝，字文叔，南阳蔡阳（今湖北枣阳西南）人，汉高祖刘邦九世孙。赤眉、绿林起义爆发后，地皇三年（公元22年），刘秀与其兄刘縯为恢复刘姓统治，起事于舂陵（今湖北枣阳南），组成"舂陵军"，后来加入了更始帝刘玄的部队中。

刘秀的自谦起初是一种策略，是在复杂的政治局势下，保全自身的一种技巧。地皇四年，刘秀在昆阳之战中建立大功，其兄刘縯却遭到猜忌，被判死刑。此时，刘秀驻守文城，实力还不能和更始帝刘玄抗衡。当他听到兄长被杀的噩耗后，并没有起兵为其兄报仇，而是亲自到宛城向刘玄谢罪。他"未尝自伐昆阳之功，又不敢为伯升服丧，饮食言笑如平常"（《后汉书·光武本纪》）。他不仅不以昆阳之战为自己开脱，连孝衣也不穿，言谈举止和往常一样，尽量表现出对刘玄的忠诚。刘玄被刘秀的做法所蒙蔽，"更始以是惭，拜光武为破虏大将军，封武信侯"（《后汉书·光武本纪》）。

刘玄北都洛阳后，刘秀被派往河北地区镇抚州郡。河北地区的豪强地主率宗族、宾客、子弟先后归附刘秀，成为他的有力支柱。此后，刘秀拒绝听从更始政权的调动。同年秋，又破降和收编了河北地区的农民起义军，扩充了实力，因此，关西称刘秀为"铜马帝"。不久，他与更始政权彻底决裂。由此看来，刘秀的自谦显然是保全性命、等待时机的一种策略，其与儒家提倡的谦让之德有很大的区别。首先，刘秀的自谦是他在迫于无奈的情况下不得不做出的一种行动，他自甘卑下的目的是为了保全自己的性命，等待时机除掉刘玄，达到自立为帝的目的。而儒家伦理范畴中的谦让之德是出于自愿的，而且是一种高尚的行为，它是为了更好地处理人与人之间的关系，以及表达人们谦和的心态的一种伦理范畴。尽管刘秀的做法仅是一种权谋，但对我们更全面地了解什么是真正的谦让之德是有益的。

建立东汉王朝后，刘秀在位长达三十二年之久。他采取的统治方式与西汉初年的"休养生息"政策有一点类似，目的都是想通过与民休息，来恢复被战乱严重破坏的农业生产。据《后汉书》记载，贵为皇帝的刘秀为人十分谦虚谨慎，他不仅善始善终地对待了那些与他出生入死的功臣，而且能够接受历史教训，没有急于去泰山封禅，也不自表功劳，是个难得的好皇帝。

身为皇帝的刘秀，他的自谦表现了一个成熟的政治家的风范。他不仅能吸取历史教训，而且也能认清形势，以谦虚谨慎的态度执政，在国家初定、百废待兴的时候，实行了与民休息的政策,不去做那些劳民伤财的事,最终实现了"光武中兴"。由此可见,在中央集权制时代,自谦也是一种治国的方针。历史上好大喜功的统治者比比皆是,他们不仅没有自谦的风范,反而经常举全国之力,博一人之欢,其好大喜功的弱点轻则痛伤国力,重则亡国败家。而同样身为封建统治者的刘秀,却能吸取历史教训,以谦虚谨慎的态度执政,这种风范当然也应当给予中肯的评价。

四　李白辍笔黄鹤楼

号称"诗仙"的唐代大诗人李白,也有一个与之同时并存的谦让传说。据说,李白壮年时到处游山玩水,在各处都留下了诗作。当他与好友高适登上黄鹤楼时,被楼上楼下的美景引得诗兴大发,正想题诗留念时,忽然抬头看见楼上崔颢题的诗:

　　昔人已乘黄鹤去,此地空余黄鹤楼。
　　黄鹤一去不复返,白云千载空悠悠。
　　晴川历历汉阳树,芳草萋萋鹦鹉洲。
　　日暮乡关何处是,烟波江上使人愁。

这首诗的意思是:过去的仙人已经驾着黄鹤飞走了,这里只留下一座空荡荡的黄鹤楼。黄鹤一去再也没有回来,千百年来只看见悠悠的白云。阳光照耀下的汉阳树木清晰可见。鹦鹉洲上有一片碧绿的芳草覆盖。天色已晚,眺望远方,故乡在哪儿呢?眼前只见一片雾霭笼罩江面,给人带来深深的愁绪。

这首诗先写景,后抒情,一气贯注,浑然天成,即使有一代"诗仙"之称的李白,也不禁佩服得连连赞叹。李白看完后就吟道:"眼前有景道不得,崔颢题诗在上头。"诗兴大发的李白,看到这首诗后却谦虚地认为自己不可能超过崔颢,就辍笔而去。

这个故事反映了自谦的另一个特征，即自谦的人善于发现别人的长处和优点，从而获得前进的动力和学习的榜样。自谦的人不仅应当有自知之明，而且也应当善于发现别人的优点。自谦的人首先要有良好的心态，当面对比自己能力强的人时，既不会嫉妒他的能力，也不会自惭形秽；既不会恶意贬低他人，也不会对别人的能力视而不见。因为自谦的人具有良好的心态，他们会承认别人的优点，通过别人的长处去比对自己的不足，从而找出自己的弱点，并尽力加以改正。具有谦和心态的人也会主动发现别人的长处，以别人为榜样，通过学习别人努力地提高自己。

除了有良好的心态以外，自谦的人并不会被世俗的看法所牵制。他们认为学习别人的长处没有地位、年龄、身份等的区别，只要看到别人的长处，而自己在这方面又欠缺时，就应当学习别人。自谦的人还应当清醒地把握自己的能力，当面对自己无法完成的事情时，不会盲目地蛮干，也不因此就自惭形秽。因为每个人的能力都是有限的，而世界上有许多事情也不是光靠个人的力量就能完成的，所以自谦也是一种客观的认知方式，它使人们能理性地对待自己的能力。

拿李白来说，当他看到声望不及自己的崔颢的作品时，他能够毫不犹豫地大加赞赏，这说明他是一个十分自谦的人。虽然被誉为"诗仙"，但他却能谦虚地对待自己的能力，在发现崔颢的诗比自己优秀时，以谦和的心态对崔诗大加赞赏，这与我们常常听说的"文人相轻"的做法十分不同。崔颢的名声不如李白，却写出了连李白都无法超越的好诗，李白不仅不为此感到不安，反而称赞崔颢的诗，这说明他是一个不以名声、地位等论高下的人。同时，也说明李白之所以成够成为"诗仙"，也是因为他善于承认并且吸取别人长处的缘故。

善于承认别人，这是自谦的一个特征。道理虽然浅显，但做起来却十分困难。历史上有许多功成名就的人，他们在各自的领域内都能做出许多贡献,但在这个问题上却做得并不尽如人意。比如说"文人相轻",这似乎是中国文人的一个痼疾。历史上有许多文人虽然具有良好的学识素养,但却不能容纳别人的批评意见,也不愿意承认别人的优点,这都是缺乏自谦风范的表现。而那些学识广博、影响很大的文人,却往往具备这个素养。这也说明,自谦是文人们作出更大成就时必备的一个素质,一个人如果没有容纳别人优点的心胸,也无法成为真正的大师。

五 欧阳修一日千里

"一日千里"这个成语见于《荀子·修身》,即出自"夫骥骥一日而千里,驽马十驾则亦及之矣"之句,荀子以此来比喻只要努力,人人都可以达到目标。而欧阳修一日千里的故事,乃出自《湘山野粟》。

据《湘山野粟》记载,北宋年间,洛阳镇守钱惟演在城里修了一座驿舍,特请本城文豪谢希深、尹师鲁和后起之秀欧阳修,各写一篇记事文。

他们三人各显其能,欧阳修笔下生风,最快写完,可尹师鲁却写得最慢。写完后,大家围定一看,谢文七百字,欧文五百多字,尹文最少,只用了三百八十个字。但尹文洗练生动,叙事完备,是三篇文章中最好的一篇。

欧阳修暗暗称赞尹师鲁比自己写得好,当晚便去向尹师鲁虚心请教。尹师鲁诚恳地对他说:"您的文章虽然也写得好,但结构尚欠严谨,语言也不够精练。"欧阳修接受了尹师鲁的意见,对自己的文章逐字逐句地仔细推敲,重新改写了一遍。尹师鲁看后,觉得欧阳修改就的文章一个字也难于改动,便感慨地对文友们说:"欧阳修进步真快,简直像一日前进一千里一样!"

欧阳修年少轻狂,为了展现自己的文采,他第一个写完,想以此来表现自己胸有成竹、下笔如神的才气。可是这一次他却发现了自己的不足。虽然尹师鲁写得很慢，钱惟演却认为他写得最好，欧阳修看过后也承认自己的文章不如尹文。于是十分敬佩，连夜拜访他，学会了文章之道。这说明知道自谦才能好学，也才能取得一日千里的进步。

虽然在学问上做到一日千里不大可能，但认识上的进步的确可以用一日千里来比喻。具备了自谦风范的人，当他发现自己的不足时，并不掩藏自己的不足，而是要努力地改变自己的缺点，从而具备了好学的素质。所以说，好学也是自谦的一个特征，只有发现并承认自己的不足时，人们才会以谦和的心态对待它，也会因此奋发图强。

另外，好学和自谦也具有互动的关系。人们在不断学习的过程中，会发现自己的不足和别人的长处，学习的过程使得他们变得谦虚谨慎起来，让他们明白学习是无止境的；自谦的人善于发现别人的优点，想通过学习别人，来提高自己，所以谦虚的作风让他们变得好学上进。

欧阳修之所以能成为一代文豪，这与他自身的努力是分不开的。但是如果他没有自谦的风范，仅仅凭借天赋便恃才自傲，他也不可能成为世代敬仰的文人。通过一日千里的故事，我们应当明白自谦的风范并不仅仅是一种心理素养，还需要我们通过艰苦的努力去实践它。只有好学上进的人，才能成就自己的事业，也才能使自己不断进步；而不断进步的人，会时时感到自己的不足，因此会更加谦虚。

第二节　求教的故事

求教问学时也需要有谦虚的胸怀，只有做到谦虚有礼，才能博得老师的喜欢和信任，也才能虚心地学习知识。所以在求教的过程中，谦虚谨慎的学习态度、谦逊有礼的待人方式都是应当提倡的。只有具备了这些素质，人们才能虚心地学习别人的长处，谦恭地听从老师的批评意见，谦逊地对待所学的知识。谦虚谨慎的学习态度，是成为优秀人才的一个必备要素。古今中外，凡是在各自的领域取得优良成绩的人，都具有谦虚谨慎的学习态度和谦恭有礼的待人品质。这些人不仅为人类社会作出卓越的贡献，他们谦逊有礼的品格也是值得我们学习的。

在我国古代，有许多谦虚求教的故事，它们都从不同的侧面说明了求学问教过程中，具有谦虚谨慎的态度是多么的重要。我们选取了其中的一部分进行详细的阐释，希望通过分析古人谦虚求教的故事，对谦让之德能有更深刻的认识。

一　张仲景、华佗学医

东汉末年出现了三位杰出的医学家，史称"建安三神医"，他们分别是董奉、张仲景和华佗。其中张仲景和华佗不仅以医术高明而闻名于世，他们的谦让美德也成为千古佳话。

张仲景（约150—219），东汉医学家，南阳（今河南南阳市）人，著有《伤寒杂病论》和《金匮要略》，被尊称为"医圣"。由于古代儒家传统文化鄙薄方伎，使得医圣张仲景正史无传，生平不详。但他撰写的两部医书乃中医界的权威经典著作，对推动我国医学的发展起到了十分重要的作用。

幼时，张仲景的父母希望他走仕途之路，但张仲景从小爱好医学，而且天资很高，父母最后也只能放弃了让他从政的想法。张仲景勤学苦钻、博采众长的治学精神，使得他很快就成为远近闻名的名医。但他并没有因此就志得意满，而是时时虚心地向别人求教，通过学习其他名医的医术，去完善自己，使自己能更好地治病救人。

张仲景身处巫术盛行、医生被视为贱业的年代，为了实现自己的理想，孜孜不倦地学习古医籍，向老师学习，向一切有经验的人学习。他的几位老师，无不是有感于他专心致志、虚心求教、不耻下问的劲头，才终于将自己家传或苦练的秘技、秘方传授给他的。张仲景在内科医技已经颇负盛名的情况下，听说襄阳有位姓王的外科医生，治疗疮痈搭背有绝招，人称"王神仙"。于是他立即肩背行囊，跋涉数百里，前往拜师。如此良苦用心，加上恭敬的态度和恳切的言辞，令"王神仙"十分感动，就把毕生所学传授给他。

据说，有个做生意的人到张仲景家看病，此人身上长了一个疮疤，张仲景看过后，认为这个人已经病入膏肓，就劝他回家安排后事。病人听到张仲景的话后，认为自己已经没有救了，赶紧卖掉自己的产业，回家准备后事去了。走到半路，这个病人看到有人为建造寺院筹款，认为自己不久于人世，留着过多的钱财对自己也没用处，就把大多数金银捐了出去。旁边的一个老人，对他的善举十分敬佩，就上前与他搭话。这个做生意的病人就把自己得病的情况如实地告诉了老人。其实，这个老人就是"王神仙"。他为这个病人看过病后，也认为病情十分严重，但他认为还有治好的可能。就建议这个病人买一船梨，早晚都睡在梨上，并把一船梨都吃光。病人依"王神仙"开出的奇异药方，吃了一船梨后，他的病果然被治好了。后来这个人又到张仲景处，张仲景看到此人没有死，甚是惊讶，就连忙问他在哪里看好了病。当听说有个人称"王神仙"的人，治疗疮痈搭背有绝招，就前往拜师。"王神仙"起初不愿意把自己的绝招传给张仲景，但看到张仲景十分虚心，又十分好学，就把毕生所学都传给了张仲景。

华佗（145—208），字元化，豫州沛国谯县（今安徽亳县）人。自幼苦攻、习诵《尚书》、《诗经》、《周易》、《礼记》、《春秋》等古籍，有较深的文化功底，后又学医，功成名就之后，仍然谦虚好学。华佗拜师学艺的故事，也被后人传为佳话。

据说有一次，华佗给一个年轻人看病，经望、闻、切脉后，认为患者得了头风病。可是一时又拿不出治疗此病的药方，急得束手无策，病人也很失望。后来，这位病人找到一位老医生，很快就把病治好了。华佗听说后很是惭愧，便打听到老中医的住处，决心去拜师学艺。但华佗当时名噪四方，恐老先生不肯收他为徒，于是改名换姓，来到老中医门下，恳求学医。老人见他心诚，就收下了他。从此，华佗起早贪黑地学习，甚得老先生的喜欢。

一天，老先生外出治病，留下华佗在屋中拣药。这时来了一个大肚病人，华佗诊断他得的是臌胀病，给他开了二两砒霜，让他分两次吃。病人拿了药后，大吃一惊，以为吃了砒霜，会要他的命。当病人走出门后，正好碰到外出归来的老先生，就赶快向老先生询问。老先生看过处方后，认为没有问题，请病人放心。病人走后，老先生却越想越疑惑，认为自己的徒弟不可能开出如此高明的处方。最后老先生终于明白，他的这个学生就是华佗。

华佗见老先生已经猜到了自己的身份，就跪在地上请老师原谅。老先生就问华佗本来就是名医，为什么还要隐名埋姓地向他求教，华佗说学无止境，况且自己在治头风病方面没有经验。师傅听到华佗一席肺腑之言后，十分感动，就把平生所学都传授给了华佗。

张仲景、华佗拜师学医的故事，都说明了谦虚的作风对加强专业修养起着至关重要的作用。要想在自己的专业领域内有所作为，就必须既要参加实践又要学习间接经验。我们知道知识来源于经验，而经验又分为直接经验和间接经验。直接经验固然重要，但一个人的生命和精力毕竟是有限的，如果单靠个人的力量，不去学习别人的长处，很难使自己得以长足的进步。虚心地向人求教，可以学到很多间接经验，这样的经验积累多了，也可以使自己获益匪浅。

张仲景和华佗虽然都是名医，并在医学领域内成为别人敬仰的对象，但是他们也有不足之处。面对浩如烟海的医学知识，他们二人都深深地感到单凭个人的精力和智力，是无法达到包医百病的境界的，所以他们都虚心地向更富有经验的人，或者是在特殊领域内有特殊专长的人求教，目的都是为了尽快获得别人的经验，为病人解除病痛。

张仲景和华佗虚心求教的故事，对我们有着十分重要的启示意义，应当说人类在长期的实践中积累起来的间接经验是十分丰富的，我们都应该好好地学习。特别是在信息时代，知识更新的速度进一步加快，知识量也空前地膨胀，如果单靠个人的能力，根本不可能掌握任何一门学科。在这种情况下，培养虚心地向别人求教的习惯，变得更为迫切，它不仅有利于完善个人的知识结构，也有利于科学知识本身的进步。所以当代社会中，我们更应当提倡张仲景和华佗虚心求教的良好风尚。

二　王羲之、王献之学字

王羲之（303—361，一作321—379），字逸少，琅玡临沂（今山东临沂）人，后徙居山阴（今浙江绍兴）。是我国古代有名的大书法家。王羲之出身贵族，幼年好写字，看过女画家卫夫人的《笔阵图》后，就自学写字。他还学东汉书法家张芝，临池练字，都把池水染黑了。他还观察鹅的形态来练字，最终成为名副其实的大书法家。从他的身上我们可以看出，谦虚的人善于发现学习的对象，骄傲的人即使学习的对象就在身边，也会视而不见。王羲之学习书法，以今人为师，也以古人为师，还以自然为师，所以才能成为一代书法名家。

据《晋书·王羲之传》（第五十卷）记载，王羲之"性爱鹅"，会稽有一个孤居的老妇人养了一只鹅，叫鸣声很好听。市场上买不到那样的鹅，于是他就和朋友一起去老妇人家看那只鹅。老妇人听说王羲之要来，就杀了那只鹅招待王羲之，王羲之为此还叹惜了好几天。王羲之为什么那样喜欢鹅呢？这是有原因的，他是通过鹅的肢体动作来体悟书法之理。据《晋书·王羲之传》记载，有一天，他和朋友乘着一只小船，游览绍兴水乡景色，这时两岸绿树成荫的河面上，有一群白鹅在戏水，互相追逐，它们是那样的矫健俊美。王羲之目不转睛地观赏着白鹅的种种姿态和戏水的情景，久久不愿离去。于是他便向艄公打听，养鹅的主人是谁。艄公说："这群白鹅的主人是一位道士，你要是喜欢白鹅的话，何不将它买下？"王羲之听了艄公的话，一路寻访，来到那位道士的家中。道士知道王羲之是著名的书法家，探明了王羲之的来意后，心中暗暗高兴，却不露声色地说："我这鹅是不卖的，倘若右军大人一定想要，请抄写一份《道德经》来换吧。"王羲之欣然同意。

回家后，王羲之当即就写了起来，几天后一本《道德经》就写好了。王羲之就用这闻名于世的《道德经》换回了山阴道士的一群白鹅。后来唐代大诗人李白还写了一首诗来叙述这件趣事："山阴道士如相见，应写《黄庭》换白鹅。"（《黄庭》即指《道德经》）

王羲之认为执笔时食指要像鹅头那样昂扬微曲，运笔时则要像鹅掌拨水，方能使精神贯注于笔端。王羲之爱鹅的目的原来是为了练字，在他居住的兰亭，他还特意建造了一口池塘养鹅，后来干脆取名"鹅池"。池边建有碑亭，石碑刻"鹅池"两字，字体雄浑，笔力遒劲。看了之后，人们个个赞叹不绝。

提起这块石碑，还有一个十分有趣的传说。有一天，王羲之正在写"鹅池"两个字，刚写完"鹅"字时，忽然朝廷的大臣拿着圣旨来到王羲之的家里。王羲之只好停下笔来，整衣出去接旨。在一旁看王羲之写字的王献之，也是一个有名的书法家，他看见父亲只写好了一个"鹅"字，"池"字还没写，就顺手提笔一挥,在后面接着写了一个"池"字。两字是如此相似,如此和谐,一碑二字,父子合璧,更是成了千古佳话。

王献之之所以能成为著名的书法家,与他接受的教育密切相关。据说王献之天资很高,他自小跟父亲王羲之学写字,书法成就也十分了得。这位少年得志的英才,认为自己的书法已经达到了他父亲的高度,就变得骄傲起来。他整天忙着和朋友们游玩,对练习书法越来越不上心了。有一次,王献之在写完一个字后,忘了写最后一笔,王羲之看到后替他补了最后一笔。当王献之拿着自己的字给他母亲看时,他母亲认为只有那一笔像他父亲的,其他的都不够功力。

王献之听到后,十分羞愧,下决心好好练书法,争取达到父亲的水准。当他向父亲请教习字的秘诀时,王羲之没有正面回答,而是指着院里的十八口水缸说:"秘诀就在这些水缸中,你把这些水缸中的水写完就知道了。"

王献之心中虽然不服,但还是下决心再练基本功,在父亲面前显示一下。他天天模仿父亲的字体,练习横、竖、点、撇、捺,足足练了两年,才把自己写的字给父亲看。父亲笑而不语,母亲在一旁说:"有点像铁划了。"王献之又练了两年各种各样的钩,然后给父亲看,父亲还是不言不语,母亲说:"有点像银钩了。"王献之这才开始练完整的字,足足又练了四年,才把写的字捧给父亲看。王羲之看后,在儿子写的"大"字下面加了一点,成了"太"字,因为他嫌儿子写的"大"字架势上紧下松。母亲看了王献之写的字,叹了口气说:"我儿练字三千日,只有这一点是像你父亲写的!"王献之听了,这才彻底明白了骄傲自大是不可取的,只有虚心练字,才能成为大书法家。从此,他更加下工夫练习写字。

王羲之看到儿子用功练字,心里非常高兴。一天,他悄悄地走到儿子的身后,猛地拔他执握在手中的笔,没有拔动,于是他赞扬了儿子说:"此儿后当复有大名。"王羲之知道儿子写字时有了手劲,这才开始悉心培养他。后来,王献之真的写完了这十八缸中的水,与他的父亲一样,成了著名的书法家。王羲之劝诫儿子的办法,采用的是"不动声色"的方法。王羲之对儿子没有一句说教,却使王献之逐步懂得学无止境的道理,从小就开始确立严格的治学态度。

通过王氏父子练字的故事,我们可以看出虚心求教的重要性。谦虚的人善于发现学习的对象,因为他们从来不高看自己,反而觉得别人都有很多长处,值得自己学习。拿王羲之来说,他是一个天资很高的人,从小就被人们奉为"神童",他写的字在常人眼里已经是登峰造极了。可是他并不满足于那些小小的成就和名声,仍以谦虚的心态向别人学习。他首先向古人学习书法,古人留下了许多书法心得,虽然只是文字记载,不可能是活的事物,但王羲之却潜心研读古人的书法见解,学习他们刻苦练字的精神。他为了练字,把水池也给染黑了,这说明他已经从古人那里学会了勤奋刻苦。他不仅向古人学习,还向今人学习,身为贵族的王羲之有许多接触名人的机会,他的身份并没有成为他向别人学习书法的障碍,反而为他创造了许多学习书法的机会。最难能可贵的是,王羲之不仅向前人、今人学习,还独出心裁地向自然学习。他通过观察鹅的形体变化,来研究书法之理,最终使自己的书法造诣突飞猛进。

王献之起初恃才自傲,后来经过王羲之的教诲,最终也成为名家。从他的身上我们可以看出,要想使自己的学问与专业有所突破,就必须学会谦虚谨慎。如果没有虚心求教的精神,仅仅凭着一些小聪明,是不可能成就事业的。人的天资虽然有高下的差别,但天赋的能力是不能独立地发挥作用的,它可能短时期内使人们做到事半功倍,但如果不以后天的努力去加以完善,天赋最终只能成为人们的负担。而一旦具备了谦虚谨慎的求教精神,它就对那些有天赋的人起到如虎添翼的作用。

三 刘勰乔装卖书郎

刘勰(约465—约532),字彦和,南朝梁文学理论批评家。原籍东莞莒县(今山东莒县)人,世居京口(今江苏镇江市)。他出身士族,幼年丧父,笃志好学,家中贫困不能婚娶,就皈依沙门做了和尚。他用十余年的时间,博通佛教经论,并参加整理佛经的工作。刘勰又精通儒家经典,对孔子学说异常崇尚。梁时曾历任临川王萧宏记室、南康王萧绩记室、昭明太子萧统东宫通事舍人等职,深受萧统器重。晚年出家为僧,法号慧地。他所著《文心雕龙》一书,是中国最早的杰出的文学批评专著。

据《梁书·刘勰传》(第44卷)记载,刘勰家境十分贫寒,父母双亡后,生活更为艰难。南京定林寺和尚僧佑很同情刘勰,就收留了他。僧佑是一个名僧,当时正准备编写《弘明集》一书。他知道刘勰很有文才,字也写得很好,于是请他入寺帮助抄写和整理佛经。

刘勰在定林寺里,不仅获得了一个比较安定的环境,而且还能利用寺院的藏书,在抄写之余,饱览经史百家和古代的文学作品,逐步成为一个博通经纶、学识渊博的人。刘勰一生崇拜孔子,想通过个人的努力为儒家学说的发展作出一点贡献。他认为文章是经典的旁枝,礼制、法典的施行,君臣政绩的建立,军国大事的完成,都离不开文章。可是近世的作者写文章过分追逐浮华,离开根本越来越遥远。因此,他要根据儒家圣人的意见,写一部系统论"文"的书,以阐明圣人的文论主张。于是,他用了大约四年的时间,写成了文论巨著《文心雕龙》。

刘勰写好《文心雕龙》后,"未为时流所称,勰自重其文,欲取定于沈约。"(《梁书·刘勰传》)由于出身寒微,加上自己交游不广,自然没有人赞赏和品评他的书。刘勰想找一个名人推荐这本书，想来想去，他想到了沈约。沈约是齐梁文坛的领袖，他喜欢奖励人才，表扬后进。但是沈约是朝廷命官，位居尚书仆射，以刘勰的身份，是不可能见到沈约的。据说刘勰第一次到沈约家时，向沈约的门人说明了约见沈约的缘由。可是那些狗眼看人低的门人哪里能懂得刘勰的良苦用心，就把刘勰拒之门外。可是刘勰并没有死心，也并没有骄傲地认为自己写了一本奇书，迟早自有人会赏识，而是执著地想得到前辈的评价和引荐。

无奈之下，"乃负其书，候约出，干之于车前，状若货鬻者。"（《梁书·刘勰传》）刘勰装扮成卖书郎，趁沈约坐车外出办事，背着《文心雕龙》这部书稿，立在沈约要经过的大道旁，待沈约车子走近，刘勰便上前挡住车子，同时递上书稿。沈约平时极为爱好书籍，见是书贩，便把书稿收下了。沈约回去，翻阅了刘勰的书稿，觉得这本书的评论极有见解，而且文理清晰论证缜密，是一本难得的好书。沈约对刘勰的书大加赞赏，并把《文心雕龙》陈放在他的案头，经常阅读。经过沈约的推荐，刘勰和他的《文心雕龙》才得到当时文坛的认可。

刘勰乔装卖书郎的目的，是想引起沈约的注意，沈约也是一个爱才如命的人，和刘勰最终成为了师徒。沈约和刘勰的交往故事，也是中国文坛的一个佳话。刘勰乔装卖书郎的故事告诉我们，即使处于贫困境地，也要谦虚待人。贫困是一把双刃剑，有些人因为家境贫寒，往往会因此奋发图强，经过自己的努力去克服贫困，这样的人不仅勤奋而且谦虚；而有些人因为贫穷，会变得愤世嫉俗，也会因此沉沦下去，在贫穷的境遇里，他们甚至会变得骄横自大。特别是那些天资较好的人，因为贫穷而无法施展自己的能力时，就认为社会太不公平，自以为那些已经做出成绩的人都不如自己，从而轻视那些声名远扬的人，更不愿意和他们打交道。如果人们一旦形成这样的观念，就很难做到谦虚自处，贫困的境遇加上骄傲自大的作风，使得这些人更难发挥他们的特长。

刘勰显然是个身处贫困却能谦虚自处的人，早年的不幸和家境的贫困并没有磨蚀掉他的品性，反而培养了他谦虚谨慎、勤奋求学的性格。他写出了《文心雕龙》，却并没有因此就自以为是，他谦虚求教的做法，最终使自己得以扬名。这说明早年的经历和数年的苦读已经让他具备了谦让的品德，他乔装卖书郎的做法只是谦让之德的一次体现而已。

从刘勰的身上我们还可以看出，学问做得再大也要谦虚谨慎。做学问的人都有求学问教的经历，可是一些人在获得了一定成就后，就忘了求学问教的益处，认为自己已经具备独立作学问的能力，就没有必有向别人求教了。其实，学问是无止境的，而个人的学识总是有限的，如果一个人能时时谦虚地向别人求教，他不仅能获得更多的知识，也可以更好地和别人交流学问，从而使自己的学问更加充实。刘勰虽然有一定的学识，但他明白和沈约相比，他的学问还是很肤浅的。所以他在写完《文心雕龙》后，并不急于刊行，而是想让大学问家沈约为他改稿。沈约对《文心雕龙》一书到底提了多少意见，现在已无史料可证，但《梁书·刘勰传》中说，沈约看到刘勰的稿件后，把它摆放在案几上，以方便阅读，可见沈约是十分重视刘勰的文章的。我们可以想见沈约认真阅读完后，一定为刘勰提出过修改的意见，因为他们已经成为了师徒。刘勰的事迹说明求学问教中必须具备谦让有礼的作风，只有这样才能得到别人的帮助，只有这样也才能使自己更加谦虚地认识到自己的不足，时时向别人请教，最终使自己的学问更上一层楼。

四　柳公权学字

柳公权（778—865），字诚悬，唐京兆华原（今陕西耀县）人。官至太子少师。他善书法，在穆宗、敬宗、文宗三朝侍书禁中，唐穆宗时，还有过"用笔在心，心正则笔正"的笔谏佳话。柳公权是晚唐书法的集大成者，自创所谓的"柳体"，他的楷书对后世影响后大，他一生也以谦让著称。

可是，少年时代的柳公权却并不谦虚。据说，有一天柳公权和几个小伙伴举行"书会"。这时，一个卖豆腐的老人看到他写的几个字"会写飞凤家，敢在人前夸"，觉得这孩子太骄傲了，便皱皱眉头说："这字写得并不好，好像我的豆腐一样，软塌塌的，没筋没骨，还值得在人前夸吗？"柳公权一听，很不高兴地说："有本事，你写几个字让我看看。"

老人爽朗地笑了笑，说："我是一个粗人，写不好字。可是，人家有人用脚都写得比你好得多呢！不信，你到华京城看看去吧。"第二天，柳公权起了个大早，独自去了华京城。一进华京城，他就看见一棵大槐树下围了许多人。他挤进人群，只见一个没有双臂的黑瘦老头赤着双脚，坐在地上，左脚压纸，右脚夹笔，正在挥洒自如地写对联，笔下的字迹似群马奔腾、龙飞凤舞，博得围观的人们阵阵喝彩。

柳公权心里一惊，原来竟有人写得比他好！这使得少年柳公权立刻就明白了"山外有山，楼外有楼"的道理。于是他就"扑通"一声跪在老人面前说："我愿意拜您为师，请您告诉我写字的秘诀……"老人慌忙用脚拉起柳公权说："我是个孤苦的人，生来没手，只得靠脚巧混生活，怎么能为人师表呢？"小公权苦苦哀求，老人这才在地上铺了一张纸，用右脚写了几个字："写尽八缸水，砚染涝池黑；博取百家长，始得龙凤飞。"柳公权把老人的话牢记在心，从此发奋练字。手上磨起了厚厚的趼子，衣肘补了一层又一层。经过苦练，柳公权终于成为著名的书法大家。

一"惊"、一"跪"、一"求"，充分表现了柳公权思想的转变，其骄横之气从此一扫而空。柳公权的故事说明自高自大是一种浅薄的表现，只有谦虚才能使人进步。谦虚谨慎的作风也可以从比较的过程中获得，因为只有经过比较，人们才会明白自己的不足，也才会谦逊地承认别人的长处。

柳公权起初只是在他的社交圈子中没有人比他写得好，他就骄傲起来。这说明少年时代的柳公权在学识方面是十分浅薄的，他以为自己的字已经写得很好了，起码在朋友中间没有人比他写得好。如果这种想法一直持续下去的话，对柳公权的发展是十分不利的，因为浅薄的学识会助长骄傲的情绪，这种情绪一旦控制了他的本性时，他就会变得固执狭隘，听不进别人的劝告，也不愿意承认别人比自己强的现实。长此以往，他不仅不能在练字方面取得进步，反而会因为骄傲自大丧失原有的功力，变成碌碌无为的人。

幸运的是，柳公权能在他的少年时期就听从别人的劝告，改变了轻狂无知的想法。当看到一个用脚写字的人都比自己强时，少年柳公权的心灵受到了很大的冲击，通过与老人相比较，他发现自己的确是浅薄无知的，从此就学会了谦虚谨慎。可见，谦让的品质是可以在比较当中产生的。

在日常生活当中，人与人之间的比较是十分普遍的。俗话说："人比人，气死人。"如果光拿财富、地位进行比较，往往会使人心理失衡，反而不利于人的成长。可是正面的比较是十分有益的，也是必需的。拿柳公权来说，如果他在看到那个老人用脚写出的字后，不与自己进行比较，也不能从中吸取教训、学会谦虚，更不能萌生求教的念头。《庄子》一书中"井底之蛙"的寓言，也说明了这个道理。

在与别人相比较的过程中，人们会发现在学习成绩、工作效率上，有很多人都比自己强。我们不能闭着眼睛不去承认别人的长处，当看到别人的长处时，首先应当反思自己，看看自己在哪些方面做得不如别人好。当认识到自己的不足之处时，也就看清了自己的能力,就自然而然地承认了自己的不足,从而具备了谦虚的心态。柳公权起初以为没有人比他强,后来和用脚写字的老人一比较,就发现自己写的字并不是最好的,于是就承认了自己的不足,虚心地向老人求教起来。柳公权的心理变化过程,实际上是在比较当中完成的,正是因为这次比较,使得他明白了虚心求教的道理。

在我们的周围,总有一些浅薄无知的人,他们自以为能力超群就目空一切。其中一部分是因为缺乏与别人比较的机会或者勇气,才会变得骄傲自大。如果我们能适时地指出他的不足,提示他与别人进行正面的比较,他们也会很快发现自己的不足,下决心去改掉骄傲的毛病,最终也能成为谦虚谨慎的人。实际上,做到谦虚并不难,难的是当我们无意识地处于骄傲情绪中时,没有人提醒我们改变这种态度。所以,当我们的周围出现因为缺乏与人相比较的机会而骄傲自大的人时,应当提醒或者创造机会,让他们在比较当中明白谦虚的重要性。

五 一字师

我国历史上有许多著名的"一字师"故事,说的都是人们虚心地向别人求教的事。"一字师"原本指晚唐诗人郑谷为齐己改诗的事,后来多指为别人找出文章中的小毛病。"一字师"的故事主要反映着人们谦虚地对待别人的批评意见,即使别人指出的仅仅是小毛病,都愿意听取别人的意见,并加以改正,它同时也体现了中国人"于细微处见精神"的为人原则。

古语有云:"诗不厌改。"我国诗史中,流传着不少替别人改诗的故事。唐末诗人齐己写了一首五言律诗:

    高山喧省闼,雅颂出吾唐。
    叠献供秋望,无云列夕阳。

自封修药院，别下着僧床。
　　几梦中朝事，久离鸳鹭行。

　　写完后，自己觉得并不满意，就想听听别人的意见。他听说诗人郑谷善于改诗，就拿着诗稿去拜访他。郑谷起初自谦地认为自己的才能够不上为齐己改诗，后来看到齐己十分虚心地向他求教，就答应为他改诗。郑谷看过此诗后，就告诉齐己其中一个字需要改动，但他并没有指出到底哪一个字需要改。齐己冥思苦想，终于得到答案，他把"别下着僧床"，改成"别扫着僧床"，认为这样比较形象。改完后齐己又去请教郑谷，郑谷看到齐己的改动与自己的想法一致，这才说出了自己的改动意见。后来，齐己写了一首名为《早梅》的诗，郑谷看过后十分欣赏，但觉得其中一句"昨夜数枝开"有点不妥，因为诗题为《早梅》，而诗句中有"数枝开"，这与诗篇想要表达的意境有点不吻合。于是他就建议齐己将"昨夜数枝开"改为"昨夜一枝开"。郑谷提出的修改意见令齐己十分满意，它不仅能体现这首诗想要表达的意思，也使整篇诗歌表现出更为悠远的意境。

　　齐己请教郑谷改诗的事正好反映了"于细微处见精神"的道理，说明齐己是一个十分谦虚的人，因为懂得谦虚的人才会让别人指出自己的缺点，哪怕是很小的缺点。郑谷也懂得谦让，他看到齐己是诚心向他求教，就认真地向齐己提出自己的看法，他也因此被誉为"一字师"，名噪千古。

　　除郑谷外，还有更多的"一字师"未为人们所熟知。宋代的胡舜陟，就是其中一位。他对大文豪苏东坡的名作《水调歌头·明月几时有》提出了修改意见，他对苏轼说"'低绮户'当改为'窥绮户'"。按胡舜陟的理解，"低绮户"不过是说月光低低地照进"绮户"（雕花的门窗）而已；"窥"却是悄悄地看着的意思，这样一改，使得月亮有了生命、有了性格。结合下句

"不应有恨……"来看,更别具情味。所以"窥"字比"低"字生动深刻得多。可惜作者与胡舜陟无缘,如果苏东坡有知,也定会拜胡舜陟为"一字师"。

文学大家范仲淹曾写过"云山苍苍,江水泱泱。先生之德,山高水长",李秦伯看后建议他将"德"改成"风",范仲淹欣然接受。

一字师不但古代有,当代也有。新中国成立初期有人写信给毛泽东,对《长征》一诗提出修改意见。《长征》中有"金沙水拍云崖暖"一句,原为"金沙浪拍云崖暖"。毛泽东根据这位"不相识的朋友"的建议改动之后,避免了重复使用"浪"字的毛病(诗的第三句是"五岭逶迤腾细浪")。

以上这些"一字师"的故事,都表达了人们虚心求教的精神。从他们身上我们可以看出,谦虚的精神也可以反映在细微的环节中。拿齐己的诗来说,如果不去作那样的改动,他的诗歌也属于佳作,但是齐己具有谦虚谨慎的作风和精益求精的精神,他不满足于自己的欣赏眼光,希望别人能提出批评意见。他虚心求教的态度感动了诗人郑谷,郑谷不仅为他提出改诗意见,还十分欣赏齐己的人品,两人成为莫逆之交。这说明只有谦虚地承认自己的不足,虚心地向别人求教,别人才能真诚地为你指出你的不足,哪怕是很小的失误,别人都愿意为你找出来。

我们也可以把"一字师"看作是一个比喻,凡指那些向别人指出缺点、提出意见的人,哪怕是很小的失误都愿意为人指出来。当代社会十分强调工作效率,特别是那些从事文字工作的人,都需要有一个"一字师"。随着生活节奏的加快,以及人们处理的文字资料的增多,在从事文字工作时,难免出现一些失误,如果没有人为他们改正,就会出现大量的错误。读者只要翻看一些当下出版的书籍,就会发现这个问题十分普遍。可惜的是,我们现在似乎已经失去了古人们那种虚心向人求教,以及在细微处寻找自己缺点的精神。人们往往认为自己写的东西已经很完善了，不需要任何改动，如果别人提出修改意见，那都是别有用心。这种骄傲自大的态度使得别人虽然能看出缺点，却都不愿意向当事人说明。长此以往，"一字师"的优良传统离我们越来越远了。

我们认为虚心地向别人求教的做法是应当提倡的，即使别人只能为求教的人指出很小的缺点，都对他们有好处。拿齐己来说，与唐代其他诗人相比，他的名气不够大，但就是因为他虚心求教的精神，感动了许多文人，他的诗作也因此得以流传。如果我们在平时的工作学习当中，能够虚心地向别人求教，别人都愿意为我们提出一些有益的建议，这对我们提高工作学习的效率、掌握更多的知识大有好处。所以在当代社会中，我们更应当提倡"一字师"的精神。

六　拜师不惜身为奴

钟隐，字晦叔，天台人，五代南唐画家，生卒年代不详。钟隐是一位富家子弟，为了学画，曾请过几位当地最有名的画家给他当老师。这样学了几年之后，几位老师的有限本领钟隐都学到手了，老师告诉他要另找名师，这样才能不断提高画艺。钟隐虽是少年得志却十分谦虚，结婚后钟隐仍然勤于画画，他的妻子认为他画得很好却还那么用功，冷落了自己，就流露出不满的神色。钟隐知道后，拿出别人的画与自己的画给妻子看，指出了自己的许多不足，求得了妻子的谅解。

钟隐听说在某镇上有一位叫郭乾晖的画家，擅长画花鸟，尤以鸷鹞画得最为出色，就一心想去投师。但又听说郭乾晖性情古怪，对画艺方面极为保守，他的作品不仅不肯轻易给别人看，平日作画也是躲藏起来不让观看，生怕别人学到了他的技法。钟隐想，向这样一个极端保守的人学画，真是难上加难，但是由于学画心切，还是要去碰碰运气，结果想出了用卖身为奴的办法去靠近这位怪僻画家。

他听说郭乾晖家要买一个家奴，就向家人谎称自己出远门拜访朋友，然后打扮成仆人模样，前往郭乾晖家称自己想卖身为奴。郭乾晖见此人长得不俗，而且很年轻，就把钟隐收为家奴。

钟隐每天为郭乾晖捧烟送茶，十分勤快，以取悦主人，以便从中窥看郭乾晖作画，学习他的技法。据说，有一天钟隐兴致所至，就在墙壁上画了一只鸽子，郭乾晖看后十分惊奇。他早就觉察钟隐的行为异常，为人举止不俗，断定是为了学画而来的，此时才明白自己所买的家奴竟是大名鼎鼎的画家钟隐。钟隐看到自己的身份已经被郭乾晖看穿，就连忙说明了自己卖身为奴的缘由。郭乾晖听后，大受感动，认为钟隐如此谦虚，以后必定前程无量。他也被钟隐虚心求教的决心感动了，于是就一改往日从不收徒的做法，将钟隐收为学生。

此后，郭乾晖悉心教导钟隐，把自己的全部技艺都传授给了钟隐。钟隐的绘画技法也日益成熟，最后成为一位著名的花鸟画家。

钟隐虚心求教的故事说明一个人要想学到本领，就必须克服一切艰难障碍，以一种坚忍不拔的精神对待自己的事业，这样才能取得成功。在创业的过程中，我们都有可能遇到许多困难，其中的一些困难是客观方面的障碍，比如说家庭、年龄、精力等；有一些困难是主观的，比如说个人的心态。如果在创业的过程中，没有一个良好的心态，最终也不可能作出大的成就。拿钟隐来说，他本是富家子弟，从小过着一般人无法企及的优裕生活，加上个人天资又很高，自己又是一个努力上进的人，在绘画方面取得一定的成就是不成问题的。但是钟隐在完成个人事业的过程中，始终具有一个良好的心态，即以虚心地向别人求教的方式，加强自己的绘画修养，从而使自己成为一代名家。我们可以看到，钟隐在达到事业顶峰之前，也遇到过许多困难，他想学花鸟画的技法，却没有办法直接到郭乾晖家去请教。如果钟隐稍微有一些虚荣心，他就不可能向性格怪僻的郭氏求教。但是钟隐克服了他的虚荣心，而是以卖身求教的方式打动了郭乾晖，最终从郭氏那里学到了花鸟画的绝世技法。

钟隐卖身为奴的故事，也说明谦虚求学的人应当相信"精诚所致，金石为开"的道理。在向别人求教时，人们往往可能担心别人不肯传授知识给自己，实际上只要能真正做到谦虚求学，人们都能获得别人的帮助。问题的关键并不在于别人的态度，而在于自己是否真正做到了谦虚谨慎。有些人去向别人求教时，自己的心态本身就有问题，他们并不是虚心向别人求教的，而是想通过学习获得更多的炫耀资本。这样的人把那些教授给他们知识的老师当作是一种投资，当他们从名师那里学了一点东西后，就会向别人夸耀自己是某某名人的学生，企图通过这种方式，获得更多的晋升机会。当以这样的方式求教的人日渐增多后，作为老师也不愿意轻易收徒，生怕碰到那样的学生。

当这样的现象成为一种社会现象后，虚心求教的人也会遇到许多意想不到的困难。拿钟隐来说，他不能通过正常的途径向郭乾晖求教，因为除了郭氏的性格较为怪异外，他也有可能担心求教的人不诚实，最终弄得个学生不成才、反坏老师名的下场。面对这种情况，钟隐并没有放弃求教的念头，而是以更为谦卑的做法感动了自己的老师，最终使老师明白他是诚心求教的。"精诚所致，金石为开"，这个成语正好反映了虚心求教的人应当具备的谦让态度，以及坚持不懈的刚毅作风。

七　唐寅学画

唐寅（1470—1523），字子畏，号伯虎，又号六如居士、桃花庵主、鲁国唐生、逃禅仙吏等，明代杰出画家。

据唐寅好友祝允明所撰《唐伯虎墓志铭》记："其父广德，贾业而士行。"可见唐寅从小过着较为优裕的生活，他的家庭希望他能走向仕途。唐寅天资很高，从小画画，无师自通，学业上也有很多值得称道的地方。可是唐寅自小顽皮，"计仆少年，身居屠酤，鼓刀涤血，获奉吾卿周旋"（唐寅《与文徵明书》），可见他的顽皮劲不是一般小孩能比的。据说，唐寅对自己的画技很自信，看到别人欣赏他的画就十分骄傲。他的母亲看到儿子虽然有点天分却如此骄傲，这对他的成长很不利，于是就让大画家周臣调教他。

周臣见唐寅有着超人的才华，十分喜欢，就收他为学生。可是唐寅却少年轻狂，以为自己的画技十分了得，和老师早就不相上下了。学了一年后，唐寅就流露出想要离开的情绪。周臣见他只学了一年，就骄傲地以为和老师画得差不多，心里十分生气，但周臣又是一个爱才如命的人，他不仅想留住唐寅，让他多学一些绘画知识，还想调教一下他的性格。有一天晚上，周臣请唐寅到院中吃饭，唐寅欣然前往，看到老师为自己准备了告别宴，心里十分高兴，以为吃了这顿饭就可以离开老师家了。饭毕，唐寅起身告辞，他看到院内有几处门，就选了其中的一个想走出去，可是他碰到的却是墙壁而不是门。原来，周臣在墙上画了三个门，让唐寅出去，唐寅没能看出那是老师画的画，就径直往外走，自然就会撞到墙上了。唐寅顿时觉得羞愧难当，他一方面感到老师为留住自己用心良苦，一方面为自己的浅薄感到难堪。经过这次教训，唐寅终于明白了自己的不足，于是虚心地留在周臣身边，潜心学习画画，一学就是三年。

后来，唐寅又受名画家沈石田的指教，在南宋风格中融入了元人笔法，于是画艺大进，渐渐地与老师周臣齐名。此后，唐寅又经过千里壮游，将自身的文学修养与绘画融会贯通，使他的画作更加引人注目。向他求画的人也应接不暇，有时还需要拜请老师周臣为他代笔。据说有人曾问周臣到底在哪些方面不如自己的学生唐寅,周臣直率地答道:"只少唐生数千卷书耳!"可见,唐寅的确做到了"青出于蓝而胜于蓝"的境地。

中国古人说"学然后知不足",只有深入到一门学问中之后,人们才发现自己的不足。袁枚在《随园诗话》中也说过:"牧童村竖,一言一笑,皆吾之师,吾取之皆成佳句。"可见学习的对象也是十分广泛的。唐寅起初只会一些绘画方面的皮毛知识,就自以为了不起,其实是因为他并没深入到绘画知识的海洋中,所以他才会产生轻视老师、骄傲自大的情绪。当他的绘画技巧和其他学识进一步增长后,他才发现自己所学的远远不够,这说明唐寅明白了"学然后知不足"的道理。此时的唐寅也才真正具有了谦虚谨慎的学习态度,他不仅虚心地向周臣请教,还向其他人请教绘画知识。随着学习的深入,他的秉性也有了相应的变化,最终成为一个谦虚好学的人。

八 叶天士学医

叶天士(1666—1745),名桂,号香岩,又号上律老人。江苏吴县人。苏州至今还流传着一句俗语"叶天士也要背三年药箱",意思是说,有了本事的人也还要虚心学习,精益求精。

叶天士信守"三人行必有我师"的古训,不管什么人,只要比自己有本事,他都希望拜之为师。他的老师当中有长辈,有同行,有病人,甚至还有和尚。当他打听到某人善治某病,就欣然前往,学成后才离去。从十二岁到十八岁仅仅六年,他除继承家学外,先后踵门求教过的名医,就有十七人。可见叶天士的虚心求教,不是一般人能比的。

叶天士少承家学,当他十四岁时,父亲就死了。他幼孤且贫,为了维持生活,只好一面开始行医应诊,一面拜父亲的门生朱某为师,继续学医。没多久,在医学上的造诣,就超过了朱老师。但他毫不自满，孜孜不倦，又去寻找别的老师求学去了。

他听说山东有位姓刘的名医，擅长针术，叶天士很想去学，只苦于没人介绍。一天，恰巧有位姓赵的病人，是那位名医的外甥，因为舅舅没办法治好他的病，特地来找叶天士医治。叶天士专心诊治，给他服了几帖药就好了。姓赵的病人很感激叶天士，他趁机请病人介绍去拜姓刘的名医做老师。得到允诺后，叶天士就改名换姓去当学生。他在姓刘的名医那里，每逢临症处方，都虚心谨慎地学习。一天，有人抬来一个神智昏迷的孕妇就诊。姓刘的医生候脉后，推辞不能治。叶天士仔细观察琢磨，发现孕妇因为临产，胎儿不能转胞，才痛得不省人事的。于是，取针在孕妇脐下刺了一下，就叫人马上抬回家去。到家后，胎儿果然产下。姓刘的医生很惊奇，便详加询问，才知道这个徒弟原来是早已名震远近的叶天士。叶天士接着便把如何要向他学习的苦心如实说了出来。姓刘的名医很受感动，终于把自己的针灸医术全部传授给他。

又有一次，一位上京应考的举人，路过苏州，请叶天士诊治。叶天士诊脉后，就问状症。举人说："我没有其他不适，只是每天都感到口渴，时日已久。"叶天士便劝那位举人不要赴考，说他内热太重，得了糖尿病，不出百日，必不可救。举人虽然心里疑惧，但是应试心切，仍然起程北上。走到镇江，他听说有个老僧能治病，就赶去求治。老僧的诊断和叶天士的诊断一模一样。可是，叶天士当时还拿不出办法，而老僧却把治病的方法具体地告诉了举人说："既有其病，必有治方。从今天起，你每天即以梨为生，口渴吃梨，饿了也吃梨，坚持吃一百天，自然会好。"举人按嘱咐每天吃梨，果然一路平安无事。当他衣锦回乡后，在苏州又遇见叶天士，便把经过一五一十地说了。叶天士知道老僧的医术比自己高明，就打扮成穷人模样，到庙里拜和尚为师，并改名叫张小三。他每天起早摸黑，除挑水、砍柴等外，就

295

挤时间精心学医。老僧见他勤奋好学，很喜欢他。每次出诊，必带他一起去。经过三年的刻苦学习，叶天士把老僧的医术全部学完了。有一天，老僧对叶天士说："张小三，你可以回去了，凭你现在的医术，就可赛过江南的叶天士了。"叶天士一听便跪下自认自己是叶天士。老僧很受感动。

碰到自己治不好的病，叶天士乐于倾听同道的意见，哪怕是毫无名气的医生，他也虚心吸取其诊病立方的长处。有一次，叶天士的母亲年老患病。他多方治疗总是无效，又遍请县城内外有名的医生治疗，也没有效。病情一天天加剧，叶天士也很忧虑，最后请了一个毫无名气的章姓医生，给他的母亲治病。章医生对症下药，治好了叶天士母亲的病。于是叶天士上门求教章医生，希望学到他的医术。可见叶天士的确具有虚怀若谷，谦逊向贤的美德，他摆脱了"文人相轻"的陋习，医术自然也能日益长进。

纵观叶天士求学问教的过程，他的治学态度和谦虚精神都是值得我们学习的。他的治学态度，以及他那种敏而好学，更名换姓求师学艺的精神永远值得我们每个人学习。从叶天士身上我们可以看出，只有知道自己的不足，才会催人上进。

第三节　雅量的故事

古人说："当局者迷，旁观者清。"人们往往很难看清楚自己身上的缺点和失误，而在旁观者眼里，这些缺点和失误可能是较为明显的。在这种情况下，要想改正自己的缺点和失误，别人的建议和指点显得尤为重要。当别人向你提出你的缺点和失误时，应当虚心地接受他们的好意，也就是说，自己要有雅量，即宽阔的胸怀。在向别人学习和求教时，或者请求别人的帮助时，我们也要具备这种雅量，因为它是谦虚谨慎的表现，也是人们虚心地向别人表达诚意的--种方式。

在我国历史上，也有一些以具有雅量而著称的人，他们的故事反映出他们虚心地接受别人的批评意见，以及以宽阔的胸怀虚心地向别人学习的优良美德。我们举出以下几个雅量故事的目的，也是希望通过这些故事，来说明谦让之德的另一个特征，即作为主体的一方，应当具备宽容大度的气概，只有这样才能容纳别人的批评意见，也才能达到虚怀若谷的境界。

一 齐桓公任用管仲为相

据《左传》记载，齐僖公死后，太子诸儿即位，是为齐襄公。太子诸儿虽然居长即位，但品质卑劣，齐国的前途令国中老臣深为忧虑。当时，管仲和鲍叔牙分别辅佐公子纠和公子小白。

不久，齐襄公与其妹——鲁桓公的夫人文姜秘谋私通，醉杀了鲁桓公。对此，具有政治远见的管仲和鲍叔牙都预感到齐国将会发生大乱。所以他们都替自己的主子想方设法找出路，在他们的建议下公子纠和小白分别逃往国外，静观事态的发展，伺机而动。

齐襄公十二年（前686年），齐国终于爆发内乱。齐襄公叔伯兄弟公孙无知因齐襄公即位后废除了他原来享有的特殊权力而恼怒，勾结大夫闯入宫中，杀死齐襄公，自立为国君。公孙无知在位仅一年有余，齐国贵族又杀死公孙无知，一时齐国无君，一片混乱。两个逃亡在外的公子，一见时机成熟，都急忙设法回国，以便夺取国君的宝座。

公子小白向莒国借了兵车，日夜兼程回国。鲁庄公知道齐国无君后，也万分焦急，立即派兵护送公子纠回国。后来发现公子小白已经先出发回国。管仲于是决定自请先行，亲率30乘兵车到莒国通往齐国的路上去截击公子小白。当他遇见公子小白的大队车马后，等公子小白车马走近，就操起箭来对准射去，公子小白应声倒下。管仲见已射死公子小白，就率领人马返回。其实公子小白没有死，管仲一箭射在了他的铜制衣带钩上，公子小白急

297

中生智装死倒下。经此一惊，公子小白与鲍叔牙更加警惕，飞速向齐国挺进。公子小白进城后顺利地登上君位，成为历史上有名的齐桓公。

　　管仲与公子纠一伙认为公子小白已死，再没有人与他争夺君位，也就不急于赶路。六天后才到齐国。一到齐国，没想到齐国已有国君，新君正是公子小白。鲁庄公得知齐国已有新君后气急败坏，当即派兵进攻齐国，企图武装干涉来夺取君位。齐桓公也不示弱，双方在乾时会战，结果鲁军大败，公子纠和管仲随鲁庄公败归鲁国。齐军乘胜追击，进入鲁国境内。齐桓公为绝后患，遣书给鲁庄公，叫鲁国杀公子纠，交出管仲和召忽。

　　齐桓公即位后，急需找到有才干的人来辅佐，因此就准备请鲍叔牙出来任齐相。鲍叔牙诚恳地对齐桓公说自己是个平庸之辈，想要把齐国治理富强，还得请管仲。管仲从鲁国回来后，齐桓公不仅没有治他的罪，反而将他任用为齐相。管仲起初心中还有些疑虑，当他看到齐桓公的确是真心地想任用他，加上鲍叔牙的劝说，终于下定决心帮助齐桓公治理国家。他提出"富国强兵"的战略，对内进行大刀阔斧的改革，对外打着"尊王攘夷"的口号，积极地寻求称霸诸侯的时机。在齐桓公与管仲的治理下，齐国国力日益强盛，最终成为"春秋五霸"之首。

　　由此可以看出，齐桓公是一位颇具雅量的明君。他和管仲虽然有一箭之仇，管仲也曾想置他于死地，但他却惜才如命，为了国家的利益可以尽释前嫌。那么，他的这种雅量又是从何而来的呢？我们认为这与齐桓公的谦让之德有关。正因为他的谦让品质，使得他明白自己虽然贵为国君，但在治理国家、制定国策方面，并不一定比管仲强，因为管仲是当时著名的政治家，他的治国策略往往是针对时势提出的，有很强的针对性，而且管仲的学问也很高，是一般人无法企及的。齐桓公也清楚地知道，要想治理好国家，获得人才是最重要的，而管仲又是难得的治国之才，当然不能因为一些小事就想治他于死地。

当然，我们也可以把齐桓公的雅量看成是他的政治技术，但是据《左传》、《国语》等记载，齐桓公任用管仲为相后，一直从善如流，让管仲放开手脚去治理齐国。从这一点上看，齐桓公的确已经做到了虚怀若谷，他的宽宏大量，不仅让管仲发挥了他的才干，也使齐桓公自己的事业逐步走向顶峰。可见一个政治家如果具备了虚怀若谷的精神，对个人事业的发展也是大有好处的。

二　刘备三顾茅庐

刘备请诸葛亮帮助他安邦定国的事，《三国志》中是有记载的，在《三国演义》中，这件事被渲染为刘备"三顾茅庐"。后来，人们用这个成语来比喻求贤若渴的心情。

汉末，天下大乱，曹操坐据朝廷，孙权拥兵东吴，刘备听说诸葛亮很有才学，就和关羽、张飞带着礼物到隆中卧龙岗去请诸葛亮帮助他平定天下。恰巧诸葛亮这天出门了，刘备失望而归。不久，刘备又和关羽、张飞冒着大风雪第二次去请。不料诸葛亮又出外闲游。张飞本不愿意再来，见诸葛亮不在家，就催着要回去。刘备只得留下一封信，表达自己对诸葛亮的敬佩和请他出来帮助自己挽救国家危险局面的意思。

过了一些时候，刘备吃了三天素，准备再去请诸葛亮。关羽说诸葛亮也许徒有一个虚名，未必有真才实学，不用去了。张飞却主张由他一个人去叫，如他不来，就用绳子把他捆来。刘备把张飞责备了一顿，又和他俩第三次访诸葛亮。到时，诸葛亮正在睡觉。刘备不敢惊动他，一直站到诸葛亮自己醒来，才坐下谈话。诸葛亮见到刘备诚心请自己出山，就决定放弃隐居，出来全力帮助刘备建功立业。

诸葛亮在《出师表》中说："先帝不以臣卑鄙，猥自枉屈，三顾臣于草庐之中。"意思是说,刘备不嫌诸葛亮出身卑微,数次(古汉语中的"三"有多次之意)光顾他的家中。可见《三国演义》中的渲染,也是有一定的史实基础的。后来,人们都用这个成语表达不惜屈尊虚心求才的意思。

刘备虽是汉室余脉,但在诸侯称雄的汉末,他的实力远远不及曹操和孙权。但是他也有优势,那就是他虚怀若谷的心胸,他的谦让品德使得他能获得别人的信任,那些想得到明君重用的人才都愿意为他效力,正是这一良好素养,使得他能获得诸葛亮等人的信任,最终取得了三分天下有其一的政绩。

刘备的雅量首先表现为他对人才的重视。刘备对个人的能力有清醒的认识,单凭他的才能,是不可能有所作为的,所以需要有一批人才来帮助他完成光复汉室的伟业。作为一个政治家,承认自己的不足也是需要勇气的,因为他们本身就是权力的象征,而在封建社会,帝王的权力是至高无上的。作为帝王,如果在别人面前流露出自己的不足,相当于承认了自己地位的不稳固。所以纵观中国历史,做到虚怀若谷的帝王是很少见的,大多数帝王都集权力与智慧于一身,我们很难从他们身上发现虚心向人求教的品质。当时,刘备虽然还不是帝王,但也是很有权势的人,他不顾及自己的身份,却以一个求知者的身份光顾隐居在深山中的诸葛亮,这本身就证明了他十分重视人才的优点。

刘备的雅量也说明他是一个能容纳人才、心胸宽阔的人。作为一个合格的政治家,只有谦虚地承认自己能力有限,需要别人的辅佐,才会主动地发现并培养人才,并给他们提供施展才能的各种机会。起初,诸葛亮之所以不见刘备,是对刘备是否有诚意有所顾虑。当他看到刘备不辞辛苦,数次登门请教,就认为刘备是一个心胸宽阔的人,也是诚心想请他。于是就毫无保留地向刘备说出了自己对当时政局的看法,刘备听完后十分佩服,自然也就更加坚定了想请诸葛亮出山的念头。

刘备的雅量更说明他是一个十分谦逊的人。想要获得人才，光有宽阔的心胸是不够的，还要有谦逊待人的心态。当时，刘备已经有了一定的事业基础，身边也有一些才能超群的人，但他仍然十分谦虚谨慎，他看到虽然自己身边有一些颇具才干的人，但他们都缺乏统领全局、深察秋毫的本领。当他听说有一个名叫诸葛亮的人，具备这种才能时，就毫不犹豫地前去拜访。这说明刘备是十分谦逊的，他虽然明白诸葛亮是故意不想见他，但他仍然做到谦逊有礼，最终感动了诸葛亮。诸葛亮遇到这个"明主"后，也是倾其一生才华，为蜀汉政权服务，"鞠躬尽瘁、死而后已"（《出师表》），实现了自己"士为知己者死"的人生信念。

三 宋祁不用僻字

宋祁，字子京，雍丘（今河南杞县）人，宋代史学家、文学家。天圣初（1023）与其兄宋庠同举进士，当时称为"二宋"。累迁同知礼仪院、尚书工部员外郎，知制诰。又改龙图学士、史馆修撰。曾与欧阳修等人编写《新唐书》，作列传150卷。

据《郡斋读书志》记载，宋祁的诗文多用奇字，一般人不好理解。他和欧阳修编《新唐书》时，也喜欢用一些生僻的字。欧阳修看到宋祁使用僻字已经成为习惯，但修史的原则与作诗不同，如果过多地使用僻字，就会造成阅读和理解方面的障碍。欧阳修想向宋祁提出这个问题，但是也有所顾虑，因为宋祁是进士出身，又是朝廷中公认的学问大家，如果直接提出来，对宋祁的名声会造成不良影响。

据说，有一天欧阳修找到一个生僻的字，就请教宋祁那个字的意思，宋祁看了半天也不明白，他们经过反复查找有关资料，才终于搞清楚那个字的意义。欧阳修趁机叹道：使用生僻的字真是不好！宋祁听到后，立刻明白欧阳修是在说他。经过欧阳修的点化，宋祁从此再也不用僻字了。

宋祁不用僻字的故事告诉我们，自己身上的缺点和失误往往自己不清楚，当别人指出时应当谦虚地接受。当欧阳修指出宋祁的毛病时，宋祁并没有因此而生气，而是虚心地接受了欧阳修的批评，他一方面感激欧阳修的良苦用心，另一方面也反思了自己的失误。在修史时，如果过多地使用生僻的字，的确会造成阅读上的障碍，因为一般的读者不可能了解那么多生僻的字。作为文人，使用僻字过多，会有沽名钓誉的嫌疑，别人会认为他们使用僻字的目的是想表现个人学问。实际上，如果使用过多的僻字，不但不能表现出学问的高低，反而会因此失去很多读者，最终落得个曲高和寡的下场。

这个故事也告诉我们宋祁是一个颇具雅量的人，当欧阳修指出他的缺点后，他就下决心去改正，他这种虚心地接受批评意见的做法，也是值得我们学习和借鉴的。只有具备了谦虚谨慎的态度，人们才能接受别人的批评意见。那些自以为是的人是不会接受别人的批评意见的，他们对自己的任何行为都十分自信，以为那些做法都是对的。但是经验告诉我们，有一些失误和缺点是很难发现的，即使是一个十分严谨的人，都有可能对自己身上的毛病一无所知，如果没有人提醒他，这些缺点和失误可能会给人们带来很大的危害。拿宋祁来说，如果欧阳修不指出他的毛病，他也许会认为使用僻字是有学问的表现，不仅不去改正，反而会用得更多。使用僻字的做法一旦成为习惯，就很难再改正了，那样的话，我们今天也许更不容易理解《新唐书》中的传记了。

我们认为，人们应当具有宽阔的胸怀，如果别人指出了自己身上的缺点，我们应当虚心地接受这些批评，然后努力地反思自己。如果的确如别人指出的那样，我们身上果然有那些缺点，那么我们就应当加以改正。如果我们没有别人指出的那些缺点，也要理解别人的良苦用心，做到有则改之、无则加勉。

宋祁不用僻字的故事，也说明听从别人的批评，同样是虚心求教于别人的一种方式。求教的方式是多种多样的，谦虚谨慎的表达方式也是多种多样的，如果把二者结合起来，我们就会发现虚心求教的人，处处都可以找到给自己出谋划策的老师。宋祁使用僻字已经成了习惯，他自己也可能乐于使用那些在别人看来很难理解的僻字，如果他不具备谦虚的胸怀，即使由欧阳修指出他的缺点，他也不会去改正的。所以就只有谦虚谨慎的人，才会具备接纳别人批评意见的雅量。

四　左宗棠下棋

左宗棠（1812—1885），是清末著名的政治家、军事家。他自幼聪明过人，生性高傲。他不仅满腹文韬武略，还是个下棋高手。

1875年，左宗棠被朝廷任命为钦差大臣，督办新疆军务。此时，左宗棠虽已年过花甲，但仍精神抖擞。他率军从河北出发西行，一路长途跋涉，风尘仆仆。据野史记载，有一天左宗棠来到一个名叫峪门隘的古镇，他避开卫兵，打扮成一江湖艺人模样，身挎腰刀，独自漫步小镇街头。这时，他看到一块写有"天下第一棋"的木牌，就不由得暗自好笑，认为这个山野小镇上不可能有什么"天下第一棋"的高手。他想和打出这个招牌的人比试一下，挫一挫那人的傲气。于是他就来到店里，只见一位精神矍铄、仙风道骨的老者在店里招呼客人，这位老者正是打出"天下第一棋"的人。

左宗棠和这个老者约好，如果老者败棋，就自毁招牌，不再称什么天下第一棋。两人开始下棋，三盘下完，老者全输，就遵从约定，毁掉了"天下第一棋"的招牌。

左宗棠得胜后，就辞别了老人，一路向西。后来，他率领军队，平定了新疆叛乱，并且收复了沙俄攻占的部分土地。当他率军凯旋而归时，凑巧又经过峪门隘镇。左宗棠又想起了那个与他对弈的老者，决定再次登门。当他走到老者的店前，看到那个"天下第一棋"的木牌还高高挂在店前。左宗棠十分生气，就上前责问老人。谁知那个老者却不肯示弱，说想和左宗棠再比个高下，左宗棠也乐于奉陪。

可是这一次，左宗棠使出浑身解数，也无法取胜，连下三盘，盘盘皆输。原来这个老者名叫马青，本属沧州回民，出生于中医世家。他早就听闻左宗棠的大名，听说他将要率军收复失地，第一次下棋时，为了让左宗棠有一个良好心情，就故意败给他。左宗棠听到老者的解释后，十分感动，当下就拜老者为师，从此也学会了谦虚。

左宗棠下棋的故事，在正史中并不见记载，只是野史传说罢了，但这个故事也同样说明了谦虚谨慎的重要性。左宗棠孤傲的个性几乎人人皆知，因为他的耿直，即便是曾国藩他都敢得罪。在这个故事中，他看不起穷乡僻壤之地，也不相信那里会有"天下第一棋"，所以他才会很自信地认为打着这一旗号的人是假的。后来，事实证明他错了，他也谦虚地接受了自己的失误，这说明左宗棠也是十分有雅量的。

五　齐白石临摹学生之作

齐白石（1864—1957），湖南湘潭人。原名纯芝，字渭清，后改名璜，字萍生，号白石，别号借山馆主者、白石山人、寄萍老人等。早年曾做雕花木匠，后从当地文人陈少蕃、胡沁园学习诗文、篆刻、书法、绘画，遂以卖画、刻印为生。四十岁后，曾先后五次游历各地。历任北平国立艺专教授、中央美术学院名誉教授、北京画院名誉院长、中国美术家协会主席等职，出版有《齐白石画集》、《齐白石作品集》、《白石诗草》、《白石印草》等。

1927年，时任北平国立艺专校长的林风眠找到齐白石，想请他到艺专任教。起初，齐白石认为自己只是雕花木匠出身，根本配不上教师这个头衔，就回绝了林校长的好意。后来，在朋友的反复动员下，他才终于答应去艺专教书。任教一段时间后，齐白石喜欢上了教学，并将自己的绘画理念毫无保留地传授给他的学生们。

　　在绘画艺术上，齐白石不主张死临摹，虽然他知道临摹是学习绘画的基本功夫，但他认为临摹的目的是要掌握作品内在的神韵，仅仅追求形似的效果是不可取的。所以第一堂课开始，他要求他的学生临摹各种名画，并要求他们一定要达到"神似"的境界。

　　有一天，他的一位学生谢时尼拿着自己创作的《梅鸡图》，前来向齐白石请教。没想到齐白石看过画后，竟觉得此画画得再好不过，萌生了自己想要临摹这幅画的念头。当他的学生们听说老师要临摹学生的画作时，也连连称奇。齐白石临摹完《梅鸡图》后，将自己临摹的那幅送给学生谢时尼，自己保存了学生的画作。

　　齐白石虚心学习的精神在当时具有震动效应，也很快在北平艺专里传开，学生们都很受教育。当别人问及此事时，齐白石坦然地说，既然要求学生们临摹，老师当然也要临摹，况且自己临摹的这幅画作十分优秀。可见齐白石是位虚怀若谷的大艺术家，他不以成绩名声论艺术的高低，也不在乎师生之间的身份差别，只要是该学习的对象，他都一律学习，这也是他之所以成为杰出画家的原因之一。

　　齐白石临摹学生之作的事也说明，谦虚的胸怀是事业成功的一个基石。齐白石在任教期间，除了教导学生学画外，自己一刻也没有放松学习，他认为学习是无止境的，学习对象也是多种多样的。尽管古人荀子早就讲过这个道理，但做到它的人少之又少。而齐白石却以自己的行动说明，他是做到了这一点的。他不仅临摹了学生的画作，还在朋友面前称赞学生谢时尼的画作，可见他已经摆脱了狭隘的师生观，只把艺术本身看作是个人应当追求的东西。齐白石终身都保持了这种谦虚谨慎的学习态度，谦虚的胸怀也成为他在画艺上登峰造极的一个要素。

在此节中，自谦的故事往往表现了谦让之德的主观性。那些以自谦出名的人，都在主观意识中具备了谦虚谨慎的态度，并时时用这一态度去规范个人的行为。这也说明，想要做到谦虚谨慎，就必须要在主观上具备这种态度。如果人们在日常生活中不具备谦虚的心态，他们的举止也会自然而然地流露出骄傲自大的弱点，因为他们从来不认为那些骄傲自大的行为是不正当、不应该的。所以说，只有在主观上意识到谦虚与骄傲的区别，并以谦让之德去规范自己的行为，人们才会做到谦虚谨慎。拿邹忌来说，正是因为他在主观上具备了谦虚的心态，他才会明白自己没有徐公美，从而使他进一步反思到，如果齐威王被别人蒙蔽，当然也不会想到自己的施政方式是否有误。于是他向齐威王进谏，要求听取别人的批评意见。

求学问教的故事表现了谦让之德的客观性。也就是说，谦虚谨慎的态度不会先验地产生于人们的心理，人们只有通过学习各种知识、了解各种经验，才能逐步具备谦虚谨慎的心态。比如说，王献之起初以为自己的字写得很好，可是他的母亲却认为他所写字中，只有他父亲王羲之添的一笔才算有点功力，其他都不足为奇。这次教训使得他明白自己有很多不足，从此学会了谦虚，发奋练字，最终也成为名家。在学习过程中，随着人们掌握的知识越多，人们就会发现知识的海洋是没有尽头的，自己所学的东西仅仅是其中的沧海一粟；在学习和了解其他间接经验时，人们也能在别的人或事物身上发现许多长处，通过这些经验去反观自身，从而学会了谦虚。

最后，雅量的故事表现了谦虚之人的心态特征。如果一个人做到了谦虚谨慎，他一定会具有宽阔的胸怀，也就是说，他是一个虚怀若谷的人。如果一个人具有了宽阔的胸怀，那么他就会具有宽容的心怀，当他听到别人的批评意见时，就会虚心地接受；当他看到别人的长处时，也会虚心地加以学习；当他需要别人的帮助时，更会做到卑己尊人，因为他明白，尊重别人是他获得帮助的前提。拿齐白石来说，他的绘画成就虽然远在他的学生之上，但这并不能说他处处都比他的学生强，当他发现学生的一个优点时，就虚心地加以学习，由此可见，齐白石是一位虚怀若谷的大画家。

第七章 谦让的功能

在考察了谦让概念的历史演变过程之后，我们要重点考察谦让之德的各种功能。实际上，在分析这一概念的过程中，我们已经指出了它的各种功能，那就是：作为儒家伦理范畴中的核心命题之一，它在传统社会中起到过协调人际关系、增强群体凝聚力、完善个人人格等的作用。可以说，谦让之德是儒家文化传统的一个特征。随着时代的进步，儒家学说丧失了社会主流意识形态的地位，但是儒家提倡的许多伦理道德观念，实际上代表了人类社会普遍而永恒的价值观，它们不会随着时代的发展而消失。对当前的中国人来说，人们的各种行为仍然深受儒家伦理范畴的影响，其思想感情与儒家伦理范畴之间有着牢固的同盟关系，即便是在大的社会转型时期，儒家伦理范畴仍然具有旺盛的生命力。

在本章中，我们要将谦让之德放到当代社会学、伦理学的范畴中进行考察，重点分析这一传统伦理道德在社会转型时期所起到的各种作用，特别是在社会主义市场经济条件下的作用。通过分析谦让之德的现实意义，来思考当前中国人的价值观和伦理观，以及与此相关的一些社会问题。

第一节 谦让的社会学意义

社会学是对社会进行结构性分析，针对人类社会生存、社会良性运行和协调发展的条件和机制等，展开研究的一门综合性学科[①]。社会的运行与发展，都需要有一定的秩序和规则，良性的社会秩序和规则对社会的运行与发展起到了促进的作用；反之，如果社会处于无序状态，或者社会的秩序与规则不符合社会发展的需要，它就会对社会的运行与发展起到阻碍的作用。所以说，培育良性的社会秩序与规则是确保社会良性发展的一个重要前提。

谦让之德本来就是人类行为社会化的一个体现，也是社会秩序在道德观念上的一个体现，它当然也与社会的运行和发展有着密切的关系。如果用现代社会学的一些方法，去分析谦让之德，我们会发现这一伦理范畴具有完善人格、增强合作意识、培养团队精神、促进民主法制等功能。

一 谦让与人格完善

人是社会化的存在，离开了社会，也就无所谓人的存在了。而人的社会化也是一个综合的过程，仅凭生理和物质上的条件，是不能完成人的社会化的。在人的社会化过程中，个性的形成、自我观念的培养以及文化观念的传承等，都是形成完善人格过程中必不可少的要素。人的社会化的最终归宿，是为了培养合格的社会成员，使他们具备完善的人格，从而可以胜任各种社会角色。

儒家学说很早就注意到了以上的社会学命题。在《大学》中，他们以格物、致知、诚意、正心、修身、齐家、治国、平天下的概念，系统地论述了人的社会化过程。儒家将复杂的社会学命题置换为他们提倡的伦理道德，并通过培育这些伦理道德，来

[①] 郑杭生主编：《社会学概论》，中国人民大学出版社1998年版，第1—12页。

实现人的社会化,为社会培养出合格的成员,让他们能以完善的人格去应对社会当中的各种角色。

在现代社会学中,社会角色是指"与人们的某种社会地位、身份相一致的一整套权利、义务的规范与行为模式,它是人们对具有特定身份的人的行为期望,它构成社会群体或组织的基础"。①人们为了扮演好各自的社会角色,首先应当具备较为完善的人格,而儒家认为谦让之德在培育完善的人格过程中,起着不可或缺的重要作用。

(一)儒家认为个人修身过程中,应当注意培养谦虚谨慎的作风。

在《大学》中,"格物"与"致知",这两个环节是个人修身的基础。所谓"格物"就是指通过个人的努力去理解事物发生发展的各种规律,而"致知"则是在"格物"基础上,形成自己的观点与看法。"格物"和"致知"这两个环节,不仅包含了人们对社会环境的态度,也反映着人们的个性心理特征。也就是说,在儒家看来,它们决定了一个人基本的精神面貌。所以儒家在"格物"和"致知"的过程中,反复强调"慎独",意思是说,在一个人独处时,也要时时反省自己的行为,不做违背儒家伦理的事。儒家认为在与人交往的过程中,表现出适当的情感与行为是相对容易的,而一个人独处时,往往会因为缺乏监督,做出一些不符合"中庸"之道的事情,所以儒家又提出"命"的概念,认为即便是独处时做出的行为,其结果都最终会影响到人的"命"。"命"就是终极关怀,是一种虚无的价值本体。儒家认为人们的行为集合反映着人们"命"的差别,如果能遵守"中庸"之道,人的"命"自然会符合人的愿望;反之,如果不

---

① 郑杭生主编:《社会学概论》,中国人民大学出版社1998年版,第139页。

遵守儒家伦理道德，没能做到"慎独"，人的"命"也会违背人们的期望。

然而，"命"又是一个虚无的概念，它是看不见摸不着的。为了进一步规范人们的行为，把他们培养成合格的社会成员，儒家创造了一个具有柔性特质的人文理念，即将谦让之德看成是一个具有社会学意义的生存手段。这种带有柔性特质的伦理范畴贯穿在所有的行为规范中，成为儒家培育完善人格的一个重要参照。

儒家认为，"格物"、"致知"的目的在于达到"诚意"和"正心"："所谓诚其意者，毋自欺也。如恶恶臭，如好好色，此之谓自谦。"（《大学》）儒家认为"诚意"是指一个人优良秉性的自然流露，而谦逊的心态也像一个人厌恶丑恶、喜欢美好事物一样，是十分自然的事情。具备了谦让之德的人，不会在别人面前装腔作势，也不会自欺欺人，他不仅能够做到"慎独"，而且也会达到"正心"的境地。当个人的需要、动机、兴趣、理想、习惯等心理要素，都得到适当的发展与调节后，人们就能做到"正心"，即获得了完善的人格。儒家的这一主张与现代社会学中所说的人的社会化理论，有许多相同之处，可见儒家学说十分关心人类社会的良性生存，其中的一些主张至今仍对我们有很好的启发作用。

（二）儒家认为完善的人格是人们协调家庭关系和其他人际关系的一个基础，而谦让的美德既是培育完善人格的基础，也是贯穿于各种人际关系当中的一个价值追求。

儒家把"齐家"看成是"修身"的目的之一，认为只有具备了完善的人格，才能管理好自己的家庭，也才能在家庭中扮演好各种角色。因为家庭是缩小的社会，其中就有夫妇、父子、兄弟等人际关系，处理好这些关系也是很不容易的。《大学》中说："好而知其恶，恶而知其美者，天下鲜矣。"意思是说，喜欢一个人而知道他的缺点，讨厌一个人而知道他的优点，天下做到这一点的人很少。因为家庭成员之间都有血缘上的联系，人们往往由于疼爱家人而忘记了一些最基本的社会准则，管理家庭和管理国家一样也是很难的，所以儒家认为扮演好家庭成员的角色是"治国"的基础。

在前几章中，我们提到了历代儒家留下来的家训，其中有一些专门讲谦让之德的家训，这都反映了儒家的"齐家"主张。儒家认为在处理家庭关系时，也要提倡谦虚谨慎。在夫妇关系中，谦让之德是保持儒家男尊女卑思想的基石，妻子要在丈夫面前表现出谦逊有礼，这样才符合儒家伦理规范；在父子关系中，儿子要在父亲面前时时保持谦虚谨慎的作风，如果表现出骄横自大，就等于违背了儒家的孝道；在兄弟关系中，兄长要爱护弟弟，而弟弟也要谦恭地对待兄长。虽然儒家的这些主张都与封建等级制度密不可分，其中的一些内容如男尊女卑的观念等都是不值得提倡的，但是以谦让之德处理家庭关系的做法，是不可能过时的。特别是在当前中国，独生子女的教育问题已成为一个普遍的社会问题，一些娇生惯养的独生子们不仅没有谦虚礼让的美德，反而在家中称王称霸，根本不尊重自己的父母。如果这种现象成为一种普遍的社会问题，那么它就会对中华民族的未来产生十分不良的影响。所以在当前中国，提倡以谦让之德处理家庭关系，不仅不过时反而显得十分迫切。

在处理其他人际关系时，谦虚谨慎的作风显得更为重要。比如说，在处理师生关系时，儒家主张学生在老师面前要表现出谦逊的态度，因为老师向学生传授知识，尊重老师就等于尊重知识。而老师也要有谦虚礼让的作风，因为知识是无止境的，学生身上也有老师不具备的特长，在学生面前表现出谦虚礼让，也是师德的一种体现。以谦让之德处理人际关系的问题，我们在前几章中反复强调过了，此处不再赘述。

（三）儒家认为要想扮演好自己的角色，就必须学习谦虚谨慎，因为在儒家看来谦虚谨慎是一种积极有为的心理状态，它能够激发人们积极向上的决心。

在《大学》中，"修身"被看作是"治国"的前提，只有那些能够很好地处理家庭关系的人，才具备管理国家政务的能力。这里的"治国"实际上就是指从事各自的职业，因为儒家提倡"学而优则仕"，所以他们把"治国"看成是最理想的社会角色，至于"平天下"，那是针对帝王而言的，与一般人无关。

儒家认为谦虚谨慎的态度，有利于"治国"。因为在儒家看来，"治国"的根本在于处理好各种人际关系，如果人们能做到卑己尊人，以谦恭的心态处理人与人之间的关系，他就能获得别人的尊重和认可，也就能处理好"治国"过程中必须面对的上下级之间、同僚之间的关系。谦虚的心态不仅能创造出良好的人际氛围，还可以催人进步。儒家认为卑己尊人的人，往往觉得自己不如别人，因而能够做到以人为师，向别人学习。这种积极进取的态度也是"治国"过程中不可或缺的。

现代社会学根据人们承担社会角色时的心理状态，把社会角色分为自觉的角色和不自觉的角色两种。自觉的社会角色是指"人们在承担某种角色时，明确意识到了自己正担负着一定的权利、义务，意识到了周围的人都是自己所扮演的角色的观众，因而努用自己的行动去感染周围的观众。"[①] 用这些观点去衡量儒家在社会角色中主张的谦让之德，我们可以明确地感受到，儒家是在追求自觉的社会角色，其希望人们主动地承担起社会义务，并以积极进取的心态，做好自己的本职工作。深受儒家传统洗礼的清代名医缪希雍曾经说过："凡作医师，宜先虚怀……人之才

---

① 郑杭生主编：《社会学概论》，中国人民大学出版社1998年版，第144页。

识，自非生之，必假问学，问学之益，广博难量，脱不虚怀，何由纳受？"① 意思是说，做医生的人都要虚怀若谷，因为知识不是天生的，都是人们通过学习得来的，学问又是很广博的，如果没有虚怀若谷的心态，怎么容纳它们呢？

在各自从事的职业中，以谦虚谨慎的态度对待其中的权利与义务，这就等于自觉地扮演了各自的社会角色，可见儒家的这一主张具有很强的实践意义。在当前社会，人们为了做好各自的工作，都希望能掌握与之有关的一切技巧，但是想要在学习工作中作出一定的成绩，光靠那些技巧是远远不够的。如果人们能够做到谦虚谨慎，以积极的心态对待别人的长处，处处学习别人的优点，那么他就完全可以扮演好他的社会角色。

二 谦让与合作意识

在日常生活中，我们经常要与各种各样的人打交道，比如说，朋友之间互相通信，学生向老师请教问题等，这些都是社会交往的体现，现代社会学把这种社会交往看成是社会互动。社会互动"是指社会上个人与个人、个人与群体、群体与群体之间通过信息的传播而发生的相互依赖性的社会交往活动。"② 按照人与人之间的利益关系，社会互动可以分为合作、竞争、冲突、强制、顺从等不同的类型。合作的关系和良性竞争的关系，是人们普遍能够接受的，而冲突的关系是人们都想避免的。在社会互动中，如果不能很好地把握特定社会认可的行为准则，就很难避免人际间的冲突，因为按照社会学的理解，冲突是客观存在的，同时也不是每个人都能摆脱冲突带来的人际关系上的损失。

---

① 缪希雍：《神农本草经疏·祝医五则》，引自徐少锦、温克勤主编《中国伦理文化宝库》，中国广播电视出版社1995年版。

② 郑杭生：《社会学概论》，中国人民大学出版社1998年版，第162页。

（一）儒家认为，在人与人的合作过程中，谦虚的作风让人们之间彼此信任，从而形成良好的合作关系。

儒家认为在人际交往中，要想取得利益的最大化，就必须遵守儒家提倡的伦理道德规范，因为这些规范都是针对社会互动关系中出现的问题而逐步形成的，它们都有很强的针对性。拿谦让来说，它是处理好与他人关系的一个法宝。在儒家看来，不骄傲自满的人就不会鄙视他人，他们的心中留有容纳别人的思想空间，谦虚的程度越高，这个空间也会越大。儒家认为"人之为德，其犹虚器欤，器虚则物注，满则止焉。"（徐干《中论·虚道》）意思是说，人的道德修养就像一个容器一样，如果容器本身是虚空的，就能不断地装进新的东西，如果容器是满的，就再也装不进新的东西。所以儒家主张"故君子常虚其心志，恭其容貌，不以逸群之才加乎众人之上，视彼犹贤，自视犹不足也。"（徐干《中论·虚道》）意思是说，作为君子要谦虚谨慎，要在心志上、容貌中体现出谦虚有礼的风度，不恃才自傲，要觉得别人都比自己强，认为自己有很多缺陷。

如果能做到这一点，就意味着一个人具备了容纳别人长处的胸怀，这样就很容易与别人达成共识，也很容易获得别人的尊重。也就是说，因为自身谦虚谨慎的作风，获得了别人的信任。儒家认为在人与人之间，一旦建立起信任的关系，就等于为彼此的合作打下了坚实的基础，因为彼此间的信任可以消解许多不同的意见，甚至是彼此间的冲突，也因为相互信任而转变为有利于合作的要素。另外，一旦形成彼此信任的关系，在社会互动中就可以避免强制与顺从，因为谦虚礼让的作风已经使人与人之间形成了良好的合作关系，其中任何一方都不愿意将自己的意志强加给他人，也不愿意让别人顺从自己的主张。也就是说，彼此信任的关系已经超越了狭义上的利害关系，成为基于彼此欣赏、彼此信任的平等的合作关系。

（二）在社会互动过程中，儒家认为谦虚的心态有利于人们之间达成利益上的共识。

现代社会学认为，合作是一种联合行动，单靠一方的行动是无法实现的，而合作的前提是人们之间有共同的利益和目标。为了使人与人、群体与群体之间的合作关系顺利地展开，除了要目标一致外，合作的对象之间也要达成相近的认识，并作出相互配合的行动，只有这样才能完成合作。

儒家认为谦虚礼让的作风，有利于让人们达成利益上的共识，因为谦虚的人往往能做到换位思考，容易理解别人的苦衷。换位思考是指站在别人立场上，以同情他人的心态去观察事物。贾谊说："厚人自薄谓之让。"（《新书·道术》）就是说在遇到利益冲突时，多替别人着想，少为自己打算，把好处让给别人，将困难留给自己。儒家将礼让作为人际交往的一般原则，目的是想培养一种柔性的生存手段，其要求人们具备利他的精神境界，通过谦让实现人与人之间的和睦相处。与此同时，儒家的利他主张并不是没有原则的，为了缓解彼此之间的利益冲突，儒家主张谦逊退让，但是这种退让也不是没有原则的，他们主张"当仁不让于师"（《论语·卫灵公》）的礼让原则，意思是说，在实际利益上可以退让于人，但在道德上是不能退让的。

儒家的以上主张有利于形成谦和、文明的人际关系，这与社会学主张的合作前提也是不谋而合的。儒家认为为了形成良好的合作关系，在利益上可以互相让步；现代社会学也主张在合作关系中，一定要形成利益上的一致性，如果有分歧就应当互相谦让，这样才能形成良好的合作关系。

在当代社会中，随着社会分工的日益细化，人与人之间的合作关系变得尤为重要。可是在合作过程中，人们往往只关心自己的利益，当自己的利益与别人发生冲突时，不愿意做出退让的表示，宁可放弃合作也不愿意在利益上妥协。这说明当代社会中人们普遍缺乏谦让意识,这不仅不利于合作关系的形成,长此以往,还会败坏社会风气。因为在社会互动关系中,如果人们之间不能形成良好的合作关系,就有可能出现冲突、强制等其他关系,这对社会的良性运行是十分不利的。说到底,当代社会合作意识之所以越来越不尽如人意,是因为人们之间很难达成利益上的妥协,所以不能形成正常的合作关系。

所谓礼让,"就是人际交往过程中在不违背礼的前提下,对名利、财货、声色、珍玩,概而言之,在与他人发生冲突时对利益的主动谦让。"[①] 儒家主张乐群贵和、舍己为人,意思是说,当发生利益冲突时,人们往往能牺牲自己的利益,为别人作出让步。在这种情况下,人与人之间、群体与群体之间很容易达成利益上的共识,也就很容易形成良好的合作关系。

(三) 谦让的态度还有利于冲淡人际间的各种冲突,有利于形成团队精神,从而有利于增强群体间的凝聚力。

现代社会学认为,人与人之间、群体与群体之间形成良好的合作关系,目的在于增强彼此之间的凝聚力,从而形成较为牢固的团队精神。凝聚力的来源有三种情况,一种是人际吸引,另一种是各个成员对社会规范的遵从,还有一种就是个体将群体的目标看成是自己的目标,从而将各种社会规范内化为人们自身的行为准则。任何社会都需要有群体间的凝聚力,从小的方面讲,群体凝聚力是确保特定群体共同利益的心理基础;从大的方面讲,它是一个民族得以延续与发展的内在动力之一。

儒家认为谦让是一切道德观念的基础,"让,德之主也。让之谓懿德。"(《左传·昭公十年》)在儒家看来,谦虚谨慎的作风有利于形成宽容、谦和的社会氛围,这种社会氛围不仅能够冲

[①] 唐凯麟、张怀承:《儒家伦理道德精粹》,湖南大学出版社1999年版,第341页。

淡客观存在的各种利益冲突，也可以形成谦让、和谐的人际氛围。如果一个人具有这种谦让精神，他的人格魅力就会得到别人的认可，从而形成所谓的人际吸引。当谦虚谨慎的作风成为一种社会风气时，社会成员就会自动地遵从这一规范，并将谦让的理念内化成自己追求的目标，从而能在利益关系中达成妥协，增强社会群体之间的凝聚力。

另外，谦让之德还有利于冲淡人们观念上的差别。除了人们之间利益上的冲突之外，观念上的冲突也是造成群体凝聚力下降的一个原因。在当前社会，由于生活方式的多样化，人们的思想观念也千差万别。比如说，有的人认为金钱是衡量人生成功与否的唯一标志；而有的人认为权力是衡量人生成功与否的主要标志；还有的人认为人生价值的实现才是衡量人生成功与否的标志。观念上不一致的人，在谈到同一个问题时，总要各执己见，对自己的想法深信不疑，而对别人的想法不屑一顾。在这样的情况下，人们之间因为观念上的差别也会产生冲突，这不仅不利于人们之间的思想交流，也不利于增强社会群体之间的凝聚力。

孔子早就提出过"和而不同"的交往观念，他认为谦和的社会风气有利于人们之间的思想交流，即便是主张不同的人，都可以在这样的氛围里彼此交流。"和而不同"的前提，就是以谦虚的心态对待别人的主张，尽可能地与别人达成共识，如果有不同的地方，也可以在谦虚礼让的大前提下得以保留。这种求同存异的主张，不仅能够解决人们之间观念上的冲突，也有利于形成良好的群体关系，自然也利于增强社会群体之间的凝聚力。

三　谦让与民主法制

如果我们稍加分析，就会发现谦让之德也与民主法制有着密不可分的关系。在推进民主法制的进程中，传统文化的作用是不可低估的，特别是儒家伦理思想，它在当代中国人的思想观念中，仍然占有相当重要的地位。千百年来形成的儒家文化传统不是一朝一夕就能毁灭的，因为它已经深深地融入了中国人世代相传的家庭伦理、生活方式、价值判断中，有着深厚的民间基础，不可能轻易地退出历史舞台。近代以来，西学东渐，所谓民主法制的概念大多与西方文化传统有关，但这些文化观念要想在中国生根发芽，也需要本土文化的理解与支持。从这一点上讲，儒家伦理范畴与我国的民主法制进程，是有密切关联的。具体到谦让之德，它也与民主法制有着千丝万缕的联系。关于这一点，我们可以分别地进行分析。

（一）儒家提倡的谦让之德，其实质也与权力分配的原则有关，它也可以促进我国民主制度的发展。

在分析谦让之德与民主制度的关系之前，我们应当先对"什么是民主"这一问题有个清晰的认识。"民主"一词最早见于《尚书》，意思是为民做主，《尚书·五子之歌》[①]中说："民惟邦本，本固邦宁。"意思是说，老百姓是国家的根本，根本稳固了，国家才能安宁。在古汉语语义学中，"民主"一直是指为民做主，这是封建集权制政治思想的一个主张，它与当代汉语中的"民主"一词是很不相同的。在西方政治学术语中，"民主"是指百姓当家做主，国家的意志是普通百姓意志的体现，这一概念与传统汉语中的"民主"一词正好是对立的。在本书中，我们使用的是后一个概念，即西方法制术语中的"民主"。

民主制度是人类文明的一个精华，它最大程度地体现了"人生来平等"的人文理想，它也是各个民族追求的最高价值之一。然而，人民当家做主并不是空喊口号就可以实现的，其中还

---

① 今本《五子之歌》属于《尚书》中的"古文"部分，前人已论其为伪作。不过，在《左传》等书中，也多有"民主"这类话题。这表明，这类话题古已有之。

有许多复杂的社会学命题，比如说，如何分配权力就是实现民主制度过程中必须要面对的一个问题。

儒家主张的谦让之德，在调节上下级、同僚之间关系时，已经体现出儒家在权力分配方面的主张。儒家认为在从政过程中，谦虚谨慎的作风不仅可以保全从政者的性命，也体现了他们对权力的看法，即权力本身是责任与使命的结合体，如果人们拥有了权力，就应当最大程度地发挥出它为民谋利的作用，否则这种权力对人们是有危害的。

具体到当代社会，作为执政者，首先应当确保人民当家做主的权力，这样才能体现出社会主义民主制度的基本精神。也就是说从政者必须具备谦虚礼让的风度，面对权力的诱惑时，一定要以百姓的利益为重，将自己看成是人民的公仆。只有这样，他才能利用手中的权力为老百姓办实事，也才不会使权力成为谋取私利的工具。

谦虚礼让的作风对培育社会主义民主精神是十分有益的，因为这种民主精神不可能凭空地产生，它需要有一定的文化传统作为其释义背景。在儒家伦理范畴中，谦让之德历来都是儒士们推崇的从政原则，有了这种谦让品质，不仅可以很好地处理政坛上的人际关系，也可以约束住自己的欲望，使自己以谦恭的心态处理政事，尽力为百姓办实事。可见，儒家的这一主张对培育现代社会的民主精神，也有一定的启发作用。

（二）谦让之德对推进我国法制建设，也有一定的启示作用。

法律是确保社会良性运行和协调发展的重要制度保障，要想使社会健康有序地发展，法制建设是不能忽略的。孔子虽然提倡德治，但并不排斥法制，他认为法制是强制性的社会控制手段，如果人们都能遵守社会规范，就意味着德治可以解决大多数社会问题。实际上，传统中国从来没有实行过单纯意义上的德治，历代统治者都十分重视法治，这也从一个侧面说明了法治的重要性。

在前文中，我们已经说过谦让之德可以冲淡人们之间的利害冲突，从而可以将一些社会学命题转化为伦理道德问题，使之成为社会良性运行的条件之一。顺着这一思路，我们会发现，谦虚礼让的风尚也可以促进法制建设。因为法律的最高目的是减少乃至消灭犯罪，与道德相比，它调节的人与人之间的关系更加尖锐也更为狭隘。发生犯罪行为的前提之一，是人与人之间产生了利益上的冲突，当这种冲突无法用正常的手段加以解决时，有些人会铤而走险，通过非正常的手段去获得利益，或对别人形成危害。如果我们大力提倡谦虚礼让的社会风尚，人们在面对利益冲突时，就会自我克制，尽量为对方着想，即便冲突不可避免，也会以相对温和的方法去解决问题。儒家主张的谦让精神，就是一种社会润滑剂，儒家反对通过争斗解决问题，认为谦虚礼让的做法可以促进社会的安全系数。

《菜根谭》中说："处世让一步为高，退步即进步的张本；待人宽一分是福，利人实利己的根基。"如果人人都能以此为训诫，就不会为一些小事发无名之火，做出违法乱纪的事。2004年年初，云南大学学生马加爵杀害四名同学的案件，就很能说明问题。马加爵杀人的直接原因是因为打牌时，与同学发生了口角，于是怀恨在心，最终以杀人泄恨。这说明马加爵的个性当中缺乏谦让的意识，当与别人发生冲突时，他没有退一步去思考问题，而是钻牛角尖，他越往坏处想，越觉得同学与他之间的冲突很严重，最终萌生了杀自己同学的念头。

民主与法制建设不是一个孤立的制度建设问题，它与特定时代的文化传统有着密不可分的关系。如果我们单纯地为民主而民主、为法制而法制，最终的结果是民主与法制离我们会更远。要想真正建设具有现代意义的民主与法制，我们必须重新审视我国的传统文化，在传统文化中寻找民主与法制得以成立的文化根基，只有这样，我们的民主与法制进程才能得到实质性的发展。而中国人珍视了几千年的谦让美德，无疑也是促进民主与法制进程的一个重要的文化根基。

第二节 谦让的伦理学意义

在西方文化传统中，伦理学是一种道德哲学，是关于优良道德的制定方法、制定过程及其实现途径的科学。这与我们通过讲的儒家伦理之"伦理"，在概念上是有区别的。比如说，儒家提倡的家庭伦理秩序用现代伦理学的概念去分析的话，实际上属于社会学的范畴，而这一伦理秩序的思想背景则属于伦理学的范畴。在本节中，我们利用现代伦理学的概念，分析谦让之德的伦理学意义，并将这一伦理范畴当中包含的伦理意义，通过西方道德哲学的一般方法，进行结构上的划分。

我们认为，人类社会的优良道德品质都具有普遍性的特征。在不同的地域文化中，尽管文化传统不一样，道德传统也会有所区别，但这种区别也是不同民族之间文化传统相异的一个表征，从现代伦理学的角度来讲，人类各种优良德道的感受与追求都是相同的，也是相通的。拿谦让之德来讲，它虽然是儒家文化传统当中备受推崇的一个伦理范畴，但这并不意味着只有在儒家文化圈中，它才得到人们的重视。实际上，谦让的美德本来就是人类文化发展的一个结晶，它在儒家文化圈以外的文化传统中，同样也受到人们的重视。基于这样的认识，我们认为用现代伦理学的概念去分析谦让之德，更能凸显出谦让之德当中包含的普遍的人文精神，也更能较为贴切地反映出谦让之德的伦理意义。

一 谦让与同情心

一个人的成长过程，实际上是逐步形成良性的道德判断与价值判断的过程。在这个过程当中，同情心的培养显得尤为重要。同情心是一种利他的心态，"当一个人在爱他人的时候，就会与他所爱的人融为一体：看到所爱的人快乐，自己便会同样快乐；看到所爱的人痛苦，自己便会同样痛苦。"① 所以说，"爱人之心会导致无私利人的行为"②。现代伦理学认为，同情心是人类伦理行为中最具有创造性的行为之一，它是人性善的表现。现代伦理学认为，"善是客体有利于满足主体需要，实现主体欲望，符合主体目的的属性。"③ 要想具备同情心，首先必须要具有善的属性，而且这种善是发自内心的善。因为善分为行为善与内在善，行为上的善举并不代表一个人具有内在的善，只有内在的善才能引出真正的同情心。

如果用以上的理论去分析孟子思想的话，我们会发现，孟子的主张与现代伦理学的一些观点是十分契合的。孟子说："无恻隐之心，非人也；无羞恶之心，非人也；无辞让之心，非人也；无是非之心，非人也。"（《孟子·公孙丑上》）孟子认为谦让的品质是人之所以称其为人的一个根据，而他的性善论也是基于这样的认识才成立的。

谦让是一种良好的心理状态，也是一种良性的行为方式。如果一个人拥有了发自内心的谦让之德，就说明这个人具有内在的善。从现代伦理学的角度讲，人的内在心性的各种组成要素是一个统一体，尽管人的内在性情与外在行为有时是相分离的，但人的内在心性并不会因为手段上的分裂而改变。如果一个人具有良好的谦让美德，那么它作为这个人内在心性的组成部分，会对他的外在行为与内在心性都产生良性的影响。内在

---

① 王海明：《伦理学原理》，北京大学出版社2001年版，第151页。
② 同上书，第150页。
③ 同上书，第19页。

的谦让美德会让人们在日常行为中，处处表现出礼让他人的优良作风，也会使得人们产生内在的善，并在此基础上产生普遍的同情心。因为内在的谦让之德是发自人们内心的，它与手段上的谦让之举很不相同，手段上的谦让只能帮助人们处理好一般的人际关系，使人们获得良好的人际氛围，它的影响范围十分狭小，而且很容易成为一种行为技术。而内在的谦让之德直接反映了人们平和、冲淡的心理状态，这样的人往往把人与人之间的关系看作是和睦共处的关系，他们希望通过自己的谦让之举，使别人的利益得到保证，从而使自己从中获得心理上的平衡与满足。

孟子的性善论虽然具有主观唯心的一面，但不能否认他的这一主张也有其合理的一面。拿谦让之德与人性向善的关系来讲，如果内在的谦让之举能够稳定地发挥它的作用，它就会影响到人们内在心性中的其他要素，从而使人们具有理解他人、同情他人、爱他人的优良心性。当这种心性集合为一个整体时，它就表现为性善。

然而，孟子把性善看作是先在的人性本质，这是我们不赞同的。我们认为人的内在心性是一个十分复杂的心理现象，它本身包含的各种要素之间也有互相抵触的一面。比如说，具有内在善的人，其心性当中同时会具有恶的倾向，因为在现代伦理学看来，恶的倾向也是人类心性当中客观存在的。也就是说，人性本来就是一个二律背反的复杂的集合体。

当我们认清这一点后，我们更应当提倡谦让之德。因为谦让的美德，不仅可以增加内在的善，还可以培养人们的同情心。如果一个社会普遍地具有同情心的话，那么社会整体的内在善的倾向肯定会大于恶的倾向，这自然会对每个人产生良好的影响。对于个人来讲，谦让的美德有利于保持人的心态平衡，而平衡的心态有利于我们理性地面对各种问题，也有利于培养我们以同情他人的心态对待各种人际关系。

在市场经济的条件下,我们更需要有一个良好的心理状态。因为社会分工的逐步细化,使人们之间的收入差距越来越大,人与人之间的竞争也日益激烈。收入上的差距虽然有许多客观上的因素可以解释其存在的合理性,但如果不具备谦让他人、同情他人的心态,它往往使人们片面地看待这个问题,最终导致不良的社会影响。比如说,一些人往往以收入的多少去衡量一个人的价值,他们认为收入与人的价值是成正比的。如果用这个观点去衡量教师的工作的话,我们会发现教师的工作十分辛苦,收入却相对较低,如果不对别的社会群体抱有同情心,也不以谦虚礼让的心态对待自己的工作,每个教师都有可能心理不平衡。而当这种状态成为一种社会现象时,它会对整个国家的教育事业产生不良的影响。在日益激烈的竞争环境中,我们更应当具备同情他人的心态,因为即便是在良性的竞争环境中,也是有一定的淘汰机制的,如果人们普遍缺乏同情心,当他在竞争中失败后,他就会把失败的原因归咎于他人,从而使他的心态失去平衡,最终产生怨恨社会的情绪。在这种情况下,我们更应当提倡谦让,因为谦虚礼让的心态会让一个人明白既然竞争是不可避免的,那么总会有人在竞争中遭到淘汰。如果不幸自己被淘汰,这只能说明自己努力不够,别人比自己优秀。具备谦让心态的人,也会退一步想问题,因为社会提供给人们的机遇是很多的,在这次竞争失败的教训和经验可以成为参与下一次竞争的经验。这样,人们就等于拥有了利他的同情心态,从而能站在较高的立场上思考问题,最终也会对个人的发展带来好处。

二 谦让与幸福

谦让之德还是人们善待自己、善待他人,从而获得幸福的一种手段。一般来讲,"幸福就是快乐的主观心理体验"①。快乐和幸福并不相同,快乐不一定都是幸福,幸福也未必一定和所有的快乐有关。比如说,一个人吃了一顿大餐,他可能很快乐,但未必幸福。所以说,幸福还需要有一定的客观标准,心理体验只是幸福的主观形式。从幸福的结构来分,幸福可以分为物质幸福、社会幸福和精神幸福三大类。

(一)在物质幸福的层面上,人们可能获得物质需要的满足。实现这种幸福除了自身的努力外,它也与人们的谦让品质有关。

人们为了满足自己的物质欲望,都要参与一定的社会生产,并通过不同形式的社会生产去满足自己的物欲。在这个过程中,如果人们的物欲过重,往往会给自己的生活带来莫大的压力,因为物质世界是无穷的,而人的能力却总是有限的。如果仅仅追求物质的满足与享受,那么人们往往会感到力不从心,这样下去,人们不仅不能得到幸福,反而为了物质追求丧失了起码的快乐。所以,人们应当清楚地认识到自己能力的有限性,从而可以平和地对待物质世界与自己的关系,学会以谦虚的心态对待自己的物质追求。只要人们具备了这种谦虚的心态,在面对物质诱惑时,就能够小心谨慎地处理自己的生活,从而使自己能够驾驭物质需求,最终获得物质层面的幸福。

另外,人们在追求物质需要时,往往会参与到一定的竞争环境中,因为从事社会生产的任何部门中都会存在着竞争,要想满足自己的物质需要,就必须参与竞争。在这种情况下,谦虚谨慎的心态显得更为重要。因为人的能力有高有低,人们获得的机遇也各不相同,所以竞争的结果往往体现为人们获得的物质资源各不相同。如果在竞争中只追求利益的最大化,不顾及别人的物质

---

① 王海明:《伦理学原理》,北京大学出版社2001年版,第237页。

需要，或者看到别人获得了自己无法获得的物质资源，就心理失衡，那么这个人就不可能得到物质层面上的幸福。其实，在物质幸福中始终贯穿着一种心理要素，那就是谦和平实的退让心态。如果自己已经得到与自己能力相当的物质资源，那么这个人就应当感受到幸福，因为他内在的谦让美德使得他对竞争环境有一个理性的认识，毕竟参与竞争的人当中，有许多人的能力与智商都超过自己。如果盲目和别人攀比，那么人们永远无法得到满足，也就不可能获得幸福。

（二）在实现社会幸福的过程中，我们也需要谦虚谨慎的心态，因为只有具备了谦逊有礼的素养，我们才能真实地在社会关系中获得我们想要的幸福。

社会幸福主要是指人的人际关系方面的需要、欲望、目的得到实现的幸福，这种幸福使人们在社会关系中获得安全、自由以及一种心安理得的归属感。儒家学说认为，以谦虚谨慎的心态处理各种社会关系，就可以使人们获得别人的认可，使自己拥有较为稳定的人际关系，并在其中获得一种心理上的归属感。人们应当做到"内不敢傲于室家，外不敢慢于士大夫，见贱如贵，视少如长。"（王符《潜夫论·交际》）只有这样才能营造一个人们之间相互尊重、相互平等、相互爱护的和谐的生存环境，可见谦让之德是儒家之道的重要规范。

追求社会幸福的过程，实际上也是创造良好人际关系的过程。如果仅仅只想满足自己的各种欲望，而不顾及他人，是不可能创造良好的人际关系的。所以说，我们应当以谦虚谨慎的心态对待他人，在各种人际关系中尽量为别人着想，以利他的心态处理各种关系，只有这样才能获得我们追求的社会幸福。比如说，对于功成名就的学者而言，如果能以谦和的心态对待后进的年轻学者，就会得到他们的尊重，从而延长自己的学术生命。功成名就的学者往往能获得更好的科研机会，但是由于事务繁忙，加上年事已高，他们从事这些科研项目的成果未必能赶得上年轻的学者；年轻学者虽然年富力强，但是获得科研机会的可能性又比较小。在这种情况下，如果那些功成名就的学者能把机会让给年轻人，不仅可能成全年轻人创业的积极性，也可以为社会作出更大更好的贡献。可惜的是，我们看到的现实情况往往与这种理想相差太远，那些功成名就的学者，虽然知道自己的精力和能力无法完成面对的科研项目，但是他们并不愿意将自己的位置让给更有希望的年轻人，明知力不从心却还是不愿让出机会，这样的人很难获得他们想要的社会幸福。

另外，要想获得社会幸福，除了讲究谦虚礼让外，还要在其中学会不知足的上进精神。儒家认为谦虚谨慎的心态，不仅可以培育出利他的作风，还有利于培养人们积极进取的精神。明代大儒方孝孺说："人之不幸，莫过于自足。恒若不足，故足；自以为足，故不足。"（《侯方域杂诫》）过于自足的人往往会产生骄傲自大的情绪，这是处理人际关系的一大忌，因为社会交往中，人们都追求平等的人际关系，如果一个人骄傲自满，他就会以为自己比别人了不起，也就会看不起与他交往的人。这样的话，别人自然也会对这个人产生不好的印象，这种情绪最终使原有的人际关系失衡。过于自足的人往往不知进取，在一定的人际关系中，别人都在努力地提高自己，而只有他总是在原地踏步，长此以往，原有人际关系的平衡状态也会打破，这样的人也不会得到社会幸福。

（三）人们在追求精神幸福的过程中，更需要有谦逊平和的心态。

精神幸福是人们精神生活的幸福，是人的精神方面的需要、欲望、目的得到实现的幸福。当人的认知、审美等方面得到满足时，人们的精神状态就会达到完满的境地，从而使人们获得最高级的幸福，即精神幸福。在儒家追求的人生境界中，

"立德"是最高的境界,也就是说,儒家认为"立德"是精神幸福的重要体现。在所有的人生幸福中,精神幸福的确是最高级的幸福,它不仅统领着物质幸福和社会幸福,也是一切幸福的精神源泉。

善待自己和他人是精神幸福的根本前提。因为只有善待自己,人们才能以谦让的心态对待整个世界,从而使自己在精神上获得满足;因为只有善待他人,人们才能获得精神幸福的前提,即在良好的人际氛围中,获得心灵的安宁与充实。当然精神幸福也需要其他幸福方式的配合,比如说,在追求物质幸福的过程中,人们获得了健康长寿,因为谦虚平和使自己懂得了养生之道,从而使一个人具备了精神幸福的前提。美国石油大亨洛克菲勒起初是一个十分自私的人,他不知疲倦地拼命赚钱,并通过各种手段使别人的企业倒闭,从而建立起自己的石油王国。他在物质方面虽然获得了满足,但他并没有得到幸福,他的身体一天不如一天,精神也变得疲惫不堪。后来,他听从了人们的劝告,开始变得谦逊起来,他将自己的财富无偿地捐献给那些处在贫困境地的人们,还为社会公益事业作出了很多贡献。自从他开始捐款给穷人的那天起,他发现他的身体在逐步恢复,精神面貌也开始变好。这个例子说明,追求精神幸福的过程,实际上是以谦虚退让的心态无私利他的过程,洛克菲勒起初没有谦虚退让的心态,在事业上只追求利益的最大化,从没有考虑过那些被自己挤垮的人是怎样生活的。后来他学会了站在别人的立场上想问题,最终使自己变得谦虚起来,从而能以慷慨大方的做法实现自己更高的人生目标。

三 谦让与环境保护

谦让之德还与环境保护有着密切的关联,特别是在环境日益恶化的现实面前,我们更应当提倡以谦让的心态与大自然和平相处，从而使人类能够获得可持续发展的可能与前提。

现代伦理学除了关注人与人、群体与群体之间的伦理关系之外，也关注人与自然之间的伦理关系。在20世纪初，生态伦理学作为伦理学的一个分支，早就在西方道德哲学中占有一席之地了。面对世界范围内严重的生态危机，生态伦理学将研究的命题放到人与自然之间如何平衡相处这一大的命题当中，从而产生了自然中心主义、人类中心主义等思想流派[1]。作为一门新兴的学科，出现理论上的分歧也在所难免，对我们而言，生态伦理学为我们提供了研究谦让之德更广阔的人文视野。

生态伦理学主要解决的问题是人与自然的关系问题，这门学科认为人与自然之间存在着伦理关系，人们应当站在自然界的立场上反思人类的行为，从而制定出合理利用自然资源的长远规划，避免过分地破坏自然资源，与大自然和谐相处。

（一）生态伦理学的主张与儒家"天人合一"的理论不谋而合。

儒家从来都反对竭泽而渔的破坏行为，认为人类与自然界的许多规律都是相通的，在分析《周易》中的谦让思想时，我们早已说明了儒家的这一主张。在儒家看来，自然界当中暗含的一些规律可以成为人们处理社会事务的一个参照，大自然对人类有许多有益的启示，人们应当善待自然。在更早的自然崇拜观念中，人们在大自然面前表现出的谦让心态，是沟通天地、获得神力的一种必要手段。此外，道家也要求人们通过大自然的启示去反观人类自身的行为。可见，在先秦时代，"天人合一"的理念是一个较为普遍的人文观念。

儒家"天人合一"的观念当中，就包含有要求人们以谦虚谨慎的心态对待大自然的内容，这既是对原始自然观中有关自然

---

[1] 傅华：《生态伦理学探究》，华夏出版社2002年版，第2—12页。

崇拜心理的文化继承,也是儒家终极理想的人文追求。儒家认为人类追求的最高理想就是达到"天人合一"的境界,使人与人、群体与群体、人与自然都能和谐共处,从而使"仁"这一文化理念广泛地成为人们追求的最高价值准则。为了达到"天人合一"的境界,人们首先应当学会谦让,因为谦虚礼让的作风不仅可以使人们培养出谨慎从事的作风,也可以使人们能以善良之心对待万事万物,从而做到与人与自然和谐相处。

虽然儒家的主张并不直接针对保护自然生态,但他们"天人合一"的理念的确起到了这样的作用。在儒家文化的底层传统中,即在儒教的民间形式中,儒家尊天敬地的人文理念成了人们保护自然、维持生态平衡的一个理论支撑。比如说,在民间狩猎活动中,人们往往不会在动物繁殖期去猎杀动物,因为按照儒家的传统来讲,动物的生活也有一定的规律,破坏了这一规律,就相当于违背了大自然的规则,违背这一规则的人迟早会受到自然界的惩罚。

(二)人类以谦虚谨慎的态度对待大自然,不仅能使人类自身保持可持续发展,也会通过保护生态平衡的方式净化人类的心灵,使人类普遍具有平和谦让的人文心态。

在人类中心主义观念的影响下,特别是在20世纪,人类对大自然的破坏是触目惊心的。现代工业所需的一切原料都来自于大自然,石油、天然气、煤炭等能源物质更是成为人们竞相开采的对象。随着人类活动的逐步深入,世界上几乎没有什么地方未被人类开发过了。在人类的无尽欲望面前,热带雨林几乎消失,地下水资源遭到过度开发,南极上空出现臭氧空洞,土地沙化的面积在日益扩大,等等,诸如此类的恶果,无一不是人类中心主义观念直接导致的行为后果。

在人类无限制地开采自然资源的过程中,人们盲目地认为人是万物之灵,人类不仅能认识大自然,而且也能战胜自然。在这种意识的支配下，在20世纪人类普遍地陷入人类中心主义的骄傲光环里，忘记了人类本身只是大自然的一部分这一事实。由于过度地开发大自然，到了21世纪时，许多尖锐的环境问题成为每个国家，特别是发展中国家不得不面对的严峻问题。就拿我国来讲，我国虽然国土辽阔，但是由于盲目地开发土地，沙化问题非常严重，特别是较为贫困的中西部地区，其已经严重到影响当地百姓生存的地步了。

人类为什么会对大自然无限制地进行开发而毫无节制呢？我们认为其中最主要的一个原因是人们普遍缺乏谦虚谨慎的伦理道德，特别是在人与自然的伦理关系中，人们把自己看成是自然界的主宰者，从来不以平和谦让的心态与大自然结成和平共处的关系，最终导致这样的严重的后果。现代西方伦理学认为，在面对大自然的无限威力时，人的力量是很渺小的，人们尽管可以开发自然资源，却很少有能力使大自然恢复它原有的生机，当自然生态遭到严重破坏，自然界开始以沙尘暴、泥石流、"厄尔尼诺"等形式报复人类时，人们却缺乏应对自然灾害的能力。所以说，人类应当学会谦虚地对待大自然，应当适度地开发自然资源，以谦和的心态对待人与自然的关系，只有这样才能获得可持续发展的可能。

如果人们能尊重自然、与自然为友，那么自然界运行的规则就不会被人为的活动打乱，人类也不会无端地遭受各种自然灾害。如果能做到这一点，当人们在较为优越的自然条件下生存时，就会产生安宁祥和的心理状态，这不仅有利于人类自身的生存与发展，也有利于自然界的保护。

儒家"天人合一"的自然观不仅将谦让之德作为处理人与自然关系的一个准则，还将谦让看作是通过处理这一关系得到的一种人文素养。结合生态伦理学的一些主张，我们更能真切地体会到儒家思想在这一问题上的真知灼见。

四 谦让与公共伦理

在社会控制系统与公共管理系统中,谦让之德也是处理好公共伦理关系的一个重要原则。公共伦理学认为在公共管理者与管理对象之间也存在道德上的各种关系,如处理好这一道德关系,对社会控制系统与公共管理系统都有好处[①]。在公共伦理中,社会公德是管理者与管理对象之间形成良性关系的一个纽带,而社会公德则是维护社会公共生活的正常秩序的生活准则和行为规范。在公共伦理中,我们也提倡谦虚谨慎的作风,因为它能直接体现社会公德对管理者和管理对象的具体要求。

(一)从管理者的角度讲,谦虚的作风可以使管理者具备同情管理对象的心态,从而可以提高管理效率。

管理者管理具体事务时,往往追求利益的最大化,这既是公共管理的客观要求,也是公共伦理当中提倡的一个原则。然而,如何获得利益的最大化?这是一个较为复杂的问题。如果单方面要求管理对象遵守社会公德,以各种社会公德中支持的原则强迫管理对象,让他们每个人都发挥出最大的能力,是不切实际的。因为管理对象不可能单方面承认并执行管理者的道德强制,当这种强制达到一定极限时,会使管理对象产生道德反弹,这反而不利于利益的最大化。比如说,在行政管理中,管理者为了追求行政效率,单方面要求管理对象加班加点,管理对象迫于无奈不得不加班,但他可以在加班时不遵守原有的行为规范,即加班但不加工作量,最终使加班失去意义。在这样的情况下,管理者应当以同情管理对象为出发点,切实地为管理对象着想,以谦虚谨慎的态度对待管理对象,只有这样才能形成良好的管理关系,也才能使管理者具备追求利益最大化的可能。

---

① 高力主编:《公共伦理学》,高等教育出版社 2002 年版,第 13—17 页。

儒家提倡的贤人政治观，实际上就是公共伦理原则的一个体现。作为君主，首先应当以谦逊的心态对待贤能的人，贤人才会真心地对待君主派给他们的任务，也才能发挥出他们的作用。关于这一点，我们在前几章中已经反复强调过了。结合公共伦理学的一般概念，我们能够看到儒家这一主张至今仍然有很强的实践性。

（二）在公共伦理中，谦让之德还可以帮助人们抑制功利主义，从而能够体现公平、公正的现代价值观。

功利主义是一种具有破坏作用的价值观，它是指人们在追求特定利益时，可以不顾及他人的利益，或者以他人利益为代价来获取自身的利益，功利主义的主张与公共伦理中的社会公德是背道而驰的。有些功利主义者虽然可以在表面上做到谦虚谨慎，但这与谦让之德是有区别的，朱熹弟子陈淳说："恭只是敬之见于外者，敬只是恭之存于中者。敬与恭不是二物，如形影然，未有内无敬而能恭者，亦未有外能恭而内无敬者。"（《北溪字义·恭敬》）可见，儒家主张社会公德的表里如一，表面上的功夫不可能成为实质性的东西，也不可能使人信服。

儒家反对功利主义的做法，他们认为人的动机与行为应当是同一的，如果为了获得别人的信任和支持，仅从表面上流露出谦虚的作风，这不仅不能获得别人的信任，反而会起到不良的作用。因为在他们看来，表里不一的东西是经不起考验的。所以儒家历来都提倡诚实，认为只有以诚待人，才能获得别人的认可。公共伦理学也把诚实看作是处理公共关系的一个重要原则，认为只有内在的诚实才能打动别人，而这种诚实的心态来自于谦虚地对待他人，做到表里如一。

以经济伦理学的一些原则来说，谦让之德对我们抑制功利主义很有启发。在经济伦理学中，知识产权的保护一直是这一学科关心的重要问题之一，知识产权的保护问题也涉及公共伦理当中的诸多原则问题。我国是一个知识产权保护意识较为淡薄的国家，侵犯他人知识产权的事情可以说随处可见，大量的知识产权案件都表明中国的许多企业只追求短期效益，而不顾社会公德的约束，随意侵犯别人的权益。

从伦理学的角度讲，知识产权保护实际上是一种伦理道德。对那些公开的发明、外形设计等，如果进行仿制是很容易的，但是出于社会公德的压力，人们一般不去侵犯别人的这种权益。究其实质，这是人们谦虚礼让的行为在经济活动中的表现。因为别人在获得一项知识产权过程中，付出了很多努力，他们的努力也应当得到相应的报酬，不去仿制别人的成果，就是一种退让的行为，而如果仿制他人的成果，就等于不尊重别人的努力，也等于违背了谦虚礼让的伦理准则。《礼记·聘义》中说："敬让也者，君子之所以相接也。"儒家从来都是讲究退让的，他们不主张功利主义的目的论，这也与经济伦理学中的公共伦理原则不谋而合。

总之，通过现代伦理学的一般概念去分析儒家伦理范畴时，我们会发现即使剔除儒家伦理思想中的封建等级意识，儒家的许多的主张与现代伦理学的主张仍然有很多契合之处。这说明儒家文化传统表达了人类共通的人文心理，儒家的主张并没有因为时代的进步而失去其社会意义。拿谦让之德来说，尽管这是一个颇具东方主义色彩的伦理范畴，但其中也包含着善意、同情心、幸福、生态保护、公共伦理等的命题。在当代社会我们更应当提倡谦让之德，因为它不仅是我国优良传统的一个组成部分，也是现代伦理观念的重要体现。

第三节 传统伦理道德的现代意义

在深入了解谦让之德的社会学、伦理学意义之后，我们要将其放在当代社会的大背景下,重点讨论它在当前中国市场经济条件下的功能与作用。我们认为虽然儒家学说已经失去了主流意识形态的地位,但儒学提倡的伦理道德观念已经深深地融入了中国人的思想感情中,时至今日,它仍然对我们的生活方式、思想感情、价值判断等起着无法替代的影响和规范作用。

随着改革开放的进一步深化,我国正在经历着一场历史上最深刻、最重大的社会变革。在这个伟大的社会转型时期,中华民族摆脱了百年来受压迫、受欺辱的状况,逐步走向小康社会。然而,也就是在这次影响深远的变革之际,我们也面临着许多亟待解决的问题,其中之一就是如何重建中国人的伦理价值观。自古以来,我国都以"礼仪之邦"闻名于世,但随着儒家文化传统的衰退,"礼仪之邦"的名声逐步消失了,取而代之的是中国人满口脏话、随地吐痰、不重公德等不良国际形象。

重建中国人的伦理道德,不仅关系到中华民族的形象,也与国家的前途命运密切相关。在当前,讨论这一问题显得尤为重要。在本节中,我们首先要分析社会转型时期常见的价值迷失问题,分析产生这一现象的原因,并在此基础上讨论道德重建问题。最后,我们要重点分析谦让之德在社会主义市场经济条件下的作用和意义。

一 社会转型时期常见的价值迷失

在任何一种社会形态的转型时期,都会出现不同程度的价值迷失。19世纪西方国家进入工业化的时期,就出现了很严重的价值迷失问题,原有的传统道德体系受到前所未有的挑战,而新的社会价值判断还未建立,社会上出现了大面积的道德失范现象。市场经济与传统道德体系之间的矛盾,似乎是不可避免的,在我国进入社会主义市场经济建设的时期,也不可避免地出现了价值迷失的问题。

张晓东先生在他的《中国现代化进程中的道德重建》一书中，将我国出现的价值迷失问题总结为以下几点[①]：

（一）在市场经济体制下，人们普遍感到人情冷漠，也就是说我国出现了人情危机现象。

张晓东先生认为在社会主义市场经济条件下，传统意义上的德行已发生了质的变化，以往在社会生活中占中心地位的价值体系也逐步退居到生活的边缘，在我国社会转型时期的特定人文背景下，"社会道德领域同时存在传统的、计划经济的、西方的和改革开放以来新生的四维互异的伦理价值体系，四维道统间的交融和互动，使我国道德领域的问题、危机具有了浓厚的'中国特色'"[②]。他认为我国出现的价值迷失中，最为引人注目的就是人情危机。

注重人情是中国文化的一大特色，也是中国人主体品格的重要体现之一，它也是中国人珍视并追求的生活价值之一。在商品经济大潮的冲击下，传统家族血缘结构遭到了破坏，市场经济追求的社会公共原则与人伦之情发生了不可调和的矛盾，个人的独立自主代替了原有的家庭意志，传统人情观念逐步被新的社会关系所取代。然而，我国的市场化进程也是在缺乏充分的伦理文化准备的前提下进行的，一方面传统的人情关系受现代社会公共秩序的破坏，另一方面社会公共规则中的契约意识还未能健全，在这种状态下出现人情危机是不可避免的。

在市场经济条件下，市场的交换规律成为支配人们日常生活

---

① 张晓东：《中国现代化进程中的道德重建》，贵州人民出版社2002年版，第76—78页。

② 同上书，第76页。

的基本规律,而中国的市场经济似乎仍然在借助人情的作用推动着它的进程。在这种情况下,人们普遍感到人情冷漠同时,也在利用各种人情为自己谋利。传统人情中的互助、合作的关系也逐步变异成私人化的谋利手段,它们以变异的形式逐步渗透到经济、社会生活之中,拉关系、走后门的现象使我国的人情关系变得复杂而肮脏。这种变异的人情观不仅扭曲了社会经济和政治伦理,也阻碍了公民道德意识的正常发展,最后导致了"人情大于国法"的不良社会风气。

实际上,当前社会普遍存在的变异了的人情关系,是一种功利主义的人际关系,它在形式上与儒家的家庭伦理观有一定的联系,但把儒家伦理观中的良性原则都抛弃了。所以说,当前出现的人情危机并不是儒家伦理思想导致的恶果,它只是社会转型时期出现的具有中国特色的价值迷失现象。比如说,当代权钱交易现象中出现的"裙带关系",是一种十分严重的社会问题,它不仅破坏了有序竞争的社会准则,也使一些公共社会资源成为一小部分人的私有财产。儒家也是反对这种"裙带关系"的,他们对"一人得道,鸡犬升天"的不正常现象也给予无情的斥责。社会转型时期出现的人情危机问题,已经成为我国社会的一颗毒瘤,必须及时予以铲除。

(二)社会转型时期,我国出现了普遍的价值失落问题。

社会转型时期不仅出现了功利主义的人际关系,也出现了功利主义的价值观。在市场经济条件下,社会生活的物化倾向本来就是市场经济的一个结果,但是在我国由于缺乏相应的市场经济伦理观,这种物化的现象更多地表现出它消极的一面,使人们普遍感到价值失落。

市场经济条件下,信仰危机和理想的失落,使得人们失去了根本的价值归依,人们越来越习惯于用金钱去衡量一切,拜金主义盛行。比如说,原本高尚的写作行为,现在成了一些人赚取名利和金钱的手段,以"玩"和"走穴"的心态来对待之。他们为了尽快地从中获益,从不顾及书的质量和读者的期待,更有甚者,几个月内完成数本"大作",其中的"水分"也就可想而知。写作本来是传播文化的一种方法,而现在却在一些人手里变成了赚取钱财、哄骗读者的手段。当金钱成为衡量一切的唯一标准时,人们会变得唯利是图,这样的价值观对整个社会的良性运行具有很大的负面作用。人们为了自身的利益,将一切社会生活都与金钱挂钩的话,就会使社会丧失起码的道德准则。就当前在教育领域内盛行的腐败现象而言,许多人为了金钱丧失了起码的人格,他们为了收取更多的学费可谓煞费苦心,一些中学随意收取择校费,还向家长收取"赞助费"。更有甚者,一些地方以交钱的多少来区分学生,交钱多的学生住宿、用餐、师资等条件都要比那些交钱少的学生优越得多,他们真是把唯金钱主义贯彻到实处了!这样的做法,不仅导致了教育机会的不平等,更可怕的是它会严重影响学生们的心理健康,这些未来社会的栋梁们,从小就在唯金钱主义的环境中长大,他们的价值观会有怎样的倾向?这是不言自明的。

　　社会转型时期出现的价值失落,也严重地导致了人们盲目追求短期效应,使整个社会陷入功利主义的短期目的论中。在教育中追求短期效应的结果更为突出,在盲目扩招的过程中,有些大学不顾自身办学条件的限制,盲目设立一些热门专业,还说有条件也要搞,没有条件创造条件也要搞,这是时代赋予他们的机会。所以,那些根本不具备招生条件的学校,在一两年内使招生人数翻倍,师资还未到位,学生却已经招了好几届。更可笑的是,有些学校申请了硕士学位点后,却没有相关专业的老师,甚至连这一专业应当开设什么课程都不很清楚。读者可以试想,这样的学校能培养什么样的人才?盲目追求短期效应的结果,已经使我国的学历教育出现恶性循环的现象,一些社会人士大字不识几个,却有名牌大学的硕士、博士头衔。在这种不正常情况下,取得高学历的人也越来越多。与我国的科研水平相比,在短期效应的推动下盲目培养的所谓人才,似乎已经过剩,而我国的科研水平却仍然处在发展中国家的中后水平。

社会生活中普遍存在的价值失落,最终会使我国的市场经济失去正常发展的可能,因为市场经济条件下也需要有良性的社会价值系统,只有人们遵守这一社会价值系统,市场经济推崇的契约精神、合作意义和社会期望才能得以实现。

(三)社会转型时期出现的道德失范,使得人们普遍缺乏道德认同感,换句话说,就是道德力的匮乏。

由于在社会转型时期,人们都不再遵守原有的道德规范,社会出现了人情危机和价值失落,人们既不能依赖原有的社会道德结构,也不相信空洞的道德说教,所以缺乏道德认同感也是自然而然的事了。

在当前中国,人类普遍的"善恶因果律"(即做恶的人最终会受到法律惩罚的信仰)似乎已经不起作用了。一些作恶多端、贪污受贿的人,不仅没有受到应有的惩罚,反而可以平步青云、为所欲为。国家一直在反腐败,但腐败的规模和程度却一浪高过一浪。这是为什么呢?我们认为我国社会生活中普遍存在的"劣币驱逐良币"的现象已经造成恶劣的示范作用,国家的反贪行动也仅是治标不治本,政治体制上的缺陷,为一些人提供了许多贪污腐败却可以逃脱法律惩罚的机会,国家提倡的道德观也已经失去了规范人们行为的作用。人们常说司法腐败和教育腐败意味着一个社会失去了最后的良心屏障,但是我们不得不说我国的司法与教育也存在着大量的腐败现象。拿教育来说,腐败问题似乎已经不是一个秘密了。一些艺术学院在招生时大搞人情腐败,使得原本天资很高、在国内外获过奖的学生落榜,而那些功底一般但有关系网的学生却能顺利地进入国家一流艺术学院学习，这种现象使得一些有良知的艺术家们深感不安，他们勇敢地站出来揭发学校招生的黑幕。但个别人的良心发现不能战胜教育腐败获益者的权势，学校招生中的腐败现象依然存在，而且越演越烈。

读者加留心就会发现，当前的大学生只做两件事：一是学外语，二是跑关系。外语水平考试直接关系到学位问题，自然受到大学生们的重视，尽管过分重视外语既不利于专业学习，也不利于本民族文化的传承与发展，但这毕竟是学习，还值得提倡。而跑关系则是一种不良的社会行为，原本朝气蓬勃的大学生们，在社会不良风气的影响下，日益变得世故、势利。为了获得一份满意的工作，学生们在学校展开人际交往时，往往以"此人是否对我有用"作为交往的前提，努力地寻找可资利用的人际关系，并拿出父母的血汗钱去贿赂那些可能对自己"有用"的人。笔者就亲自见识过这样一件事，几个大学毕业生在一起谈论毕业去向问题，其中之一大言不惭地说他父亲是某某地方官员，他的工作可以随便挑；而另一学生说他家有钱，花七八万元留在了自己喜欢的城市。他们的自夸不仅没有引起别人的反感，反而让很多人的羡慕！可见腐败现象已经深入人心了！

道德力的匮乏与社会失去公平、公正原则密切相关。一些人披着"人民公仆"的外衣，大肆地为个人谋利，与他相关的人都能在他的权力中获得好处；想利用他的人，只要进行钱权交易也能得到他的"帮助"。这种现象一旦普遍化，就会直接影响到一个社会应有的公平、公正原则。那些能力平平却有钱有势者占据了原本需要高智商、高能力的位置，他们的贪婪与平庸最终会给国家造成无法弥补的损失。面对这种情况，人们悲叹"世风日下、人心不古"，政府也想尽办法企图改变现状。但是主流意识形态的理想宣传和道德说教，"因其僵硬的、形式化的、更主要是空洞说教和脱离现实的弊端而难以对民众产生预期的效果。"① 那些高高在上的大道理已经失去了规范人们道德准则的作用,究其原因也与当前中国腐败盛行、普遍缺乏道德力有关。

（四）在以上的人情危机、价值失落和道德力匮乏等问题中都贯穿着人们对谦让之德的淡漠,谦让之德也是身处转型时期的中国人最缺乏的一种伦理道德规范。

人与人之间淡漠的关系,以及变异的人情关系中,都贯穿着人们之间缺乏彼此谦让的基本道德规范。人与人之间正因为缺少彼此谦让的态度,才会导致人情冷漠,而冷漠的人际关系很容易使人伦之情发生变异。比如说,在师生关系中,彼此的谦让包含了教师虚怀若谷的心胸和学生谦虚谨慎的作风,而市场经济条件下,师生关系也夹带着一种较为直接的利益关系,教师教学生的目的是想获得相应的报酬,而学生只希望自己所付的学费应当获得相应的回报;教师大可以在学生面前表现自己的才能而不知节制,学生也可以在教师面前展露自己的才能而没有道德上的压力。这样的师生关系虽然符合市场经济的交换规律,但它却与理想的师生关系仍然有一定的距离。在这样的师生关系中,教师和学生都会感到人情冷淡,感到生活乏味,人际间缺少应有的关爱与尊重。因为这种师生关系中缺乏彼此谦让的道德因素,所以师生之间只是知识与金钱的对换关系,而缺少因为彼此谦让而产生的相互吸引、相互尊重、相互理解的感情基础。

社会转型时期出现的价值失落,也与缺乏谦让之德有关。人们在追求短期利益的功利主义价值观中,只感受到人与人之间彼此利用的关系,所以他们会变得冷漠而自私,从不为别人考虑和打算,只想满足自己的利益。在普遍物化的社会生活中,人们只

---

① 张晓东:《中国现代化进程中的道德重建》,贵州人民出版社2002年版,第78页。

关心以金钱去衡量一切,所以他们没有必要用谦虚谨慎的态度去对待别人。这样做的结果虽然可以满足人们一时的需要,却会使人丧失起码的道德依附感,人们用金钱去衡量一切的结果使自己也成为用金钱衡量的一个对象,从而使人自身成为物化的结果之一。丧失了道德依附感的人,自然会产生价值失落与道德迷失的困惑。

道德力匮乏的现实更能说明人们在社会转型时期缺乏谦让之德的问题,正是因为缺乏谦让之德,那些既得利益者才会肆无忌惮、骄横自大。如果人们稍稍有一些谦让之德,就不会做出那些过分的行为,即便是出现了道德失范的问题,其结果也不至于如此严重。比如说,在教育腐败问题中,正是因为政治体制的漏洞,以及贪赃枉法者的骄傲自大,才使得他们根本不在乎法律,也不在乎社会舆论。他们骄傲地认为自己所做的事情,不仅与这个时代普遍存在的状态有关,也与他们的能力有关。他们把自己看成是教育事业的推进者,从不认为自己贪污受贿的行为有悖于伦理道德。这样的想法一旦贯彻到实际生活中去,就更使那些贪官污吏们变得胆大妄为起来,因为他们的行为既有可能不受法律的惩治,也会避免与社会道德的正面冲突。

二 当代社会中的道德重建问题

张晓东先生在分析当代中国社会的道德重建问题时,提出了历史标准与伦理道德标准相统一的主张,他认为这两种尺度之间的关系既互相矛盾,又互相统一,而且社会历史尺度高于伦理价值尺度。但他同时也认为只有两者相互配合,才能重建当代社会的价值迷失问题。在这一点上,张晓东先生犯了调停主义的错误,他将社会历史尺度与伦理价值尺度简单相加的做法,不仅不能解决道德重建的问题,而且会让这一问题变得更加玄虚,最终失去重建的可能。

因为任何伦理道德标准都是在一定社会历史中诞生的，它本身就是社会历史发展的产物，它既不可能超越历史，也不可能与历史价值尺度实现互动的关系。它们既不是对立的关系，也不是统一的关系，它们是包容的关系。

（一）我们认为重新审视本民族的传统文化，是实现社会道德重建的根本途径。

就像一个人只有拥有记忆，他才能称其为完整的人一样，任何一个民族都需要有相应的历史记忆，如果丧失了这一历史记忆，也就意味着民族文化的沦丧。历史既是我们获取知识的源泉，也是培育伦理道德、价值观念、文化认同感的文化背景。就西方文化传统而言，古希腊文明中的理性主义传统与古罗马文化中的基督教传统，是西方社会伦理道德的源泉。时至今日，西方文化仍然沿着它自古以来就有的传统稳定而有序地发展着，西方文化之所以在全球范围内产生如此之大的影响，也与它稳定有序的价值体系有关。比如说，美国文化中的基督教传统，就是美国伦理价值的基石，富可敌国的软件大亨比尔·盖茨也是这一伦理的信奉者。在他获得了亿万财富后，他承诺将其中的大多数捐献给公益事业，他的这一做法实际上体现了"爱他人等于爱自己"的基督伦理思想。在颇具罪感特质的伦理价值观中，向别人施与好处，就等于自己接近了上帝，即接近了个人的终极关怀，这是西方伦理文化追求的最高境界。

对于中国文化传统而言，它在近代受到了前所未有的冲击和挑战。19世纪中期，西方的坚船利炮打破天朝上国的迷梦，西方文化传统及其价值体系随着武力强势进入我国。在猝不及防的情势之下，腐朽的统治集团此时既不能解决富国强兵的迫切要求，也无法为当时的中国提供出解决民族危机的具体方案。或者说，民族危机的迫切形势，不容许儒家作出合适的反应。西方殖民主义的武力强制和道德强制，不仅单方面贬低了中国的文化传统，而且有意识地破坏儒家文化的适应机制。然而，儒家文化当中稳定而有序的道德传统没有因为列强的入侵而沦丧，反而在关键时期发挥出它创造历史、成全民族自救的作用。拿晚清时期出现的种种危机事件而言，儒家文化在其中扮演的角色虽然至今还未被史学界完全肯定，但其在这些事件的过程中确曾发挥积极作用，也是不言而喻的历史事实。比如说，在晚清洋务运动的过程中，以曾国藩为首的晚清儒家就是以经世致用的儒学思想，实践了"师夷以治夷"的愿望；左宗棠抬棺收复新疆的壮举，也是儒家"杀身成仁"和"为万世开太平"理念的具体体现；后期的康有为变法，更能体现儒家因时而变、积极进取的文化心态。所以说，儒学在面对西方列强的入侵时，既不像有些学者所说的那样内容僵化、毫无生气，也不是完全没有应变的能力，甚至在民族危亡的迫切环境中，儒学依然为灾难深重的中华民族提供了精神动力，但力量有限，不能使国家摆脱危难。因此，当中国最终摆脱列强的殖民统治转变为独立自主的国家时，人们自然而然地认为儒学已经过时了。

儒学虽然失去了原有的官方意识形态的地位，但它仍然是我国传统文化的重要组成部分，它与中国人的生活有着血肉相连的关系。至今，大多数中国人仍然生活在儒家伦理传统当中，那些我们日用而不知的伦理道德既是儒家传统仍在延续的一个表征，也是维持中国人伦理价值体系的重要的人文资源。

可惜的是，在我国人们似乎更热衷于宣传那些空洞的理论教条，却对本民族的传统漠然视之。在大学里，除了历史系的专业学生外，很少有专业开设历史课程，即便是学习历史的学生大多也对自己的专业毫无兴趣；随着高考制度的改革，历史课程再也不是高中生必修的课目；整个社会对本民族的文化传统也不够重视，家长们都希望自己的孩子学习外语、了解外国文化，一般学生可能对美国的历史如数家珍，却对本国的历史知之甚少；作为政府也不重视历史学科,在统一管理的大学公共课中,将历史课程排除在外,只相信那些空洞的理论说教可以培养出合格的、具有道德责任感的人才;史学领域内的学者们大多在闭门造车,他们只关心自己的研究课题,很少有人将他们的研究成果与社会效应相挂钩。从一般民众到国家政府,从大学学子到专家学者,对历史学科的漠视已经成为一个不争的事实。与之相应的是,在发达国家中,历史学科十分受政府与民众的重视,在美国大学中,历史课是每个大学生的必修课程之一,学生们通过历史课程不仅了解本国的历史,也从中学习他们所谓的"美国精神"。

历史已经证明,没有历史记忆的民族是没有前途的民族。如果对漠视本民族传统文化的现象不及时加以纠正的话,中华民族也极有可能成为没有历史记忆的民族。这决不是危言耸听,更不是故弄玄虚。只要读者们稍加反思,就会发现我们对本国的历史实际上的确知之甚少,这与我国悠久的历史文化和丰富的文化传统是十分不和谐的。在社会转型时期,出现价值迷失问题是一种客观现象,但如果我们不加以纠正的话,它也会阻碍我国建设市场经济的步伐。而要重建我国的伦理道德体系,只能从本民族的历史文化传统中吸取可以利用的人文资源,因为当前的伦理价值尺度本身也是历史的产物,只有历史才能提供给我们解决这一问题的方法。

(二)儒家提倡的伦理价值体系,本身也是人类文明的优秀成果之一,它具有普遍适用的特征,即便是在市场经济条件下,它仍能发挥相应的作用。

儒家文化传统并不是一种特殊的文化体系,历史证明它具有很强的适应性,它的许多主张本身就是人类文明当中普遍提倡的价值规范。儒学曾经深刻地影响过日本、越南和朝鲜等国,这些国家都以儒家伦理观念为蓝本,发展出适于本国的伦理价值体系,东亚儒家文化圈的概念就足以说明这一问题。

在建设社会主义市场经济的过程中,我们不可避免地要与其他文化传统发生各种联系,也会不可避免地吸收其他民族的优秀文化传统,外来的文化传统也可以成为我们解决价值迷失问题的人文资源。在中国历史上,儒家也为吸收其他文化因子作出过榜样。比如说,两宋时期出现的理学思想,就是在儒学基础上吸收佛教思想等形成的新儒学。这说明,儒学从来不排斥外来的文化传统,相反它具有吸收外来文化的传统和机制。

最为重要的是,儒家提倡的伦理道德是具有普遍社会意义的。拿谦让之德来说,如果说剔除颇具东方主义的色彩,单从谦虚礼让本身来讲,它也是其他民族文化中颇受重视的优良文化因子,尽管没有将它提升到伦理范畴的高度,但它的积极意义仍然是受到肯定的。所以说,将儒学看成是过时的文化传统或者将其看成是特殊的人文传统的思想都是有误的。

中国篮球明星姚明在美国大受欢迎,姚明也以他精湛的球艺、不事张扬的个性得到了美国民众的认可。可是,有些人却认为姚明谦虚谨慎的作风是不对的,认为他这样下去无法融入美国文化,他们在网络上批评姚明过于谦虚的球风,甚至认为姚明谦虚的做法会使他丧失大好前程。其实,这些人恰恰忘了一个根本的事实,正是因为姚明具有东方人不事张扬的个性,美国球迷才会喜欢他。姚明虽然出生在20世纪末期,但他也深受传统文化的影响,他具有的谦逊心态,以及谦和的处世方式,正是儒家提倡的处世方式。姚明的成功,恰恰说明儒家提倡的谦让之德具有跨文化、跨地域的文化生存能力。

三 谦让之德在市场经济中的作用

具体到谦让之德与社会主义市场经济的关系,它也与儒家提倡的其他伦理范畴一样,也具有很现实的意义。市场经济虽然是一种契约经济,但市场经济条件下仍然需要建设与之相适应的伦理价值体系,这一点我们在前文中已经反复论述过了。在此处,我们重点分析一下谦让之德与社会主义市场经济之间的关系。

我们认为谦虚礼让的作风有利于培养互敬、诚信的原则,而诚实信用的市场经济价值规范也能体现谦逊有礼的道德规范。谦虚的作风首先使人学会尊重他人,因为谦让之德有类的属性,一旦具备了这一伦理范畴,它就会触及其他伦理范畴。儒家认为"不敬他人,是自不敬也。"(《旧唐书·席豫传》)只有尊重他人,别人才会尊重自己。儒家要求人们既要尊重他人的人格与生活方式,也要尊重他人的感情与个性。只有这样才能算作是真正的尊重。在市场经济条件下,我们更需要有互敬互爱的理念。因为在当代社会,每个人都有自己独特的生活和个性,不同的人对相同事物的看法也不尽相同;每个人的生活都有其特定的社会作用和价值;每个人因为教育程度、个性特征的不一致,都会有不同的心理素质和社会基础。在这种情况下,我们更应当明白每个人的存在都有其积极的社会意义,每个人的身上都有值得我们学习的优点。

学会尊重他人就等于尊重自己。因为每个人都具有他的社会性,别人当中也有自己的成分。而只要相互尊重,就很容易培养出诚实信用的原则。

诚信的原则是市场经济当中力倡的一个价值规范。我们说,在一定程度上讲,市场经济也是诚信经济。儒家也十分重视诚信,他们认为"诚者天之道也。"(《中庸》)儒家认为忠于诺言的做法就是诚信,《韩非子·外储说》记载的"曾子杀猪"的故事,就说明了这一道理。据说曾子的妻子准备到市场买东西,小儿子哭着要跟她去,于是曾子的妻子骗儿子说:"你回去,等我回来杀猪给你吃。"等她回来,曾子果然要杀猪,妻子连忙劝阻,可曾子说:"孩子是不能随便开玩笑的,孩子的知识有赖于父母传授给他,如果欺骗他,就是教儿欺之求,母子相欺,这样下去就危险了。""曾子杀猪"的故事说明了从小讲究诚信的重要性,《韩非子》的记载也反映了儒家的诚信主张。市场经济中的契约原则也要求人们诚实信用,而要培养这一原则,也可以从儒家传统中获得相应的人文资源。

此外,谦让之德对市场经济中培养合作意识也大有好处,此点我们在前文有过专门的论述,此处不再赘述了。

总之,谦让之德的现代意义与其社会学、伦理学意义密切相关。现代西方学术将一个问题细分化,而中国传统学问则更具有综合一体的特色。谦让之德所具有的多重现代意义,应是中西学问共同观照下的必然结果。由此而言,在弘扬谦让之德的过程中,中西学术传统也可以交叉互渗,达到双赢的效果。

附：历代谦让格言

满招损，谦受益。　　　　　　　　——《尚书·大禹谟》
允恭克让，光被四表，格于上下。　——《尚书·尧典》
与人不求备，检身若不及。　　——伪古文《尚书·伊训》
改过不吝。　　　　　　——伪古文《尚书·仲虺之诰》
人道恶盈而好谦。　　　　　　　　——《周易·谦》
劳而不伐，有功而不德，厚之至也。——《周易·系辞上》
见善则迁，有过则改。　　　　　　——《周易·益》
自知不自见，自爱不自贵。　　　　——《老子》七十二章
人谁无过，过而能改，善莫大焉。——《左传·宣公二年》
三人行，必有我师焉。　　　　　　——《论语·述而》
知之为知之，不知为不知，是知也。——《论语·为政》
无伐善，无施劳。　　　　　　　　——《论语·公冶长》
君子之过也，如日月之食焉。过也，人皆见之；更也，人皆仰之。　　　　　　　　　　　　　　——《论语·子张》
不迁怒，不贰过。　　　　　　　　——《论语·雍也》
过则勿惮改。　　　　　　　　　　——《论语·学而》
过而不改，是谓过矣。　　　　　　——《论语·卫灵公》
一家让，一国兴让。　　　　　　　——《大学》第九章
恭敬而逊，听从而敏。　　　　　　——《荀子·臣道》
人之患在好为人师。　　　　　　　——《孟子·离娄上》
富贵而知好礼，则不骄不淫。　　　——《礼记·曲礼上》

矜物之人，无大士焉。　　　　　——《管子·法法》
迷者不问路，溺者不问遂，亡人好独。——《荀子·大略》
不知戒，后必有。　　　　　　　　——《荀子·成相》
一人聪明而不足以遍照海内。　——《淮南子·修务训》
目见百步之外，不能自见其眦。　——《淮南子·说林训》
不知而自以为知，百祸之宗也。　——《吕氏春秋·谨听》
恃国家之大，矜民人之众，欲见威于敌者，谓之骄兵。
　　　　　　　　　　　　　　　　——《汉书·魏相传》
不能则学，不知则问，虽知必让，然后为知。
　　　　　　　　　　　——汉·韩婴《韩诗外传》卷六
得志有喜，不可不戒。——汉·董仲舒《春秋繁露·竹林》
富贵盈溢，未有能终者。　　　　——汉·樊宏《诫子》
劳谦虚己，则附之者众；骄慢倨傲，则去之者多。
　　　　　　　　　　　　　　　　——晋·葛洪《抱朴子》
淫慢则不能励精，险躁则不能治性。
　　　　　　　　　　　　——三国·诸葛亮《诫子书》
罔谈彼短，靡恃己长。　——南朝梁·周兴嗣《千字文》
知过必改，得能莫忘。　——南朝梁·周兴嗣《千字文》
日闻所未闻，日见所未见。
　　　　　　　　　——唐·吴兢《贞观政要·尊敬师傅》
人非生而知之者，孰能无惑。　　——唐·韩愈《师说》
日异其能，岁增其智。　——唐·柳宗元《祭吕敬叔文》
知不足者好学，耻下问者自满。　——宋·林逋《省心录》
日省吾身，有则改之，无则加勉。
　　　　　　　　　　　　——宋·朱熹注《论语·学而》
人之洗濯其心以去恶，如沐浴其身以去垢。
　　　　　　　　　　　　　　——宋·朱熹注《大学》
处富贵不宜骄傲。　　　　——宋·袁采《袁氏世范》

不贵于无过,而贵于能改正。

——明·王阳明《教条示龙场诸生》

傲者,众恶之魁。　　　　——明·王阳明《传习录下》

与人相处之道,第一要谦下诚实。

——明·杨继盛《父椒山谕应尾应箕两儿》

进学莫如谦,立事莫如豫。　——明·吴麟征《家诫要言》

谦以下人,和以处众。　　　——明·吴麟征《家诫要言》

爱戴高帽,自受圈套。

——清·牛树梅《天谷老人小儿语补》

丈八的灯台,照见人家,照不见自己。

——《红楼梦》第十九回

天地间惟谦谨是载福之道,骄则满,满则倾矣。

——清·《曾国藩家书·致四弟(咸丰十一年正月初四日)》

自己有成绩,而不认为自己有成绩,此即所谓谦虚。

——冯友兰《三松堂全集》第四卷

谦虚使人进步,骄傲使人落后。

——毛泽东《中国共产党第八次全国代表大会开幕词》

参考书目

（一）古代部分

1. 《十三经注疏》，中华书局 1982 年版。

2. 《诸子集成》，中华书局 1954 年版。

3. （汉）司马迁：《史记》，中华书局 1982 年版。

4. （汉）刘向：《说苑》，上海古籍出版社 1990 年版。

5. （梁）颜之推：《颜氏家训集解》，上海古籍出版社 1980 年版。

6. （宋）黎靖德：《朱子语类》，中华书局 1986 年版。

7. （宋）朱熹、吕祖谦：《近思录》，江苏古籍出版社 2001 年版。

8. （明）王阳明：《传习录》，上海古籍出版社 1992 年版。

9. （清）黄宗羲：《明儒学案》，中华书局 1985 年版。

10. （汉）班固：《汉书》，中华书局 1962 年版。

11. （唐）房玄龄：《晋书》，中华书局 1974 年版。

12. （唐）姚思廉：《梁书》，中华书局 1973 年版。

（二）现代部分

1. 《辞源》，商务印书馆 1983 年版。

2. ［美］张光直：《美术、神话与祭祀》，辽宁教育出版社 1988 年版。

3. 朱顺天：《中国古代宗教初探》，上海人民出版社 1982 年版。

4. 勾承益：《先秦礼学》，巴蜀书社2002年版。

5. 金景芳：《周易全解》，吉林大学出版社1989版。

6. 《白话尚书》，周秉钧译注，岳麓书社1990年版。

7. 李振宏：《圣人箴言录》，河南大学出版社1995年版。

8. 《诗经译注》，程俊英译注，上海古籍出版社1985年版。

9. 《孔子家语今译今注》，薛安勤、靳明春译著，大连海运学院出版社1993年版。

10. ［美］安乐哲，罗思文：《〈论语〉的哲学诠释》中国社会科学出版社2003年版。

11. 邹牧仑：《道德经旁说》，海天出版社2003年版。

12. 《庄子浅注》，曹础基注释，中华书局1982年版。

13. 崔大华：《庄学研究》，人民出版社1992年版。

14. 马积高：《荀学源流》，上海古籍出版社2000年版。

15. 惠吉星：《荀子与中国文化》，贵州人民出版社1996年版。

16. 杨泽波：《孟子与中国文化》，贵州人民出版社1996年版。

17. 谭家健：《墨子研究》，贵州教育出版社1995年版。

18. 《韩非子与中国文化》，贵州人民出版社1996年版。

19. 史孝贵：《历代家训选注》，华东师大出版社1988年版。

20. 《诫子弟书》，北京出版社2000年版。

21. 《曾国藩家书》，宗教文化出版社1999年版。

22. 《敬谦语小词典》，语文出版社2000年版。

23. 丁文江、赵丰田：《梁启超年谱长编》，上海人民出版社1983版。

24. 毕唐书、陶继新主编：《中华名人修身之家宝典》，中华工商联出版社1996年版。

25. 朱文华：《胡适评传》，重庆出版社1988年版。

26. 冯友兰：《三松堂全集》，河南人民出版社 1985 年版。

27. 高力主编：《公共伦理学》，高等教育出版社 2002 年版。

28. 傅华：《生态伦理学》，华夏出版社 2002 年版。

29. 王海明：《伦理学原理》，北京大学出版社 2001 年版。

30. 魏英敏：《当代中国伦理与道德》，昆仑出版社 2001 年版。

31. 张晓东：《中国现代化进程中的道德重建》，贵州人民出版社 2002 年版。

32. 张树国：《信义的追求》，北京语言文化大学出版社 2001 年版。

33. 郑杭生主编：《社会学概论》（修订本），中国人民大学出版社 1998 年版。

34. 唐凯麟、张怀承：《成人与成圣——儒家伦理道德精粹》，湖南大学出版社 1999 年版。

35. ［德］盖奥尔格·西美尔：《社会学——关于社会化形式的研究》，华夏出版社 2002 年版。

36. 胡家详：《心灵结构与文化解析》，北京大学出版社 1998 年版。

37. ［美］理查德·T.德·乔治：《经济伦理学》，北京大学出版社 2002 年版。

38. 马振铎、徐远和、郑家栋：《儒家文明》，中国社会科学出版社 2000 年版。

39. 钱杭：《周代宗法制度史研究》，学林出版社 1991 年版。

40. 杨向奎：《宗周社会与礼乐文明》，人民出版社 1992 年版。

41. 陈筱芳：《春秋婚姻礼俗与社会伦理》，巴蜀书社 2000 年版。

后　记

本书撰写之缘起，是由于山东孔子研究院成立以后，院长傅永聚教授等为弘扬儒学和传统文化，倡议并主持了大型丛书《传统文化范畴研究》的编撰。拙著正是这部丛书中的一个组成部分。笔者僻在东北海隅，但由于自幼生长在齐鲁故地，又曾在设于孔夫子故里的曲阜师范大学游学四载，嗣后乃从事先秦史和古代思想文化研究多年，故对儒学和传统文化始终抱有景仰的态度，深信其在当今之世仍有不容置疑的客观需要和无限发展之可能。因此，当同学任怀国教授受傅院长之托征询我可否为本丛书撰写一篇时，我便积极地承担了其中关于"谦让"的部分。

经过近两年的收集资料和写作，这部25万字的著作终于告竣。在本书的写作过程中，我们参考了大量的学术著作，特别是勾承益先生的《先秦礼学》、唐凯麟和张怀承先生的《成人与成圣——儒家伦理道德精粹》、王海明先生的《伦理学原理》、张晓东先生的《中国现代化进程中的道德重建》等。学术界前辈们对谦让之德以及与之相关问题的看法，给了我们很多有意的启发，在此处一并致以真诚的谢意。本书仅限于讨论谦让之德这一儒家伦理范畴，我们在此书的编写过程中，尽量做到历史事实与理论逻辑相统一的书写原则，但由于水平和认识所限，难免也有挂一漏万的缺陷，读者在阅读此书时，如果发现有错误之处，请不吝赐教。

另外，本书也是一个集体协作、共存共容的劳动成果。其中，青海师范大学副教授李健胜出力尤多。李健胜君系土族同胞，本科毕业于兰州大学历史系，打下很好的基础；在我身边读研三年，勤奋刻苦、好学深思，被师长和同学所看重。本书虽由我主持，但他却承担了大量的工作，使我的压力大减。还有，辽宁师范大学历史文化旅游学院研究生孙芳辉、李华同志也做出了自己的贡献。

最后，对孔子研究院傅永聚院长的盛情邀请和充分信任，对任怀国教授的热情推荐，谨表诚挚的谢意！

赵东玉
2004 年 7 月 10 日于大连